北京大学心理学教材

SPSS for Windows 在心理学与教育学中的应用

（第二版）

张　奇　主编

林洪新　张　黎　杨金桥　高贺明　史滋福　副主编

图书在版编目(CIP)数据

SPSS for Windows 在心理学与教育学中的应用/张奇主编. —2版. —北京：北京大学出版社，2021.9
ISBN 978-7-301-32326-7

Ⅰ.①S… Ⅱ.①张… Ⅲ.①心理统计—统计分析—软件包—教材 ②教育统计—统计分析—软件包—教材 Ⅳ.①B841.2-39 ②G40-051

中国版本图书馆 CIP 数据核字(2021)第 140727 号

书　　　名	SPSS for Windows 在心理学与教育学中的应用(第二版)
	SPSS FOR WINDOWS ZAI XINLIXUE YU JIAOYUXUE ZHONG DE YINGYONG (DI-ER BAN)
著作责任者	张　奇　主编
责 任 编 辑	赵晴雪
标 准 书 号	ISBN 978-7-301-32326-7
出 版 发 行	北京大学出版社
地　　　址	北京市海淀区成府路 205 号　100871
网　　　址	http://www.pup.cn　新浪微博:@北京大学出版社
电 子 信 箱	zpup@pup.cn
电　　　话	邮购部 010-62752015　发行部 010-62750672　编辑部 010-62752021
印 刷 者	北京市科星印刷有限责任公司
经 销 者	新华书店
	787 毫米×980 毫米　16 开本　29.5 印张　661 千字
	2009 年 8 月第 1 版
	2021 年 9 月第 2 版　2022 年 8 月第 2 次印刷
定　　　价	75.00 元

未经许可，不得以任何方式复制或抄袭本书之部分或全部内容。
版权所有，侵权必究
举报电话: 010-62752024　电子信箱: fd@pup.pku.edu.cn
图书如有印装质量问题，请与出版部联系，电话: 010-62756370

第二版前言

《SPSS for Windows 在心理学与教育学中的应用》自 2009 年出版以来,受到了心理学和教育学专业本科生、研究生和任课教师们的欢迎,许多高校选其作为教材。然而,经过十年教学实践,我们发现了一些不足;有关专家和教师也提出了宝贵的修订建议;尤其是心理学学术期刊对研究结果的统计分析提出了新的要求,加之 SPSS 功能的扩展和版本的更新,原版教材已不适应教学和研究的需求,因此,我们做了修订。

第二版在原版整体框架的基础上,更新了 SPSS 的版本,删除了少量不常用的内容,增加了许多新内容。修订内容简要说明如下:

1. 将第一版使用的 SPSS 10.0 更新为 SPSS 19.0,书中所有画面(窗口、界面、对话框、菜单、结果输出的数据表和统计图等)全部更新。书中所有统计分析结果的报告均更新为 APA 第六版格式,还更新了部分数据文件。

2. 删除了第一版第一章中 SPSS 的运行环境及安装步骤内容。

3. 增加了 t 检验、方差分析和非参数检验效应量的计算方法,SPSS 的操作方法和利用 SPSS 的输出结果计算效应量的方法。

4. 第四章增加了数据是否为正态分布的检验方法。

5. 第五章细化了多因素方差分析的类别,将多因素方差分析的实验设计划分为被试内设计、被试间设计和混合实验设计,增加了这些实验设计的方差分析方法、SPSS 操作方法、交互作用简单效应分析的 SPSS 操作方法及相应的数据文件。

6. 第七章增加了中介效应和调节效应两节新内容,并增加了相应的数据文件。

7. 第八章增加了独立性卡方检验的 SPSS 操作方法及相应的数据文件。

书中例题和练习题涉及的 SPSS 数据文件,读者可在北京大学出版社网站上下载。具体操作方法为:登陆北京大学出版社网站(www.pup.cn),进入"下载中心",在"学科分类"中选择"理工",搜索本书,点击书名即可下载。此外,因 SPSS 软件汉化后的一些名词翻译不够准确或与我们的习惯用法不一致,所以本书使用的是英文原版软件 SPSS 19.0。

修订工作历时两年。高贺明博士带领修订团队对 SPSS 版本及相关内容的更新做了大量认真细致的工作,他还撰写了多因素方差分析的实验设计类型,增加了这些实验设计的方差分析方法、SPSS 的操作方法、交互作用简单效应分析的 SPSS 操作方法及独立性卡方检验等内容。湖南师范大学史滋福教授一直以本书为教材讲授本门课程。不仅对修订工作提出了宝贵建议,还撰写了中介效应和调节效应两节内容。修订工作既有分工也有合作。许多内容的修订经历了多次集体讨论、专家指导和反复修改。具体分工如下:第一章,高超、石芮;第二章,逄晨、江澜;第三章,高超、石芮;第四章,景晶艳、周艳荣;第五章,景晶艳、逄晨、石芮、高超;第六章,刘爽、王文菲;第七章,史滋福、江澜;第八章,高超、江澜、王彩凤;第九章,逄晨、张素杰;第十章,石芮、王彩凤;第十一章,江澜、景晶艳。

特别需要说明的是,我只是 SPSS 的应用者和该门课程的授课教师,不是心理与教育统计学专家。为了解决新增内容中遇到的心理统计学学术问题,我请教了心理统计学领域的三位专家学者:江西师范大学的胡竹菁教授、华南师范大学的温忠麟教授和张敏强教授。胡竹菁教授审阅了修订稿中新增统计检验效应量计算方法的内容,并为我校心理学院的教师和研究生做了统计检验效应量原理和计算方法的专题学术讲座。温忠麟教授修改了中介效应和调节效应两节新增内容的初稿,并提出了具体建议。张敏强教授认真审阅了第二版初稿,充分肯定了本次修订工作的意义,尤其对增加统计检验效应量的内容给予高度评价。三位专家学者都是在繁忙的学术研究和教学工作中抽出自己宝贵的时间和精力,为修订工作献出了他们的学识、才智和热诚。没有他们严谨、热心和诚挚的学术指导我们就不能完成本次修订工作。在此向三位专家学者致以崇高的敬意!

修订工作得到辽宁师范大学心理学院胡金生院长和孙岩副院长的全力支持,在此一并致以诚挚感谢!

教材修订无穷期。恳望专家学者、教师和读者们不吝赐教。

张 奇

己亥中秋于家中

第一版前言

在心理学和教育学的教学和研究领域,SPSS for Windows 已经成为本科生、研究生、教师和研究工作者必备的得力统计工具。为了满足心理学和教育学专业本科生、研究生学习和研究工作的需要,从 20 世纪初开始,我为本科生和硕士研究生开设了"SPSS 心理应用"课程。经过多年的课堂教学,积累了一些教学经验。为了更好地完成该课程的教学工作,交流学习体会和教学经验,在北京大学出版社的支持下主编了这本教材。

我们根据心理学和教育学专业本科生及研究生学习和研究的需要确定了本教材的编写内容,涉及 SPSS 在心理学与教育学应用中的有关统计学基础知识和主要统计功能。教学的目的是使心理学和教育学专业的本科生及研究生掌握 SPSS 在心理学与教育学专业研究上的正确应用方法和操作技能。因此,教材中的应用和操作例题均以心理学和教育学的研究为例。当然,其他专业的读者也可以借鉴和参考。SPSS 的版本更新很快,现在的最新版本是 16.0。但是,10.0 以上版本的统计功能基本相同,操作界面大同小异。而且国内学者们目前应用较多的是 SPSS 10.0 至 13.0。为了满足广大读者学习的需要,我们在教材中介绍的系统是 SPSS 10.0 和 13.0 两种版本。由于学习 SPSS 的主要目的是掌握系统的操作和在研究中的正确应用,所以,每章结尾都概括了知识要点和操作要领,并设计了思考题和练习题,供教学和练习时参考和选用。

根据自己的教学经验,提出如下教学参考建议,仅供同行们参考,并希望同行们提出宝贵的批评意见。

1. 教学设备

SPSS 心理学应用的本科生教学最好在机房内进行,教师和学生每人使用一台计算机。用教学联机系统将教师使用的教学计算机与每位学生使用的计算机连接在一起。教学时,教师在主机上讲解并演示 SPSS 的具体操作,学生可以通过各自的计算机显示器观察并记录教师的操作,然后各自进行独立的操作练习。

2. 教学方法

课堂上宜采用"教师原理讲解→教师操作示范→学生观察记录→学生练习操作→教师个别和集中辅导"的步骤进行教学。教师先讲解基本概念和原理,再演示实际操作步骤;学生先观察记录,再各自进行练习操作。教师针对学生在学习和操作中遇到的实际问题进行个别的和集中的辅导。教师要根据每次课的教学内容分配讲解、操作示范和学生操作练习的时间。

每次课最好两个学时。课堂上学生操作练习、提问和相互讨论的时间不少于一个学时。学生操作练习时，教师要进行巡视、个别答疑和辅导，发现共性问题集中讲解和操作示范。

3. 课程安排

心理与教育统计学知识是学习 SPSS 操作和应用的理论基础；SPSS 应用课程是统计学知识的具体应用。所以，该课程应该在学生们学习了心理与教育统计课程之后开设。也可以两门课程在同一个学期开设，但统计学课程的教学要"走在"SPSS 应用课程教学的前面。

4. 课时安排

本门课程教学内容共 11 章。可以用 50 到 60 个课时进行教学。如果每周平均安排 3 个学时，一个学期上 16 周课，则 54 个学时可以完成教学任务。各章教学时数要视教学内容的多少、复杂程度和实际应用情况而定。一般来说，方差分析、回归分析和主成分因子分析既是教学的重点，也是学习的难点，安排的课时要多些，应占总课时的 50% 至 60%。各章教学内容完成之后，最好安排 4 个课时的综合练习时间，让学生对给定的或自编的数据文件做各种统计方法的综合操作练习。

5. 学习评定

在平时的教学中，每次课结束后，教师可以给学生安排适量的课后作业，让学生在课余时间进行操作练习，下一次课进行检查和评定。课程考试最好上机操作进行。教师事先在教学主机上编好考试用的数据文件。考试时，学生通过联机系统获取教学主机上的考试数据文件。考生首先要根据试题要求和数据文件选择正确的统计分析方法，然后在 SPSS 上做出正确的操作，最后在答卷上写出主要操作步骤并报告统计分析结果。教师根据平时课堂考察和课程考试成绩，综合评定学生的课程成绩和等级。

本教材由张黎、杨金桥、安洪鹏、林洪新、王奕、张艳君、马艳苹、姚雪和我编写各章初稿，最后，全书由我定稿。编写过程中，我们参考了国内外一些专家们的有关统计学和 SPSS 应用方面的著作和教材，引用部分直接在书中标注，主要参考书目分别在各章推荐给读者，在此对参考著作的作者深表谢意！

本教材的出版得到北京大学出版社陈小红女士的全力支持，在此表示衷心感谢！

由于我们的专业知识水平有限，教材难免存在纰漏和错误，敬请各位专家、老师、同行和读者朋友们批评指正，以便改进我们的工作，进一步提高教材的质量。

张　奇

于辽宁师范大学实验中心 501 室

2008 年 8 月 31 日

目 录

1 概述 …… (1)
    第一节　SPSS 软件的启动及退出 …… (2)
    第二节　窗口及其功能概述 …… (5)

2 数据文件的建立与编辑 …… (23)
    第一节　数据编辑窗口概述 …… (23)
    第二节　定义变量和数据录入 …… (26)
    第三节　数据整理 …… (35)
    第四节　数据文件操作 …… (47)

3 描述统计 …… (84)
    第一节　描述统计的基本概念和原理 …… (84)
    第二节　频数分析 …… (89)
    第三节　描述统计 …… (96)
    第四节　探索分析 …… (99)
    第五节　Means 过程及应用 …… (109)

4 t 检验 …… (117)
    第一节　t 检验概述 …… (117)
    第二节　单样本 t 检验 …… (122)
    第三节　独立样本 t 检验 …… (126)
    第四节　配对样本 t 检验 …… (130)

5 方差分析 …… (136)
    第一节　基本概念和原理 …… (136)
    第二节　单因素方差分析 …… (145)
    第三节　多因素方差分析 …… (154)
    第四节　协方差分析 …… (173)
    第五节　多元方差分析 …… (176)
    第六节　重复测量方差分析 …… (185)
    第七节　方差成分分析 …… (208)

6 相关分析 …… (223)
    第一节　相关分析概述 …… (223)

第二节　简单相关分析…………………………………………………………(226)
　　第三节　偏相关分析……………………………………………………………(231)

7　回归分析…………………………………………………………………………(238)
　　第一节　SPSS 的回归分析……………………………………………………(238)
　　第二节　线性回归分析的基本概念和原理……………………………………(240)
　　第三节　线性回归分析的 SPSS 操作和应用…………………………………(244)
　　第四节　中介效应和调节效应的基本概念和原理……………………………(265)
　　第五节　中介效应和调节效应的 SPSS 操作和应用…………………………(270)
　　第六节　曲线估计的基本概念和原理…………………………………………(281)
　　第七节　曲线估计的操作和应用………………………………………………(282)
　　第八节　非线性回归的基本概念和原理………………………………………(290)
　　第九节　非线性回归分析的 SPSS 操作和应用………………………………(292)

8　非参数检验………………………………………………………………………(309)
　　第一节　非参数检验概述………………………………………………………(309)
　　第二节　卡方检验………………………………………………………………(313)
　　第三节　二项分布检验…………………………………………………………(326)
　　第四节　两个独立样本检验……………………………………………………(329)
　　第五节　多个独立样本检验……………………………………………………(335)
　　第六节　两个相关样本检验……………………………………………………(340)
　　第七节　多个相关样本检验……………………………………………………(345)

9　主成分因子分析与信度分析……………………………………………………(358)
　　第一节　主成分因子分析概述…………………………………………………(358)
　　第二节　主成分因子分析的操作和应用………………………………………(362)
　　第三节　信度分析………………………………………………………………(381)

10　聚类分析………………………………………………………………………(391)
　　第一节　聚类分析概述…………………………………………………………(391)
　　第二节　快速样本聚类分析……………………………………………………(395)
　　第三节　分层聚类………………………………………………………………(402)

11　统计图…………………………………………………………………………(420)
　　第一节　条形图…………………………………………………………………(420)
　　第二节　线图……………………………………………………………………(437)
　　第三节　面积图…………………………………………………………………(446)
　　第四节　饼图……………………………………………………………………(448)
　　第五节　直方图…………………………………………………………………(455)
　　第六节　概率图…………………………………………………………………(457)

1 概　　述

> **教学导引**

本章主要介绍 SPSS 的开发历史、窗口功能和系统参数的设置等操作方法。其中窗口的类型及其功能是学习的重点。系统安装重点介绍了软件正常运行所需要的硬件环境和具体安装步骤。初学时，需要学生了解窗口的类型及其功能，并在以后各项统计分析的学习中熟练掌握。

SPSS(Statistical Package for Social Sciences，社会科学统计软件包)是由美国 SPSS 公司开发的大型社会科学统计软件包。它集数据整理、分析和结果输出等功能于一身，是世界上最早问世的统计分析软件之一。SPSS 最初由美国斯坦福大学的三位大学生于 20 世纪 60 年代末开发，采用 Fortran 语言编写。后来，他们成立了公司，并于 1975 年在芝加哥组建了 SPSS 总部。2000 年，由于产品升级及业务拓展的需要，公司将其产品正式更名为 SPSS (Statistical Product and Service Solutions)，即统计产品与服务解决方案。SPSS 与 SAS(Statistical Analysis System，统计分析系统)、BMDP(Biomedical Programs，生物医学程序)并称为国际上最有影响力的"三大"统计软件。

SPSS 最初的几个 DOS(Disk Operating System，磁盘操作系统)版本诞生于 20 世纪 80 年代，在用户界面、输入和输出环境等方面不是十分方便。随着微软公司 Windows 操作系统的普及，SPSS 公司在 20 世纪 90 年代推出了基于 Windows 操作系统的 5.0、6.0 和 6.1 版本。之后，微软公司开发了 Windows 95 和 Windows NT 3.5 以上版本的 32 位操作系统，SPSS 公司也于 1995 年后推出了基于 Windows 操作系统的 7.0 版本，2000 年后相继推出了 SPSS 10.0 和 SPSS 11.0 版本。截至 2010 年，SPSS 软件更新至 18.0；同年，SPSS 公司被 IBM 公司并购，各子产品家族名称前面不再以 PASW 为名，而是统一加上 IBM SPSS Statistics 字样，并于 2010 年 8 月推出收购后的第一个版本 SPSS 19.0。之后，SPSS 都会在每年 8 月中旬更新一个版本，目前的最新版本为 SPSS 27.0。

SPSS 的各种统计分析功能齐全，涵盖了从描述统计、探索性因素分析到多元回归等诸多统计功能。此外，它还具有以下几大特点：

（1）SPSS 采用窗口式操作，使用 Windows 系统窗口展示各种数据处理和分析功能，不需要编程，完全采用菜单和对话框的方式进行操作。绝大多数操作过程仅靠鼠标点击即可完成。用户界面非常友好、直观、简便、易学，是目前社会科学各领域专业研究人员使用最多的统计软件。

（2）SPSS 具有强大的绘图功能，能够绘制精美的统计图表，还可以极其方便地对图表进行修改和编辑。

（3）SPSS 可以读取多种格式的数据文件。用户不但可以极其方便地创建数据文件，同时 SPSS 还能够读取 ASCII 文件、数据库文件、电子表格等多种软件生成的数据文件。

（4）SPSS 的表格和图形结果可以直接导出为 Word、文本、网页、Excel 等格式，还可以将结果粘贴到 Word 或 PowerPoint 中，并在其中进行再加工。

（5）SPSS 能够为初学者提供多种类型的帮助。例如，软件附带自学指导，在操作过程中用户可通过右键"帮助"或点击对话框上的"帮助"选项，轻松地获得操作和应用上的指导。

目前，SPSS 已经广泛应用于管理、经济、工业、医疗、卫生、体育、心理和教育等领域。当前应用较为广泛的版本是 SPSS 19.0～25.0，本章以 SPSS 19.0 为例介绍 SPSS 软件的启动、退出、运行窗口及其功能。

第一节 SPSS 软件的启动及退出

一、SPSS 的启动

开机后，有两种方法可以启动 SPSS。

方法 1：双击桌面上的 SPSS 快捷图标，会出现版本提示画面，如图 1-1-1(a)；随后进入 SPSS 的初始画面，如图 1-1-1(b)。

方法 2：依次单击"开始→程序→SPSS 19.0"，也会出现版本提示画面，如图 1-1-1 (a)；随后进入 SPSS 的初始画面，如图 1-1-1 (b)。

（1）Type in data，输入数据。选择此项，单击 OK，会出现数据编辑窗口，如图 1-1-2。用户可以输入要统计和管理的数据。

（2）Run an existing query，打开一个已有的 *.spq 文件。

（3）Create new query using Database Wizard，用数据转换建立新的文件。选择此项，单击 OK，将出现如图 1-1-3 所示的界面，将诸如 DBF 格式文件、XLS 格式的 Excel 文件，以及 SQL 等数据库文件转换成 SPSS 数据文件。

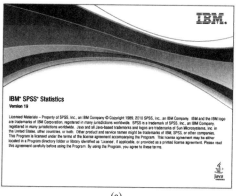

(a)

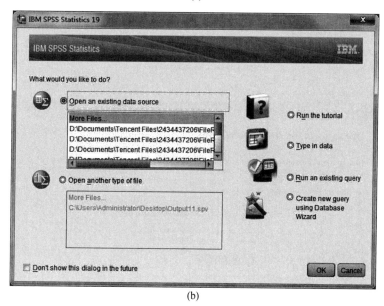

(b)

图 1-1-1　版本提示画面和初始画面

（4）Open an existing data source，打开一个已有的 SPSS 数据文件（*.sav）。

（5）Open another type of file，打开其他类型的文件。选择此项，单击 OK，可以帮助用户打开 spo，sps，rtf 或 sbs 类型的文件。如果选择打开 *.spo 类型的文件，即打开一个 SPSS 的结果输出文件。

在图 1-1-1(b)下面还有一个复选项，Don't show this dialog in the future。如果选择该复选项，下次启动 SPSS 的时候将不会出现该对话框，直接显示空白的数据编辑窗口。

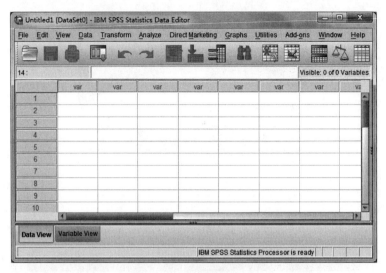

图 1-1-2 数据编辑窗口

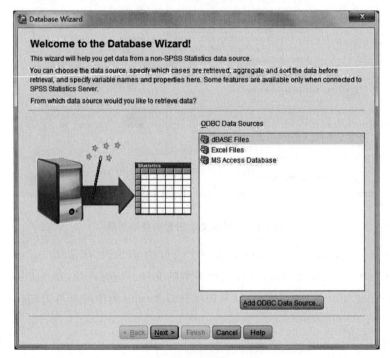

图 1-1-3 数据转换界面

二、SPSS 的退出

退出 SPSS 有三种方法。

方法 1：单击数据编辑窗口右上角的"×"形图标，即可退出 SPSS。如果已在 SPSS 视窗中进行了某些操作，在关闭 SPSS 窗口时，系统会自动提示用户是否保存。如图 1-1-4 所示，单击"Yes"进行保存，单击"No"不进行保存，单击"×"，则取消关闭操作。

方法 2：依次单击 File→Exit，退出 SPSS 软件。

方法 3：鼠标右键单击窗口顶端的标题栏，选择关闭选项，退出 SPSS。

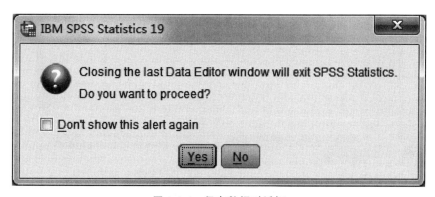

图 1-1-4　保存数据对话框

第二节　窗口及其功能概述

SPSS 有五种窗口：① 数据编辑窗口，可以进行数据编辑和各项统计分析；② 结果输出窗口，显示 SPSS 统计分析的结果；③ 语句编辑窗口，可进行语句的编辑和执行；此外，还有④ 脚本窗口和⑤ 草稿结果窗口。其中前两个窗口是在数据输入、分析和管理过程中常用到的窗口。这五种窗口分别打开五种类型的 SPSS 文件，即以". sav"为扩展名的 SPSS 数据文件、以". spo"为扩展名的 SPSS 结果输出文件、以". sps"为扩展名的 SPSS 语句文件、以". sbs"为扩展名的 SPSS 脚本文件和以". rtf"为扩展名的 SPSS 草稿结果文件。利用 File 菜单中 New 和 Open 命令下的小菜单就可以新建和打开上面各种类型的文件。

一、数据编辑窗口

SPSS 启动后，就会出现在信息栏上标有"Untitled1 [DataSet0]"（未命名）的数据编辑窗口，如图 1-2-1 所示。该窗口是一个可以扩展的平面二维表格。从上至下依次由菜单栏、工具栏、数据栏和状态栏几部分构成。数据栏界面与 Excel 表格非常相似，由若干行和列组成，每行对应一个观测量（Case），每列对应一个变量（Variable）。边框颜色相对较深的单元格是当前单元格,在数据栏中可以进行数据编辑。

菜单栏上共有 12 个分菜单,单击每个分菜单会出现一竖排下拉菜单,SPSS 的许多功能都是通过下拉式菜单实现的。工具栏中是常用菜单命令项的快捷方式,这些快捷方式可以使操作更简单。

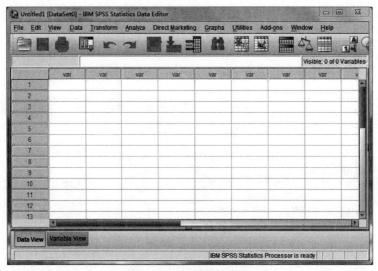

图 1-2-1　数据编辑窗口

菜单栏中各分菜单单项的名称及下拉式菜单中所包含的各项功能如下:

1. File—文件操作
- New—建立新的文件。
    - Data—建立新的数据文件。
    - Syntax—建立新的语句文件。
    - Output—建立新的结果输出文件。
    - Script—建立程序编辑文件。
- Open—打开文件。
    - Data—打开数据文件。
    - Syntax—打开语句文件。
    - Output—打开结果输出文件。
    - Script—打开程序编辑文件。
- Open Database—读取数据库。
    - New Query—建立新的查询。
    - Edit Query—编辑查询。
    - Run Query—运行查询。
- Read Text Data—阅读文本文件。

- Close—关闭。
- Save—保存当前数据文件。
- Save As—将当前数据文件另存为其他格式的数据文件。
- Save All Data—保存当前全部数据文件。
- Export to Database—输出数据库。
- Mark File Read Only—标记只读文件。
- Rename Dataset 重命名数据库。
- Display Data File Info—显示数据信息。
    - Working File—工作文件。
    - External File—外部文件。
- Cache Data—缓存数据。
- Stop Processor—停止 SPSS 信息处理。
- Switch Server—切换服务。
- Repository—储存库。
    - Connect—连接。
    - Store from SPSS Statistics—储存 SPSS 统计数据。
    - Publish to Web...—输出到网络。
    - Add a File—增加文件。
    - Retrieve to SPSS Statistics—检索 SPSS 统计数据。
    - Download a File—下载文件。
- Print Preview—打印预览。
- Print—打印。
- Recently Used Data—最近打开过的数据。
- Recently Used Files—最近打开过的文件。
- Exit—退出 SPSS。

2. Edit—编辑文件
- Undo—撤销。
- Redo—恢复。
- Cut—剪切数据。
- Copy—复制数据。
- Paste—粘贴数据。
- Paste Variables—粘贴变量。
- Clear—清除数据。
- Insert Variables—插入变量。
- Insert Case—插入个案。

- Find—查找数据。
- Find Next—查找下一个。
- Replace—替换。
- Go to Case—转至个案。
- Go to Variables—转至变量。
- Go to Imputation—转至归因。
- Options—设置 SPSS 参数。

3. **View—窗口外观控制**
- Satus Bar—状态栏的显示或隐藏。
- Toolbars—工具栏的显示或隐藏。
- Menu Editor—菜单编辑器。
- Fonts—字体。
- Grid Lines—网格线。
- Value Label—值标签。
- Mark Imputed Data—标记归因数据。
- Customize Variable View—自定义变量视图。
- Variables—变量。

4. **Data—数据文件建立与编辑**
- Define Variable Properties—定义变量属性。
- Set Measurement Level for Unknown—设置未知测量级别。
- Copy Data Properties—复制数据属性。
- New Custom Attribute—新建设定属性。
- Define Dates—定义日期。
- Define Multiple Response Sets—定义多重响应集。
- Validation—验证。
    - Load Predefined Rules—加载预定义规则。
    - Define Rules—定义规则。
    - Validate Data—验证数据。
- Identify Duplicate Cases—识别重复个案。
- Identify Unusual Cases—识别异常个案。
- Sort Cases—个案排序。
- Sort Variables—排列变量。
- Transpose—转置。
- Merge Files—合并文件。
    - Add Cases—添加个案。

　　　　Add Variables—添加变量。
- Restructure—重新组织。
- Aggregate—分类汇总。
- Orthogonal Design—正交设计。
　　　　Generate—生成。
　　　　Display—显示。
- Copy Dataset—复制数据集。
- Split File—拆分文件。
- Select Cases—选择个案。
- Weight Cases—加权个案。

5. **Transform—数据转换**
- Compute Variable—计算新变量。
- Count Values within Cases—对个案内的值计数。
- Shift Values—转换值。
- Recode into Same Variables—重新编码为相同变量。
- Recode into Different Variables—重新编码为新的变量。
- Automatic Recode—自动重新编码。
- Visual Binning—可视离散化。
- Optimal Binning—最优离散化。
- Prepare Data for Modeling—准备建模数据。
　　　　Interactive—交互式。
　　　　Automatic—自动。
　　　　Backtransform Scores—逆转换得分。
- Rank Cases—个案排秩。
- Date and Time Wizard—时间和日期向导。
- Create Time Series—创建时间序列。
- Replace Missing Values—替换缺失值。
- Random Number Generators—随机数字生成器。
- Run Pending Transforms—运行挂起的转换。

6. **Analyze—统计分析**
- Reports—统计报表。
　　　　Codebook—代码本。
　　　　OLAP Cubes—OLAP 立方。
　　　　Case Summaries—个案汇总。
　　　　Report Summaries in Rows—按行汇总。

　　　　　Report Summaries in Columns—按列汇总。
- Descriptive Statistics—描述统计。
　　　　　Frequencies—频率。
　　　　　Descriptives—描述。
　　　　　Explore—探索。
　　　　　Crosstabs—交叉表。
　　　　　Ratio—比例。
　　　　　P-P Plots—P-P 图。
　　　　　Q-Q Plots—Q-Q 图。
- Tables—表。
　　　　　Custom Tables—设定表。
　　　　　Multiple Response Sets—多响应集。
- Compare Means—比较均值。
　　　　　Means—均值。
　　　　　One-Sample T Test—单样本 t 检验。
　　　　　Independent-Samples T Test—独立样本 t 检验。
　　　　　Paired-Samples T Test—配对样本 t 检验。
　　　　　One-Way ANOVA—单样本 ANOVA。
- General Linear Model—一般线性模型。
　　　　　Univariate—单变量。
　　　　　Multivariate—多变量。
　　　　　Repeated Measures—重复测量。
　　　　　Variance Components—方差分量估计。
- Generalized Linear Models—广义线性模型。
　　　　　Generalized Linear Models—广义线性模型。
　　　　　Generalized Estimating Equations—广义估计方程。
- Mixed Models—混合模型。
　　　　　Linear—线性。
　　　　　Generalized Linear—广义。
- Correlate—相关。
　　　　　Bivariate—双变量。
　　　　　Partial—偏相关。
　　　　　Distances—距离。
- Regression—回归。
　　　　　Automatic Linear Modeling—自动线性建模。

  Linear—线性。
  Curve Estimation—曲线估计。
  Partial Least Squares—部分最小平方。
  Binary Logistic—二元 Logistic。
  Multinomial Logistic—多项 Logistic。
  Ordinal—有序。
  Probit—Probit 分析。
  Nonlinear—非线性。
  Weight Estimation—权重估计。
  2-Stage Least Squares—两阶最小二乘法。
  Optimal Scaling(CATREG)—最佳尺度(CATREG)。
- Loglinear—对数线性模型。
  General—常规。
  Logit—Logit 对数线性分析。
  Model Selection—模型选择。
- Neural Networks—神经网络。
  Multilayer Perceptron—多层感知器。
  Radial Basis Function—径向基函数。
- Classify—分类。
  TwoStep Cluster—两步聚类。
  K-Means Cluster—K-均值聚类。
  Hierarchical Cluster—分层聚类(系统聚类)。
  Tree—树状图。
  Discriminant—判别。
  Nearest Neighbor—最近邻元素。
- Dimension Reduction—降维。
  Factor—因子分析。
  Correspondence Analysis—对应分析。
  Optimal Scaling—最优尺度。
- Scale—度量。
  Reliability Analysis—可靠性分析。
  Multidimensional Unfolding(PREFSCAL)—多维展开(PREFSCAL)。
  Multidimensional Scaling(PROXSCAL)—多维尺度(PROXSCAL)。
  Multidimensional Scaling(ALSCAL)—多维尺度(ALSCAL)。
- Nonparametric Tests—非参数检验。

　　　　　One-Sample—单样本。
　　　　　Independent Samples—独立样本。
　　　　　Related Samples—相关样本。
　　　　　Legacy Dialogs—旧对话框。
　　　　　　　Chi-square—卡方。
　　　　　　　Binomial—二项式。
　　　　　　　Runs—游程。
　　　　　　　1-Samples K-S—单样本 K-S。
　　　　　　　2 Independent Samples—2 个独立样本。
　　　　　　　K Independent Samples—K 个独立样本。
　　　　　　　2 Related Samples—2 个相关样本。
　　　　　　　K Related Samples—K 个相关样本。
- Forecasting—预测。
　　　　　Create Models—创建模型。
　　　　　Apply Models—应用模型。
　　　　　Seasonal Decomposition—季节性分解。
　　　　　Spectral Analysis—频谱分析。
　　　　　Sequence Charts—序列图。
　　　　　Autocorrelations—自相关。
　　　　　Cross-Correlations—交叉相关。
- Survival—生存函数。
　　　　　Life Tables—寿命表。
　　　　　Kaplan-Meier—Kaplan-Meier 生存曲线。
　　　　　Cox Regression—Cox 回归。
　　　　　Cox w/Time-Dep Cov—Cox 依时协变量。
- Multiple Response—多重响应。
　　　　　Define Variable Sets—定义变量集。
　　　　　Frequencies—频率。
　　　　　Crosstabs—交叉表。
- Missing Value Analysis—缺失值分析。
- Multiple Imputation—多重归因。
　　　　　Analyze Patterns—分析模式。
　　　　　Impute Missing Data Values—归因缺失数据值。
- Complex Samples—复杂抽样。
　　　　　Select Sample—选择样本。

Prepare for Analysis—准备分析。
Frequencies—频率。
Descriptive—描述。
Crosstabs—交叉表。
Ratios—比例。
General Linear Model——般线性模型。
Logistic Regression—Logistic 回归。
Ordinal Regression—序数回归。
Cox Regression—Cox 回归。
- Quality Control—质量控制。
   Control Charts—控制图。
   Pareto Charts—排列图。
- ROC Curve—ROC 曲线图。

7. Direct Marketing—直销
- Choose Technique—选择方法。

8. Graphs—图形
- Chart Bulider—图标构建程序。
- Graphboard Template Chooser—图形画板模板选择程序。
- Legacy Dialogs—旧对话框。
   Bar—平面条形图。
   3-D Bar—三维条形图(或 3D 条形图)。
   Line—线图。
   Area—面积图。
   Pie—饼图。
   High-Low—高低图。
   Boxplot—箱图。
   Error Bar—误差条形图。
   Population Pyramid—人口金字塔图。
   Scatter/Dot—散点图/点状图。
   Histogram—直方图。

9. Utilities—实用程序
- Variables—变量。
- OMS Control Panel—OMS 控制面板。
- OMS Identifiers—OMS 标识符。
- Scoring Wizard—评分向导。

- Merge Model XML——合并模型 XML。
- Data File Comments——数据文件注释。
- Define Variable Sets——定义变量集。
- Use Variable Sets——使用变量集。
- Show All Variables——显示所有变量。
- Spelling——拼写。
- Run Script——运行脚本。
- Production Job——生产工作。
- Custom Dialogs——定制对话框。
    - Install Custom Dialog——安装自定义对话框。
    - Custom Dialog Builder——自定义对话框构建程序。
- Extension Bundles——扩展束。
    - Install Extension Bundles——安装扩展束。
        - Create Extension Bundles——创建扩展束。
        - View Install Extension Bundles——查看已安装的扩展束。

10. Add-ons——附加组件(中文版 SPSS 软件中没有此菜单)

- Applications——应用程序。
    - IBM SPSS Statistics Server——IBM SPSS 统计服务器。
    - IBM SPSS Modeler——IBM SPSS 建模模块。
    - IBM SPSS Text Analytics for Surveys——IBM SPSS 文本分析调查。
    - IBM SPSS Data Collection——IBM SPSS 数据收集。
    - IBM SPSS Collaboration and Deployment Services——IBM SPSS 协作和部署服务。
    - IBM SPSS Amos——IBM SPSS Amos(软件)。
    - IBM SPSS SamplePower——IBM SPSS SamplePower(软件)。
- Services——服务。
    - Consulting——咨询。
    - Training——培训。
- Programmability Extension——可编程扩展。
    - IBM SPSS Statistics Programmability Extension——IBM SPSS 统计数据可编程扩展。
- Statistics Guides——统计指南。
    - Statistics Guides——统计指南。

11. Window——窗口

- Split——拆分。
- Minimize All Windows——将所有窗口最小化。

IBM SPSS Statistics Data Editor—IBM SPSS Statistics 数据编辑器。

12. Help—帮助
- Topics—主题。
- Tutorial—教程。
- Case Studies—个案研究。
- Statistics Coach—统计辅导。
- Command Syntax Reference—指令语法参考。
- Developer Central—开发者中心。
- About—关于。
- Algorithms—算法。
- SPSS Inc—SPSS Inc 主页。
- Check for Updates—检查更新。

二、输出窗口

用户进行 SPSS 操作得出的结果将通过标有"Output1[Document1]"的输出窗口显示出来，如图 1-2-2 所示。输出窗口由五部分构成：菜单栏、工具栏、输出导航窗口、输出文本窗口和状态栏。

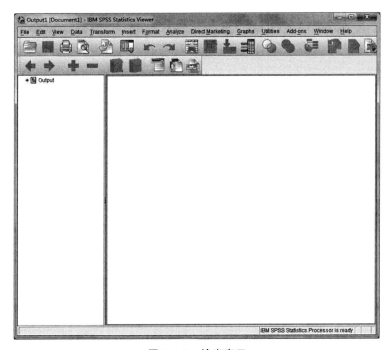

图 1-2-2　输出窗口

可以通过两种方法打开输出窗口。

方法1：使用Analyze菜单中的统计分析功能对数据进行统计分析后，系统会自动弹出输出窗口。如果操作成功，则显示分析结果；如果系统无法运行或出现错误，则在输出窗口中显示"出错信息"。

方法2：依次单击File→New→Output，则会在屏幕上出现一个输出窗口。用户可以同时打开多个输出窗口。

可以通过以下两种方法关闭输出窗口。

方法1：在输出窗口的菜单栏中依次单击File→Close/Exit。

方法2：单击输出窗口右上角的"×"形图标。如果输出窗口的信息未保存，系统会弹出对话框，提示用户是否保存。

1. 主菜单和工具栏

与数据编辑窗口相比，输出窗口的主菜单多了Insert和Format两个菜单项。Analyze、Graphs、Windows和Help中的功能项与数据编辑窗口中的功能项相同。与数据编辑窗口相比，输出窗口在以下几个菜单的功能项上存在不同。

（1）File菜单项：减少了保存所有数据（Save all Data）的功能，增加了页面属性（Page Attributes）和页面设置（Page Setup）等功能。

（2）Edit菜单项：增加了选择性复制（Copy Special）、之后粘贴（Paste After）、选择性粘贴（Paste Special）、删除（Delete）、选择所有（Select All）、选择（Select）、大纲（Outline）和编辑内容（Edit Content）等功能。

（3）View菜单项：增加了展开（Expand）、折叠（Collapse）、显示（Show）、隐藏（Hide）、概要尺寸（Outline Size）和概要字体（Outline Font）等功能。

（4）Insert菜单项：具有分页符（Page Break）、清除分页符（Clear Page Break）、新建标题/表头/页面标题/文本（New Heading/ Title/Page Title/Text）、文本文件（Text File）和图像（Image）等功能。

（5）Format菜单项：具有左对齐（Align Left）、居中（Center）和右对齐（Align Right）等功能。

（6）Utilities菜单项：具有关联自动脚本（Associate AutoScript）、创建/编辑自动脚本（Create/Edit AutoScript）和指定窗口（Designate Window）等功能。

工具栏中是各种常用功能命令的快捷方式。例如，打开文件、保存、打印、打印预览和撤销等。

2. 输出导航窗口

结果输出窗口的左半部是输出导航窗口，以树形结构展示输出结果的提纲。双击输出导航窗口中的Output选项，可以显示或隐藏提纲内容，单击Output选项下的分标题，输出文本窗口会自动转到标题对应的内容处。

3. 输出文本窗口

结果输出窗口的右半部是输出文本窗口，显示输出的结果信息，包括输出结果的标题、文本、表格和统计图等。可以采用 Edit 菜单中的各项功能对该部分进行编辑。

4. 状态行

输出窗口的最下面是状态行,分为 5 个区域:从左到右依次是① 信息区,可显示图标按钮的功能或对操作的信息指导;② 指定状态显示区,可用来判断指定窗口是否为主窗口,显示红色感叹号的为主窗口;③ 处理状态区,显示系统所处的状态,当软件处于运行状态时可显示所执行操作的名称;④ 观测量计数显示区;⑤ 显示被选中对象大小的面积显示区。

三、对话框

用户需要通过对话框与计算机进行对话,当单击各分菜单中的功能项时,如果不能一步完成操作,系统则会自动弹出对话框,给出选项供用户选择,如图 1-2-3。对话框的左半部分是变量表,给出了可以参与分析的变量名。其中,以"✎"标记的变量是数值型变量,以"♣"标记的变量是字符型变量。单击变量名选中某一变量后,再单击箭头可以将该变量送入右半部分变量分析表中进行统计分析。

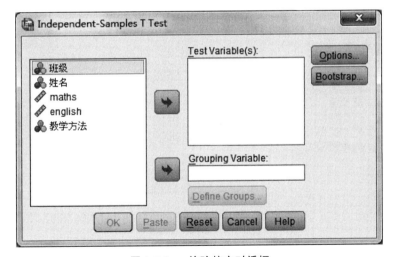

图 1-2-3　t 检验的主对话框

一般来说,对话框由按钮和选项构成。

1. 按钮

按钮的主要功能是激活选项,进行下一步操作。当操作可执行的时候,按钮为黑色;当操作不符合运行要求的时候,按钮为灰色,点击无效。按钮主要包括以下三类。

(1) 移动变量按钮。即带有方向箭头标志的按钮,如图 1-2-4 中变量表和变量分析表中间的箭头按钮,其功用是将变量从一个位置移动到另一个可能的位置。根据用户鼠标所点击变量下一步可能进行的操作,按钮上的箭头方向也相应发生改变。例如,单击选中 maths(数学成绩),然后单击移动按钮将其移动到因变量栏中,使其参与统计分析,或者点击选中已经移动到因变量栏中的变量,然后单击移动按钮,使其从选择参与分析的变量中移除。

(2) 进一步操作按钮。其功能是在当前对话框的基础上,打开下一级对话框,进行按钮名称所标志的下一步操作,其特点是按钮名称后面带有省略号。如图1-2-4中最右边的四个按钮。

(3) 执行功能按钮。执行功能按钮是指确认执行某一操作的按钮,包括以下几种:

• OK按钮:单击OK按钮即将用户所要求的操作交予系统执行。

• Paste按钮:单击该按钮把对话框中选择的操作自动转化为相应的程序语句,复制并显示到主语句窗口中。

• Reset按钮:清除用户在该对话框中所进行的一切操作,使对话框中的各项恢复到系统默认状态。

• Cancel按钮:取消打开对话框后所进行的各项操作,返回上一级窗口或对话框。

• Help按钮:打开帮助窗口,显示与当前对话框中各项相关的信息。

• Continue按钮:二级对话框中的按钮,单击该按钮确认在二级对话框中的操作,返回上一级对话框。

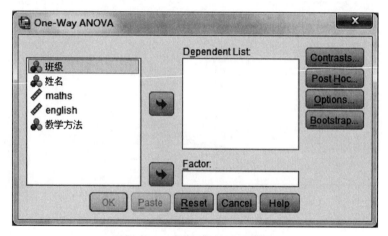

图1-2-4 对话框中的功能按钮

2. 选项

选项包括两种:单选项和复选项。

(1) 单选项。单选项是以空心圆圈开头的选项,如图1-2-5(a)所示。选中后,圆圈中心会出现一个黑点。对话框中常常给出多个并列的选项以供用户选择,用户必须选择其中的一项,而且只能选择其中的一项。当选择另一个选项的时候,前一个选项中的圆圈自动变为空心。

(2) 复选项。复选项是以方框开头的选项,如图1-2-5(b)所示。被选中后的复选项前面有√出现。可以同时选中多个复选项,也可以一项也不选,用户根据自己的需要做出选择。

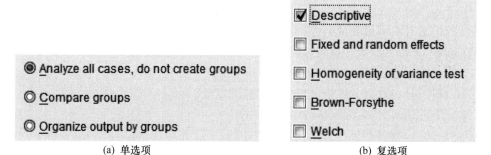

(a) 单选项　　　　　　　　　　　　(b) 复选项

图 1-2-5　单选项和复选项

四、系统参数设置

可以通过依次单击 Edit→Options 出现的对话框进行 SPSS 软件中各项参数的设置。参数设置对话框如图 1-2-6 所示。

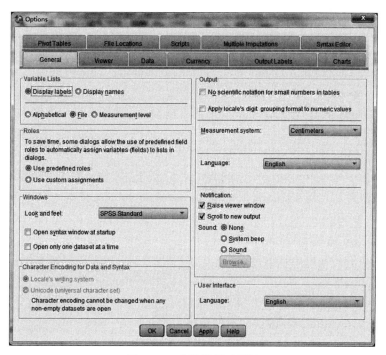

图 1-2-6　参数设置对话框

1. 基本参数设置

单击对话框中的 General 选项可进行基本参数的设置，见图 1-2-6。下面介绍一些常用参数的设置。

(1) Variable Lists：进行变量显示方式和显示顺序的设置。

- Display labels：显示标签选项，是系统默认的选项。如果选择此项，变量标签显示在前，在后面的中括号中显示变量名。
- Display names：显示变量名，选择此项，在各对话框的变量表中只显示变量名。
- Alphabetical：按变量名的字母顺序排列变量。
- File：按变量在数据文件中出现的顺序排列变量。
- Measurement level：按测量的水平排列变量。

需要注意的是，当前对显示方式和排列顺序的设置，在单击"确定"按钮后，再一次打开或者定义数据文件时才起作用。在对话框中，变量表中的变量按照设定的方式排列；而被选择进入变量分析表中的变量按照选择顺序排列。

(2) Roles：为节省时间，某些对话框允许使用预定义字段角色，以自动将变量（字段）分配到对话框的列表中。

- Use predefined roles：使用预定义角色。
- Use custom Assignments：使用定制分配。

(3) Windows：窗口设置，可改变窗口风格。

- Open syntax window at startup：在启动时打开语法窗口。
- Open only one dataset at a time：一次只能打开一个数据集。

(4) Character Encoding for Data and Syntax：数据和语法的字符编码。

- Locale's writing system：Locale 的写入系统。
- Unicode (universal character set)：通用字符设置，当打开非空数据集时，不可以更改字符编码。

(5) Output：输出。

- No scientific notation for small numbers in tables：表格中较小数值没有科学记数法。
- Apply locale's digit grouping format to numeric values：将本地数字分组格式应用到数值。
- Measurement system：测量系统。
- Language：进行输出语言选择。
- Notification：提示。
    - Raise viewer window：弹出浏览器窗口。
    - Scroll to new output：滚动到新的输出。
- Sound：声音。
    - None：无。
    - System beep：系统蜂鸣。
    - Sound：声音。

（6）User Interface：用户界面。
- Language：语言。

2. 输出窗口参数设置

在 Options 对话框中，单击 Viewer 选项，如图 1-2-7，可进行结果输出窗口的各种基本参数设置。下面介绍一些常用的设置。

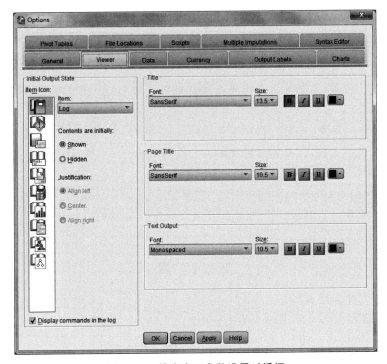

图 1-2-7　输出窗口参数设置对话框

（1）Initial Output State。在 Viewer 对话框的左侧是 Initial Output State（初始输出状态）设置栏，通过该栏可对输出状态进行设置。

这些图标从上到下依次是：Log（日志）、Warning（警告）、Notes（附注）、Title（标题）、Page Title（页面标题）、Pivot Table（枢轴表）、Chart（图表）、Text Output（文本输出）、Tree Model（树状模型）和 Model Viewer（模型浏览器）。在图标左侧的"Item"下拉菜单中选择图标后，在"Contents are initially"下通过选择其中的单选项 Shown（显示）或 Hidden（隐藏）来设置是否显示输出结果；然后在"Justification"下通过选择其中的单选项 Align left（靠左排列）、Center（居中排列）和 Align right（靠右排列）设置输出结果的排列方式。

（2）Title / Page Title / Text Output：在对话框右侧的 Title（标题）、Page Title（页面标题）以及 Text Output（文本输出）可对标题和输出文本的字形、字号和颜色进行设置。

本 章 小 结

基本概念

1. SPSS

SPSS(Statistical Package for Social Sciences)的中文译名为"社会科学统计软件包"。最初是美国 SPSS 公司开发的大型统计软件包。它集数据整理、分析和结果输出等功能于一身，是世界上应用广泛的优秀统计分析软件，现为 IBM 公司所有。

2. 数据编辑窗口

数据编辑窗口(Untitled1[DataSet0]-IBM SPSS Statistics Data Editor)是一个可以扩展的二维平面表格。SPSS 启动后就会出现在信息栏上标有 Untitled1[DataSet0](未命名)的数据编辑窗口，从上至下依次由菜单栏、工具栏、数据栏和状态栏等部分构成。数据栏界面由若干排成空格的行和列组成，每行对应一个被试的数据，每列对应一个变量。边框的颜色相对较深的单元格是当前单元格，在数据栏中可以进行数据编辑。

3. 输出窗口

输出窗口(Output1[Document1]-IBM SPSS Statistics Viewer)用于呈现统计分析结果。用户进行 SPSS 操作得出的统计分析结果将通过标有"Output1[Document1]"的输出窗口显示出来。

思 考 题

1. SPSS 具有什么特点？
2. SPSS 菜单栏中各分菜单的名称是什么？
3. 对话框由哪些部分构成，各部分的功能是什么？

练 习 题

1. 在计算机上练习打开和退出 SPSS。
2. 练习如何进入 SPSS 的系统参数设置界面。

推荐阅读参考书目

1. 卢纹岱，2006. SPSS for Windows 统计分析. 3 版. 北京:电子工业出版社.
2. 薛薇，2014. 统计分析与 SPSS 的应用. 4 版. 北京:中国人民大学出版社.
3. 袁淑君，孟庆茂，1995. 数据统计分析：SPSS/PC+原理及其应用. 北京:北京师范大学出版社.

2

数据文件的建立与编辑

教学导引

本章主要介绍建立与编辑 SPSS 数据文件的基本方法和步骤,包括变量定义、数据录入与编辑、数据整理,以及数据文件的各项操作。其中,根据已有变量建立新变量、对变量值重新编码、选择观测量、ASCII 码数据文件的转换、数据文件的拆分与合并、数据文件的转置等是常用的操作,所涉及的知识和操作步骤是进行其他统计分析的前提和基础,需要认真学习、深刻理解、熟练掌握。

第一节 数据编辑窗口概述

启动 SPSS,屏幕上出现标题为"Untitled1[DataSet0]- IBM SPSS Statistics Data Editor"的窗口,这就是 SPSS 的数据编辑窗口,如图 2-1-1 所示。

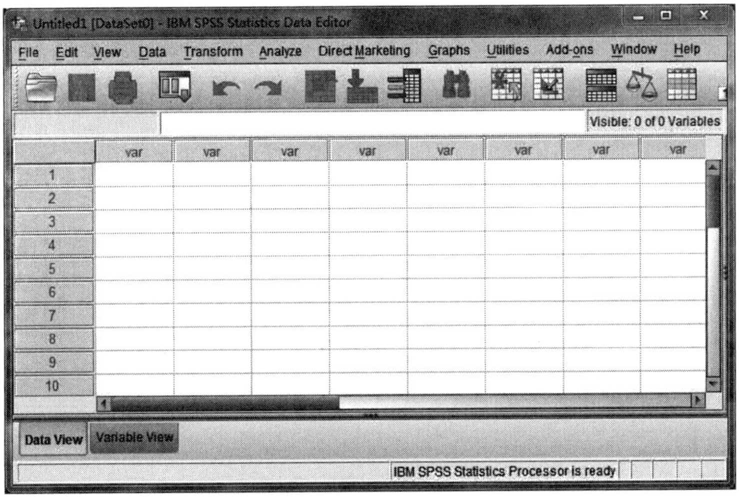

图 2-1-1 SPSS 数据编辑窗口

一、数据编辑窗口的组成

数据编辑窗口由以下四个主要部分组成。

• 标题栏：启动 SPSS 后，窗口最上方的标题为"Untitled1[DataSet0]"。如果打开一个已有的数据文件，标题栏则显示该数据文件的名称。

• 菜单栏：在标题栏下面，共有 12 个主菜单。SPSS 所有的统计分析功能及命令，都在这些主菜单中（详见第一章）。

• 工具栏：在菜单栏下方是 SPSS 数据编辑窗口的工具栏。这些工具以图标形式呈现。

• 数据编辑区：数据编辑窗口中的二维平面表格是数据编辑区。数据编辑区左下方有两个标签，Data View 和 Variable View，分别代表数据窗口和变量窗口，见图 2-1-2。在录入数据和定义变量时，可以通过点击鼠标在两个窗口之间进行切换。

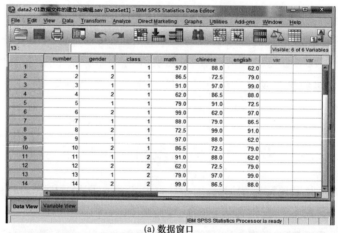

(a) 数据窗口

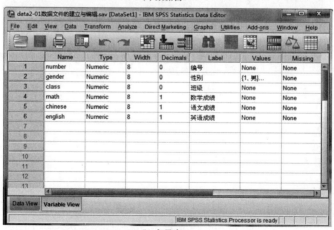

(b) 变量窗口

图 2-1-2　两种数据编辑窗口

二、数据编辑窗口的功能

数据编辑窗口的编辑功能通过 Edit 和 Data 菜单中的命令实现,主要功能见表 2-1-1 和表 2-1-2。

表 2-1-1 数据编辑窗口 Edit 菜单中的各项命令

命令	功能
Undo	撤销上一步操作
Redo	恢复上一步撤销的操作
Cut	剪切选定的数据到剪贴板
Copy	把指定的数据复制到剪贴板
Paste	把剪贴板中的数据粘贴到指定位置
Paste Variables	粘贴变量到指定位置
Clear	清除数据编辑窗口中选定的变量或观测量
Insert Variable	插入变量
Insert Cases	插入观测量
Find	查找数据
Find Next	查找下一个
Replace	替换
Go to Case	光标移动到指定观测量
Go to Variable	光标移动到指定变量
Go to Imputation	光标移动到错误处
Options	定义系统参数

表 2-1-2 数据编辑窗口中 Data 菜单中的各项命令

命令	功能
Define Variable Properties	定义变量属性
Set Measurement Level for Unknown	设置未知测量级别
Copy Data Properties	复制数据属性
New Custom Attribute	新建设定属性
Define Dates	定义与编辑一个日期变量或日期时间变量
Define Multiple Response Sets	定义多重响应集
Validation	验证
Identify Duplicate Cases	识别重复个案
Identify Unusual Cases	识别异常个案

(续表)

命令	功能
Sort Cases	按某变量值对观测量进行排序
Sort Variables	排序变量
Transpose	转置数据文件
Merge Files	合并数据文件(加入变量或加入观测量)
Restructure	重新构建数据文件
Aggregate	对数据进行分类与不分类的汇总
Orthogonal Design	正交设计
Copy Dataset	复制数据集
Split Files	拆分数据文件
Select Cases	选择观测量
Weight Cases	加权个案

第二节 定义变量和数据录入

一、定义变量

在输入数据之前,先要定义变量。定义变量就是定义变量名、变量类型、变量长度、小数位数、变量标签、值标签、缺失值处理、列宽、对齐方式、度量标准和角色。

打开数据文件 data2-01,定义变量的步骤如下:

1. 打开定义变量窗口

在数据编辑窗口中,单击 Variable View 标签,这时,窗口处于定义变量状态。如图 2-2-1 所示,每行定义一个变量。

2. 定义变量名

在 Name 列的空单元格中,单击单元格,输入变量名。例如,输入 number 作为变量名。回车后,在同行的各个单元格中,系统会自动给出变量的默认属性以及这些属性的值。这些属性分别是:Type(变量类型)、Width(变量宽度)、Decimals(小数位数)、Label(变量标签)、Values(值标签)、Missing(缺失值)、Columns(列宽度)、Align(对齐方式)、Measure(度量标准)、Role(角色)。

需要注意的是,在同一个数据文件中定义的变量不能重名;空格、运算符号和标点符号(如逗号等)是非法字符,不能出现在变量名中;其他字符,如汉字、英文字母、数字等则是合法字符,可以出现在变量名中。

3. 定义变量的类型、宽度和小数的位数

(1) 定义变量的类型。在 Variable View 窗口中,单击 Type 列的单元格,在默认值 Numeric 旁边即出现删节号。单击删节号,展开 Variable Type(定义变量类型)对话框,如图 2-2-2 所示。

2　数据文件的建立与编辑

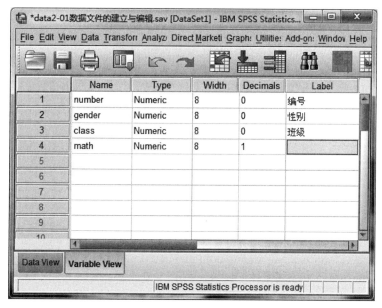

图 2-2-1　定义变量的窗口

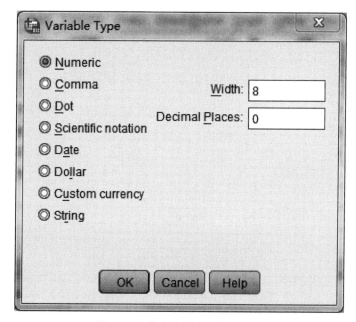

图 2-2-2　定义变量类型的对话框

在这个对话框的左半部，列有 8 种变量类型供选择。这 8 种变量类型从上至下分别为：Numeric（标准数值型）、Comma（带逗点的数值型）、Dot（逗点作小数点的数值型）、Scientific notation(科学记数法)、Date(日期型)、Dollar(带有美元符号的数值型)、Custom currency(自定义型)、String(字符串型)。选择其中一种类型后,单击 OK 按钮,返回 Variable View 窗口。常选的是 Numeric(标准数值型),String(字符串型变量)不能参与数据统计。

(2) 定义变量宽度和小数的位数。Width 栏中的数值是变量的总宽度。可以在单元格中直接输入合适的值,或者单击单元格右侧的上下箭头按钮,增加或减少变量的宽度值。Decimal Places 栏中的数值是小数位数。如果想改变其值,操作方法与对 Width 值的操作方法相同。

4. 定义变量的标签

定义变量标签是为了标记变量名的含义。操作方法是双击 Label 列中相应的单元格,输入简明的标记即可。例如,对于 gender 变量,就可以在 gender 所在行、Label 所在列的单元格中输入"性别",作为该变量的标签。

5. 定义与修改值标签

(1) 定义值标签。在 Variable View 窗口中,单击 Value 列对应的单元格,然后单击该单元格右侧出现的删节号按钮,展开 Value Labels 对话框,见图 2-2-3。在 Value 框中输入变量值,在 Label 框中输入对该值含义解释的标签。单击 Add 按钮,一个值标签就被加入下面的值标签列表框中。例如,对于 gender 变量,用户想要用数值 1 代表男性,数值 2 代表女性,则先在 Value 框中输入"1",接着在 Label 框中输入"男",单击 Add 按钮,列表框中就会显示1="男",这样,一个值标签就被定义好了。再用同样的方法定义第二个值标签,列表框中显示2="女",这样,所有的值标签就都定义完毕了。单击 OK 按钮,返回 Variable View 窗口。

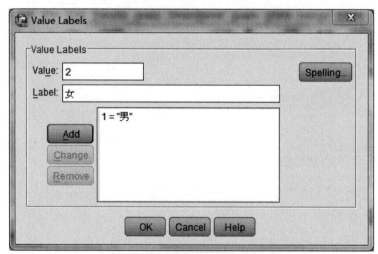

图 2-2-3 定义值标签的对话框

(2) 修改值标签。要修改变量的值标签,同样需要在 Value Labels 对话框中进行。操作步骤如下:

① 在值标签列表框中,单击要加以修改或删除的值标签表达式,这时,变量值和该值的标签会分别显示在 Value 框和 Label 框中,同时,Remove 按钮加亮。

② 如果想删除该值标签,则单击 Remove 按钮,该值标签就会从值标签列表框中删除。

③ 如果想修改该值标签,则在选择了值标签表达式后,在 Value 框中输入新的变量值,在 Label 框中输入新的标签,最后单击 Change 按钮即可。例如,选择列表中 2＝"女"的值标签表达式,并在 Value 框中将 2 改为 0,Label 框中的"女"不变,单击 Change 按钮。这样,在值标签列表框中,表达式就由原来的 2＝"女"变为 0＝"女",修改完成。

注意,一个值不能定义两个不同的标签;不同的值不能赋予相同的标签。

6. 定义用户缺失值

在 Variable View 窗口中,单击 Missing 列对应的单元格,然后单击右侧出现的删节号按钮,展开 Missing Values 对话框,见图 2-2-4。

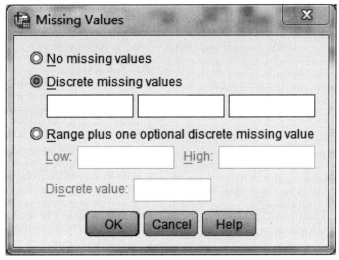

图 2-2-4　定义用户缺失值对话框

定义用户缺失值的类型有 3 种:

(1) No missing values(无缺失值):该类型是系统的默认类型。如果当前变量的值没有错误和遗漏,可以选择此项。

(2) Discrete missing values(离散缺失值):如果选择这种类型,可以在下面的 3 个矩形框中输入不超过 3 个可能出现的错误数值。如果在进行统计分析时,系统遇到了这几个数值,则作为缺失值处理。例如,对于 gender 变量,如果定义了 1 代表"男",2 代表"女",则系统会认为值 0、3、4 都是非法的。如果将这 3 个值分别输入到 3 个矩形框中,则当 gender 变量中出现这几个值时,系统将按缺失值处理。

(3) Range plus one optional discrete missing value(缺失值范围和附加的离散缺失值):如果选择这种类型,则下面的 Low 矩形框、High 矩形框和 Discrete value 矩形框都将加亮。用户可以在 Low 矩形框中输入一个值,作为缺失值范围的下限;在 High 矩形框中输入另一个值,作为缺失值范围的上限。这样,如果相应变量中的某个数据值处于这两个值的范围之中,则会被当作缺失值处理。

除了限定缺失值的范围外,用户还可以在 Discrete value 矩形框中输入一个值,作为这个范围外附加的缺失值。例如,如果定义变量 math(数学成绩)的值中输入的错误数据有 59、100、105 和 110,而正确值在大于 60 和小于 100 的范围内,则用户就可以在 Low 矩形框中输入 100,在 High 矩形框中输入 110,在 Discrete value 矩形框中输入 59,最后单击 OK 按钮即可。

7. 定义变量的显示格式

(1)定义显示用的列宽度。在 Variable View 窗口中,单击 Columns 列下的单元格,输入用户需要的列宽度值。或者单击单元格右侧的上下箭头按钮,在系统默认值的基础上,增加或减少列宽度值,如图 2-2-5(a)所示。

(a)列宽　　　(b)对齐方式　　　(c)度量标准

图 2-2-5　定义变量的列格式和度量标准

(2)定义显示时的对齐方式。在 Variable View 窗口中,Align 列下的单元格右侧有一个向下箭头。单击该箭头,在下拉列表中选择一种对齐方式。有 3 种对齐方式可以选择:Left(左对齐)、Center(居中对齐)、Right(右对齐),见图 2-2-5(b)。

8. 定义变量的度量标准

在 Variable View 窗口中,Measure 列下的单元格右侧有一个向下箭头。单击该箭头,可在下列 3 种度量标准中选择一种,见图 2-2-5(c)。

(1)Scale(定距数据):对有相等单位的变量,或者有相等单位,同时还具有绝对零点的变量,均选择此项。如测验成绩、反应时等。

(2)Ordinal(定序数据):对那些数值只表示顺序,而无相等单位的变量,选择此项。如序号、能力等级等。可以是数值型变量,也可以是字符型变量。

(3)Nominal(定类数据):对名称变量,选择此项。如性别、班级等。可以是数值型变量,也可以是字符型变量。

9. 确认全部定义的属性

按照以上步骤,用户就可以完整地定义一个变量的所有属性了。接着,用户可以重复上述操作,定义其他变量的属性。当定义完所有变量后,就可以按 Data View 标签,切换到数据编辑窗口,录入数据。

二、数据录入与编辑

1. 录入数据

用户定义完所有的变量后,按 Data View 标签,就切换到了数据编辑窗口。在数据编辑区中,顶部标有变量名,左侧标有观测量序号。

(1)输入数据。单击选中的单元格,该单元格被激活。在其中输入数据,输入后回车或按向下移动光标键,输入同列下一个单元格的数据。按 Tab 键或按向右移动光标键,激活右面一个单元格,输入同行右侧单元格中的数据。

可以使用键盘对单元格进行激活和定位,方法如表 2-2-1 所示。

表 2-2-1 数据编辑窗口中的操作

键盘操作	光标移动(单元格定位)	滚动条操作		窗口移动
↑	向上到同列上一个单元格	纵向	上箭头	窗口上移一行
↓	向下到同列下一个单元格		下箭头	窗口下移一行
Pg Up	向上移动一屏		上箭头与移动块间	向上移动窗口大小一屏
Pg Dn	向下移动一屏		下箭头与移动块间	向下移动窗口大小一屏
→或 Tab 键	向右移动一个单元格		上下拖动滚动块	窗口不定量上下移动
←或 Shift+Tab 键	向左移动一个单元格	横向	右箭头	窗口右移一列
Home	向左到同行行首单元格		左箭头	窗口左移一列
End	向右到同行行尾单元格		左右拖动滚动块	窗口不定量左右移动

(2) 显示值标签。在工具栏中,单击 Value Labels 图标按钮,则该按钮会显示成被按下去的状态。在这种情况下,如果某个变量已经被定义了值标签,则当输入一个变量值时,该变量所在列的单元格的右侧就会出现一个向下的箭头。单击向下的箭头,就可以在下拉列表中选择一个定义过的值标签。而在非输入状态下,只要按下该图标按钮,所有定义了值标签的变量均显示值标签。图 2-2-6 是变量 gender 显示值标签的状态。

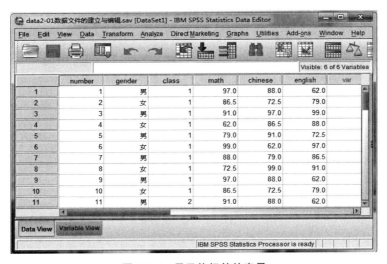

图 2-2-6 显示值标签的变量

2. 编辑数据

如果想要改变某个数据,只要激活该数据所在的单元格,重新输入数据即可。

(1) 显示指定序号的观测量。

执行 Edit→Go to Case 命令,或单击工具栏上 ![icon] Go to Case 图标按钮,打开 Go to Case

对话框,见图 2-2-7(a)。在 Go to Case 对话框中输入要查找的观测量序号,例如"21",单击 OK 按钮,则第 21 个观测量即显示在数据窗口的第一行,Go to Variable 同理。如图 2-2-7(b) 所示。

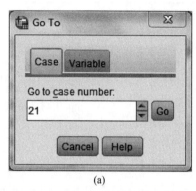

(a)

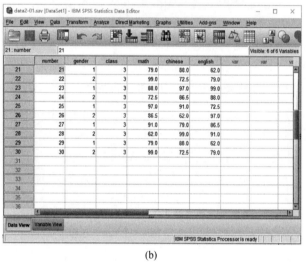

(b)

图 2-2-7　查找观测量与结果

（2）查找指定变量中的指定数据。

下面举例说明查找变量 Chinese 值为 86.5 的观测量。

① 打开数据文件 data2-01,单击 Chinese 变量所在的列中的任意一个单元格。

② 执行 Edit→Find 命令,或单击工具栏上 Find Data 图标按钮,打开 Find Data 对话框,这时,对话框标题栏会显示这个变量的变量名。见图 2-2-8(a)。

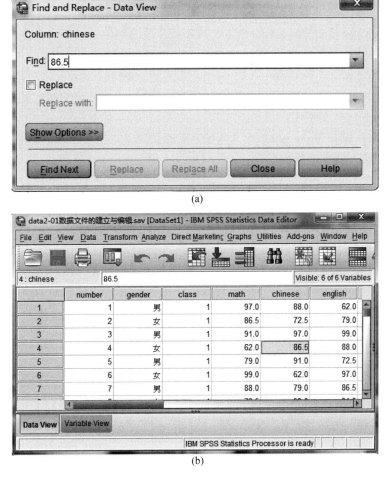

图 2-2-8　查找数据对话框及查找结果

③ 在 Find 矩形框中输入 86.5,即要查找的变量数值。

④ 按 Find Next 按钮,则向观测量序号大的方向查找;按 Stop 按钮,则中断查找。查找结果见图 2-2-8(b)。注意,该对话框是非标准对话框,不能自动返回到数据编辑窗口,按 Cancel 按钮,关闭对话框。

如果需要继续查找另一个变量的某个值,无需关闭 Find Data 对话框后再重新打开,而只需要在数据编辑区中单击这个变量名,Find Data 对话框的标题栏就会显示出这个变量的变量名。这样,只要在 Find 框中输入要查找的数据即可。

(3) 插入一个变量。

如果在现有数据文件中最后一个变量的后面再增加一个变量,只要单击 Variable View 标签,切换到变量定义窗口,在最后一个变量的下面一行,定义这个新变量即可。

如果想把要定义的变量放在已经存在的变量之间,就是插入一个变量,则按照如下步骤进行:

① 在 Data View 窗口中,将光标置于要插入新变量的列中任意单元格上,单击鼠标左键。或者,在 Variable View 窗口中,单击新变量要占据的那一行的任意位置。

② 执行 Edit→Insert Variable 命令,或单击工具栏上 Insert Variable 图标按钮,在选定的位置上就会插入一个变量名为"var0000n"的变量,其中"n"是系统给的变量序号。原来占据此位置的变量及其后的变量依次后移。

③ 切换到 Variable View 窗口,定义新插入变量的属性(包括更改变量名)。然后,切换到 Data View 窗口输入该变量的数据。

(4) 删除一个变量。

如果要删除一个变量,则单击要删除变量的变量名,这时,该变量所在列的全部单元格会反向显示(即表格显示为黄色,数字为黑色)。接着,执行 Edit→Clear 命令,则选中的变量就会被删除。

(5) 插入一个观测量。

如果需要插入一个观测量,可以单击要插入观测量所在一行的任意单元格。执行 Edit→Insert Case 命令,或单击工具栏上 Insert Cases 图标按钮。这样,在选中的那一行上方,就会增加一个空行,用户可以在此行中输入该观测量的各变量值。

(6) 删除一个观测量。

如果要删除一个观测量,则单击选定的行号,这时,该行全部单元格会反向显示。接着,执行 Edit→Clear 命令,则选中的观测量就会被删除。

(7) 变量(或观测量)的移动和复制。

首先,选择要移动或复制的变量或观测量。在 Data View 窗口中,单击变量名就选择了一个变量;单击行号就选择了一个观测量。

如果要移动一个变量(或观测量),只要在选择移动的对象后,单击 Edit 菜单中 Cut 命令,找到插入的位置,然后再单击 Edit 菜单中 Paste 命令,就将原来的变量(或观测量)移动到新位置上了。

如果要复制观测量,只要选择欲复制的对象,然后单击 Edit 菜单中 Copy 命令,找到复制的位置,然后再单击 Edit 菜单中 Paste 命令,就可以了。注意,只有观测量可以复制,变量不能复制,因为变量不允许同名。

(8) 恢复删除或修改前的数据。

如果想撤销前一步操作,只要使用 Edit 菜单中的 Undo 命令即可。也可以单击工具栏中的 Undo 图标按钮来实现撤销操作。如果想恢复撤销前的状态,只要单击 Edit 菜单中的 Redo 命令或单击工具栏中的 Redo 图标按钮。

第三节 数据整理

一、根据已有的变量建立新变量

在进行数据的分析处理时,常常需要根据已有的变量建立新变量。这项工作可以通过 Compute 命令来完成。以数据文件 data2-01 为例,要根据数学、语文、英语三项能力测验的测验成绩计算出总成绩,并使其作为一个新变量出现在数据中,操作步骤如下。

1. 打开文件

打开数据文件 data2-01,执行 Transform→Compute Variable 命令,打开如图 2-3-1(a)所示的 Compute Variable 对话框。

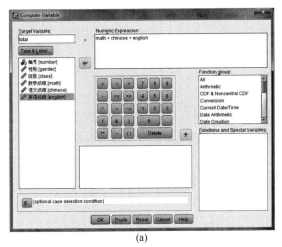

(a)

(b)

图 2-3-1 计算新变量值对话框

2. 目标变量

在 Target Variable 框中输入目标变量的名称,用来接收计算的值。目标变量名可以是一个新的变量名,或者是一个定义过的变量名。如果是新变量,单击 Type & Label 按钮,展开定义新变量类型和标签的对话框,如图 2-3-1(b)所示。在该对话框中有两栏,其中:

(1) Label 栏,为新变量指定标签。

- Label 选项,可在该框中输入不超过 120 个字符的标签说明。
- Use expression as label 选项,利用表达式的前 110 个字符作为标签。

(2) Type 栏,为变量指定类型。Numeric 为数值型,String 为字符型,用户可以在 Width 矩形框中输入字符串的宽度。

在本例中,目标变量名称为 total,标签为"总成绩"。

3. 数学表达式

在 Numeric Expression 框中输入合理的数学表达式。在对话框的软键盘中,包含常数、数学运算符、关系表达符号和逻辑运算符。用户可以利用鼠标或键盘,在数学表达式框中进行相应的编辑操作,方法如下:

(1) 在左面的矩形框中单击原始变量的变量名,再单击向右箭头按钮,将其移入表达式框中。

(2) 在软键盘上选择数字或运算符,单击后出现在表达式框中。

(3) 在函数框中选择需要的函数,单击选中的函数,然后单击向上箭头按钮,将函数移入表达式中。

(4) 按(1)所示的方法,选择自变量并单击向右箭头按钮,使其置于函数的括号之中,代替括号中表示自变量的问号。

4. 表达式的组成规则

(1) 字符串常量必须用双引号或单引号括起来,例如 Name="zong"。如果字符串常量包括单引号,那么必须用双引号括起来。

(2) 自变量必须放在函数名后的括号中。

(3) 每一个关系表达式必须单独完成。

(4) 圆点"."是表达式中唯一合法的小数点符号。

在本例中,由于要计算数学、语文、英语三项能力测验的总成绩,因此,条件表达式为"math+chinese+english"。

5. 条件表达式

当采用不同的表达式并用不同特点的观测量计算新变量的值时,新变量的数值需要分步进行计算。在 Compute Variable 对话框中确定计算部分新变量值的表达式后,再利用条件表达式选择观测量。对使条件表达式值为真的观测量,使用 Compute Variable 对话框中确定的表达式计算新变量的值。对那些使条件表达式为假或缺失的观测量,新变量的值或为缺失值,或保持不变。

(1) 在 Compute Variable 对话框中单击 If 按钮，打开 Compute Variable:If Cases 条件表达式窗口，如图 2-3-2 所示。

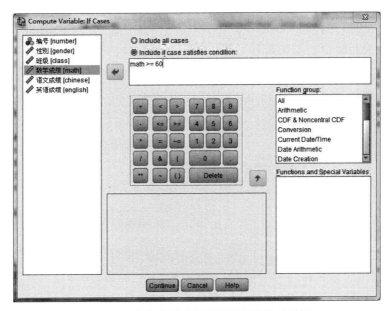

图 2-3-2　根据条件选择观测量子集的对话框

(2) 根据需要选择下列选项：

• Include all cases 选项，即包括所有观测量，这是默认选项。如果选择此项，则对所有观测量都使用 Compute Variable 主对话框中的计算表达式来计算新变量的值。

• Include if case satisfies condition 选项，只对满足条件表达式的观测量才计算新变量的值。选择了此项，就会激活其下面的矩形框，用户就可以在这个矩形框中输入条件表达式，操作方法与在主对话框中输入计算表达式的方法相同。

(3) 条件表达式规则：

• 大多数的条件表达式至少要包括一个关系运算符，并且可以通过关系运算符来连接多个条件表达式。例如，"math ＞＝60"表示只有 math 大于等于 60 的观测量才会被选择。

• 逻辑运算符连接的两个关系表达式必须完整。例如，"math ＞＝60 & math ＜＝85"合规，而"math ＞＝60 & ＜＝85"则不合规。

(4) 单击 Continue 按钮表示确认输入的条件表达式并返回主对话框。

(5) 单击 OK 按钮，对符合 Compute Variable:If Cases 对话框中设置的条件的观测量，按主对话框中确定的计算表达式计算新变量的值。

二、观测量的排序与排秩

1. 观测量的排序

在进行数据处理的过程中,有时需要按照某个或某些变量值的顺序,重新排列观测量在数据文件中呈现的先后顺序。步骤如下:

(1) 执行 Data→Sort Cases 命令,打开 Sort Cases 观测量排序对话框,如图 2-3-3。

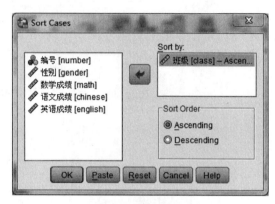

图 2-3-3　观测量排序对话框

(2) 在左侧的变量框中选择排序变量,再单击向右箭头,将其移入右面的 Sort by 框中。

如果选择了不止一个排序变量,那么列于首位的称之为第一排序变量,其后的顺序分别被称为第二排序变量、第三排序变量……这样排序的结果是:观测量先按第一排序变量的值排列观测量,在第一排序变量的值相等的观测量组,按第二排序变量的值排列观测量,依次类推。如果排序变量是字符型的,则排序按拼写的字母 ASCII 码顺序排列。

(3) 确定排序的方式,即根据变量顺序进行排列。

① 在 Sort by 框内选择一个排序变量。

② 在 Sort Order 栏内选择以下一种排序方式:

- Ascending 选项:按所选择排序变量的升序排列。
- Descending 选项:按所选择排序变量的降序排列。

(4) 单击 OK 按钮,即可完成排序工作。

2. 观测量的排秩

在当前数据文件中产生秩变量的操作步骤如下:

(1) 执行 Transform→Rank Cases 命令,展开 Rank Cases 对话框,如图 2-3-4。

(2) 在左侧的变量框中选择至少一个变量,移入右侧的 Variable(s) 框中。

(3) 在 Assign Rank 1 to 栏中选择秩的排列方式:

- Smallest value:定义 1 为最小的数值的秩。
- Largest value:定义 1 为最大的数值的秩。

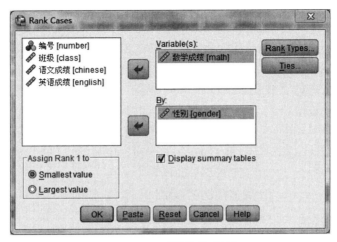

图 2-3-4 观测量排秩对话框

(4) 用户可以选择一个或多个分组变量进入 By 框中,系统将按 By 变量值分组排秩。

(5) Rank Types 获得秩的其他方法。单击 Rank Types 按钮,打开 Rank Types 对话框,如图 2-3-5 所示。在该对话框中选择数据文件中生成新变量(秩变量)值所代表的统计量含义。

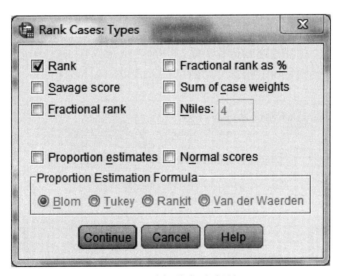

图 2-3-5 选择秩类型对话框

① Rank:数据文件中,新变量的值就是秩,这是默认方式。新变量名为用以排秩的变量名前冠以"r"。

② Savage score:秩变量的值是依据指数分布所得原始分数,新变量名为原变量名前冠以"s"。

③ Fractional rank：秩值为原秩变量的秩除以非缺失值观测量的权重之和。
④ Fractional rank as %：秩值为其秩除以所有合法值的观测量数目之和乘以 100。
⑤ Sum of case weights：秩值等于各观测量权重之和。在同组中新变量值是个常数。
⑥ Ntiles：分段排秩。在参数框中输入分段数，分段数必须是大于 1 的整数。某一观测量的秩值是按该观测量占的百分位数的位置来决定的。例如：如果输入的数值为 4，那么低于 25% 的观测量数值将被赋值为 1，位于 25%～50% 的观测量数值将被赋值为 2，位于 50%～75% 的观测量数值将被赋值为 3，高于 75% 观测量数值将被赋值为 4。
⑦ 选择 Proportion estimates 和 Normal scores 选项后，可以进一步选择累计比和计算公式。

- Proportion estimates：比例估计选项，是与一个特别秩的分布的累计比估计。
- Normal scores：正态分数选项，即与估计累计比相应的 Z 分数。

选择了以上比例估计类型后，还可以通过下面矩形框中的选项进一步指定计算公式，即在 Proportion Estimation Formula 栏中进行选择。

- Blom：由公式 $(r-3/8)/(w+1/4)$ 决定，其中，w 为观测量的权重之和，r 为秩。此项为默认设置。
- Tukey：由公式 $(r-1/3)/(w+1/3)$ 决定，其中，w 为观测量权重之和，r 为秩。
- Rankit：由公式 $(r-1/2)/w$ 决定，其中，w 为观测量权重之和，r 为序列，范围从 1 到 w。
- Van der Waerden：由公式 $r/(w+1)$ 决定，其中，w 为观测量权重之和，r 为秩。

（6）确定结的秩。相同的观测值称为结。结的秩次可以在 Rank Cases：Ties 对话框中设定。在主对话框中单击 Ties 按钮，展开结对话框，如图 2-3-6 所示。

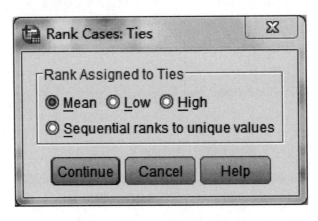

图 2-3-6 结对话框

- Mean：相同值的秩取平均值。
- Low：相同值的秩取最小值。

- High：相同值的秩取最大值。
- Sequential ranks to unique values：相同值的秩取第一个出现的秩次值，其他观测量秩次顺序排列。

（7）Display summary tables：选中此项，要求在输出窗口中显示新变量的名称、标签、秩类型等总结性的信息，这是默认设置，可单击此项，输出窗口不显示这些信息。

（8）单击 OK 按钮，根据指定的变量、分组变量及其他选项计算秩，并生成新变量。

三、对变量值重新编码

Transform 菜单中的 Recode into Same Variables 命令、Recode into Different Variables 命令和 Automatic Recode 命令可以对多个类型相同的变量重新编码，生成新变量。新变量的值是重新编码的结果，也可以用新代码代替原始变量。其中，前两个命令允许在编码过程中进行人为干预，Automatic Recode 命令是自动重新编码。

1. 使用 Transform 命令重新编码

（1）执行 Recode into Same Variables（对一个变量重新编码，结果代替原始数据）或 Recode into Different Variables（生成新变量，变量的值是编码的结果），对话框如图 2-3-7 所示。

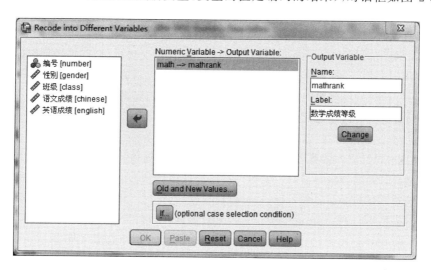

图 2-3-7　重新编码到不同变量对话框

（2）从左侧的变量列表中，选择要重新编码的变量，移入 Numeric Variable→Output Variable 框中。然后在右侧 Name 栏内输入新变量名，在 Label 栏内输入新变量标签。

（3）单击 Old and New Values 按钮，展开 Recode into Different Variables：Old and New Values 对话框，见图 2-3-8。左侧的 Old Value 栏，是给出原变量值或取值范围的区域，每选择一项，就在右边的 New Value 栏中选择一项。

① Old Value 栏中选择并给出原始变量的值或取值范围。

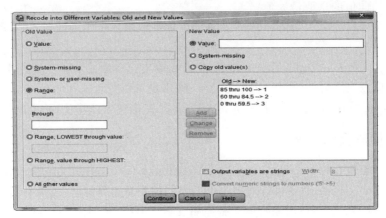

图 2-3-8　定义新变量值对话框

- Value:输入单个值。
- System-missing:为系统缺失值。
- System or user-missing:为系统缺失值或用户缺失值。
- Range through:在两个框中给出最低和最高两个值,定义这个区间内的所有值。
- Range,LOWEST through value:给出一个值,定义小于等于这个值范围内的值。
- Range,value through HIGHEST:给出一个值,定义大于等于这个值范围内的值。
- All other values:定义前面所有定义没有包括的值。

② New Value 栏中,根据 Old Value 栏中的值,给出新代码。

- 在 Value 框针对 Old Value 给出的值,输入对应的新代码的值。
- System-missing 选项,将 Old Value 给出的值定义为缺失值。
- Copy old value(s)选项,新代码与 Old Value 给出的值相同。

如果要按不同情况分组定义,还应该单击 If 按钮进行设定。有关操作方法见本节第一部分中有关 If 表达式的设定。

(4) 定义结束,单击 Continue 按钮,返回主对话框,单击 OK 按钮。

下面以数据 data2-01 为例,说明 Recode 命令的操作。打开数据文件 data2-01。

① 编码要求:对数学成绩 math 重新编码,将其分为三等。第一等(优秀):85—100 分;第二等(及格):60—84.5 分;第三等(不及格):0—59.5 分。对应的新变量名为 mathrank,标签为"数学成绩等级"。

② 操作方法:

• 执行 Transform→Recode into Different Variables 命令,打开对话框。将 math 移入 Numeric Variable→Output Variable 框中。在 Name 矩形框中输入新变量名 mathrank,在 Label 矩形框中输入新变量的标签:数学成绩等级,单击 change 按钮,如图 2-3-7。

单击 Old and New Values 按钮,展开相应对话框,定义新、旧变量对应关系。

• 在 Old value 栏中选择 Range through,输入值 85 和 100,在 New value 栏的 value 中

输入1。单击 Add 按钮。接着,继续在 Range through 的两个矩形框中分别输入 60 和 84.5, 再在 New value 栏的 value 中输入 2。单击 Add 按钮。最后,在 Range through 的两个矩形框中分别输入 0 和 59.5,再在 New value 栏的 value 中输入 3。单击 Add 按钮。如图 2-3-8。

- 定义完成,单击 Continue 按钮,返回主对话框,单击 OK 按钮,提交运行,结果见数据 data2-02。

2. 使用 Automatic recode 自动重新编码

如有以下情况,需要使用 Automatic recode 自动编码功能对数据进行预处理:

- 原始分类变量的分类值不是等间隔的。
- 有的分析过程要求参与分析的分类变量必须是数值型的,不能是字符型的,需要转换。某些分析过程要求分类变量值是整数。

以数据文件 data2-01 为例,介绍 Automatic recode 自动重新编码的方法。打开数据文件 data2-01。假如想将语文成绩 chinese 变量转换为一个具有等间隔分类值的分类变量 chineserank,以便进行接下来的分析处理,则需要将 chinese 变量进行自动编码。操作方法如下:

(1) 执行 Transform→Automatic Recode 命令,展开 Automatic Recode 对话框,见图 2-3-9。

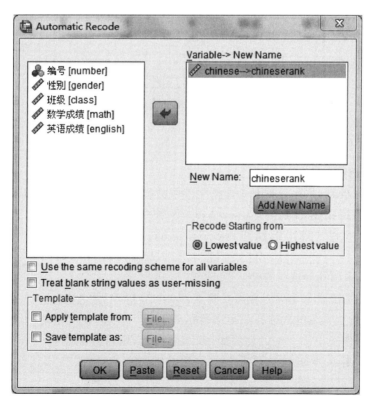

图 2-3-9 自动编码对话框

（2）将要自动编码的变量 chinese 移入右面的 Variable→New Name 栏，在下面的 New Name 栏输入新变量名 chineserank，单击 Add New Name 按钮，Variable→New Name 栏中则会显示出新旧变量名的对应关系：chinese→chineserank。在 Recode starting from 栏中选择 Lowest value 表示从最小值开始编码。当然，也可以选择 Highest value 从最大值开始编码。单击 OK 按钮。在输出窗口中就会显示出编码结果，如图 2-3-10 所示。

（3）Template：模板。保存和应用模板。Apply template from：从文件应用模板。Save template as：保存模板。

```
chinese into chineserank（语文成绩）
Old Value   New Value   Value Label

   62.0         1         62.0
   72.5         2         72.5
   79.0         3         79.0
   86.5         4         86.5
   88.0         5         88.0
   91.0         6         91.0
   97.0         7         97.0
   99.0         8         99.0
```

图 2-3-10　自动编码输出结果

四、观测量的选择与加权

1. 观测量的选择

在进行统计分析时，往往只需要对数据文件中的部分观测数据进行分析，这就要对观测数据进行选择。以数据文件 data2-01 为例，选择观测数据的操作方法如下：

（1）打开数据文件 data2-01，执行 Data→Select Cases 命令，打开选择观测量的主对话框，如图 2-3-11 所示。

（2）Select 栏中的几种选择方法：

① All cases：系统默认选项。全部观测量都参与分析，不做选择。

② If condition is satisfied：选择满足条件的观测量。单击 If 按钮，打开设置选择条件对话框，设置选择条件。见图 2-3-12。例如，只选择男性，则将左侧变量列表中 gender 变量移入条件编辑栏，接着在操作框中键入"=1"，完成"gender=1"表达式。然后单击 Continue 按钮。

2　数据文件的建立与编辑

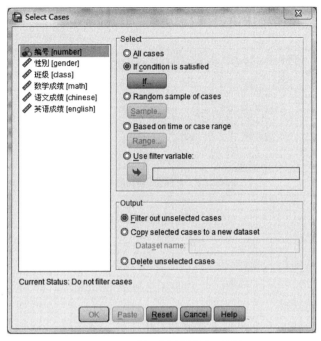

图 2-3-11　选择观测量的主对话框

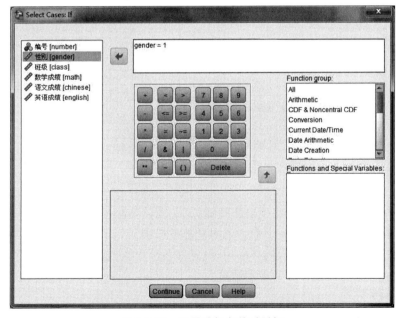

图 2-3-12　设置选择条件对话框

③ Random sample of cases:对数据文件中的观测量进行随机采样。单击 Sample 按钮,展开如图 2-3-13 的二级对话框。有两种采样方法,选择其中一种。

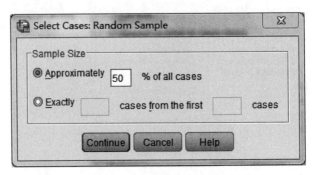

图 2-3-13　随机采样对话框

- 按给定的百分比近似选择。在 Approximately 框中输入百分比数值。
- 在指定范围内随机选择给定数目的观测量。在 Exactly 框中输入样本量 n_1,在 cases from the first 框中输入一个小于或等于全部观测量数的数值 n_2。选择观测量是从前 n_2 个观测量中选择出 n_1 个观测量。

此方法属于重复采样,一个观测量可能被选中不止一次,因此,样本量与全部观测量之比近似等于给定的百分比,或近似等于指定的样本量数值。

④ Based on time or case range:根据时间或数据范围选择,打开如图 2-3-14 的对话框,输入第一个观测量序号和最后一个观测量序号,给定范围之内的观测量被选中。

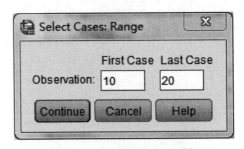

图 2-3-14　按范围选择对话框

⑤ Use filter variable 选项,使用过滤变量,从左面的变量栏中选择一个数值型变量作为过滤变量,过滤变量值不是 0 或缺失值的观测量都被选中。

以上 5 种选择方法是单选项,选择一种,设置好条件参数,返回主对话框。

(3) 在 Output 栏中,选择所呈现的结果。

- Filter out unselected cases:过滤掉未选中的个案。
- Copy selected cases to a new dataset:将选定个案复制到新数据集。
- Delete unselected cases:删除未选定个案。

(4) 参数设置完成,单击 OK 按钮,选择完成。

2. 观测量的加权

在某些统计分析中,需要对观测量进行加权处理。定义加权变量可以选择 Data 菜单中的 Weight Case 命令来实现。

在选择加权变量时应该注意以下三点:权重变量中含有零、负数或缺失值的观测值不能进入分析;分数权重值有效;一旦定义了权重变量,那么它将一直有效,直到取消权重变量的定义,或者定义了其他的权重变量。定义权重变量的操作如下:

(1) 执行 Data→Weight Cases 命令,打开 Weight Cases 对话框,如图 2-3-15 所示。

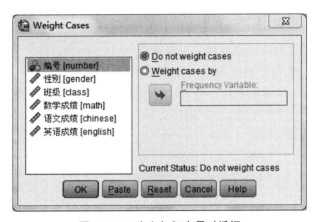

图 2-3-15　定义加权变量对话框

(2) 选择是否对观测量进行加权处理:

• Do not weight cases 选项是系统默认状态,表示对数据不做加权处理,不用定义权重变量。

• Weight cases by 选项,选择此项表示对观测量作加权处理。

(3) 选择加权变量。从左边变量框中选择一个变量,作为权重变量,送入 Frequency Variable 框中。

(4) 单击 OK 按钮,权重变量定义完成。

第四节　数据文件操作

一、打开与保存数据文件

1. 打开一个已有的数据文件

执行 File→Open→Data 命令,或单击工具栏上的 图标按钮,打开 Open Data 对话框,见图 2-4-1。在"查找范围"框中指定文件保存位置。数据文件类型为 *.sav。找到或输入要打开的数据文件,双击即可。

在 Open Data 对话框中,单击"文件类型"框内向下箭头,展开 SPSS 允许打开的文件类型列表。数据文件的类型大致有以下几种:
- SPSS Statistics(*.sav):SPSS 建立的数据文件,扩展名为"*.sav"。
- SPSS/PC+(*.sys):SPSS/PC 或 SPSS/PC+ 建立的语句文件,扩展名为"*.sys"。
- Systat(*.syd、*.sys):Systat 建立的数据文件扩展名为"*.syd",或语句文件,扩展名为"*.sys"。
- Portable(*.por):用 SPSS 简便格式保存的数据文件。
- Excel(*.xls):Excel 建立的表格数据文件。SPSS 可以直接打开 Excel 电子表格文件。
- Lotus(*.w*):用 Lotus 1-2-3 格式写的数据文件。可以是 1A 版、2 版、3 版 Lotus1-2-3 记录的数据文件。它的一行转换成一个观测量,变量是一列。
- Sylk(*.slk):用 Sylk 格式保存的数据文件。
- dBase(*.dbf):数据库格式文件,扩展名为"*.dbf"。可以是各种版本 dBase 或 FoxBase 建立的数据库文件。一个记录转换成数据窗口中的一个观测量。
- SAS(*.sas7bdat、*sd7、*.sd2、*ssd01、*ssd04、*xpt):由 SAS 软件处理产生的数据文件。
- Stata(*.dta):用 Stata 格式保存的数据文件。
- Text(*.txt、*.dat):纯文本数据文件。
- All Files(*.*):所有文件。

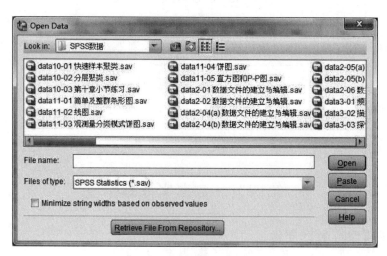

图 2-4-1　打开数据文件对话框

2. 保存数据文件

保存数据文件可以执行 File→Save 或 File→Save As 命令。SPSS 数据文件可以选择不同的变量,保存为不同的文件。一般来说,可以打开的文件类型,都是可以保存的,但大部分会丢失变量标签和值标签。当保存为文本文件时有以下两种类型:

• Tab-delimited(*.dat):保存为 ASCII 码文件,用制表符作为两个观测量之间的分隔符。如果一个软件不能读取其他任何格式的数据文件,可以使用此种格式保存数据。但在将数据保存为此种格式文件的同时,变量标签、值标签、缺失值定义均丢失。

• Fixed ASCII(*.dat):保存为"固定列"格式的 ASCII 码文件。

3. 保存部分变量

执行 File→Save As 命令,打开 Save Data As 主对话框,见图 2-4-2。在"保存在"下拉框中设置保存位置,在"文件名"框中输入文件名,数据可保存为多种格式,如 *.sav、*.sys、*.por、*.dat、*.csv、*.xls 等。

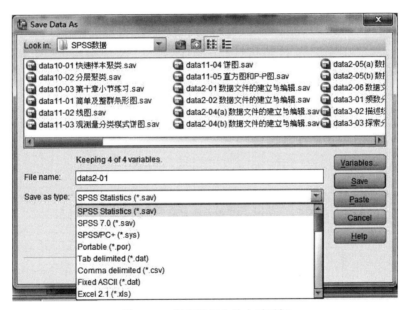

图 2-4-2　保存数据文件主对话框

单击保存对话框中的 Variables 按钮,打开保存变量对话框,见图 2-4-3。在该对话框中,选择要保存的变量。系统默认 Keep All(即全部保存),所有变量名前都标有☑。只有标有☑的变量才会被最终保存到文件中。选择要保存的变量,单击 Continue 按钮,返回 Save As 主对话框。再单击保存按钮,完成保存部分变量的操作。

4. 将 SPSS 数据文件另存为 ASCII 码数据文件

打开数据文件 data2-01。文件中有 6 个变量:number(编号)、gender(性别)、class(班级)、math(数学成绩)、chinese(语文成绩)、english(英语成绩)。将其保存为固定格式的 ASCII 码文件的操作步骤如下:

(1) 执行 File→Save As 命令,展开 Save As 对话框。

（2）在 Save As 对话框中选择存储文件的位置,在"文件名"矩形框中输入文件名,在"保存类型"矩形框中选择 Fixed ASCII。然后,单击"保存"按钮。

（3）系统将生成一个输出文件,见图 2-4-4。其中,第一列是变量名;第二列是该变量所在的记录号,这些变量处于同一个记录中;第三列是对应的变量所占的起始列号;第四列是对应的变量所占的结束列号;第五列是对应的变量的格式。

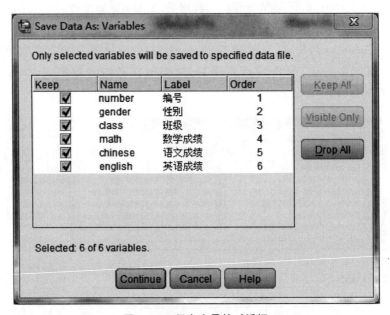

图 2-4-3　保存变量的对话框

```
Write will generate the following

Variable        Rec    Start     End   Format
  number         1       1        8    F8.0
  gender         1       9       16    F8.0
  class          1      17       24    F8.0
  math           1      25       32    F8.1
  chinese        1      33       40    F8.1
  english        1      41       48    F8.1
```

图 2-4-4　存储文件的输出结果

5. 查看变量信息

执行 Utilities→Variables 命令,也可以在工具栏中单击 Variables 图标按钮,打开 Variables 变量信息对话框,如图 2-4-5 所示。

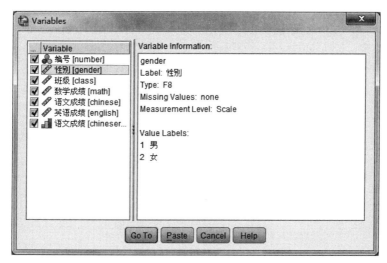

图 2-4-5 变量信息对话框

在对话框中,左半部是变量列表,列出当前数据编辑窗口中定义的所有变量名。如果变量前带有 ♣ 符号,则说明该变量是字符型变量。右半部分是 Variable Information 变量信息显示区,列出指定变量的属性。如果想列出另一个变量的属性,可用鼠标单击变量列表中另一个变量。

单击 Go To 按钮,关闭对话框,返回数据编辑窗口。

单击 Close 按钮,关闭对话框,返回数据窗口。

二、ASCII 码数据文件的转换

在现代心理实验中,往往需要将原始的反应时数据(如 E-Prime 软件记录的数据文件,导出为 ASCII 码数据文件)导入 SPSS 中,以做进一步的统计分析。而 SPSS 可以读入 ASCII 码数据文件,并将其转换为 SPSS 格式的文件。ASCII 码数据文件有固定宽度格式(fixed width)和使用分隔符的自由格式(delimited)两种。固定宽度格式是指,一个观测量占一行或若干行,每个变量所占的起始列和结束列是固定的,如图 2-4-6(a)所示。自由格式是指每个变量在文件中列的位置不一定是固定的,各变量值之间使用相同的符号(如空格或逗号)隔开,转换时根据分隔符和变量值排列顺序进行,如图 2-4-6(b)所示。

1. 固定格式

ASCII 码数据文件中数据的排列方式有以下两种:

- 每行安排一个观测量,每个变量值之间由空格分隔。这种固定格式也可以看作使用分隔符的自由格式数据文件。

- 每行安排一个观测量,但变量值之间没有任何分隔。

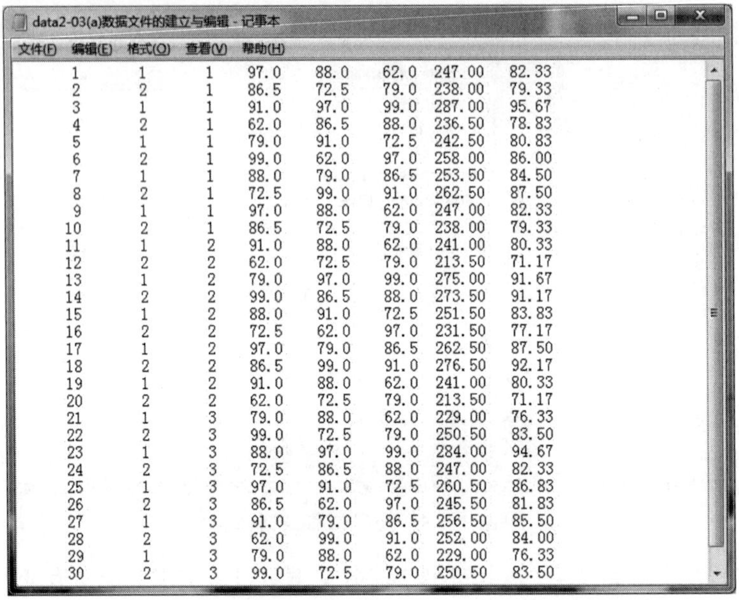

1	1	1	97.0	88.0	62.0	247.00	82.33
2	2	1	86.5	72.5	79.0	238.00	79.33
3	1	1	91.0	97.0	99.0	287.00	95.67
4	2	1	62.0	86.5	88.0	236.50	78.83
5	1	1	79.0	91.0	72.5	242.50	80.83
6	2	1	99.0	62.0	97.0	258.00	86.00
7	1	1	88.0	79.0	86.5	253.50	84.50
8	2	1	72.5	99.0	91.0	262.50	87.50
9	1	1	97.0	88.0	62.0	247.00	82.33
10	2	1	86.5	72.5	79.0	238.00	79.33
11	1	2	91.0	88.0	62.0	241.00	80.33
12	2	2	62.0	72.5	79.0	213.50	71.17
13	1	2	79.0	97.0	99.0	275.00	91.67
14	2	2	99.0	86.5	88.0	273.50	91.17
15	1	2	88.0	91.0	72.5	251.50	83.83
16	2	2	72.5	62.0	97.0	231.50	77.17
17	1	2	97.0	79.0	86.5	262.50	87.50
18	2	2	86.5	99.0	91.0	276.50	92.17
19	1	2	91.0	88.0	62.0	241.00	80.33
20	2	2	62.0	72.5	79.0	213.50	71.17
21	1	3	79.0	88.0	62.0	229.00	76.33
22	2	3	99.0	72.5	79.0	250.50	83.50
23	1	3	88.0	97.0	99.0	284.00	94.67
24	2	3	72.5	86.5	88.0	247.00	82.33
25	1	3	97.0	91.0	72.5	260.50	86.83
26	2	3	86.5	62.0	97.0	245.50	81.83
27	1	3	91.0	79.0	86.5	256.50	85.50
28	2	3	62.0	99.0	91.0	252.00	84.00
29	1	3	79.0	88.0	62.0	229.00	76.33
30	2	3	99.0	72.5	79.0	250.50	83.50

(a)

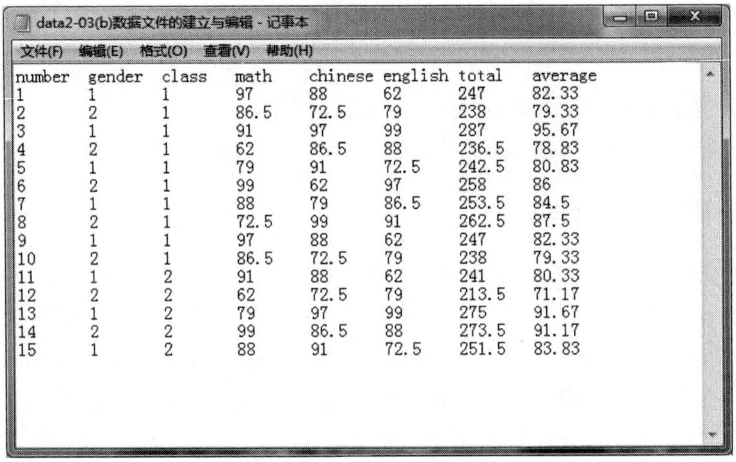

number	gender	class	math	chinese	english	total	average
1	1	1	97	88	62	247	82.33
2	2	1	86.5	72.5	79	238	79.33
3	1	1	91	97	99	287	95.67
4	2	1	62	86.5	88	236.5	78.83
5	1	1	79	91	72.5	242.5	80.83
6	2	1	99	62	97	258	86
7	1	1	88	79	86.5	253.5	84.5
8	2	1	72.5	99	91	262.5	87.5
9	1	1	97	88	62	247	82.33
10	2	1	86.5	72.5	79	238	79.33
11	1	2	91	88	62	241	80.33
12	2	2	62	72.5	79	213.5	71.17
13	1	2	79	97	99	275	91.67
14	2	2	99	86.5	88	273.5	91.17
15	1	2	88	91	72.5	251.5	83.83

(b)

图 2-4-6 固定宽度格式与自由格式的 ASCII 码数据文件

2. 使用分隔符的自由格式 ASCII 码数据文件

• 每行安排若干个观测量,或整齐地排列两个观测量。看上去既是固定格式 ASCII 码数据文件,又是使用分隔符的自由格式。ASCII 码数据文件转换程序将其归为使用分隔符的自由格式文件。如果使用固定格式转换的操作,在转换后通过对数据文件的编辑才能形成正确的转换结果。

• 每行一个或多个观测量,使用分隔符将各变量值分开,甚至一个观测量从一行中间开始并在下一行继续。

3. 固定格式 ASCII 码数据文件的转换操作实例

打开数据文件 data2-03(a)，数据由 8 个变量组成，分别是编号、性别、班级、数学成绩、语文成绩、英语成绩、总成绩、平均成绩。这 8 个变量各自独立占有一列。

(1) 打开 SPSS，执行 File→Read Text Data 命令，展开 Open Data 对话框。选择数据文件 data2-03(a).txt，并单击打开按钮，展开 Text Import Wizard 对话框，如图 2-4-7 所示。分 6 步完成转换工作，此为第一步。数据显示在对话框下半部分带有标尺的预览框内。

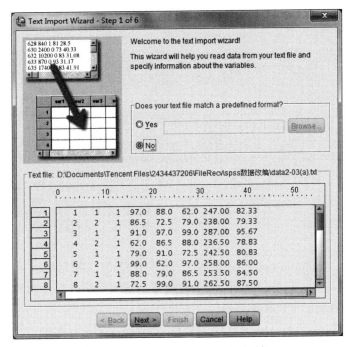

图 2-4-7　Text Import Wizard 对话框

对话框右面中间部分有一栏：Does your text file match a predefined format?（询问文本文件是否要与事先定义的格式匹配。）如果需要，单击 Yes，并通过单击 Browse 按钮指定一个扩展名为".tpf"的文件。通常不选择该选项。单击"下一步"按钮，展开第二步对话框，如图 2-4-8 所示。

(2) 在第二步的对话框中回答两个问题：

• How are your variable arranged：询问如何安排变量。选择 Delimite 是使用分隔符将变量隔开的；选择 Fixed Width 是使用"固定列"的宽度。在图 2-4-7 中，预览框中的数据排列整齐，列宽度是固定的，因此选择 Fixed Width。

• Are variable names included at the top of your file：询问数据文件顶部是否包括变量名。Yes 或 No 选其一。在本例中，数据文件顶部没有变量名，因此选择 No。单击下一步按

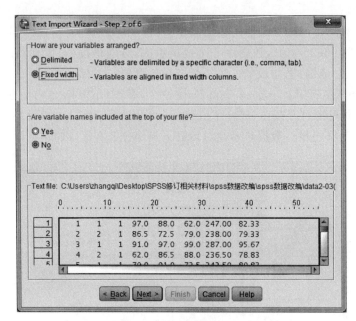

图 2-4-8 指定数据排列方式

钮打开第三步对话框。

（3）在第三步对话框中，如图 2-4-9 所示。要求提供有关观测量的信息。各选项的含义与操作如下：

① The first case of data begins on which line 参数框，要求指定数据文件中第一个包括数据值的行号，默认值为 1。如果在顶行包括了对变量的解释文字或变量标签，该值就不能是 1，应该在该项后面的数值栏中设置具体值。

② How many lines represent a case 参数框，要求回答一个观测量占几行，以确定何处为一个观测量的结束位置和下一个观测量的起始位置。本例中，每个观测量占一行。

③ How many cases do you want to import 栏，指定要转换的观测量的数量。其中：

• All of cases：指定转换所有的观测量。此为默认的选项。

• The first n cases：指定前 n 个观测量，n 是自定义的正整数。

• A percentage of the cases：指定一个百分数，转换系统按指定的百分比随机提取观测量。由于随机取样是通过对每个观测量采用一个独立的伪随机数进行的，因此，该百分比是一个近似值，最后，取样得到的样本占观测量总数的百分比接近这个指定值。本例指定转换所有观测量，选择第一项。

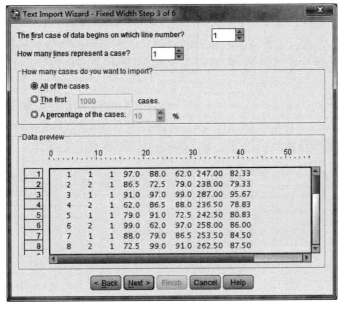

图 2-4-9　设置参数的对话框

(4) 第四步窗口如图 2-4-10 所示。

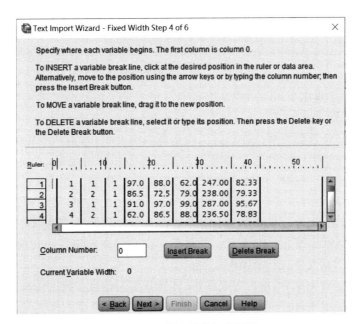

图 2-4-10　在变量前加分隔线

如果在第三步指定一个观测量占一行,第四步对话框一个观测量占两行以上,对话框中部有一个下拉列表,供选择一个观测量所占行数。

在浏览窗口中,有竖线将各变量值分开,标明将如何读取数据。允许用户重新分配变量所占的列。可以插入、移动和删除已有的变量分隔线。在列与列之间单击鼠标左键,就会插入一条分隔线;拖曳分隔线至非数据区,就删除了分隔线;要移动分隔线,可用鼠标拖曳至需要的位置。

(5) 第五步对话框如图 2-4-11 所示。对话框预览栏内显示出根据第四步的变量分隔线划分的各变量数据。变量名为系统默认的 Vn。n 为自左至右的变量顺序号。这一步确定变量名和变量类型。转换程序据此读取各变量,并转换成 SPSS 数据文件。

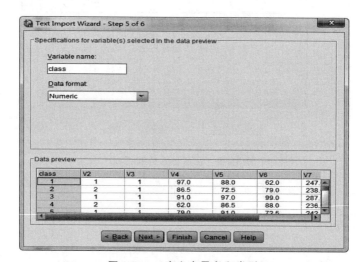

图 2-4-11　定义变量名和类型

首先,在预览栏中单击要定义的默认变量名。可以输入自己命名的变量名。变量名不超过 8 个字符,不能以数字或"♯"开头。变量名中不能有空格,不能重名。

其次,Data format 数据类型。在预览栏内选择一个变量,然后从下拉列表中选择一种类型。按住 Shift 键单击若干变量名,选择若干相邻的类型相同的变量,或按住 Ctrl 键,单击不相邻但类型相同的变量。这样,可以同时定义若干变量的类型。在 Data format 数据类型栏内,单击参数框中向下箭头,展开变量类型列表,选择变量的类型,可选择的数据类型有数值型、带美元符号的数值型、圆点做小数点和逗号做小数点的数值型、字符型、日期/时间型。

(6) 第六步对话框如图 2-4-12 所示。在最后一步可以指定将该格式保存到一个文件中,以便对相同或类似数据文件进行转换时使用。

一切参数设置工作完成后,单击完成按钮,转换开始。最后在数据编辑窗口中显示转换结果。见图 2-4-13。接下来,用户可以在数据编辑窗口中,对各变量的标签、值标签、缺失值等属性进行完善和修改。

2 数据文件的建立与编辑　　57

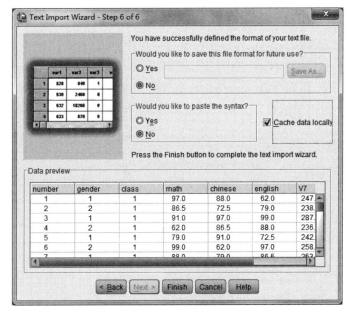

图 2-4-12　保存格式

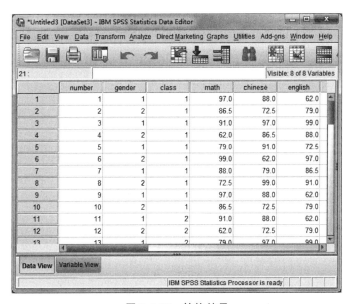

图 2-4-13　转换结果

4. 自由格式 ASCII 码数据的转换

与固定格式的 ASCII 码数据文件不同，自由格式 ASCII 码数据文件具有以下几个特性：各观测量中的各变量值按相同顺序排列，但同一变量值不一定占有相同的列位置；两个值之间以空格、逗号或其他符号分隔；每行可以不止一个记录（一个记录即一个观测量）。

5. 自由格式 ASCII 码数据的转换的操作步骤

以数据文件 data2-03(b) 为例，按以下步骤进行操作：

(1) 执行 File→Read Text Data 命令，展开 Open file 对话框。选定数据文件 data2-03(b)。单击"打开"按钮，展开 Text Import Wizard 对话框，如图 2-4-14 所示。分 6 步完成转换工作，此为第一步。数据显示在预览框内。可以看出，数据间有空格做分隔符，但排列较乱。

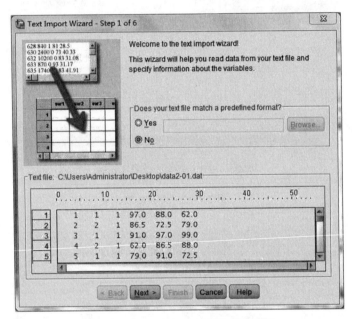

图 2-4-14　Text Import Wizard 对话框

右侧有一栏：Does your text file match a predefined format? 询问文本文件是否与事先定义的格式匹配。如果是，单击 Yes，并通过单击 Browse 按钮指定一个扩展名为".tpf"的文件。通常不选择该选项。单击"下一步"按钮，打开第二步对话框。

(2) 第二步对话框中有两栏，如图 2-4-15 所示：

① How are your variables arranged：如何安排变量。

- Delimited：用分隔符隔开变量值。
- Fixed Width：固定列的宽度。

在图 2-4-14 中，预览框中数据排列凌乱，但每两个数据之间均有空格，是使用分隔符的，因此选择 Delimited 选项。

② Are variable names included at the top of your file：数据文件顶部是否包括变量名。有 Yes 和 No 两个选项，选择其一。由于数据 data2-03(b) 顶部已经有了变量名，因此选择 Yes。单击"下一步"按钮，打开第三步对话框。

2 数据文件的建立与编辑 59

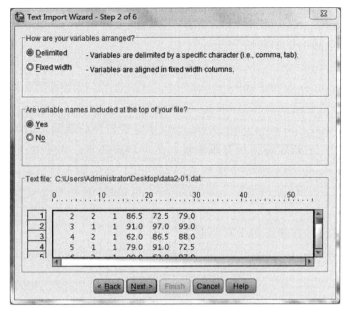

图 2-4-15　指定数据排列方式对话框

（3）在第三步对话框中（图 2-4-16），进行参数的设置。

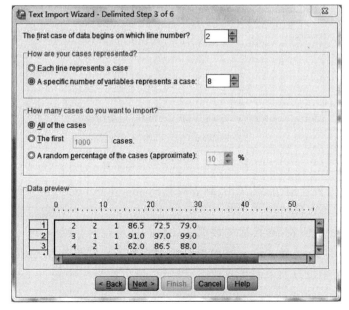

图 2-4-16　参数设置对话框

① The first case of data begins on which line number：设置数据文件中第一个包括数据

值的行号。在本例中,第一行是变量名,数据从第二行开始,因此值为 2。

② How are your cases represented:设置一个观测量占几行,以便确定何处为一个观测量的结束位置和下一个观测量的起始位置。

• Each line represents a case:每行仅包括一个观测量。

• A special number of variables represent a case 选项,指定每个观测量包括的变量数。在本例中,一个观测量包括 8 个变量,因此,设置数值 8。

③ How many cases do you want to import:指定要转换的观测量的数量。

• All of the cases:指定转换所有观测量。此为默认选项。本例中,选择此项。

• The first n cases:指定前 n 个观测量(n 是由用户指定的正整数)。

• A random percentage of the cases:指定一个百分数,转换系统按指定的百分比随机提取观测量。

单击"下一步"按钮,打开第四步对话框。

(4) 在第四步对话框中(图 2-4-17),指定分隔符和字符串的标识符。

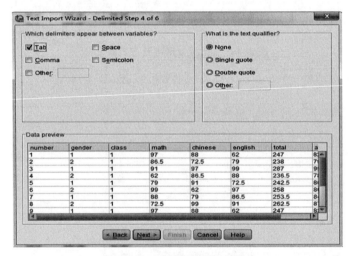

图 2-4-17 指定分隔符对话框

左栏中列出的分隔符有五种,Tab(制表符)、Space(空格)、Comma(逗号)、Semicolon(分号)、Other(其他)。可以同时选择几种。还可以选择 Other 项,并在其后的文本框中输入一个分隔符。根据指定的分隔符,转换后的数据文件状态显示在预览栏中,可以查看所指定的分隔符是否有误。在本例中,选择 Space,预览窗口中的观察显示结果选择 Space 效果最佳。

在本例中,字符串没有加单引号或双引号标识,所以在右栏中选择 None。单击"下一步"打开第五步对话框。

(5) 在第五步对话框中(图 2-4-18),定义每个变量值的变量名和数据格式,以便在进行转换并组成数据文件时读取各变量值。选择时,单击要定义的一列数据顶部的变量名,该选项被加亮,就可以进行重新定义了。

① Variable name:删掉或覆盖默认的变量名,输入自己定义的变量名。本例中已经有变量名,可以不变。

② Data format:在下拉列表中选择变量类型。

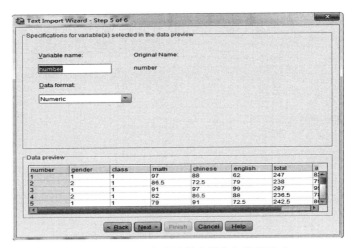

图 2-4-18　定义变量值的变量名和数据格式

单击"下一步"按钮,展开第六步对话框。

(6) 在第六步对话框中(图 2-4-19),需要回答两个问题:

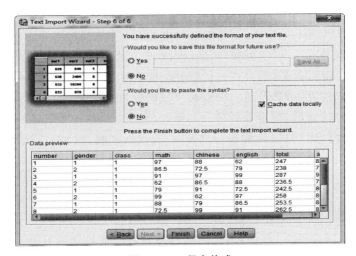

图 2-4-19　保存格式

① 是否要保存转换使用的数据格式以便以后使用。如果需要,则单击 Save As 按钮指定存储位置和文件名。

② 是否要将其转换为 SPSS 命令语句。选择过后，单击"完成"按钮，系统开始进行转换。转换后的数据出现在数据编辑窗口中，如图 2-4-20 所示。接下来，用户可以在数据编辑窗口中，对各变量的标签、值标签、缺失值等属性进行完善和修改。

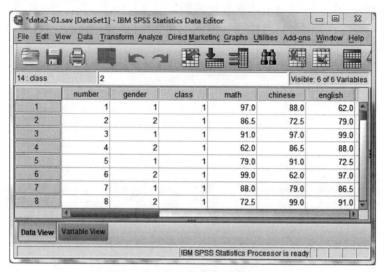

图 2-4-20　最终转换结果

三、数据文件的拆分与合并

1. 数据文件的拆分

在进行数据统计分析时，经常要对数据文件中的观测量进行分组分析，但有些分析功能没有设置对分组变量的选项。例如，想使用 Descriptive 功能分别求出男生和女生的平均成绩。在进行分析之前，就必须对该数据文件进行拆分。这里的"拆分"是指在同一个数据文件中，按某个条件对数据进行分组，而并非将一个数据文件拆分为两个或若干个独立的数据文件。若对数据文件进行了拆分处理，则拆分处理一直有效，直到取消拆分处理或更改拆分变量后，才会有新的变化。关闭 SPSS，也会使拆分失效。以数据文件 data2-01 为例，具体操作步骤如下：

（1）打开数据文件 data2-01，执行 Data→Split File 命令，打开 Split File 对话框，如图 2-4-21 所示。

（2）根据对数据的具体需要选择以下选项。

• Analyze all cases, do not create groups：对所有的数据进行处理。这是系统默认的选项。

• Compare groups：将各分组的观测量数据所得的结果放在一起进行比较。

• Organize output by groups：按组输出。即分别显示各组所得的统计结果。

在左侧的变量框下有一个 Current Status，提示当前数据文件的拆分情况。

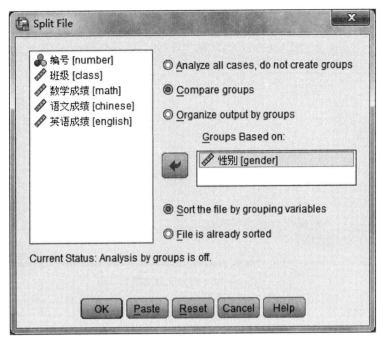

图 2-4-21 拆分数据文件对话框

(3) 从左侧的变量框中将一个或若干个要进行分组的变量名移入 Groups Based on 框中。此处最多可以选择 8 个变量作为拆分变量。这些变量所起的作用相当于排序的 By 变量。

如果只选择了一个变量,以后的分析将会依据该变量的每一个值分为一组,分别进行分析。在本例中,选择性别变量 gender,则分析时分别按 gender=1 和 gender=2 把观测量分为两组进行分析。

如果选择了若干个变量,以后的分析将会依据所选择的变量值的组合分组,对每个组分别进行分析。例如,选择了变量 gender,它有两个水平:gender=1,gender=2;同时还选择了变量 class,它有三个水平:class=1,class=2,class=3。那么在分析时,则分为六组进行:gender=1 与 class=1;gender=1 与 class=2;gender=1 与 class=3;gender=2 与 class=1;gender=2 与 class=2;gender=2 与 class=3。

(4) 在 Groups Based on 框下,有两个选项,以表明数据文件的当前状态:
- Sort the file by grouping variable:表示要求按所选择的变量对数据文件进行排序。
- File is already sorted:表示数据文件已经按所选择的变量排序。

(5) 单击 OK 按钮,执行并完成拆分。拆分结果见图 2-4-22,这是按 gender 变量进行拆分的结果。

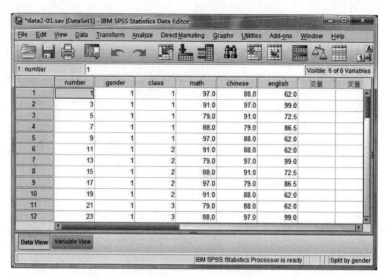

图 2-4-22 拆分文件结果

2. 数据文件的合并

合并数据文件是指将外部数据中的观测量或者变量合并到当前数据文件中去,它包括两种方式:

• 从外部数据文件增加观测量到当前数据文件中。这种方法称为纵向合并或增加观测量。相互合并的数据文件中应该有相同的变量,不同的观测量。

• 从外部数据文件增加变量到当前数据文件中,称为横向合并。合并的数据文件中包含不同的变量。

(1) 增加观测量,以数据文件 data2-04(a)为例,具体操作步骤如下:

① 打开数据文件 data2-04(a)。该数据是某项心理实验中,刺激与反应时的数据,如图 2-4-23 所示。执行 Data→Merge Files→Add Cases 命令,打开"Add Cases:Add Cases to data2-04(a).sav [DataSet3]"对话框。指定一个外部 SPSS 数据文件。这里打开数据文件 data2-04(b),见图 2-4-24。两个数据文件都有相同的变量:subject、stimulus、RT。指定数据文件的操作完成后单击"打开"按钮。展开 Add Cases From 对话框,见图 2-4-25。

② 对话框的右侧 Variables in New Active Dataset 框中列出的变量是在两个数据文件中变量名称相同、类型相同的变量(subject,stimulus,RT)。这些变量直接包括在合并后的新文件中。

左侧的 Unpaired Variables 矩形框中列出的变量是未配对变量。在本例中有一个未配对变量 RW。它只出现在 data2-04(b)文件中,而在 data2-04(a)文件中却没有此变量。因此,它无法配对。如果在 Unpaired Variables 矩形框中列出的变量,其后标有"*",则说明是当前数据文件中的变量;如果标有"+",则说明是外部数据文件中的变量。显然,在本例中,变量 RW

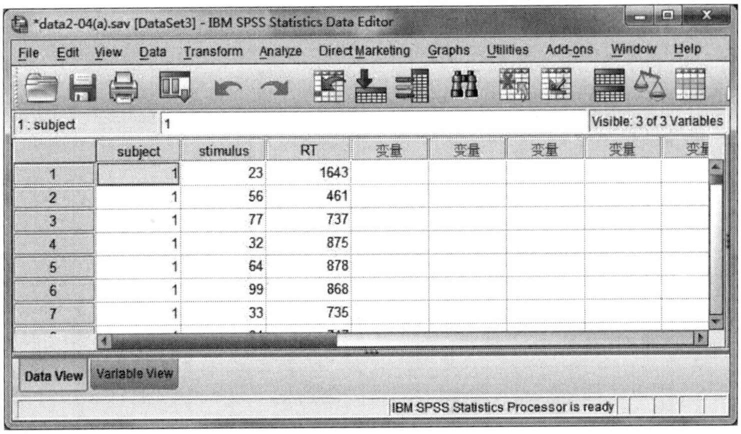

图 2-4-23 数据文件 data2-04(a)原始状态

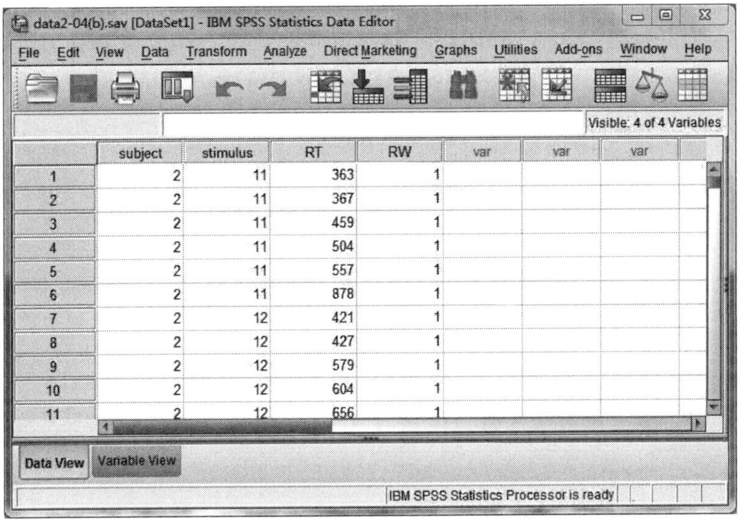

图 2-4-24 数据文件 data2-04(b)原始状态

后有"+",说明该变量是外部数据文件,即 data2-04(b)文件中的变量。

③ 根据以下三种情况处理数据:
• 如果只合并两个数据文件中变量名和类型都相同的变量的观测量时,单击 OK 按钮。
• 如果追加外部数据文件中不匹配变量的观测量,需首先在 Unpaired Variables 框中设置配对变量,即选取一个变量,再按住 Ctrl 键选取与之配对的变量,然后单击 Pair 按钮将它们移入新的数据文件变量表中,最后单击 OK 按钮。
• Indicate case source as variable:指定一个变量,值为 1 表明来自工作数据文件的观测量,0 值表明是外部数据文件中的观测量。默认的变量名为 source01,也可以自己命名。

通常采用第一种情况处理数据。本例采用第一种情况合并文件,结果见图2-4-26。

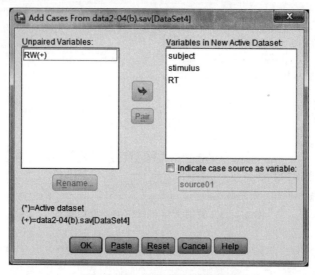

图 2-4-25　增加观测量对话框

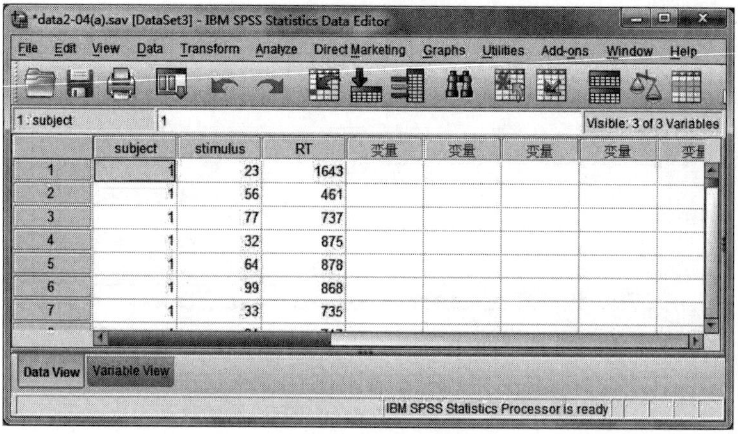

图 2-4-26　文件合并最终结果

(2) 增加变量有两种方式:
- 两个数据文件按观测量顺序一对一地横向合并。
- 按"关键变量"合并,即要求两个数据文件必须有一个共同的关键变量,两个数据文件中关键变量值相同的观测量合并为一个观测量。

以 data2-05(a)为当前工作数据文件,data2-05(b)为外部数据文件,说明操作步骤。其中,data2-05(a)是某项心理实验中,刺激与反应时的数据;data2-05(b)是该项实验中,一部分刺激和反应正误的数据。

① 执行 Data→Merge Files→Add Variables 命令,打开 Add Variables:Add Cases to data2-05(a).sav [DataSet 2]对话框。

② 指定 data2-05(b)为包含待加入变量的文件,然后按 Continue 按钮,展开 Add Variables from 对话框,如图 2-4-27 所示。

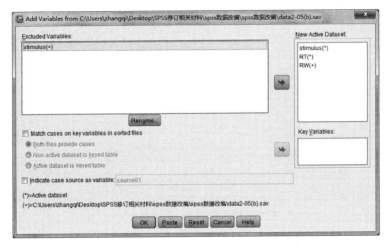

图 2-4-27 从外部数据文件增加变量对话框

对话框右侧的 New Active Dataset 框中,列出了可以在新工作数据文件中存在的变量。左侧 Excluded Variables 框中列出的是两个文件中的同名变量。只有这样的变量可以作为关键变量,在两个矩形框中标有"(﹡)"的是当前工作数据文件中的变量,标有"(＋)"的是外部数据文件中的变量。

③ 根据情况处理数据。

• 如果不指定关键变量,想把外部数据文件中所选定的变量直接与当前数据文件的变量合并,单击 OK 按钮即可开始横向合并两个数据文件。

• 如果两个数据文件中具有同名的变量,那么,合并的结果保留当前数据文件中同名的变量加上外部数据文件中不同名的变量。

• 选择在当前数据文件与外部数据文件中包含的同名变量作为关键变量,需要按照关键变量的值,首先对数据文件进行升序排列。

对于排序后关键变量值相同的合并为一个观测量。图 2-4-28 为当前数据文件[data2-05(a)],图 2-4-29 为外部数据文件[data2-05(b)],图 2-4-30 为合并后的数据文件。变量 stimulus 的观测量 11,21,31,44,55,56,77,89,97,98,99,在两个数据文件中都存在,横向合并。

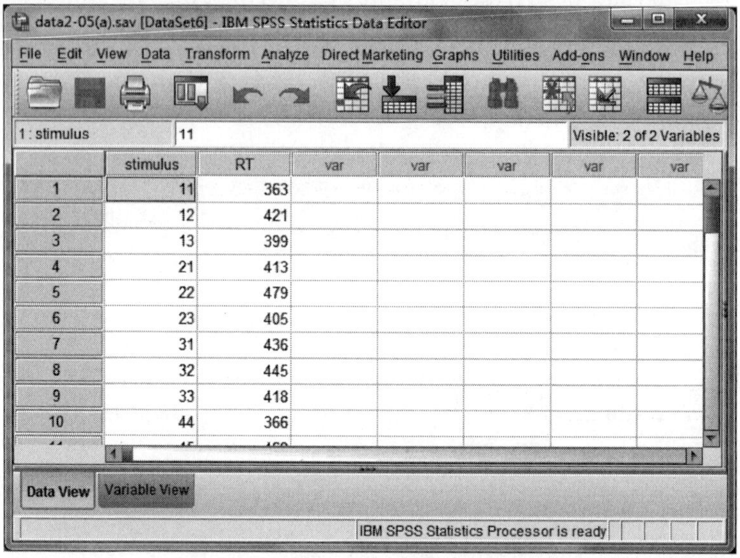

图 2-4-28 data2-05(a)数据文件

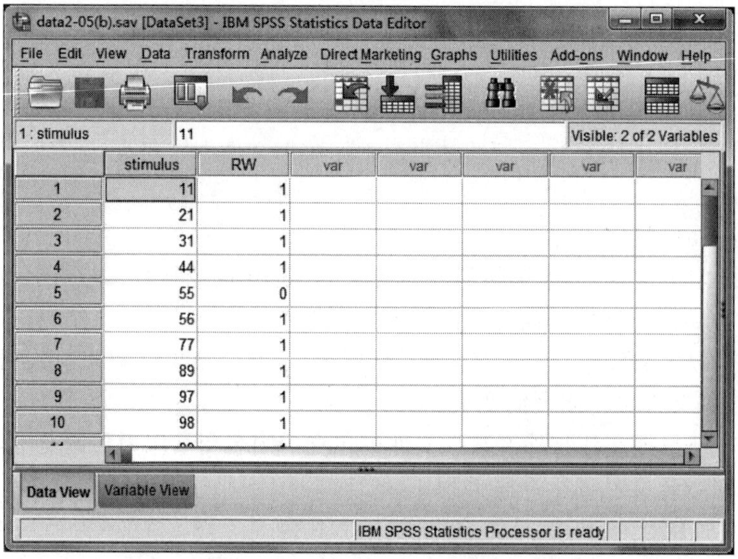

图 2-4-29 data2-05(b)数据文件

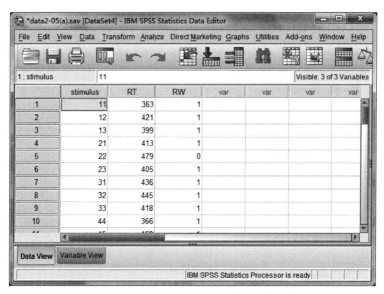

图 2-4-30　合并后的数据文件

对于两个文件中关键变量值不同的观测量处理方法是：选择 Match cases on key variables in sorted files 复选项，激活下面三个选项。在以下三个选项中选择一种处理方式：

• Both files provide cases：即观测量由两个数据文件提供。合并的结果是将外部数据文件的观测量追加到当前工作数据文件中。

• Non-active dataset is keyed table：非活动数据集为基于关键字的表。即保持当前数据文件中的观测量数目不变。在外部数据文件中，只有那些与当前数据文件中关键变量等值的观测量才能合并到新的工作数据文件中。

• Active dataset keyed table：活动数据集为基于关键字的表。当前数据文件中的观测量与外部文件中的关键变量值相等时并入外部文件。

最后，将在 Excluded Variables 框中选择的关键变量(stimulus)移入 Key Variables 框中。单击 OK 按钮，将指定条件和方式的合并提交系统执行。系统将提示警告：如果两个文件没有按"关键变量"排序，合并可能失败。因此，在执行合并功能前，必须将两个文件均按照关键变量排序。

④ 几点说明：

• 如果在当前数据文件中与外部数据文件中有同名的变量，则外部数据文件中的变量列于 Excluded Variables 框中，当前数据文件中的变量列于右侧的 New Active Dataset 框中。

• Excluded Variables 框中的变量若选为"关键变量"，则可以移入 Key Variables 框中，与其同名的 New Active Dataset 框中的变量消失。

• 如果必须将 Excluded Variables 框中外部数据的同名变量合并到新的数据文件中去，那么应先为该变量更名；即单击 Rename 按钮，在被打开的相应对话框中赋予该变量一个新名。然后选择该变量,并单击上面的向右箭头按钮,将其移入 New Active Dataset 中。

• New Active Dataset 框中的变量,均为新数据文件中的变量。如果不想使某变量出现在框中,则选择这个变量,将其移入 Excluded Variables 框中。

• 如果两个数据文件中有同名变量,但内容不同,需要对其中一个变量更名。如果两个文件中作为关键变量的两个变量不同名,应该改成相同的变量名。

• 如果选中 Indicate case source as variable 复选项,即显示数据来源变量,一个新的变量(用户输入的变量名称)将会加入当前数据文件中。其变量值 0 表示观测量来自当前数据文件,1 表示观测量来自外部数据文件。

四、数据文件的转置与重新构建

1. 数据文件的转置

SPSS 具有数据文件的转置功能,即可以将数据文件中原来的行变成列,原来的列变成行;将观测量转变为变量,将变量转变为观测量,并在新文件中建立一个其值为原来变量名的变量。由于转置后的数据文件与原来的数据文件完全不同,因此应该保存到另一个文件名下。

仍以数据文件 data2-01 为例,介绍数据文件转置的操作步骤:

(1) 执行 Data→Transpose 命令,打开 Transpose 对话框,如图 2-4-31 所示。

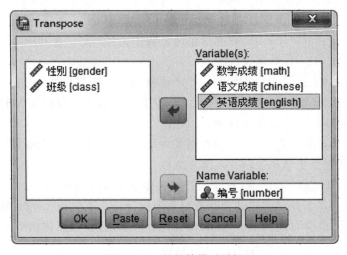

图 2-4-31 数据转置对话框

(2) 在左侧的变量框中选择要进行转置的变量,单击向右箭头按钮将其移入 Variable(s) 框中。这些变量将在新的数据文件中变成观测量(从"列"变成"行")。新数据文件不会出现未被选择的变量。在本例中,选择 math、chinese、english 三个变量作为要转置的变量。

(3) 从变量框中选择一个变量移入 Name Variable 框中。该变量的值在新数据文件中作为变量名出现。一般选择标识观测量的变量,如观测量的编号、姓名等。如果它是一个数值变量,则新变量名为该变量各值冠以字母"K_"。如果不选择 Name Variable,系统会自动给转置后的变量命名为 VAR00001，VAR00002……VAR0000n。

(4) 单击 OK 按钮，进行转置。转置结果如图 2-4-32 所示。

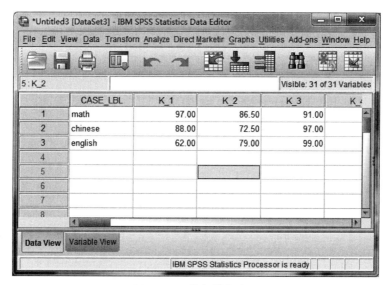

图 2-4-32　数据转置结果

2. 数据文件的重新构建

(1) SPSS 的数据文件结构。统计分析所需要的数据文件结构分为三种：

① 简单的数据文件，即一个变量占一列，一个被试的观测值占一行。

② 一个被试的观测值占多行的数据文件。一个因素的若干水平称作一个观测量组。在这种数据文件中，因素变量经常作为分组变量。

③ 一个变量重复测量的观测值占多列的数据文件。一个变量的若干列称作一个变量组。在这种数据文件中，变量常常涉及重复测量。

有时采用不同的分析方法所需要的数据文件结构不同。因此，某一种分析过程所需要分析的数据结构与当前数据文件中的结构不符，就需要进行变换。这个工作可以由 Data 菜单中的 Restructure 功能来完成。执行 Data→Restructure……命令，打开 Restructure Data Wizard 对话框，如图 2-4-33 所示。主对话框中有三个选项，对应三种重新构建的类型：

- Restructure selected variables into cases 选项：将选择的变量转换成观测量。
- Restructure selected cases into variables 选项：将选择的观测量变成变量。
- Transpose all data 选项，对所有数据进行转置。如果选择此项，则系统将关闭如图 2-4-33 所示对话框，打开如图 2-4-31 的 Transpose 对话框，进行转置操作。

(2) 变量组结构转换成"观测量组"的结构的操作实例。

① 仍然以数据 data2-01 为例。打开数据文件 data2-01，执行 Data→Restructure Data Wizard 命令，展开图 2-4-33 所示的主对话框。选择第一项：Restructure selected variables into cases，单击"下一步"按钮，打开如图 2-4-34 所示的第二步对话框。在对话框中选择 One，即

要把一个变量组 math、chinese、english 转换成一个观测量组（如果有两组变量要同时进行转换,应该选择第二项:More than one)。

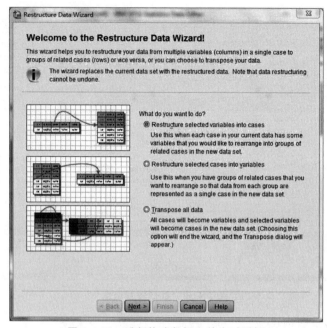

图 2-4-33　重新构建数据文件主对话框

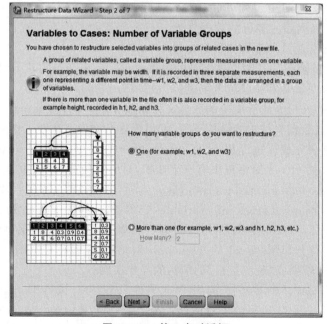

图 2-4-34　第二步对话框

② 单击"下一步"按钮,打开如图 2-4-35 所示的第三步对话框。

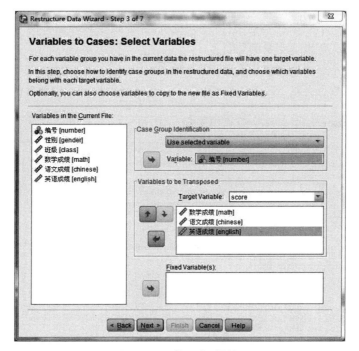

图 2-4-35　第三步对话框

在 Case Group Identification 栏中,要求确定在新数据文件中的标识变量。下拉列表中有三个选项:

- Use case number:使用观测量序号。
- Use selected variable:使用选择的变量。在本例中,有编号作为观测量标识,所以选择此项。在左侧的 Variables in the Current File 栏中选择变量 number,移入右面的 Variable 栏中。
- None:不用标识变量。

在 Variable to be Transposed 栏中,确定要转换的变量。在左侧的 Variables in the Current File 栏中选择待转换的变量,移入 Target Variable 下面的框中。本例中,选择 math、chinese、english 变量。在 Target Variable 右侧的框中输入变量名 score。

在左侧的 Variables in the Current File 栏中,选择不进行转换,但还要出现在新文件中的变量,将其移入 Fixed Variable(s)栏中。如果该栏中没有变量移入,则当前文件中的其他变量不出现在转换后的新文件中。

③ 单击"下一步"按钮,打开第四步对话框,如图 2-4-36 所示。这一步,决定是否在新文件中生成索引变量。索引变量根据原始变量组,在新文件中将其按顺序编码。

How many index variables do you want to create? 询问在新文件中应该生成多少个索引

变量。在 SPSS 分析过程中,索引变量可以作为分组变量。有以下三个选项:
* One:在大多数情况下,一个变量就足够了。本例选择此项。
* More than one:如果在当前文件中的"变量组"表现了多个因素的水平,可能要多个索引变量。输入想要产生索引变量的数目。
* None:如果不需要生成索引变量,则选择这一项。

所指定的索引数目会对下一步有影响,在下一步将自动生成指定数目的索引变量。

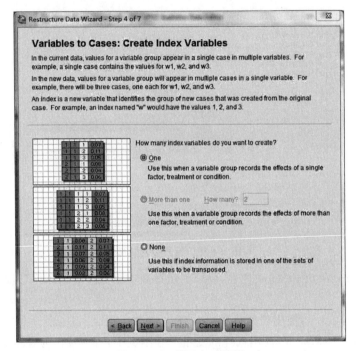

图 2-4-36　第四步对话框

④ 单击"下一步"按钮,打开第五步对话框,如图 2-4-37 所示。在这一步中,确定索引变量的值。
* Sequential numbers:自动赋予顺序数作为索引值。
* Variable names:使用所选择的变量组的各变量的变量名作为索引值,从列表中选择一个变量组。本例选择此项,索引变量值为 math、chinese、english。
* Edit the Index Variable Name and Label:变量名和标签。选择此项,下面的表格被激活。单击一个单元格,对索引变量改变默认的变量名,并输入描述变量的标签。

⑤ 单击"下一步"按钮,打开第六步对话框,如图 2-4-38。在这一步,指定选项。

2 数据文件的建立与编辑

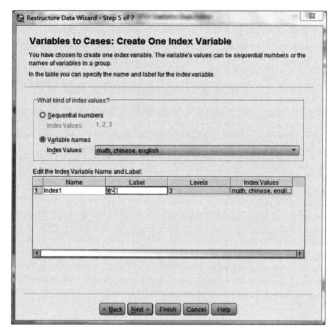

图 2-4-37　第五步对话框

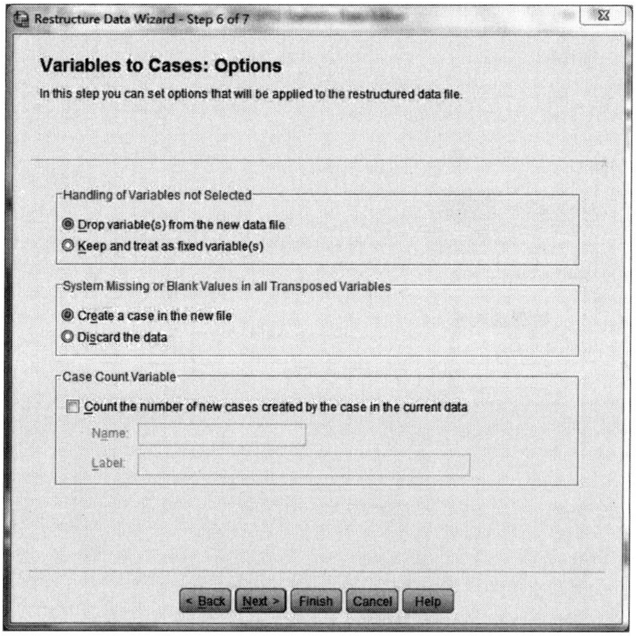

图 2-4-38　第六步对话框

Handling of Variables not Selected 栏：确定如何处理原始数据文件中，未被选择的变量。在选择变量的第三步，选择了要重新构建的变量组，和一个当前数据中的标识变量。所选择变量的数据将出现在新文件中。如果在当前文件中还有其他变量，可以选择丢弃或保留它们。有以下两个选项：

- Drop variable(s) from the new data file：丢掉未被选择的变量。本例中选择此项。
- Keep and treat as fixed variable(s)：保留并作为固定变量处理。

System Missing or Blank Values in all Transposed Variables 栏：确定如何处理无效值，即要进行转换的变量中的"缺失值"和"空值"。有以下两个选项：

- Create a case in the new file：在新文件中生成一个观测量。本例选择此项。
- Discard the data：剔除这个数据。

Case Count Variable 栏：确定是否在转换后的新文件中生成计数变量。计数变量包含当前数据中产生的新行数。如果选择丢弃无效值，计数变量可能是很有用的，因为有可能对当前数据产生不同的行数，只有一个选项：

- Count the number of new cases created by the case in the current data 复选项，对由当前数据文件中的一个观测量产生的新观测量的数计数。选择此项，对计数变量改变默认的变量名和提供描述变量的标签。

⑥ 单击"下一步"按钮，打开第七步对话框，见图 2-4-39。有以下两个选项：

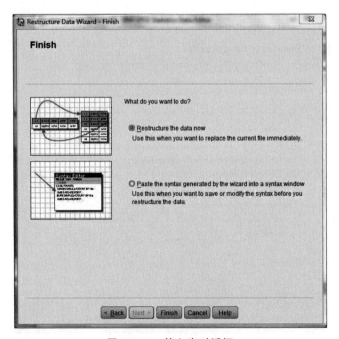

图 2-4-39　第七步对话框

- Restructure the data now：重新构建数据。将产生新的、重新构建的文件。如果想立即改变当前数据文件，就选择此项。注意：如果原始数据是被加权了的，新数据也会是加权的，除非用作权重的变量是被重新构建的或者从新文件中去除了。
- Paste the syntax generated by the wizard into a syntax window：粘贴语句。

选择第一个选项，单击"完成"按钮，转换结果如图 2-4-40 所示。

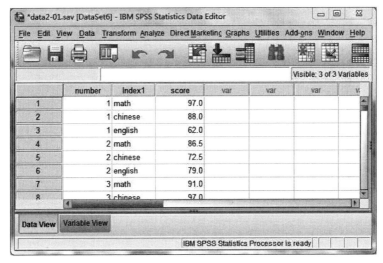

图 2-4-40　数据文件转换结果

3. 观测量组结构转换成变量组结构的操作实例

数据文件 data2-06，是某学校的三个班级，分别对每个班级实施一种数学教学方法后，学生的数学测验成绩数据。以该数据文件为例，说明操作步骤。

(1) 打开数据文件 data2-06，执行 Data→Restructure Data Wizard 命令，展开图 2-4-33 所示的主对话框。选择第二项：Restructure selected cases into variables，单击"下一步"按钮，打开如图 2-4-41 所示的第二步对话框。

(2) 将新文件中作为分类变量的 gender（性别）和 class（班级），以及标识变量的 number（编号），移入 Identifier Variable(s)框中。将按其转换的分类变量 sort（成绩类别）移入 Index Variable(s)框中。单击"下一步"按钮，打开第三步对话框，如图 2-4-42 所示。

(3) 在第三步对话框中有两个选项，以确定是否对原始数据文件按标识变量排序：
- Yes：表明要系统对原始数据文件按前一步指定的标识变量排序。如果没有排序或不确定是否已经排好序，应该选择此项。
- No：当原始数据文件已经按标识量排好序了，选择此项。系统每遇到标识变量值的一个新的组合，就生成一个新行。所以，对数据文件按标识观测量组的变量值排序是很重要的。

选择后单击"下一步"按钮，展开第四步对话框，如图 2-4-43 所示。

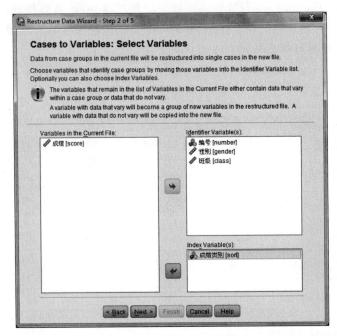

图 2-4-41　第二步对话框

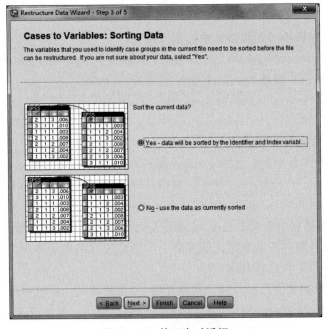

图 2-4-42　第三步对话框

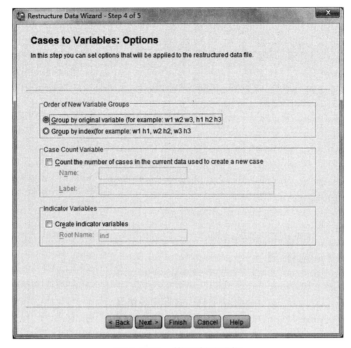

图 2-4-43　第四步对话框

(4) 第四步对话框共有三栏：

① Order of New Variable Groups 栏：确定新变量组的顺序。此栏的选择对要转换成两组以上新变量时才有意义。有以下两种排列方式：

- Group by original variable：按原始变量顺序成组排列。
- Group by index：按索引变量值转换排序。

② Case Count Variable 栏：确定是否生成计数变量。有一个选项：

- Count the number of cases in the current data used to create a new case：如果选择此项，则在 Name 和 Label 框中分别给出变量名和标签。

③ Indicator Variables 栏：确定是否生成指针变量。有一个选项：

- Create indicator variables：如果选择此项，则在 Root Name 框中给出变量名字头。

系统可以用索引变量在新文件中生成指针变量。对索引变量的每个值生成一个新变量。指针变量指明观测的一个值是出现还是缺席。如果观测量有值，指针变量的值是 1，否则值为 0。某些问题中，指针变量可以做频数计数用。

(5) 单击"下一步"按钮，进入第五步对话框，如图 2-4-39 所示。单击"完成"按钮，提交系统进行数据转换。最终转换结果见图 2-4-44。

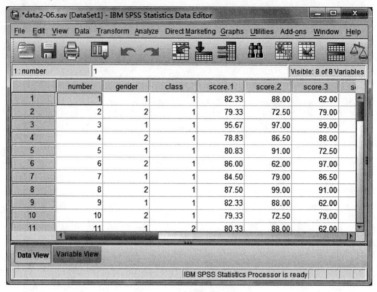

图 2-4-44 数据转换结果

本 章 小 结

一、基本概念

(1) 定义变量(define variable properties)：在 SPSS 的数据编辑窗口中的每一列可以定义一个变量。定义变量需要按照规定定义变量的名称、选择变量的类型和数据的度量标准,需要加标签的变量要确定标签符号和标签数值。

(2) 录入观测量(cases)：在 SPSS 的数据编辑窗口中的每一行中,可以按照事先定义的变量,输入每个被试的观测数据。

(3) 排秩(sort cases)：按照某个变量观测数据值的大小排定个案的顺序。

(4) 数据文件的拆分(split files)：在同一个数据文件中,按某个条件对数据进行分组。

(5) 数据文件的合并(merge files)：将外部数据中的观测量或者变量合并到当前数据文件中去。

(6) 数据文件的转置(transpose)：将数据文件中原来的行变成列,原来的列变成行。即将观测量转变为变量,将变量转变为观测量,并在新文件中建立一个其值为原来变量名的变量。

二、应用导航

(一) 根据已有变量建立新变量

1. 应用对象

根据统计的需要,利用数据文件中的原有变量,采用对话框中的计算公式或自定义的计算公式,在原数据文件中增添新变量,并计算出每个个案的对应数据。

2. 操作步骤

根据原有变量,采用自定义计算公式的方法建立新变量的操作步骤如下:

(1) 依次单击 Transform→Compute Variable,打开 Compute Variable 对话框。

(2) 在 Target Variable 框中输入目标变量的名称,来接收计算的值。如果是新变量,单击 Type & Label 按钮,为新变量指定类型和标签。

(3) 在 Numeric Expression 框中输入合理的数学表达式。

(4) 单击 OK 按钮,执行操作。

(二) 对变量值重新编码

1. 应用对象

如果需要按照一定的规律,来改变某变量的值(例如,将原来的连续变量变为等级变量),可以对变量值重新编码。

2. 操作步骤

(1) 依次单击 Transform→Recode into Different Variables(或 Recode into Same Variables),打开重新编码对话框。

(2) 从左侧的变量列表中,选择要重新编码的变量,移入 Input Variable→Output Variable 框中。

(3) 单击 Old and New Values 按钮,打开 Recode into Different Variables:Old and New Values 对话框。

(4) 在左边的 Old Value 栏中,给出变量值或取值范围的区域。在右边的 New Value 栏中,给出与之相对应的新的变量值。

(5) 定义结束,单击 Continue 按钮,返回主对话框。

(6) 单击 OK 按钮。

(三) 选择观测量

1. 应用对象

凡是需要从数据文件中选出其中的一些观测数据进行统计分析,其他数据排除在统计分析之外时,需要对要进行统计分析的观测量进行选择。

2. 操作步骤

(1) 依次单击 Data→Select Cases,打开"Select Cases"主对话框。

(2) 观测量的选择方法。可以根据需要,在 Select 栏中进行选取:

① All cases:系统默认选项。全部观测量都参与分析,不做选择。

② If condition is satisfied:选择满足条件的观测量。单击 If 按钮,打开设置选择条件对话框,设置选择条件。然后单击 Continue 按钮。

③ Random sample of cases:对数据文件中的观测量进行随机采样。单击 Sample 按钮,展开随机采样对话框。有两种采样方法:Approximately(按给定的百分比近似选择)和 Exactly_cases from the first_cases(在指定范围内随机选择给定数目的观测量),选择其中一种。然

后单击 Continue 按钮。

④ Based on time or case range：根据时间或数据范围选择。输入第一个观测量序号和最后一个观测量序号，给定范围之内的观测量被选中。然后单击 Continue 按钮。

⑤ Use filter variable 选项，使用过滤变量。从左面的变量栏中选择一个数值型变量作为过滤变量，过滤变量值不是 0，或缺失值的观测量都被选中。然后单击 Continue 按钮。

⑥ 在 Output 栏中，选择未被选中的观测量的处理方法。三种选择：Filter out unselected cases（过滤掉未选定个案，不参与统计分析）、Copy selected cases to new dataset（将选定的个案复制到新数据集）和 Delete unselected cases（删除未选定个案），选择其中的一种。

(3) 参数设置完成，单击 OK 按钮，选择完成。

（四）数据文件的拆分

1. 应用对象

如果需要对数据文件中的观测量分组进行统计分析，而文件中事先又没有设置相应的分组变量时，就需要对该数据文件进行拆分。

2. 操作步骤

(1) 依次单击 Data→Split File，打开 Split File 对话框。

(2) 根据对数据的具体需要选择以下选项。

① Analyze all cases, do not create groups 选项：对所有的数据进行处理。这是系统默认的选项。

② Compare groups 选项：将各分组的观测量数据所得的结果放在一起进行比较。

③ Organize output by groups 选项：按组输出。即分别显示各组所得的统计结果。

(3) 从左侧的变量框中将一个或若干个要进行分组的变量名移入 Group Based on 框中。

(4) 在 Group Based on 矩形框下，有两个选项，以表明数据文件的当前状态：

① Sort file by grouping variables 选项：表示要求按所选择的变量对数据文件进行排序。

② File is already sorted 选项：表示数据文件已经按所选择的变量排序。

(5) 单击 OK 按钮，执行并完成拆分。

（五）数据文件的转置

1. 应用对象

对于被试内设计的实验，所得到的原始数据结构往往不能直接做被试内方差分析。这时，可以使用数据文件的转置功能，将原有的"行"变成"列"，或将"列"变成"行"。也就是将原来的观测量转变为变量，将变量转变为观测量。

2. 操作步骤

(1) 依次单击 Data→Transpose，打开 Transpose 对话框。

(2) 在左侧的变量框中选择要进行转置的变量，用向右箭头按钮移入 Variable (s) 框中。这些变量在新数据文件中将变成观测量（从列变成行）。

(3) 从变量框中选择一个变量送入 Name Variable 框中。该变量的值在新数据文件中作为变量名出现。

(4) 单击 OK 按钮,进行转置。

思 考 题

1. SPSS 共有几种变量类型?每种类型的含义是什么?
2. 定义变量标签和值标签有什么作用?
3. 观测量的排序与排秩有什么联系和区别?列举几个日常生活中对数据排序和排秩的例子。
4. 为什么要对变量进行重新编码?
5. 回忆一下,你以前是否遇到过,需要将 ASCII 码数据文件转换为 SPSS 格式的问题?你当时是如何转换的?
6. 在什么情况下,必须对数据文件进行重新构建?

练 习 题

1. 在数据文件 data2-01 中,查找变量 math 值为 79.0 的观测量。
2. 打开数据文件 data2-01,在变量 english 后,插入一个名为 history 的变量,作为历史成绩,并对这个变量进行定义。
3. 打开数据文件 data2-01,根据已有的数学成绩、语文成绩和英语成绩,使用 Compute Variable 功能,计算出这三科的总成绩。
4. 打开数据文件 data2-01,按照 class 和 gender 两个变量对数据进行拆分。

推荐阅读参考书目

卢纹岱,2006. SPSS for Windows 统计分析. 3 版. 北京:电子工业出版社.

3

描 述 统 计

> **教学导引**

本章主要介绍描述统计的基本概念和原理、SPSS 的操作步骤、选项依据、统计分析输出结果的解释和应用要领。描述统计的目的是对大量数据进行整理和概括，并用频数、集中量数和差异量数等基本的描述统计量显现数据的全貌并用于进一步的统计分析。同时探查数据文件中是否存在极端值、异常值和缺失值。本章将学习频数、平均数、中数、众数、全距、百分位数、方差、标准差、标准分数、茎叶图、箱图等概念。其中，分组计算描述统计量、在样本数据文件中探查极端值和异常值等是重要的操作，需要认真理解、掌握和反复的操作练习。

第一节 描述统计的基本概念和原理

SPSS 提供的描述统计包括数据的算术平均数、中数、众数、几何平均数和调和平均数等集中量数，全距、百分位数、方差和标准差以及标准分数等差异量数。对数据分布的描述统计包括频数、偏度、峰度以及分析样本数据分布的箱图和茎叶图等。

一、频数

1. 频数和频数表

频数（frequency）是指同一个观测值在一组数据中出现的次数。频数表是表示频数分布的数据表格。SPSS 为用户提供简单频数分布表、相对频数分布表以及相对累加频数分布表。

简单频数分布表是根据每一个数值在一组数据中出现的实际次数编制的统计表。它给我们呈现的是获得每个数据值的被试数量。

相对频数分布表是将简单频数分布表中的实际次数转化为相对次数（该数据出现的次数除以数据总数量的比值）制成的统计表。它呈现的是获得每个数据值的被试的比例。

相对累加频数表是指将相对次数依次相加所得到的相对累加频数所制成的表格。它表明等于和小于某个数据值的被试的比例。

例如,某班级进行一项测验,测验满分为 20 分。30 名学生测验所得成绩如下:18,17,13,10,14,14,17,14,16,19,11,13,13,12,14,15,13,15,16,15,13,11,14,14,12,15,16,16,15,12。成绩的频数分布表如表 3-1-1 所示。

表 3-1-1　学生测验成绩频数分布表

成绩	频数	相对频数(%)	相对累加频数(%)
10	1	3.3	3.3
11	2	6.7	10.0
12	3	10.0	20.0
13	5	16.7	36.7
14	6	20.0	56.7
15	5	16.7	73.3
16	4	13.3	86.7
17	2	6.7	93.3
18	1	3.3	96.7
19	1	3.3	100.0

2. 频数分布图

(1) 直方图(histogram)以矩形的面积表示频数的分布。纵轴表示数据的频数,横轴表示测验的数值。纵轴通常从零开始,横轴可以从任何数字开始,与数据的分布范围有关。直方图适用于连续的数值型变量。

图 3-1-1 是根据表 3-1-1 绘制的。它直观地显示了各个分数值的频数分布。

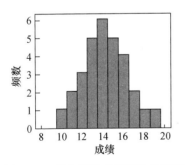

图 3-1-1　学生测验成绩频数分布直方图

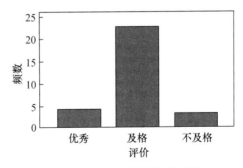

图 3-1-2　学生成绩评价条形图

(2) 条形图(bar chart)以矩形的长短表示频数的分布。条形图适用于分类变量。条形图中的横轴表示类别,纵轴表示频数。假设在上一个例子中,老师把大于和等于 17 分的同学评价为优秀,12～16 分的同学评价为及格,小于和等于 11 分的同学评价为不及格,则可以绘制成图 3-1-2 的条形图。横轴表示评价的类别,纵轴表示获得这一评价的人数。在图 3-1-2 中,纵轴的频数也可以换成百分数,表示获得某一种评价的学生人数占总人数的比例。

条形图与直方图不同。条形图适用于分类变量,描述离散型数据;直方图主要描述连续的数值型变量。条形图中的一个坐标轴是分类轴;直方图则是连续的刻度值。条形图直条与直条之间有间隔,但是间隔大小没有任何关联和意义;直方图各直条之间也会有间隔,但是它表示在这一数据上分布的人数为零。因此,在使用时,要注意两者的区别,合理利用。

（3）饼图(pie chart)和条形图一样,适用于分类变量,描述离散型数据。图 3-1-3 表示获得各个评价的学生人数占总人数的比例,扇形面积的大小与所占比例有关。

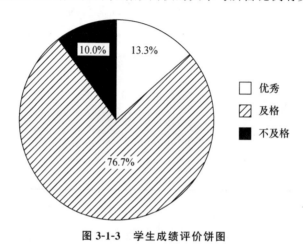

图 3-1-3　学生成绩评价饼图

二、集中量数

集中量数是用来描述数据集中趋势的统计量。它是一组数据的代表值,描述数据分布的中心。集中量数主要包括算术平均数、中数和众数。

1. 算术平均数

算术平均数一般简称为平均数、均数或均值(mean),其计算方法是用一列数据中所有数据的总和除以该列数据的总数所得的商,公式为:

$$\overline{X} = \frac{\sum_{i=1}^{n} X_i}{n}$$

公式中:$\overline{X}$ 表示均数,X_i 表示第 i 个数据,$\sum$ 是累加求和符号,n 表示数据的数量,即

$$\sum_{i=1}^{n} X_i = X_1 + X_2 + X_3 + \cdots + X_n$$

均数是"真值"的最佳估计值,是应用最广泛的一种集中量数,而且较少受到抽样变动的影响。均数对数据的变化相当敏感,也正因如此,它易受极端数据的影响。

2. 中数

中数(median,又称中位数、中值或中点数)是指按数值的大小顺序排列在一起的一组数据中居于中间位置的数。中数的求法如下:

如果数据的个数为奇数,则位于这列数据$\frac{n+1}{2}$位置上的数值即为该列数据的中数。如果数据的个数为偶数,则位于这列数据的第$\frac{n}{2}$位置和第$\frac{n}{2}+1$位置上的两个数值的平均数即为该列数据的中数。例如:求 3,6,8,9,12,15 这列数据的中数。因为数据的个数是偶数,位于这列数据的第$\frac{n}{2}$和第$\frac{n}{2}+1$位置上的两个数值分别为 8 和 9,所以该列数据的中数为$(8+9)\div 2=8.5$。

从中数的计算方法可以看出,中数是由数据的排列顺序和数量决定的,并不需要每一个数据都参与运算。它反应不够灵敏,不适合代数计算。一般情况下,它不被普遍应用。但是,它很少受到极端值的影响。当一组数据有极端数据或者有个别数据不确切、不清楚时,它又有特殊的应用价值。

3. 众数

众数(mode)是指一组数据中出现次数最多的那个数值。众数同样不是由每一个数据都参加运算求得的,较少受到极端值的影响,不能做进一步的代数运算,应用也不广泛。但是,当数据中出现极端值或出现不同质的情况时,可以用众数表示数据的一般趋势。

均数、中数、众数这三种集中量数都是描述一组数据集中趋势的统计量,只是从各自不同的角度描述了这一趋势。均数是一组数据的平衡点,均数两边的数据到它的距离之和相等。中数是一组数据的中心点,在它两边的数据个数相等。众数是在一组数据中出现频次最高的数值。在心理与教育研究中,描述数据集中趋势的量数不止一个,我们应当尽量使用包含信息多的集中量数做进一步的分析。均数的获得需要所有的数据参与计算,所以,它比中数、众数包含的信息多。

三、差异量数

在心理与教育研究中,要全面描述数据的特征不但要了解数据分布的中心,还需要了解数据围绕中心分布的离散情况,即差异量数。表示数据离散程度的差异量数主要有全距、百分位数、方差、标准差以及标准分数。

1. 全距

全距(range,R)也称为"两极差",是指一组数据中,最大值与最小值的差数($R=$最大值−最小值)。它是说明数据离散程度最简单的统计量,反映了数据波动的最大范围。

全距仅仅利用了数据中的两个数据,即最大值和最小值。它不能详细地描述在最大值和最小值之间的离散情况。当数据中出现异常值时,用全距表示数据的离散趋势是不完整、不可靠的。因此,全距只是差异量数的粗略指标,帮助我们了解数据分布的范围,不能做进一步的运算。

2. 百分位数

百分位数是指一组数据中位于某一百分等级位置上的分数,其符号为 X_p。比如,X_{90} 表示在一组数据中处在 90% 等级位置上的数字,数据中有 90% 的数据比其低,10% 的数据比其高。其基本计算公式为:

$$X_p = X_{([d])} + (X_{([d]+1)} - X_{([d])})(d - [d])$$

$$d = \frac{(N+1)p}{100}$$

其中,X_p 表示第 p 个百分位数,d 表示 X_p 所在的位次,$[d]$ 表示 d 的整数部分,$X_{([d]+1)}$ 和 $X_{([d])}$ 表示位次为 $[d]+1$ 和 $[d]$ 上的数据,N 为数据总数。

例如,有一组数据为 51,73,72,52,50,54,60,57,60,51,67,53,72,75。求 X_{23} 这个百分位数是多少?

首先将数据按从小到大的顺序排列,并标出每个数据的位次:

50	51	51	52	53	54	57	60	60	67	72	72	73	75
1	2	3	4	5	6	7	8	9	10	11	12	13	14

然后,按下列方法计算:

$$d = (14+1) \times 23\% = 3.45$$

所以

$$[d] = 3$$

$$X_{(3+1)} = X_{(4)} = 52, \quad X_{(3)} = 51$$

所以

$$X_{23} = 51 + (52 - 51) \times (3.45 - 3) = 51.45$$

3. 方差和标准差

方差(variance)又称为变异数或均方,有时简称为变异,是离差平方和的均数,用符号 S^2 表示。方差是度量数据离散程度的一个重要的统计量。方差具有可加性,在方差分析中使用广泛。其基本计算公式为:

$$S^2 = \frac{\sum(X - \bar{X})^2}{N}$$

其中,S^2 表示方差,X 是观测值,$\bar{X}$ 是平均数,N 为总次数。

标准差(standard deviation,SD)是方差的平方根。其基本公式为:

$$S = \sqrt{\frac{\sum(X - \bar{X})^2}{N}}$$

方差和标准差是表示一组数据离散程度的指标。其值越大,说明数据离散程度越大,数据分布较分散;其值越小,说明数据离散程度越小,数据分布比较集中。

4. 标准分数

标准分数(standard score)又叫 Z 分数,是以标准差为单位描述某一个原始分数偏离样本均数距离的统计量。计算公式为:

$$Z = \frac{X - \overline{X}}{S}$$

其中,X 代表原始数据,$\overline{X}$ 代表一组数据的平均数,S 为标准差。

从标准分数的公式中可以看出,把原始分数转换成标准分数,就是把单位不相等的、缺乏明确参照点的分数转换成以标准差为单位,以平均数为参照点的分数。这样就可以明确各个分数在总体中的相对位置,并且可以比较不同单位的分数在各自分布中的相对位置。

本章主要介绍 SPSS 的 Analyze 菜单中 Descriptive Statistics 菜单下的 Frequencies、Descriptive、Explore 以及 Analyze 中 Compare Means 菜单下的 Means 功能对数据的描述统计分析。

第二节 频数分析

一、操作选项

(1) 建立或打开数据文件后,单击 Analyze 依次打开 Descriptive Statistics→Frequencies 对话框,如图 3-2-1 所示。

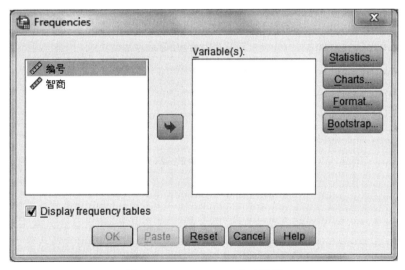

图 3-2-1 Frequencies 主对话框

(2) 对话框左侧的变量列表中列出了当前数据文件中所有变量的变量名。

(3) 在变量列表中选中一个或多个变量,单击对话框中间的箭头按钮,将变量送入 Variable(s) 列表框中。SPSS 将对选定变量的数据进行频数分析。

(4) Display frequency tables 复选项。它是系统默认项,输出频数分布表。

(5) 单击 Statistics 按钮,打开 Frequencies:Statistics 对话框,如图 3-2-2 所示。

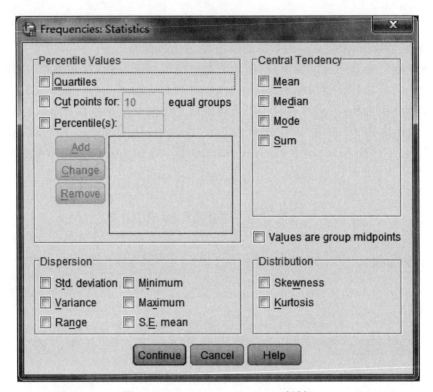

图 3-2-2　Frequencies:Statistics 对话框

该对话框中各选项意义如下:

① Percentile Values 栏:用于选择自定义的百分位数的计算和结果的输出。

• Quartiles,如果选择此项,输出四分位数。

• Cut points for:10 equal groups,如果选择此项,系统要求在参数框中输入 2 至 100 之间的整数,结果输出的是等分点的百分位数。例如,如果输入 5,结果将输出 20%、40%、60%和 80%四个百分位的数值。

• Percentile(s):用于选择自定义的百分位数。在参数框中可以输入从 0 到 100 之间的任意数值,然后单击 Add 按钮。可多次重复此操作,输出多个指定的百分位数。利用 Remove 按钮,可以删除已输入的数值。

② Dispersion 栏:用于选择描述数据离散趋势的统计量。

• Std. deviation:如果选择此项,在统计结果中输出标准差。

• Variance:如果选择此项,在统计结果中输出方差。

• Range:如果选择此项,在统计结果中输出全距。

• Minimum:如果选择此项,在统计结果中输出最小值。

• Maximum:如果选择此项,在统计结果中输出最大值。

- S.E. mean：如果选择此项，在统计结果中输出均数的标准误。

③ Central Tendency 栏：用于选择描述数据集中趋势的统计量。
- Mean：如果选择此项，在统计结果中输出均数。
- Median：如果选择此项，在统计结果中输出中数。
- Mode：如果选择此项，在统计结果中输出众数。如果中数和众数相差很大，说明数据中存在异常值。
- Sum：如果选择此项，在统计结果中输出数据的算术和，即数据的累加和。

④ Values are group midpoints 复选项：假设数据已经分组，而且用各组的组中值代表各组数据，计算百分位数和中数。

⑤ Distribution 栏：用于选择描述数据分布的统计量。
- Skewness：选择此项，系统计算并输出数据分布的偏度和偏度的标准误。偏度检验法是检验数据的频数分布是否为正态分布的一种统计方法。偏度系数的计算公式为：$SK = \dfrac{\sum(X-\overline{X})^3/N}{S^3}$。当偏度系数等于0时，分布是对称的；当偏度系数小于0时，分布为"负偏态"，分布曲线有一个较长的左尾；当偏度系数大于0时，分布为"正偏态"，分布曲线有一个较长的右尾。只有当样本的数量 $N>200$ 时，所计算出的偏度系数才比较可靠。
- Kurtosis：选择此项，系统计算并输出数据分布的峰度和峰度的标准误。峰度检验法同样是检验数据的频数分布是否为正态分布的一种统计方法。峰度系数计算公式为：$KU = \dfrac{\sum(X-\overline{X})^4/N}{S^4} - 3$。标准正态分布的峰度系数为0；当峰度系数小于0时，数据频数分布的峰值要比标准正态分布的峰值高；当峰度系数大于0时，数据分布的峰值要比标准正态分布的峰值低。只有当样本数量 $N>1000$ 时，所计算出的峰度系数才比较可靠。

(6) 单击 Charts 按钮，打开 Frequencies:Charts 对话框，如图 3-2-3 所示。

① Chart Type 栏：用于选择统计图形的输出类型。
- None：系统默认项，不输出统计图形。
- Bar charts：选择此项，输出条形图。适用于分类变量。
- Pie charts：选择此项，输出饼图。适用于分类变量。
- Histogram：选择此项，输出直方图。适用于连续的数值型变量。选中 Show normal curve on histogram 复选项，输出的直方图中带有正态分布曲线。

② Chart Values 栏：用于选择统计图形的度量单位。
- Frequencies：系统默认选项。直方图和条形图纵轴表示频数；饼图的每块扇形面积表示每组的频数值。
- Percentages：选中此项，直方图和条形图纵轴表示百分比；饼图表示每组数据占总数的百分比。

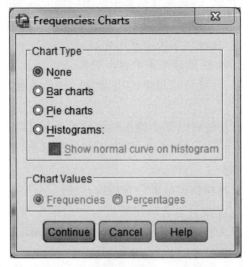

图 3-2-3　Frequencies:Charts 对话框

(7) 单击 Format 按钮,打开 Frequencies:Format 对话框,如图 3-2-4 所示。设置频数表的输出格式。

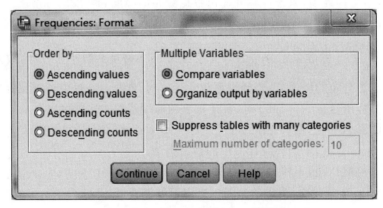

图 3-2-4　Frequencies:Format 对话框

① Order by 栏:用于设置频数表中观测值的排列顺序。
- Ascending values:系统默认选项,按观测值的大小升序排列。
- Descending values:选择此项,按观测值的大小降序排列。
- Ascending counts:选择此项,按频数的大小升序排列。
- Descending counts:选择此项,按频数的大小降序排列。

如果设置了百分位数或者直方图,频数表将按照系统默认的设置按变量名升序排列输出。
② Multiple Variables 栏:用于选择频数表是集中输出,还是按每个变量单独输出。

- Compare variables：选择此项，所有变量的频数表集中输出。
- Organize output by variables：选择此项，每个变量单独输出一个频数表。

③ Suppress tables with many categories 复选项。用于控制频数表的分类数量，默认值是 10。例如，数据的范围是 13～19 的整数，共有 7 类，并设定分组值为 1。如果在参数框中键入 5，那么，系统仍然按 7 类分组计算，但是输出的频数表只有 5 类频数统计结果。所以，在参数框中输入的数值，不得大于总的分类数量。

二、应用举例

例题 一项心理学研究测量职业经理人的智商。被试为某城市的职业经理人，共 100 名。测量工具采用韦克斯勒成人智力量表(WAIS)。研究的目的在于了解这一团体的平均智商以及智商的分布情况。

1. 建立 SPSS 数据文件

(1) 打开 SPSS 数据编辑窗口，在 Variable View 窗口中分别建立"编号"和"智商"两个变量，把它们的 Width(变量长度)都改为 3，Decimals(小数位)改成 0，其他功能选项采用系统默认值，见图 3-2-5。

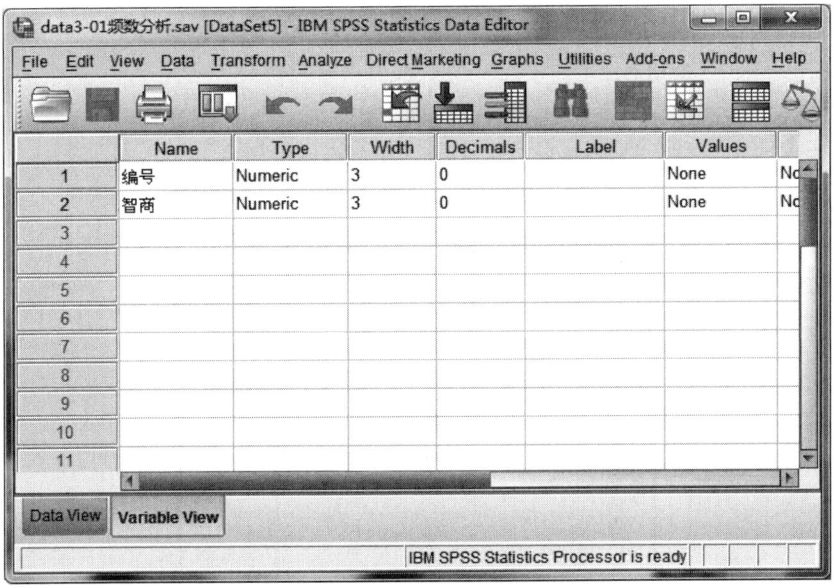

图 3-2-5 职业经理人智商文件的变量结构

(2) 在 Data View 窗口中按照"编号"和"智商"输入相应的值。数据保存为 data3-01.sav (见图 3-2-6)。

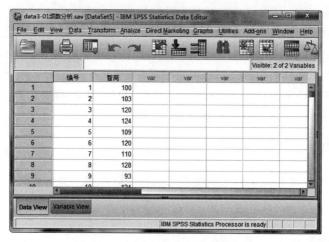

图 3-2-6　职业经理人智商数据文件

2. 操作步骤

（1）单击 Analyze，依次打开 Descriptive Statistics→Frequencies 对话框，将"智商"变量送入 Variable(s) 列表框中。

（2）单击 Statistics 按钮，打开 Frequencies:Statistics 对话框。选择 Percentile Value 栏中的 Quartiles；Central Tendency 栏中的 Mean，Median 和 Mode；Dispersion 栏中的 Std. deviation；Distribution 栏中的 Skewness 和 Kurtosis。单击 Continue 按钮。

（3）单击 Charts 按钮，打开 Frequencies:Charts 对话框。选择 Histograms，再选中 Show normal curve on histogram 复选框。单击 Continue 按钮。

（4）其他功能项采用系统默认选项。点击 OK 按钮，执行操作。

3. 输出的结果及解释

系统输出的频数检验结果见图 3-2-7、图 3-2-8 和图 3-2-9。

Statistics

智商

N	Valid	100
	Missing	0
Mean		116.13
Median		118.00
Mode		116[a]
Std. Deviation		9.228
Skewness		-.822
Std. Error of Skewness		.241
Kurtosis		.192
Std. Error of Kurtosis		.478
Percentiles	25	112.00
	50	118.00
	75	123.00

a. Multiple modes exist. The smallest value is shown

图 3-2-7　职业经理人智商统计表截图

图 3-2-7 为 100 名职业经理人的智商统计表,给出了数据的描述统计量。N 表示数据的个数,有效数据(Valid)100 个,缺失值(Missing)为 0。平均智商(Mean)为 116.13,中数(Median)为 118,众数(Mode)为 116,表明这 100 名职业经理人智商的集中趋势是 116 左右。均数、中数和众数接近相等说明数据中没有异常值。标准差(Std. Deviation 或 SD)为 9.228。偏度系数(Skewness)及其标准误(Std. Error 或 SE of Skewness)分别为 −0.822 和 0.241,说明数据呈负偏态分布。峰度系数(Kurtosis)及其标准误(SE of Kurtosis)分别为 0.192 和 0.478,说明该数据的分布比标准正态分布的峰值略低。25% 的百分位数(Percentiles 25)值为 112,表明有 25% 的职业经理人智商低于 112。50% 和 75% 的百分位数值分别为 118 和 123,表明有 50% 和 75% 的职业经理人智商分别低于 118 和 123。

图 3-2-8 为 100 名职业经理人智商频数分布表。第一列是智商;第二列(Frequency)为简

智商

		Frequency	Percent	Valid Percent	Cumulative Percent
Valid	92	1	1.0	1.0	1.0
	93	2	2.0	2.0	3.0
	95	2	2.0	2.0	5.0
	96	1	1.0	1.0	6.0
	99	1	1.0	1.0	7.0
	100	2	2.0	2.0	9.0
	102	1	1.0	1.0	10.0
	103	1	1.0	1.0	11.0
	104	2	2.0	2.0	13.0
	105	2	2.0	2.0	15.0
	106	1	1.0	1.0	16.0
	108	2	2.0	2.0	18.0
	109	2	2.0	2.0	20.0
	110	2	2.0	2.0	22.0
	111	2	2.0	2.0	24.0
	112	3	3.0	3.0	27.0
	113	4	4.0	4.0	31.0
	114	5	5.0	5.0	36.0
	115	5	5.0	5.0	41.0
	116	6	6.0	6.0	47.0
	117	2	2.0	2.0	49.0
	118	5	5.0	5.0	54.0
	119	5	5.0	5.0	59.0
	120	5	5.0	5.0	64.0
	121	3	3.0	3.0	67.0
	122	5	5.0	5.0	72.0
	123	4	4.0	4.0	76.0
	124	6	6.0	6.0	82.0
	125	4	4.0	4.0	86.0
	126	4	4.0	4.0	90.0
	127	3	3.0	3.0	93.0
	128	3	3.0	3.0	96.0
	129	3	3.0	3.0	99.0
	132	1	1.0	1.0	100.0
	Total	100	100.0	100.0	

图 3-2-8 职业经理人智商频数分布表截图

单频数分布表,表明每个智商值在 100 名职业经理人中出现的频数;第三列(Percent)和第四列(Valid Percent)为相对频数分布表,表明每个智商在 100 名职业经理人中出现频数的百分比。如果存在缺失值,这两列将会不同。最后一列(Cumulative Percent)是相对累加频数表,每一个数值都是将 Valid Percent 列中的相对次数依次累加所得到的,说明等于或小于某个数据值的被试的百分比。例如,智商等于或小于 100 的职业经理人的百分比是 9%。

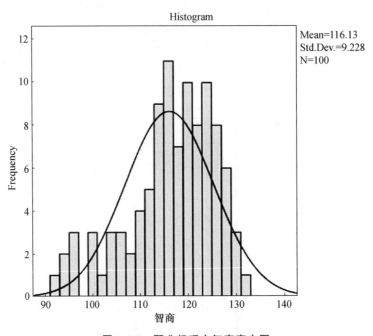

图 3-2-9 职业经理人智商直方图

图 3-2-9 为 SPSS 输出的 100 名职业经理人智商分布的直方图。从图中可以看出数据分布的频数与标准正态分布存在差异。分布曲线有一个较长的左尾,并且比标准正态分布的峰值略低,这与偏度系数和峰度系数一致。

4. 结果的报告

100 名职业经理人的平均智商为 $M=116.13$,标准差 $SD=9.228$。智商小于 100 的人数占总人数的 7%;智商在 100~110 之间的(不包括 110)占总人数的 13%;智商在 110~120 之间的(不包括 120)占总人数的 39%;智商在 120 以上的占总人数的 41%。

第三节 描述统计

一、操作选项

(1) 建立或打开数据文件后,单击 Analyze,依次打开 Descriptive Statistics→Descriptives

对话框,如图 3-3-1 所示。

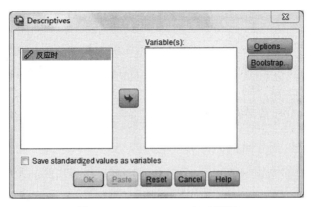

图 3-3-1　Descriptives 主对话框

(2) 在变量列表中选中一个或多个变量,单击对话框中间的箭头按钮,将变量送入 Variable(s)列表框中。

(3) Save standardized values as variables,对所选的变量进行标准化,产生相应的 Z 分数,并作为新变量保存到原数据文件中。变量名为原变量名前加字母"Z"。

(4) 单击 Options 按钮,打开 Descriptives:Options 对话框,如图 3-3-2 所示。

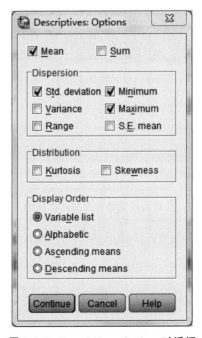

图 3-3-2　Descriptives:Options 对话框

① Mean 复选项、Sum 复选项、Dispersion 方框内选项和 Distribution 方框内选项参见上一节中的 Statistics 对话框的内容。

② Display Order 栏。

- Variable list：系统默认选项，按照数据文件中变量排列的先后顺序输出描述统计量。
- Alphabetic：选择此项，系统按照变量名的字母顺序输出描述统计量。
- Ascending means：选择此项，系统按照均值的大小升序排列描述统计量。
- Descending means：选择此项，系统按照均值的大小降序排列描述统计量。

二、应用举例

例题　某单位招聘长途客运汽车驾驶员，将心理指标作为招聘的重要依据之一，委托某心理学咨询机构对优秀的驾驶员做一些有关心理特征的测量。该咨询机构认为，驾驶员的视觉反应时是重要的心理指标之一，反应时过快或过慢都不宜从事客运汽车的驾驶工作。测量的对象是某城市 339 名驾龄为 10 年以上且无交通事故的驾驶员，采用反应时测定仪（单位：ms）对他们进行视觉简单反应时的检测。

1. 建立 SPSS 数据文件

（1）打开 SPSS 的数据编辑窗口，在 Variable View 窗口中建立变量名为"反应时"的变量，Decimals（小数位）改成 0，其他功能选项采用系统默认值，见图 3-3-3。

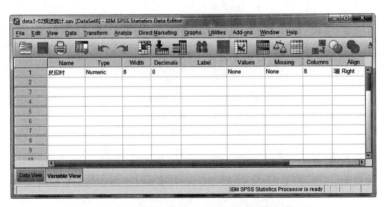

图 3-3-3　驾驶员视觉简单反应时文件的变量结构

（2）在 Data View 窗口中输入每位驾驶员视觉简单反应时测量的数值。数据文件保存为 data3-02.sav（见图 3-3-4）。

2. 操作步骤

（1）单击 Analyze，依次打开 Descriptive Statistics→Descriptives 对话框，将"反应时"变量送入 Variable(s)列表框中。

（2）单击 Options 按钮，打开 Descriptives：Options 对话框，选择 Dispersion 方框内 Range 复选项，其他选项使用系统默认选项。点击 OK 按钮，输出结果。

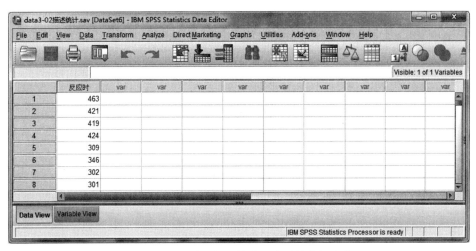

图 3-3-4 驾驶员视觉简单反应时的数据文件

3. 输出的结果及解释

图 3-3-5 为 339 名优秀驾驶员视觉简单反应时统计表。N 为被试的数量 339 名,有效被试 339 名。全距为 230 ms,反应时的最小值为 245 ms,最大值为 475 ms,平均反应时为 303.50 ms,标准差是 34.624。

Descriptive Statistics

	N	Range	Minimum	Maximum	Mean	Std. Deviation
反应时	339	230	245	475	303.50	34.624
Valid N (listwise)	339					

图 3-3-5 驾驶员反应时描述统计表

4. 结果的报告

优秀驾驶员平均视觉简单反应时 $M=303.50$ ms,标准差 $SD=34.624$,反应时分布范围为 245~475 ms。

第四节 探索分析

一、操作选项

(1) 建立或打开数据文件后,单击 Analyze,依次打开 Descriptive Statistics→Explore 对话框,如图 3-4-1 所示。

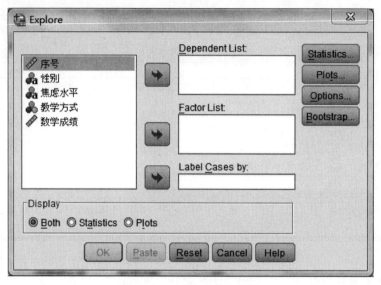

图 3-4-1　Explore 主对话框

（2）在变量列表框中选中一个或多个变量，单击对话框中间的箭头按钮，将变量送入 Dependent List 列表框中，作为因变量进行统计分析。

（3）在变量列表框中选中一个或多个变量送入 Factor List 列表框中，指定为分组变量。如果送入 Factor List 列表框中的变量不止一个，则 SPSS 会按照分组变量分别对送入 Dependent List 列表框中的数据进行分组分析，分别输出结果。例如，以性别变量（男、女）和年级变量（大班、小班）为指定分组变量，则输出两个描述统计表，分别是男、女比较和大、小班比较。

（4）在变量列表框中选中一个变量送入 Label Cases by 框中，指定标识变量。当选中 Statistics→Outliers 复选项时，会使用该变量值标识输出的 5 个最大值和 5 个最小值。

（5）Display 栏：

- Both：选择此项，系统输出描述统计量以及统计图形。
- Statistics：选择此项，系统只输出描述统计量。
- Plots：选择此项，系统只输出统计图形。

（6）单击 Statistics 按钮，打开 Explore：Statistics 对话框，如图 3-4-2 所示。

- Descriptives，系统默认项。输出描述统计量包括：均数及其标准误、修剪平均数（5% Trimmed Mean）、中数、方差、标准差、最小值、最大值、全距、四分位数、偏度及其标准误、峰度及其标准误。

Confidence Interval for Mean：用于设置均值的置信区间，范围 1%～99%，系统默认值是 95%。

- M-estimators：输出集中趋势最大似然比的稳健估计。

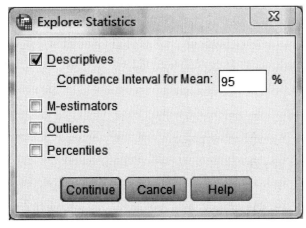

图 3-4-2 Explore:Statistics 对话框

- Outliers:输出 5 个最大值和 5 个最小值,在输出结果中标明为极端值。
- Percentiles:输出 5％、10％、25％、75％、90％以及 95％的百分位数和 Turkey 的四分位数。

(7) 单击 Plots 按钮,打开 Explore:Plots 对话框,如图 3-4-3 所示。设置统计图表及其参数。

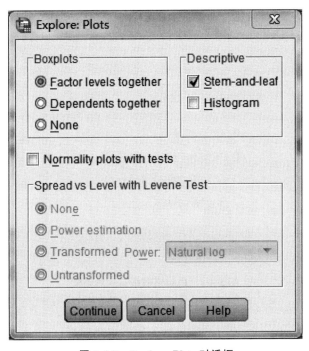

图 3-4-3 Explore:Plots 对话框

① Boxplots 栏，确定箱图的生成方式。

• Factor levels together：系统默认项。因变量（送入 Dependent List 列表框中的变量）按因素变量（送入 Factor List 框中的变量）的水平分组，各组因变量生成的箱图并列。

• Dependents together：所有的因变量生成一个并列的"箱图"，用不同颜色区分不同水平。

• None：不显示箱图。

② Descriptive 栏。

• Stem-and-leaf：生成茎叶图，为系统默认项。

• Histogram：生成直方图。

③ Normality plots with tests：输出正态概率图和离散概率图。同时输出 Kolmogorov-Smirnov 统计量的 Liliefors 检验的显著水平以及 Shapiro-Wilk 统计量。

④ Spread vs. Level with Levene Test：输出回归直线斜率以及方差齐性检验结果。

• None：系统默认项。不进行方差齐性检验。

• Power estimation：将对幂变换的幂次作出估计。每组数据产生一个中位数的自然对数和四分位数的自然对数为坐标的散点图。

• Transformed：对原始数据进行转换。Power 下拉式菜单中有六种可供选择的变换类型。

• Untransformed：不对数据进行转换。

(8) 单击 Options 按钮，打开 Explore：Options 对话框，如图 3-4-4 所示。设置缺失值的处理方法。

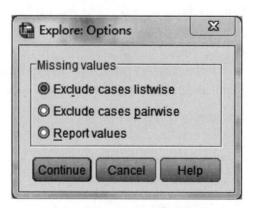

图 3-4-4　Explore：Options 对话框

• Exclude cases listwise：系统默认项。剔除带有缺失值的观测数据。

• Exclude cases pairwise：成对剔除有缺失值的观测数据。

• Report values：分组变量的缺失值将被单独分为一组。输出频数表时也包括缺失组。

(9) 单击 Bootstrap 按钮，打开 Explore：Bootstrap 对话框，如图 3-4-5 所示。在 Confi-

dence Intervals 栏中,置信区间默认为 95%,两个选项分别为 Percentile(百分位)、Bias corrected accelerated(偏差修正加速)。在 Sampling 栏中,有 Simple(简单)、Stratified(分层)两种方法。

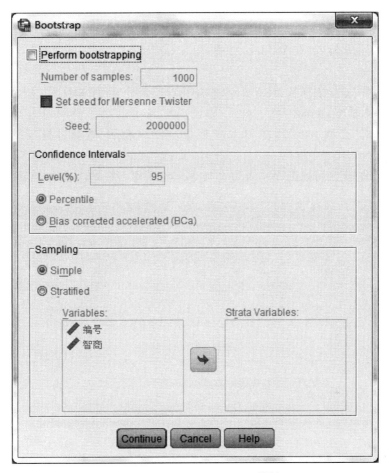

图 3-4-5　Explore：Bootstrap 对话框

二、应用举例

例题　某大学数学教师认为,学生学习数学时的焦虑情绪是影响数学成绩的因素之一。他采用两种教学方式(学生自学、教师讲授)考察不同焦虑水平的大学生解决某个数学问题的成绩。首先,通过"数学焦虑水平自评量表"筛选出被试 120 名,其中高焦虑的被试 60 名(称为"高焦虑水平"组),低焦虑的被试 60 名(称为"低焦虑水平"组)。再把高、低焦虑水平组被试各分成两组,每组 30 人,分别采用不同的教学方式学习某个数学问题(120 名被试均没学习过该数学问题)。经过同样的教学时间后,对全体被试进行同样的数学测验,并采用同样的评分标准评定每名被试的数学成绩。试分别对各组被试的数学成绩做数据探索分析。

1. 建立 SPSS 的数据文件

（1）打开 SPSS 的数据编辑窗口，在 Variable View 窗口中分别建立"序号""性别""焦虑水平""教学方式"和"数学成绩"五个变量。

- "序号"变量行把 Decimals 设成 0。
- "性别"变量加标签，在 Valuess 栏中，用"f"表示"女"，"m"表示"男"。度量标准 Measure 改成 nominal；
- "焦虑水平"变量加标签，在 Values 栏中用"H"表示"高焦虑水平"、用"L"表示"低焦虑水平"，Measure 改成 nominal。
- "教学方式"变量加标签，在 Values 栏中，用"1"表示"教师讲授"，"2"表示"自学"，Measure 改成 nominal。
- "数学成绩"变量可以把 Width 定义为 3，其他采用系统默认选项，见图 3-4-6。

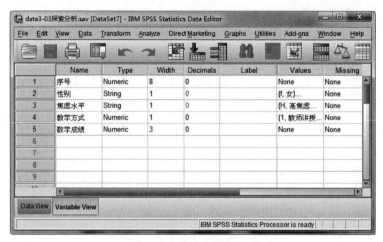

图 3-4-6　数学成绩变量文件结构

（2）在 Data View 窗口中按照"序号""性别""焦虑水平""教学方式"和"数学成绩"五个变量输入相应的观测值。数据文件保存为 data3-03.sav（见图 3-4-7）。

2. Explore 的操作步骤

（1）单击 Analyze 依次打开 Descriptive Statistics→Explore 对话框。将"数学成绩"变量送入 Dependent List 列表框中，将"焦虑水平"送入 Factor List 列表框中，将"序号"送入 Label Cases by 框中。

（2）单击 Statistics 按钮，打开 Explore：Statistics 对话框。选择 Outliers 复选项。其他选项采用默认值。Plots、Options 也采用默认选项。单击 Continue 按钮。

（3）点击 OK 按钮，输出结果。

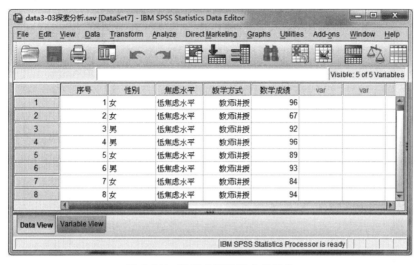

图 3-4-7 数学成绩数据文件结构

3. 输出的结果与解释

系统输出的探索分析结果见图 3-4-8、图 3-4-9、图 3-4-10、图 3-4-11、图 3-4-12、图 3-4-13。

Case Processing Summary

		Cases					
		Valid		Missing		Total	
	焦虑水平	N	Percent	N	Percent	N	Percent
数学成绩	高焦虑水平	60	100.0%	0	.0%	60	100.0%
	低焦虑水平	60	100.0%	0	.0%	60	100.0%

图 3-4-8 高、低两种焦虑水平组被试人数表

图 3-4-8 为高、低两种焦虑水平组被试的人数统计表。高、低焦虑水平组的被试各 60 人，均无缺失值。

图 3-4-9 给出了两组被试数学成绩的描述统计量。高焦虑水平组数学成绩：平均数（Mean）为 75.68、均数的标准误（Std. Error）为 1.137；95%置信区间（95% Confidence Interval）的下边界值（Lower Bound）为 73.41、上边界值（Upper Bound）为 77.96；修剪平均数（Pruning average）为 76.13；中数（Median）为 77.50；方差（Varianc）为 77.576、标准差（Std. Deviation）为 8.808；最小值（Minimum）为 52、最大值（Maximum）为 91、全距（Range）为 39、四分位距（Interquartile）为 11；偏度值（Skewness）为 −0.873、偏度的标准误（SE of Skewnes）为 0.309；峰度值（Kurtosis）为 0.394、峰度的标准误（SE of Kurtosis）为 0.608。低焦虑水平组数学成绩的描述统计量这里不再赘述。

焦虑水平			Statistic	Std. Error
数学成绩	高焦虑水平	Mean	75.68	1.137
		95% Confidence Interval for Mean — Lower Bound	73.41	
		95% Confidence Interval for Mean — Upper Bound	77.96	
		5% Trimmed Mean	76.13	
		Median	77.50	
		Variance	77.576	
		Std. Deviation	8.808	
		Minimum	52	
		Maximum	91	
		Range	39	
		Interquartile Range	11	
		Skewness	-.873	.309
		Kurtosis	.394	.608
	低焦虑水平	Mean	87.73	1.207
		95% Confidence Interval for Mean — Lower Bound	85.32	
		95% Confidence Interval for Mean — Upper Bound	90.15	
		5% Trimmed Mean	88.44	
		Median	89.50	
		Variance	87.351	
		Std. Deviation	9.346	
		Minimum	60	
		Maximum	100	
		Range	40	
		Interquartile Range	11	
		Skewness	-1.200	.309
		Kurtosis	.973	.608

图 3-4-9 两组被试数学成绩的描述统计表

图 3-4-10 为两组被试成绩的 5 个最大值（最高成绩）和最小值（最低成绩）统计表。例如，高焦虑水平组数学成绩 5 个最大值从高到低依次为：61 号 91 分、83 号 90 分、63 号 87 分、105 和 120 号 86 分。其他依此类推。

图 3-4-11 为高焦虑水平组数学成绩茎叶图。Frequency 列表示频数，Stem 列表示"茎"，Leaf 列表示"叶"，Stem width 表示"茎宽"，Each leaf 表示每一个叶代表一个数据。茎叶图的"茎"用数据中十位以及十位以上的数字表示，叶为最后一位。数据值、茎、叶及"茎宽"的关系为：数据值 =（茎+叶×0.1）×茎宽。比如，数据是整数 78，则"茎"表示为 7，叶表示为 8，"茎宽"为 10。所以，78 =（7+8×0.1）×10。在图 3-4-11 中，"6.00 6.001124"这一行数字所表示的是 60、60、61、61、62、64 这 6 个数值。

Extreme Values

焦虑水平				Case Number	序号	Value
数学成绩	高焦虑水平	Highest	1	61	61	91
			2	83	83	90
			3	63	63	87
			4	105	105	86
			5	120	120	86
		Lowest	1	98	98	52
			2	93	93	54
			3	82	82	56
			4	100	100	60
			5	67	67	60
	低焦虑水平	Highest	1	50	50	100
			2	27	27	99
			3	39	39	99
			4	12	12	98
			5	59	59	98
		Lowest	1	45	45	60
			2	32	32	65
			3	30	30	65
			4	2	2	67
			5	40	40	70

图 3-4-10　最大值、最小值统计表

```
数学成绩 Stem-and-Leaf Plot for
焦虑水平= 高焦虑水平

 Frequency    Stem &   Leaf

     2.00 Extremes    (=<54)
     1.00        5 .  6
     6.00        6 .  001124
      .00        6 .
    14.00        7 .  00011122233444
    12.00        7 .  555666788899
    19.00        8 .  0001111222222333444
     4.00        8 .  5667
     2.00        9 .  01

 Stem width:       10
 Each leaf:       1 case(s)
```

图 3-4-11　高焦虑水平组数学成绩茎叶图

图 3-4-12 为低焦虑水平组被试数学成绩茎叶图。解释同上。

```
数学成绩 Stem-and-Leaf Plot for
焦虑水平= 低焦虑水平

 Frequency     Stem &    Leaf

      4.00   Extremes    (=<67)
      3.00        7 .    024
      3.00        7 .    689
      6.00        8 .    012444
     14.00        8 .    55666777899999
     14.00        9 .    01122223334444
     15.00        9 .    555555666778899
      1.00       10 .    0

 Stem width:     10
 Each leaf:       1 case(s)
```

图 3-4-12　低焦虑水平组数学成绩茎叶图

图 3-4-13 为两组被试数学成绩的箱图。箱图的横轴为分组变量,纵轴为因变量值。中间的两个矩形框是箱图的主体,它的上、中、下三条横线分别代表数据的 75%、50% 和 25% 三个百分位数。矩形框上下各一条竖线,竖线的端点各有一条横线。上横线表示排除"异常值"和"极值"后数据的最大值,下横线表示排除异常值和极值后数据的最小值。数据异常值用"○"表示,极值用" * "表示。例如,高焦虑组数学成绩箱图中,93 号数据的值及其以下的值为"异常值",从图 3-4-10 最大值、最小值统计表中可以看出,93 和 98 号被试的数据值在高焦虑组中

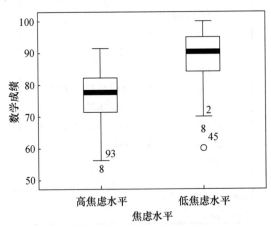

图 3-4-13　两组被试数学成绩的箱图

被标定为异常值。高焦虑组数学成绩没有极值。

4. 结果的报告

高焦虑水平组被试 $N=60$ 人,平均成绩 $M=75.68$,标准差 $SD=8.808$;低焦虑水平组被试 $N=60$ 人,平均成绩 $M=87.73$,标准差 $SD=9.346$。两组被试成绩存在一定的差异,差异是否具有统计学上的意义,请参见第四章 t 检验。

第五节　Means 过程及应用

一、操作选项

建立或打开数据文件后,单击 Analyze 依次打开 Compare Means→Means 对话框,如图 3-5-1 所示。

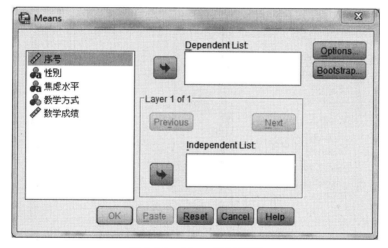

图 3-5-1　Means 主对话框

在变量列表框中选中一个或多个变量,单击对话框中间的箭头按钮,将变量送入 Dependent List 列表框中作为因变量。

选择变量列表框中有关的变量作为分组变量。SPSS 将对因变量做分组描述。几个分组变量可以放在第一层,也可以放在不同层,意义如下:

(1) 分类变量均放在第一层。选中变量列表框中有关分组变量,将其送入 Independent List 列表框中。此时,层控制显示 Layer 1 of 1,表示几个变量共同创建了第一层。例如,将变量列表框中性别变量 gender(f,m) 和年龄变量 age(4,5) 同时移入 Independent List 列表框中作为分组变量,运行 SPSS,则输出结果中分别给出两个变量(gender,age)各水平的统计结果,即按性别变量的两个水平分两组(男,女)给出因变量的描述统计量和按年龄变量的两个水平分两组(4,5)给出因变量的描述统计量。

(2) 分类变量放在不同层中：

① 选中变量列表框中一个分组变量移入 Independent List 列表框中。此时 Next 按钮变亮，层控制显示 Layer 1 of 1，表示已经创建了第一层。

② 单击 Next，这时层控制显示 Layer 2 of 2，Next 按钮变暗，表示可以创建第二层了。依次重复操作可创建多层。Previous 按钮，表示返回上一层。

如果将上一个分层方法中的例子分两层放入 Independent List 列表框中，则将按照组合分组：(f,4)(f,5)(m,4)(m,5)输出因变量的统计分析结果。

单击 Options 按钮，打开 Means：Options 对话框，如图 3-5-2 所示。

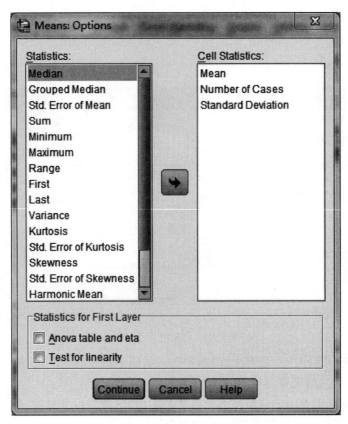

图 3-5-2　Means：Options 对话框

选中 Statistics 列表框中描述统计量，单击对话框中间的箭头按钮，将选定的统计量移至 Cell Statistics 列表框中。Statistics 列表框中描述统计量的意义如下：

Median(中数)、Grouped Median(分组中位数)、Std. Error of Mean(均值的标准误)、Sum(总和)、Minimum(最小值)、Maximum(最大值)、Range(全距)、First(分组后该组的第一个变量值)、Last(分组后该组的最后一个变量值)、Variance(方差)、Kurtosis(峰度)、Std. Error of

Kurtosis(峰度的标准误)、Skewness(偏度)、Std. Error of Skewness(偏度的标准误)、Harmonic Mean(调和平均数)、Geometric Mean(几何平均数)、Percent of Total Sum(每组总和占总数的百分比)和 Percent of Total N(每组中观测量总数占总观测量的百分比)。

Cell Statistics 列表框中默认项是 Mean(均数)、Number of Cases(观测量总数)和 Standard Deviation(标准差)。

Statistics for First Layer 的意义主要为以下两点:
- ANOVA table and eta,对第一层控制变量给出方差分析表和 η 统计量、η^2 统计量。
- Test for linearity,对第一层控制变量给出方差分析表和 η 统计量、η^2 统计量。如果自变量水平在三个以上,还给出 R 和 R^2 的值。

二、应用举例

例题 采用上一节的例题。Means 分析的目的是比较(H,1)(H,2)(L,1)(L,2)这四组的学习成绩。

1. 操作步骤

(1) 打开数据文件 data3-03,单击 Analyze 依次打开 Compare Means→Means 对话框。

(2) 把"数学成绩"送入 Dependent List 列表框中。"焦虑水平"放在第一层,"教学方式"放在第二层。

(3) Options 采用系统默认项。点击 OK 按钮,输出结果。

2. 输出的结果及解释

系统输出的结果见图 3-5-3 和图 3-5-4。

Case Processing Summary

	Cases					
	Included		Excluded		Total	
	N	Percent	N	Percent	N	Percent
数学成绩 * 焦虑水平 * 教学方式	120	100.0%	0	.0%	120	100.0%

图 3-5-3 被试情况表

图 3-5-3 给出了被试的总数 $N=120$,没有缺失值。

图 3-5-4 是四组被试数学成绩统计表。高焦虑水平组采用教师讲授方式的学生平均成绩(Mean)为 77.60 分,采用自学方式的学生平均成绩为 73.77 分;低焦虑水平组采用教师讲授方式的学生平均成绩为 88.03 分,采用自学方式的学生平均成绩为 87.43 分。

Report

数学成绩

焦虑水平	教学方式	Mean	N	Std. Deviation
高焦虑水平	教师讲授	77.60	30	8.496
	自学	73.77	30	8.834
	Total	75.68	60	8.808
低焦虑水平	教师讲授	88.03	30	8.915
	自学	87.43	30	9.902
	Total	87.73	60	9.346
Total	教师讲授	82.82	60	10.110
	自学	80.60	60	11.578
	Total	81.71	120	10.880

图 3-5-4 四组被试数学成绩描述统计表

3. 结果的报告

高焦虑水平组采用教师讲授学习方式的学生人数 $N=30$ 人，平均成绩 $M=77.60$ 分，标准差 $SD=8.496$；采用自学方式的学生人数 $N=30$ 人，平均成绩 $M=73.77$ 分，标准差 $SD=8.834$。低焦虑水平组采用教师讲授学习方式的学生人数 $N=30$ 人，平均成绩 $M=88.03$ 分，标准差 $SD=8.915$；采用自学方式的学生人数 $N=30$ 人，平均成绩 $M=87.43$ 分，标准差 $SD=9.902$。

本 章 小 结

一、基本概念

1. 频数

频数(frequency)是指同一个观测值在一组数据中出现的次数。

2. 算术平均数

算术平均数(mean)一般简称为平均数、均数或均值。它是应用最广的一种集中量数，其计算方法是用一列数据中所有数据的总和除以该列数据的总个数。

3. 中数

中数(median)又称为中位数或中点数，是指按顺序排列在一起的一组数据中居于中间位置的数。

4. 众数

众数(mode)是指一组数据中出现次数最多的那个数值。

5. 全距

全距(range)也称为"两极差"，是指一组数据中最大值与最小值的差数($R=$ 最大值 $-$ 最小值)。它是描述数据离散程度最简单的统计量，反映了数据波动的最大范围。

6. 百分位数

百分位数(percentile)是指一组数据中位于某一百分等级位置上的分数，其符号为 X_p，表示某一个数在一组数据中处在$P\%$的等级位置上,数据中有$P\%$的数据比其低,$(1-P)\%$的数据比其高。

7. 方差和标准差

方差(variance)又称为"变异数"和"均方",是离差平方和的均数,用符号S^2表示。标准差(standard deviation, SD)是方差的平方根。

方差和标准差都是描述一组数据离散程度的统计量。其值越大,说明数据离散程度越大,数据分布比较分散;其值越小,说明数据离散程度越小,数据分布比较集中。

8. 标准分数

标准分数(standard score)又叫"Z分数",是以标准差为单位描述某一个原始分数偏离样本均数程度的统计量。它明确了各个分数在样本中的相对位置。采用标准分数可以对不同变量的观测值进行比较。

二、应用导航

(一) 频数分析

1. 应用对象

频数分析为SPSS用户提供数据的频数分析表和频数的统计图形(条形图、饼图和直方图),除此之外,它还能输出百分位数、平均数、中数、众数、方差、标准差、全距、偏度和峰度等基本的描述统计量。

2. 操作步骤

(1) 依次单击 Analyze→Descriptive Statistics→Frequencies,打开频数分析主对话框。

(2) 在变量列表框中选中一个或多个变量,单击对话框中间的箭头按钮,将变量送入Variable(s)列表框中。SPSS将对选定的变量进行频数分析。

(3) Display frequency tables 复选项。它是系统默认项,输出频数分布表。

(4) 单击 Statistics 按钮,打开 Frequencies:Statistics 对话框,选择需要输出的描述统计量,然后单击 Continue 按钮,返回主对话框。

(5) 单击 Charts 按钮,打开 Frequencies:Charts 对话框,选择需要输出的描述图形。然后,单击 Continue 按钮,返回主对话框。

(6) 单击 Format 按钮,打开 Frequencies:Format 对话框。设置频数表中变量的输出顺序,然后单击 Continue 按钮,返回主对话框。

(7) 单击 OK,执行操作。

(二) 描述统计

1. 应用对象

描述统计为用户提供了平均数、标准差、方差、全距、偏度和峰度等基本的描述统计量。

2. 操作步骤

(1) 依次单击 Analyze→Descriptive Statistics→Descriptives,打开描述统计主对话框。

(2) 在变量列表框中选中一个或多个变量,单击对话框中间的箭头按钮,将变量送入Var-

iable(s)列表框中。

(3) Save standardized values as variables,如果选择此项,SPSS 将计算所选变量的 Z 分数,并作为新变量保存到数据文件中,变量名为原变量名前加字母"Z"。

(4) 单击 Options 按钮,打开 Descriptives:Options 对话框,选择需要输出的描述统计量,然后单击 Continue 按钮,返回主对话框。

(5) 单击 OK,执行操作。

(三) 探索分析

1. 应用对象

探索分析除了给 SPSS 用户提供平均数、全距、方差和标准差等基本的描述统计量和描述数据分布更直观的茎叶图和箱图之外,其最主要的功能是探查数据中是否存在极端值、异常值、缺失值以及检查数据的分布特征。

2. 操作步骤

(1) 依次单击 Analyze→Descriptive Statistics→Explore,打开探索分析主对话框。

(2) 在变量列表框中选中一个或多个变量,单击对话框中间的箭头按钮,将变量送入 Variable(s)列表框中。

(3) 在变量列表框中选中一个或多个变量送入 Factor List 列表框中,指定为分组变量。SPSS 将会对送入 Dependent List 列表框中的变量进行分组分析。如果送入 Factor List 列表框中的变量不止一个,则 SPSS 会按分组变量分别对送入 Dependent List 列表框中的变量进行分组分析,分别输出结果。

(4) 在变量列表框中选中一个变量送入 Label Cases by 框中,指定标识变量。当选中 Statistics→Outliers 复选项时,会使用该变量值标识输出的 5 个最大值和 5 个最小值。

(5) Display 选择默认选项。

(6) 单击 Statistics 按钮,打开 Explore:Statistics 对话框,选中 Outliers 复选项,然后单击 Continue 按钮。Plots、Options 采用默认选项。

(7) 点击 OK 按钮,输出结果。

3. 关键步骤

(1) 用户如果想按照不同的分组计算变量的描述统计量,可以把多个分组变量同时送入 Factor List 列表框中,SPSS 会按分组变量分别对送入 Dependent List 列表框中的变量进行分组分析。

(2) 选择 Statistics→Outliers 复选项,SPSS 会输出的 5 个最大值和 5 个最小值,再根据"箱图"和 Z 值判断其是否是极端值或异常值。

(四) Means 过程

1. 应用对象

Means 过程最主要的功能是分组计算描述统计量,其目的在于比较分组的描述统计量。它可以按照用户的不同分组要求输出描述统计量。除此之外,它还给用户提供了方差分析表和判断回归方程拟合优度最常用的指标——判定系数(R^2)。

2. 操作步骤

(1) 依次单击 Analyze→Compare Means→Means,打开 Means 过程的主对话框。

(2) 在变量列表框中选中一个或多个变量,单击对话框中间的箭头按钮,将变量送入 Dependent List 列表框。

(3) 选择变量列表框中有关的变量作为分组变量,SPSS 将对因变量做分组描述。分组变量可以放在第一层,也可以放在不同层。

① 分类变量均放在第一层:

选中变量列表框中有关的分组变量,将其送入 Independent List 列表框中。此时,层控制显示 Layer 1 of 1,表示若干个变量共同创建了第一层。SPSS 会给每一个变量按照各自的水平输出描述统计结果。

② 分类变量放在不同层中:

- 选中变量列表框中一个分组变量移入 Independent List 列表框中,此时 Next 按钮变亮,层控制显示 Layer 1 of 1,表示已经创建了第一层。
- 单击 Next,这时层控制显示 Layer 2 of 2,Next 按钮变暗,表示可以创建第二层了。依次重复操作可创建多层。Previous 按钮,表示返回上一层。

如果把分类变量放在不同层中,SPSS 将按照分类变量各个水平的组合分组分别输出统计分析结果。

(4) 单击 Options 按钮,打开 Means: Options 对话框,选择需要输出的描述统计量。如果用户想初步了解方差分析的结果和回归方程拟合优度可选择 ANOVA table and eta 和 Test for linearity 复选项。然后,单击 Continue 按钮,返回主对话框。

3. 关键步骤

用户可以根据自己的研究目的对分类变量选择不同的分组,可以把分类变量放在同一层,按每一个变量各自的水平分别输出描述统计结果,也可以把分类变量放在不同的层,按分类变量各个水平的组合分组输出统计分析结果。

思 考 题

1. 什么是频数、相对频数和相对累加频数?它们有什么联系和区别?
2. 直方图、条形图、饼图、茎叶图和箱图各适用于哪种数据?
3. 什么是均数、中数和众数?
4. 百分位数的含义是什么?X_{10} 指的是什么?
5. 标准差和标准分数各是什么含义?它们之间有什么关系?

练 习 题

以下是心理物理法中测量长度差别阈限的实验及结果。

被试:从事测量工作 10 年的专业人士 1 人,非专业人士(没有从事过测量工作)1 人。

实验仪器:视觉长度估计测量器。该仪器分左右两半,各有一条水平直尺分别被两个可以左右活动的封套遮住。直尺背面是刻度,前面有一条黑线。左右移动封套,就可以调整露出的黑线的长短,通过仪器背面的刻度可读出黑线长度。

程序:固定一边黑线的长度作为标准刺激(300 mm),另一边的黑线作为变异刺激。被试移动变异刺激的封套,改变这端黑线的长度,把它调整到在感觉上与标准刺激长度相等。为了消除动作误差,一半变异刺激长于标准刺激,一半短于标准刺激;为了消除空间误差,标准刺激呈现次数左右应相等。差别阈限的估计值用标准刺激与每次判断结果之差的绝对值的平均数表示。两名被试分别做 60 次,根据实验结果建立的数据文件见 data3-04。

(1) 采用 SPSS 建立数据文件,并做实验数据的频数分析,要求输出频数分析表、相对频数表和相对累加频数表。

(2) 报告专业人士和非专业人士的长度差别阈限各是多少?

(3) 初步判断标准刺激的位置、长短对被试的长度差别阈限是否有影响?

推荐阅读参考书目

1. 卢纹岱,2006. SPSS for Windows 统计分析. 3 版. 北京:电子工业出版社.
2. 张厚粲,徐建平,2015. 现代心理与教育统计学. 4 版. 北京:北京师范大学出版社.
3. 朱建平,殷瑞飞,2007. SPSS 在统计分析中的应用. 北京:清华大学出版社.
4. 潘玉进,2006. 教育与心理统计:SPSS 应用. 杭州:浙江大学出版社.

4

t 检 验

教学导引

本章主要介绍单样本 t 检验、独立样本 t 检验和配对样本 t 检验的基本概念和原理、SPSS 的操作步骤、选项依据、统计输出结果的解释和应用要领。本章将学习"单样本""独立样本""配对样本"和"方差齐性"等新概念。其中,独立样本 t 检验和配对样本 t 检验的区别与适用条件,以及在独立样本 t 检验中,根据方差齐性检验的结果正确报告 t 检验的统计分析结果等知识内容是学习的重点。

第一节 t 检验概述

一、t 检验的种类

t 检验一般是用于检验两组观测值的均值之间差异是否显著的统计分析方法。如果两组观测值来自两个相互独立的样本,要采用独立样本 t 检验。如果两组观测值来自两个相关的样本或同一个样本,则采用配对样本 t 检验。例如,检验一组被试的前后两次测验成绩均值之间的差异,就要采用配对样本 t 检验。t 检验也可以用于检验一个样本的均值与总体均值或某个已知的观测值之间的差异是否显著,这种 t 检验称为单样本 t 检验。t 检验的结果有两种情况:一种是差异不显著,这表明两组观测值均值之间的差异是由随机误差造成的,两个样本属于同一个总体;另一种情况是差异显著,这表明两个均值之间的差异不仅仅是由随机误差造成,两个样本来自不同的总体或同一个样本的两次测量结果发生了质的变化。

二、t 检验的原理

1. 单样本 t 检验

单样本 t 检验(One Sample T Test)用于检验样本均值与总体均值或某个已知值之间的差异。如果总体均值已知,那么,样本均值与总体均值之间的差异显著性检验就属于单样本的

t 检验。t 值的计算公式是：

$$t = \frac{\overline{x} - u_0}{s_{\overline{x}}}$$

式中，$\overline{x}$ 为样本均值，μ_0 为总体均值，$s_{\overline{x}} = \frac{s}{\sqrt{n}}$ 为样本的标准误，s 为样本的标准差。如果差异显著，则说明样本与总体之间的差异不是由随机误差造成的，该样本不能代表总体；如果差异不显著，则表示该样本能够代表总体。

适用条件：① 变量的观测值为连续的数值；② 如果样本量较大，只要数据分布不过于偏态，一般都可以进行单样本 t 检验。如果样本量较小，则要求样本来自正态分布总体。

2. 独立样本 t 检验

独立样本指的是样本之间彼此独立，没有任何关联。例如，实验组与控制组、男生组与女生组等。两个独立样本的 t 检验（Independent Samples T Test）用于检验两个不相关样本在相同变量上均值的差异。独立样本 t 检验要求两个样本均来自正态分布的总体，而且在进行 t 检验之前，需要先进行方差齐性检验，因为两个样本方差齐与不齐时所使用的 t 值计算公式不同。

(1) 方差齐时的计算公式：

$$t = \frac{\overline{x}_1 - \overline{x}_2}{s_c \sqrt{\frac{1}{n_1} + \frac{1}{n_2}}}$$

式中，$\overline{x}_1$ 和 $\overline{x}_2$ 分别代表两个样本的均值，n_1 和 n_2 分别代表两个样本的数量，s_c 代表合并标准差，其计算公式为：

$$s_c = \sqrt{\frac{\sum(x_1 - \overline{x}_1) + \sum(x_2 - \overline{x}_2)}{n_1 + n_2 - 2}}$$

(2) 方差不齐时的计算公式：

$$t = \frac{\overline{x}_1 - \overline{x}_2}{s_c \sqrt{\frac{v_1}{n_1} + \frac{v_2}{n_2}}}$$

式中，v_1 和 v_2 分别代表两个样本的方差。

独立样本 t 检验的数据要求：① 正态性，各个样本均来自正态分布的总体；② 方差齐性，各个样本所在总体的方差相等；③ 独立性，两组数据之间是相互独立的，不能相互影响。

3. 配对样本 t 检验

配对样本（或相关样本）指两个样本的数据之间彼此有关联。例如，同一组被试的前测与后测成绩，或者同一组被试接受两种不同实验处理后得到的两组数据。配对样本 t 检验（Paired Samples T Test）用于检验两个相关样本的均值差异。其检验过程是：首先求出每对

数据的差值,然后求出差值的均值($\overline{D}$)。其 t 值计算公式为:
$$t = \frac{\overline{D}}{s_{\overline{D}}}$$

式中,$s_{\overline{D}}$ 是差值均值的标准误,其计算公式是:$s_{\overline{D}} = \frac{s_D}{\sqrt{n}}$。

配对样本 t 检验在本质上与单样本 t 检验相同,因此,它对数据的要求与单样本 t 检验相同。

进行 t 检验的前提条件是数据服从正态分布,有两种检验数据是否服从正态分布的方法。第一种方法是峰值与偏值检验法,详见第三章第二节描述统计频数分析。第二种是 Explore 法,具体操作步骤如下:

(1) 打开数据文件 data2-01,点击 Analyze→Descriptive Statistics→Explore,如图 4-1-1。

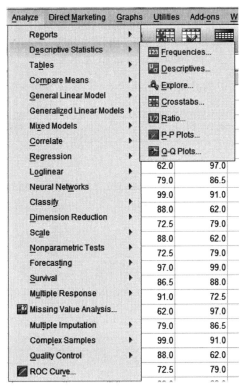

图 4-1-1　Explore 操作流程

(2) 将因变量送入 Dependent List 中,如图 4-1-2。

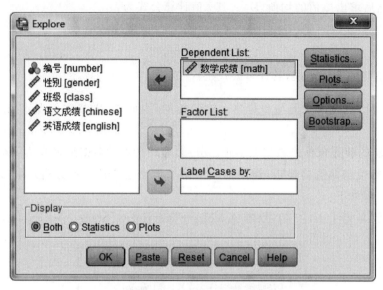

图 4-1-2 Explore 主界面

(3) 点击 Plots 按钮,选中 Normality plots with tests 选项,如图 4-1-3。

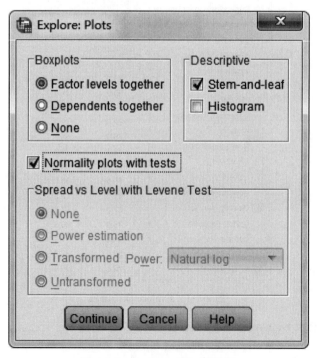

图 4-1-3 Explore:Plots 对话框

(4) 点击 Continue 回到主界面，点击 OK。

图 4-1-4 为输出 Tests of Normality 表。

Tests of Normality

	Kolmogorov-Smirnov^a			Shapiro-Wilk		
	Statistic	df	Sig.	Statistic	df	Sig.
数学成绩	.194	30	.005	.891	30	.005

a. Lilliefors Significance Correction

图 4-1-4　正态分布检验结果输出

(5) 结果报告。

在 Kolmogorov-Smirnov 中，$p<0.05$，不服从正态分布。为了进一步验证检验的结果，还可以参考正态分布检验 Q-Q 图，如图 4-1-5。

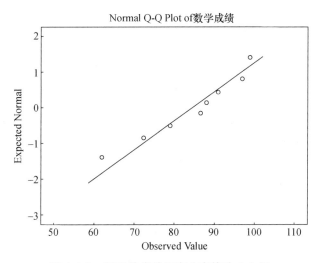

图 4-1-5　SPSS 输出的正态分布检验 Q-Q 图

Q-Q 图显示，数据中各个数值并非全部在直线附近，因此可以认为此数据不符合正态分布。

三、t 检验效应量的计算

Cohen's d 被定义为 t 检验效应量的值，计算公式如下：

1. 单样本 t 检验效应量

$$d = \frac{M - \mu}{s}$$

其中，M 为样本均值，μ 为总体均值，s 为样本标准差。

2. 独立样本 t 检验效应量

$$S_p = \sqrt{\frac{(n_1-1)s_1^2 + (n_2-1)s_2^2}{n_1+n_2-2}}$$

其中,n_1 是第一组的样本量,n_2 是第二组的样本量,s_1 是第一组的标准差,s_2 是第二组的标准差。

$$d = \frac{M_1 - M_2}{S_p}$$

其中,M_1 是第一组的均值,M_2 是第二组的均值,S_p 是合并标准差。

3. 配对样本 t 检验效应量

$$d_{\text{matched}} = \frac{t}{\sqrt{n}}$$

四、t 检验的 SPSS 菜单

依次单击 Analyze→Compare Means,打开下拉菜单,如图 4-1-6 所示。其中包括以下内容与功能:Means(均数)、One-Sample T Test(单样本 t 检验)、Independent-Samples T Test(独立样本 t 检验)、Paired-Samples T Test(配对样本 t 检验)和 One-Way ANOVA(一元方差分析)。为了方便学习,本书将 One-Way ANOVA 部分安排在第五章方差分析中介绍。

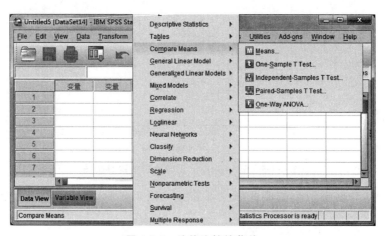

图 4-1-6 均值比较的菜单

第二节 单样本 t 检验

一、操作选项

(1)依次单击 Analyze→Compare Means→One-Sample T Test,打开单样本 t 检验的主对

话框,如图 4-2-1 所示。

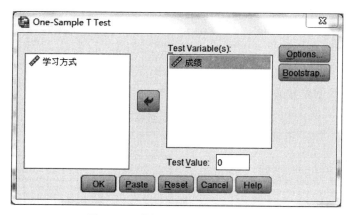

图 4-2-1　单样本 t 检验的主对话框

(2) 选择变量。从左侧变量列表中选定要分析的变量,单击向右箭头按钮,将变量移入 Test Variable(s)框中。

(3) 设定总体均值或某个已知的观测值。在 Test Value 后的参数框中键入总体均值或某个已知的观测值。

(4) 设定置信区间与缺失值的处理方式。单击 Options 按钮,打开单样本 t 检验选项对话框,如图 4-2-2 所示。

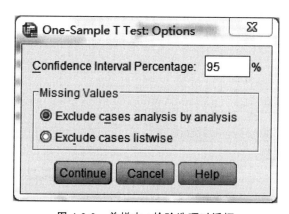

图 4-2-2　单样本 t 检验选项对话框

① Confidence Interval Percentage,置信区间选项,系统默认值为 95%。

② Missing Values,缺失值处理选项栏:Exclude cases analysis by analysis 为系统默认选项,即当计算涉及含有缺失值变量的数据文件时,系统自动剔除在该变量上是缺失值的个案;Exclude cases listwise 选项,剔除所有含缺失值的个案后再进行分析。

关于置信区间的设定与缺失值的处理方式往往采用系统默认的操作,本章后面关于置信区间设置与缺失值处理选项的内容和操作与此相同,不再赘述。

(5)单击 OK,执行操作。

二、应用举例

例题 某市统一考试的数学平均成绩为 75 分,某校一个班的成绩见表 4-2-1。问该班的成绩与全市平均成绩的差异显著吗?

表 4-2-1 学生的数学成绩

编号	1	2	3	4	5	6	7	8	9	10	11	12	13	14	15	16
成绩	96	97	75	60	92	64	83	76	90	97	82	98	87	56	89	60
编号	17	18	19	20	21	22	23	24	25	26	27	28	29	30	31	32
成绩	68	74	70	55	85	86	56	71	65	77	56	60	92	54	87	80

1. 建立 SPSS 数据文件

根据该班的数学成绩建立的 SPSS 数据文件见图 4-2-3(数据文件 data4-01)。

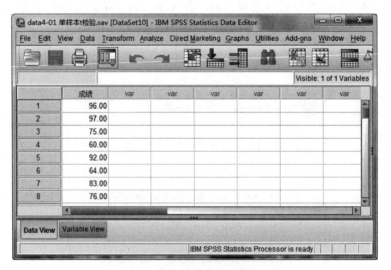

图 4-2-3 学生数学成绩的数据文件

2. 操作步骤

(1)读取数据文件 data4-01,打开单样本 t 检验的主对话框,如图 4-2-4 所示。

(2)将成绩变量移入 Test Variable(s)框中。

(3)在 Test Value 后的参数框中键入总体均值 75。

(4)单击 OK,执行操作。

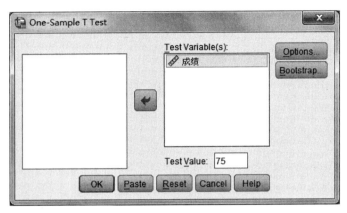

图 4-2-4　单样本 t 检验的主对话框

3. 输出的结果及解释

单样本 t 检验的结果输出包括样本的基本描述统计结果与 t 检验结果,见图 4-2-5 和图 4-2-6。

One-Sample Statistics

	N	Mean	Std. Deviation	Std. Error Mean
成绩	32	76.1875	14.4299	2.5509

图 4-2-5　数学成绩的描述统计结果

图 4-2-5 输出的结果从左至右依次为样本的数量(N)、均值(Mean)、标准差(Std. Deviation)和标准误(Std. Error Mean)。

One-Sample Test

	Test Value = 75					
	t	df	Sig. (2-tailed)	Mean Difference	95% Confidence Interval of the Difference	
					Lower	Upper
成绩	.466	31	.645	1.1875	-4.0150	6.3900

图 4-2-6　单样本 t 检验的分析结果

图 4-2-6 输出的结果从左到右依次为 t 值、自由度(df)、双尾检验的 p 值、样本均值与总体均值的差值(Mean Difference)和均值差值的 95% 置信区间。均值差值的 95% 置信区间=均值差值±1.96×标准误,即 Lower 和 Upper 两项数值的含义。在此结果中,样本均值与总体均值的差值落在两项数值之间的概率是 95%。

4. 结果的报告

单样本 t 检验结果显示,这个班的数学成绩与全市数学平均成绩之间差异不显著,$t(31)=0.466, p=0.645, d=0.082$。

第三节 独立样本 t 检验

一、操作选项

(1) 依次单击 Analyze→Compare Means→Independent-Samples T Test,打开独立样本 t 检验的主对话框,如图 4-3-1 所示。

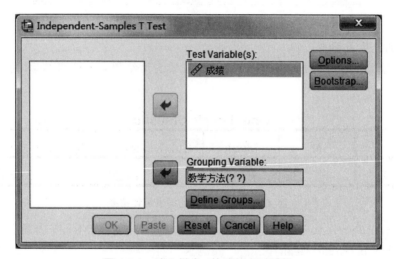

图 4-3-1 独立样本 t 检验的主对话框

(2) 选择检验变量。从左侧变量列表中选定要进行差异检验的变量(图 4-3-1 中选择的检验变量是"成绩"),单击向右箭头按钮,将其移入 Test Variable(s)框中。

(3) 选择分组变量并定义组别。从左侧变量列表中选择一个分组变量,单击向右箭头按钮,将变量移入 Grouping Variable 框中,图 4-3-1 中选择的分组变量是"教学方法"。单击 Define Groups 按钮,打开定义组别的对话框,如图 4-3-2 所示。

如果 Grouping Variable 是分类变量且只有两个值,选择 Use specified values 选项栏,在 Group 后面的参数框中分别键入两组的分类变量值;如果 Grouping Variable 是分类变量且有多个值,选择 Use specified values 选项栏,并在 Group 后面的参数框中分别键入特定两组的分类变量值,系统只对具有这两个值的两个组进行均值比较;如果 Grouping Variable 是连续变量,选择 Cut point 选项并在其后面的参数栏中键入一个值,系统会将 Grouping Variable 按大于等于和小于该值分成两组,然后对它们进行均值比较。

(4) 置信区间与缺失值处理采用系统默认方式。

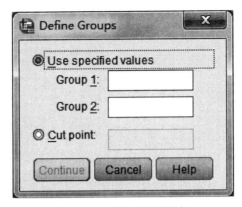

图 4-3-2　定义组别对话框

（5）单击 OK，执行操作。

二、应用举例

例题　某物理教师在教学中发现，在课堂物理教学中采用"先讲规则（物理的定理或法则），再举例题讲解规则的具体应用"与采用"先讲例题，再概括出解题规则"这两种教学方法的教学效果似乎不同。为了验证这个经验性发现是否属实，他选择两个近似相等的班级进行教学实验。教学实验期间的教学内容、教学时间和教学地点等无关变量都做了严格的控制，分别采用"例-规"法与"规-例"法对两个班的学生进行物理教学，然后，两个班的被试都进行同样的物理知识测验。测验成绩按"5 分制"进行评定。两组被试的测验成绩见表 4-3-1。请用适当的统计分析方法，检验这两种教学方法的教学效果是否存在实质性差别。

表 4-3-1　不同教学方法下学生的物理测验成绩

编号	"例-规"法	"规-例"法
1	4.4	4.2
2	4.6	5.0
3	3.8	3.4
4	3.0	4.4
⋮	⋮	⋮
50	3.2	4.0

1. 建立 SPSS 数据文件

根据两个班被试的物理测验成绩建立的 SPSS 数据文件，见图 4-3-3（数据文件 data4-02）。

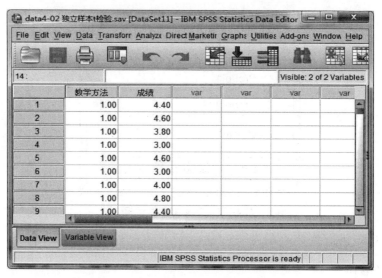

图 4-3-3　不同教学方法下学习成绩的数据文件

2. 操作步骤

（1）读取数据文件 data4-02，并打开独立样本 t 检验的主对话框。

（2）将"成绩"变量移入 Test Variable (s)框中，将"教学方法"变量移入 Grouping Variable 框中。如图 4-3-4 所示。

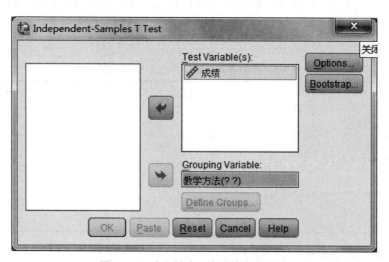

图 4-3-4　独立样本 t 检验的主对话框

（3）单击 Define Groups 按钮，在 Define Group 对话框 Group1 右侧的矩形框中输入 1，在 Group2 对话框右侧的矩形框中输入 2，如图 4-3-5 所示。

（4）单击 Continue 按钮，返回主对话框。

(5) 单击 OK 按钮,查看输出结果。

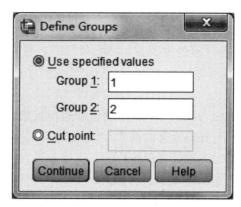

图 4-3-5 定义组别对话框

3. 输出的结果及解释

独立样本 t 检验的结果输出包括两个独立样本的基本描述统计量和 t 检验结果,详见图 4-3-6 和图 4-3-7。

Group Statistics

	教学方法	N	Mean	Std. Deviation	Std. Error Mean
成绩	例规法	50	4.0120	.59715	.08445
	规例法	50	4.2960	.52565	.07434

图 4-3-6 两种教学方法下学生测验成绩的描述性统计结果

图 4-3-6 输出结果从左至右依次是"例-规"法与"规-例"法两个样本的人数(N)、均值(Mean)、标准差(Std. Deviation)和标准误(Std. Error Mean)。

Independent Samples Test

		Levene's Test for Equality of Variances		t-test for Equality of Means					95% Confidence Interval of the Difference	
		F	Sig.	t	df	Sig. (2-tailed)	Mean Difference	Std. Error Difference	Lower	Upper
成绩	Equal variances assumed	3.129	.080	-2.524	98	.013	-.28400	.11251	-.50727	-.06073
	Equal variances not assumed			-2.524	96.448	.013	-.28400	.11251	-.50731	-.06069

图 4-3-7 独立样本 t 检验结果

图 4-3-7 输出的结果包括方差齐性(Levene)检验结果和 t 检验结果。方差齐性检验包括两个假设:假设方差是齐的(Equal variances assumed)和假设方差是不齐的(Equal variances not assumed)。如果方差齐性检验的结果是不显著的,选择 Equal variances assumed,报告上面一行的 t 检验结果;如果方差齐性检验的结果是显著的,选择 Equal variances not assumed,

报告下面一行的 t 检验结果。

4. 结果的报告

两种教学方法的教学效果,即两组被试的平均测验成绩的独立样本 t 检验结果显示,方差齐性检验不显著($p>0.05$),即两组的方差齐。"例-规"法与"规-例"法的教学效果之间存在显著差异 $t(98)=-2.524$,$p=0.013$,$d=0.504$,即"规-例"法的教学效果明显优于"例-规"法的教学效果。

注意,方差的意义在于反映一组数据与其平均值的偏离程度。除了检验两组数据集中趋势的差异(如两个样本平均数差异的显著性检验)以外,常常还关心两组数据离散程度是否显著不同,这时需要对两组数据的方差进行差异检验。也就是说,通过样本方差 s_1^2 和 s_2^2 的差异对其各组的总体方差 σ_1^2 与 σ_2^2 是否有差异进行判断。

方差是衡量随机变量或一组数据的离散程度的度量。概率论中方差用来度量随机变量和其数学期望(即均值)之间的偏离程度。统计中的方差(样本方差)是各个数据分别与其平均数之差的平方的和的平均数。

方差的特性在于:方差是和中心偏离的程度,用来衡量一批数据的波动大小(即这批数据偏离平均数的大小)并把它叫作这组数据的方差。在样本容量相同的情况下,方差越大,说明数据的波动越大,越不稳定。

第四节 配对样本 t 检验

一、操作选项

(1)依次单击 Analyze→Compare Means→Paired-Samples T Test,打开配对样本 t 检验的主对话框,如图 4-4-1 所示。

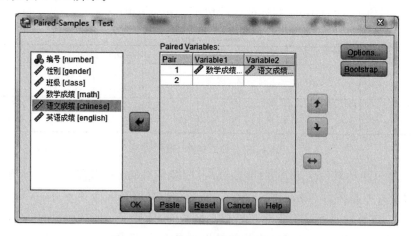

图 4-4-1 配对样本 t 检验的主对话框

(2)选择配对变量。从左侧变量列表中选定两个要进行检验的变量,然后单击向右箭头按钮,将配对变量移入 Paired Variables 框中。如果有多组配对变量,重复上述操作。

(3)置信区间与缺失值处理采用系统默认方式。

(4)单击 OK,执行操作。

二、应用举例

例题 某幼儿园分别在儿童入园时和入园一年后对他们进行了"比奈智力测验",测验结果见表 4-4-1。请问,儿童入园一年后的智商有明显的变化吗?

表 4-4-1 儿童不同时期的智力成绩

编号	入园时	一年后
1	105	112
2	98	109
3	107	115
4	110	115
⋮	⋮	⋮
34	103	111

1. 建立 SPSS 数据文件

根据测验结果建立的 SPSS 数据文件,见图 4-4-2(数据文件 data4-03)。

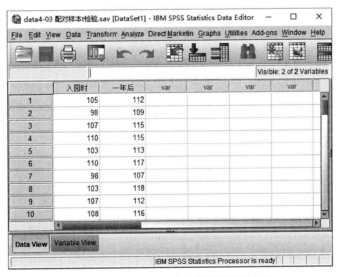

图 4-4-2 两次智力测验成绩的数据文件

2. 操作步骤

(1) 读取数据 data4-03,并打开配对样本 t 检验的主对话框,如图 4-4-3 所示。

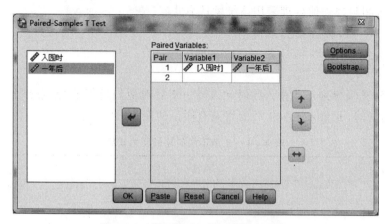

图 4-4-3　配对样本 t 检验的主对话框

(2) 从左侧变量列表中选定"入园时"和"一年后"这两个变量,并将它们移入 Paired Variables 框中。

(3) 单击 OK,执行操作。

3. 输出的结果及解释

配对样本 t 检验的输出结果包括配对样本的基本描述统计结果、配对样本的相关系数表和 t 检验结果,详见图 4-4-4、图 4-4-5 和图 4-4-6。

Paired Samples Statistics

		Mean	N	Std. Deviation	Std. Error Mean
Pair 1	入园时	105.41	34	4.723	.810
	一年后	114.35	34	3.813	.654

图 4-4-4　配对样本 t 检验的描述性统计结果

图 4-4-4 输出结果从左至右依次是入园时与入园一年后测得儿童的"比奈智商"的平均值(Mean)、人数(N)、标准差(Std. Deviation)和标准误(Std. Error)。

Paired Samples Correlations

		N	Correlation	Sig.
Pair 1	入园时 & 一年后	34	.764	.000

图 4-4-5　配对样本的相关系数

图 4-4-5 输出结果从左至右依次为配对样本的人数(N)、相关系数 r 和显著性水平(p

值）。

图 4-4-6 输出的结果从左到右依次为两个配对样本平均数差值的均值、差值的标准差、差值的标准误、差值均值的 95% 置信区间，以及 t 值、自由度（df）、双尾检验的 p 值。

Paired Samples Test

	Paired Differences					t	df	Sig. (2-tailed)
	Mean	Std. Deviation	Std. Error Mean	95% Confidence Interval of the Difference				
				Lower	Upper			
Pair 1 入园时 - 一年后	-8.941	3.054	.524	-10.007	-7.875	-17.069	33	.000

图 4-4-6 配对样本 t 检验的检验结果

4. 结果的报告

对入园时和入园一年后儿童的"比奈智力测验"成绩进行配对样本 t 检验的结果表明，入园一年后儿童的智商要显著高于入园时的智商，$t(33)=17.06$，$p<0.001$，$d=2.095$。

本 章 小 结

一、基本概念

1. 单样本 t 检验

单样本 t 检验（One Sample T Test）用于检验样本均值与总体均值或某个已知的观测值之间差异的显著性。

2. 独立样本 t 检验

独立样本指的是样本之间彼此独立，没有任何关联。两个独立样本的 t 检验（Independent Samples T Test）用于检验两个不相关样本在相同变量上的观测值均值之间差异的显著性。

3. 配对样本 t 检验

配对样本（或相关样本）指两个样本的数据之间彼此有关联。配对样本 t 检验（Paired Samples T Test）用于检验两个相关样本的均值，或一个样本两次测量结果均值之间差异的显著性。

二、应用导航

（一）单样本 t 检验

1. 应用对象

单样本 t 检验用于一个样本的均值与总体均值或某个已知的观测值之间差异的显著性分析。单样本 t 检验适用于连续的数值型变量的观测数据。如果样本数量较大，只要数据分布不过于偏态，一般都可以进行单样本 t 检验。如果样本量较小，一般要求样本来自正态分布的总体。

2. 操作步骤

（1）依次单击 Analyze→Compare Means→One-Sample T Test，打开单样本 t 检验的主对话框。

（2）选择变量。从左侧变量列表中选定要分析的变量，单击向右箭头按钮，将变量移入 Test Variable(s) 框中。

（3）设定总体均值。在 Test Value 后的参数框中键入总体均值。

（4）单击 OK，执行操作。

（二）独立样本 t 检验

1. 应用对象

用于检验两个不相关样本在相同变量上的观测值均值之间的差异显著性。独立样本 t 检验的数据要求：① 正态性，即各个样本均来自正态分布的总体；② 方差齐性，即两个样本所在总体的方差接近或相等；③ 独立性，即两组数据之间是相互独立的，不能相互影响。

2. 操作步骤

（1）依次单击 Analyze→Compare Means→Independent-Samples T Test，打开独立样本 t 检验的主对话框。

（2）选择检验变量。从左侧变量列表中选定要进行分析的变量，单击向右箭头按钮，将其移入 Test Variable(s) 框中。

（3）选择分组变量并定义组别。从左侧变量列表中选择分组变量，单击向右箭头按钮，将变量移入 Grouping Variable 框中。单击 Define Groups 按钮，打开定义组别的对话框。如果 Grouping Variable 是分类变量且只有两个值，选择 Use specified values 选项栏，在 Group 后面的参数框中分别键入两组的分类变量值；如果 Grouping Variable 是分类变量且有多个值，选择 Use specified values 选项栏，并在 Group 后面的参数框中分别键入选定的两组分类的值，系统只对具有这两个值的两个组进行均值比较；如果 Grouping Variable 是连续的数值，选择 Cut point 选项，并在其后面的参数栏中键入一个选定的数值，系统会将 Grouping Variable 按大于等于和小于该值分成两组，然后对它们进行均值比较。

（4）单击 OK，执行操作。

3. 关键步骤

独立样本 t 检验的输出结果包括方差齐性(Levene)检验结果和 t 检验结果。方差齐性检验包括两个假设：假设方差是齐的(Equal variances assumed)和假设方差是不齐的(Equal variances not assumed)。如果方差齐性检验的结果是不显著的，选择 Equal variances assumed，报告上面一行的 t 检验结果；如果方差齐性检验的结果是显著的，选择 Equal variances not assumed，报告下面一行的 t 检验结果。

（三）配对样本 t 检验

1. 应用对象

配对样本 t 检验用于检验两个相关样本观测值的均值差异或同一个样本的两次测量均值

之间的差异。配对样本 t 检验在本质上与单样本 t 检验相同,因此,它对数据的要求也与单样本 t 检验相同。

2. 操作步骤

(1) 依次单击 Analyze→Compare Means→Paired-Samples T Test,打开配对样本 t 检验的主对话框。

(2) 选择配对变量。从左侧变量列表中选定两个要进行检验的变量,此时,Current Selections 栏下 Variable1 和 Vaviable2 后面会显示选定的两个变量,然后单击向右箭头按钮,将配对变量移入 Paired Variables 框中。

(3) 单击 OK,执行操作。

思 考 题

1. t 检验的用途如何?
2. t 检验有几种类型?它们适用的条件是什么?它们的效应量的计算公式是什么?

练 习 题

1. 某心理学工作者以大学生为被试,以"正性"和"负性"两种面部表情模式的照片为实验材料,测量被试对"正性"和"负性"面部表情识别的时间,测验结果见数据文件 data4-04。请用 SPSS 中适当的统计分析方法检验两种面部表情模式对大学生识别面部表情的时间是否存在明显的影响,并计算效应量。

2. 某小学教师分别采用"集中学习"与"分散学习"两种方式教两个小学二年级班级的学生学习相同的汉字,两个班学生的学习成绩见 data4-05。请问哪种学习方式效果更好,并计算效应量。

3. 某省高考语文平均成绩为 78 分,某学校的成绩见 data4-06。请问该校考生的平均成绩与全省平均成绩之间的差异是否显著,并计算效应量。

推荐阅读参考书目

1. 张厚粲,徐建平,2015. 现代心理与教育统计学. 4 版. 北京:北京师范大学出版社.
2. 袁淑君,孟庆茂,1995. 数据统计分析:SPSS/PC+原理及其应用. 北京:北京师范大学出版社.
3. 薛薇,2014. 统计分析与 SPSS 的应用. 4 版. 北京:中国人民大学出版社.
4. 胡竹菁,2019. 心理统计学. 2 版. 北京:高等教育出版社.
5. 张敏强,2010. 教育与心理统计学. 3 版. 北京:人民教育出版社.
6. COHEN B H, 2013. Explaining psychological statistics. 4nd ed. New Jersey: John Wiley & Sons, Inc.

5

方 差 分 析

教学导引

本章主要介绍方差分析的基本概念和原理、各种方差分析的 SPSS 操作步骤、统计输出结果的解释及应用要领。在这一章要掌握单因素方差分析、多因素方差分析、协方差分析、多元方差分析、重复测量方差分析和方差成分分析的实验设计及具体的 SPSS 操作方法;还要准确理解组间因素、组内因素、主效应和交互效应、多重比较、协变量以及方差成分等新概念。多因素方差分析是方差分析中最常用的方法,在学习过程中需要认真理解,熟练掌握操作选项并正确应用。

第一节 基本概念和原理

一、基本概念

上一章介绍的 t 检验是对两个样本均值的差异进行的显著性检验。在实际研究中,我们往往需要对三个或三个以上样本的均值差异进行显著性检验。这时,如果用独立样本 t 检验,就要进行多次检验才行。例如,某项研究采用 4 种教学方法分组对被试进行教学,在比较 4 组测验成绩均值差异的显著性时,如果逐对进行 t 检验,则需要做 6 次组合的 t 检验。若每次都在 0.95 的可靠性程度上进行检验,那么 6 次检验的可靠程度将会降为 $0.95^6 = 0.735$。这样做既麻烦,又降低了分析的可靠程度。而方差分析则可以一次性综合检验三个及三个以上样本均值差异的显著性程度。它是一种通过分析样本数据的各项差异来源,以检验三个或三个以上样本平均数是否具有显著性差异的一种统计方法。从这个角度来看,它是独立样本 t 检验的一种延伸。

方差分析(又称 F 检验)中对因变量产生影响的因素大致有两类。第一类是人为的可以控制的因素,称为控制因素或控制变量,即自变量;第二类是人为的很难控制的因素,称为随机因素或随机变量。控制因素和随机因素影响的变量是观测变量,即因变量。每个控制变量(即自变量)根据实验设计,可以有三种或三种以上的不同处理(或不同的条件),这些不同的处理或条件统称为不同的"水平"。例如,在上面提到的例子中,自变量是教学方法,它有 4 种不同的具体方法,即教学方法有 4 种水平。

方差分析的目的就是通过分析实验数据中不同来源的变异对总体变异贡献的大小,从而确定控制变量(自变量)的不同水平是否对观测变量(因变量)产生了显著的影响。如果控制变量的不同水平对实验结果产生了显著影响,那么它和随机变量共同作用必然使观测变量的数据有显著的变动;相反,如果控制变量的不同水平对实验结果没有产生显著影响,那么观测变量的数据就不会表现出明显变动,它的变动可以看成是由随机变量的影响造成的。

进行方差分析的数据要符合以下几个假定条件:

① 因变量属于正态分布的总体,即在 k 个水平下有 k 个观测值,这 k 个观测值的总体分布要符合正态分布;

② k 个观测值总体的方差要相等或接近,即具有方差齐性;

③ 对被观测对象的实验应该是随机分组的,即在各种处理条件下的样本是随机分配的,且相互独立。

二、基本原理

在方差分析中,不同处理组平均值之间的差异有两种。

1. 组间差异

组间差异(或组间平方和)是各组平均值与总平均值离差的平方和。它反映了不同处理造成的差异,即各组平均数之间的差异,可记作 SS_b。组间自由度为 df_b。

2. 组内差异

组内差异(组内平方和或残差平方和)是每个被试的观测数据与其组内平均值离差的平方和,它反映了由测量误差造成的差异和被试个体之间的差异,即各组内部分数之间的差异,可记作 SS_w。组内自由度为 df_w。

例如,在一个自变量有 k 个水平的完全随机实验设计中,如果各个处理组的被试数量相等,均为 n 个,对这种数据进行方差分析可以得到以下公式:

$$SS_b = n \sum_{j=1}^{k} (\bar{x}_j - \bar{\bar{x}})^2$$

$$SS_w = \sum_{j=1}^{k} \sum_{i=1}^{n} (x_{ij} - \bar{x}_j)^2$$

其中,i 是被试的序号;j 是处理组的序号;$\bar{x}_j$ 是第 j 种处理组的平均值;$\bar{\bar{x}}$ 是总均值;x_{ij} 是对第 i 个被试进行第 j 种处理后的观测值。

为了去除样本数量不等的影响,组间平方和 SS_b 除以组间自由度 df_b,可得到组间方差 MS_b,即

$$MS_b = SS_b / df_b$$

组内平方和 SS_w 除以组内自由度 df_w 可得到组内方差 MS_w，即

$$MS_w = SS_w / df_w$$

其中，组间自由度 $df_b = k-1$（k 为组数）；组内自由度 $df_w = n_1 + n_2 + \cdots + n_k - k$（$n$ 为各组样本数量），当各组样本数量相等时，$df_w = k(n-1)$。

组间差异可以用组间方差 MS_b 表示，组内差异可以用组内方差 MS_w 表示。如果组间差异相对较大，而组内差异相对较小，即组间差异与组内差异的比值越大，则各组均值的差异就越明显。可以通过对组间差异与组内差异的比值，即组间方差 MS_b 与组内方差 MS_w 的比值的分析来推断几个相应均值差异的显著性。如果两者的比值符合 F 分布，F 可记作：

$$F = MS_b / MS_w$$

F 检验能够检验出组间与组内方差是否相等。当 $F=0$ 时，表示组间方差等于 0，即各组平均数完全相等；当 $F=1$，或接近 1 时，则表示组间与组内方差相等，即各组平均数无显著性差异，表明处理没有作用，各样本均来自同一总体；当 $F>1$，超过 F 抽样分布的某种显著性水平的临界值时，即 $F > F_{(df_b, df_w)0.05}$ 时，则应拒绝 H_0 假设，接受 H_1 假设，这表明组间与组内方差不相等，即各组平均数之间存在显著性差异，处理有作用。其原因是：可以算出一个"这样大的 F 值的概率"是多少，这个概率叫这个检验的 p 值。如果 p 值小于 0.05，即 $F > F_{(df_b, df_w)0.05}$ 时，则表示在 0.05 水平上拒绝 H_0 假设，则这个检验的结果为"差异显著"。由于方差分析的结果是根据 F 值和 p 值来判断各组均值之间的差异是否显著的，因此方差分析又简称为"F 检验"。

3. 方差分析效应量计算方法

以下介绍三种方差分析效应量的计算方法，分别为 Eta Squared（η^2）、Partial Eta Squared（η_p^2）和 Omega-Squared（ω^2）。

(1) $\eta^2 = \dfrac{SS_{Between}}{SS_{Total}}$

(2) $\eta_p^2 = \dfrac{SS_{Between}}{SS_{Effect} + SS_{Error}}$

$SS_{Between}$ 为组间平方和，SS_{Total} 为总体平方和，SS_{Effect} 为处理效应平方和，SS_{Error} 为误差平方和。

(3) $\hat{\sigma}_A^2 = \dfrac{(al-1)(MS_A - MS_{Error})}{(每种条件下被试数)(al)(bl)}$

$\hat{\sigma}_B^2 = \dfrac{(bl-1)(MS_B - MS_{Error})}{(每种条件下被试数)(al)(bl)}$

$\hat{\sigma}_{Interaction}^2 = \dfrac{(al-1)(bl-1)(MS_{Interaction} - MS_{Error})}{(每种条件下被试数)(al)(bl)}$

$\hat{\sigma}_{Total}^2 = \hat{\sigma}_A^2 + \hat{\sigma}_B^2 + \hat{\sigma}_{Interaction}^2 + MS_{Error}$

$\omega_A^2 = \dfrac{\hat{\sigma}_A^2}{\hat{\sigma}_{Total}^2}$

$\omega_B^2 = \dfrac{\hat{\sigma}_B^2}{\hat{\sigma}_{Total}^2}$

$$\omega^2 = \frac{\hat{\sigma}^2_{\text{Interaction}}}{\hat{\sigma}^2_{\text{Total}}}$$

A、B 为实验的两个因素，$a l$ 和 $b l$ 分别为两个变量水平的处理个数。

此外，有研究者反对用 η_p^2 作为效应量的计算方法，尤其是当数据不符合球形检验时，而是建议用如下公式计算 η^2 的下边界值：

$$\eta_L^2 = \frac{\text{SS}_A}{\text{SS}_A + \text{SS}_S + \text{SS}_{AS}}$$

SS_A 为 Tests of Within-Subject Effect 中自变量的平方和(sum of squares attributable to the IV)。SS_S 为 Tests of Between-Subject Effect 中个案的平方和(sum of squares attributable to the cases)。SS_{AS} 为 Tests of Within-Subject Effect 中误差的平方和(sum of squares attributable to error)。

以上皆为方差分析效应量的计算方法。在 SPSS 中，One-Way ANOVA 不能输出 η^2，其他类型的方差分析只能输出 η_p^2。

三、与实验设计对应的方差分析类型

方差分析的类别有单因素方差分析、多因素方差分析、协方差分析、多元方差分析、重复测量方差分析和方差成分分析等。"因素"在这里是指实验中的自变量，实验中只有一个自变量就是单因素实验，有两个或两个以上自变量就是多因素实验。自变量的不同水平也称为因素水平。"元"在这里是指实验中的因变量，方差分析中有一个因变量的就称为"一元方差分析"，有两个或两个以上因变量的就称为"多元方差分析"。

针对不同的实验设计需要采用不同的方差分析方法，以下将分别介绍被试间实验设计(完全随机实验设计，随机区组实验设计)、被试内实验设计和混合实验设计三种实验设计采用的方差分析方法。

(一) 被试间实验设计

1. 被试间实验设计概述

被试间设计(between-subjects design)是指每个被试(组)只接受一种自变量水平的处理，这种实验设计也被称为组间设计(between-groups design)。完全随机设计和随机区组设计都属于被试间实验设计。

被试间设计中的变量称作被试间变量(between-subject variables)或被试间因素(between-subject factors)。例如，年龄、性别等被试变量，以及药物类型、记忆术、心理治疗方法、教学方法等刺激(或任务)变量，都只能作为被试间变量或被试间因素来研究。

被试间设计的优点：每个被试只接受一种实验水平的处理，可避免练习、疲劳或顺序效应对实验结果的影响。

被试间设计的缺点：① 由被试的个体差异所带来的无关变异并没有从误差变异中分离出去，导致误差变异增大，降低实验设计的敏感性（舒华，1994）。② 需要的被试数目较大。当

被试为某种特殊群体(如注意缺陷多动障碍儿童),很难找到足够多的被试时,就会影响实验的可行性(舒华,张亚旭,2008)。

2. 被试间实验设计类型及方差分析方法

(1) 单因素完全随机实验设计及单因素方差分析。

单因素完全随机实验设计是指研究中只有一个被试间变量,包括两个或两个以上水平,该实验设计用于检验一个被试间变量的不同水平是否给单个(或几个相互独立的)因变量造成了显著的差异和变化。

单因素完全随机实验设计(自变量水平超过两个)采用单因素方差分析(One-Way ANOVA,也被称作 One-Way Between Groups ANOVA)进行数据分析。单因素方差分析也采用了统计推断的方法,其目的是研究观测变量(因变量)在一个因素变量(自变量)的若干个不同水平下,其各个总体在分布上是否存在显著差异,即一个因素变量(自变量)在不同水平分组下,其观测值的均值之间是否具有显著性差异。

方差分析的 F 值和 p 值只能说明观测变量(因变量)在因素变量(自变量)的各个水平之间的差异是否显著。当差异显著时,还需要检验哪些组之间差异显著,哪些差异不显著,这就需要进行组间均值的"多重比较",即"事后分析"或"事后检验"。例如,在对一、三、五这三个年级组小学生被试识记词汇成绩的平均值进行 F 检验后,如果检验结果表明三个年级组之间识记词汇的平均成绩有显著性差异,那么下一步就要进行多重比较的检验,即对一年级与三年级、一年级与五年级、三年级与五年级的平均成绩分别进行配对比较,从而了解哪两个年级的成绩之间差异显著。

(2) 多因素完全随机实验设计及多因素方差分析。

多因素完全随机实验设计,用于检验多个被试间变量(两个或两个以上)的不同水平是否给一个(或几个相互独立的)因变量造成了显著的差异和变化。根据因变量数量的多少,多因素方差分析又可以分为一元方差分析与多元方差分析。

该实验设计采用多因素方差分析(Univariate)进行数据分析。

在多因素方差分析中,由于影响因变量的因素有多个,某些因素除了自身对因变量产生影响之外,它们之间也有可能会共同对因变量产生影响。因素单独对因变量产生的影响称为"主效应";因素之间共同对因变量产生的影响,或者因素某些水平同时出现时,除了主效应之外的附加影响,称为"交互作用"。多因素方差分析不仅要考虑每个因素的主效应,还要考虑因素之间的交互作用。例如,在考察教学方法和学习动机水平这两个因素对学生学习成绩的影响时,可以单独分析教学方法对学生学习成绩的影响,也可以单独分析学习动机水平对学生学习成绩的影响,还可以分析二者的交互作用对学生学习成绩的影响。也就是说,既可以分析教学方法和学习动机各自的"主效应",也可以分析二者之间的"交互作用"。

(3) 随机区组实验设计及多因素方差分析。

随机区组设计,亦称完全随机区组设计、配伍组设计。是指利用分组技术实现局部控制,分组误差仅来自组内,而组间的差别与误差无关。该实验设计根据被试特点把被试划分为几个区组,再根据实验变量的水平数在每一个区组内划分为若干个小区组,同一区组随机接受不同的处理。这类实验设计的原则是同一区组内的被试应尽量"同质"。

该设计与完全随机设计相比其最大优点是考虑到被试的个体差异的影响。由被试之间性质不同产生的差异叫区组效应,随机区组设计可以将个体差异从组内变异中分离出来,从而提高效率。但是这种设计也有不足,主要表现为划分区组困难,如果不能保证同一区组内尽量同质,则可能出现更大误差。

该实验设计同样也使用多因素方差分析进行数据处理。

(4) 协方差分析(Analysis of Covariance)。

除了通过实验控制减少实验误差之外,还可以通过统计控制来减少实验误差。协变量(Concomitant Variables)是指在实验中未被控制,但被认为是影响因变量的变异源。协方差分析就是指通过协变量方差分析,分离出协变量对因变量的影响,从而使分析的结果更准确的一种方差分析方法。

在协方差分析中,要慎重选择协变量。选择协变量的标准是:① 协变量与因变量有高相关;② 协变量与自变量的变化无关;③ 协变量可以测量,但独立于处理效应,并且在实验中不能进行控制。

(5) 多因变量线性模型的方差分析。

有两个或两个以上的因变量的方差分析(可以是单因素的,也可以是多因素的)称为"多元方差分析"。在 SPSS 中提供了一般线性模型的多元方差分析(GLM/Multivariate)功能。该模型要求因变量之间不是完全独立的,而是互相联系的。它可以检验各个自变量的主效应和几个自变量之间的交互作用,包括协变量的主效应,也可以进行组间均值的多重比较。多元方差分析既可以检验平衡模型(模型中每个因素变量的水平组合中包括相同数量的观测值),也可以检验不平衡模型(模型中每个因素变量的水平组合中包括不同数量的观测值)。

与单因变量方差分析不同的是,在多因变量模型中的效应平方和与误差平方和是矩阵形式。这些矩阵称为 SSCP 矩阵(平方和与交叉积矩阵)。在进行多元方差分析时,采用 Pillai's trace、Hotelling's trace、Roy's largest root 和 Wilks' Lambda 四种显著性检验的 Value 值和转换为近似的 F 检验统计量,以及偏 η^2 统计量(Partial eta squared,η_p^2)来判断各因素变量的主效应和各个因素变量之间的交互作用对模型贡献的大小(即由各因素及各种因素组合所产生的变异与模型总变异的比值)。多元方差分析要满足的假设条件是:① 观测量与模型中因变量的误差值是彼此独立的;② 因变量的协方差在因素变量的各个水平组合中是常数;③ 因变量的误差方差在各单元(即各个因素变量的水平组合分组)中是相等的。因此,多因变量方差分析对数据的要求如下:

第一,因变量应该是连续的数值型变量。因变量的数据是多元正态分布的随机样本数据。在总体中,方差—协方差矩阵对所有的单元都应该是相等的。系统采用 Box's M 检验和转换成 F 检验的统计量来考察方差—协方差矩阵对所有的单元是否相等。如果 F 检验结果是 $p<0.05$,表明方差—协方差矩阵在各个单元中是不相等的,数据不适合做多元方差分析。如

果 $p>0.05$，则表明方差—协方差矩阵在各个单元中是相等的，可以做多元方差分析。所以，Box's M 检验的结果是能否做多元方差分析的前提条件。

第二，因素变量（自变量）是分类变量，可以是数值型的，也可以是字符型的。

第三，协变量是与因变量有一定相关的数值型变量。

（二）被试内实验设计

1. 被试内实验设计的概述

被试内设计（within-subjects design）亦称"重复测量设计"。在该实验设计中，每个被试接受所有实验条件下的处理，即将所有被试分配到自变量的全部水平下进行实验。

该实验设计的优点是可有效地控制被试变量对实验结果的影响。此外，在保证数据量相同的前提下，同被试间设计相比，被试内设计所需被试数目明显减少，这是被试内设计的另一个明显的优点。例如，在规则—不规则字研究中，采用被试内设计，可能 15 名有效被试（正确率不低于一定数值，如 85%）就足够了，而采用被试间设计，则需 30 名有效被试。

更重要的是，在被试内设计中，研究者可以分离出由被试的个体差异所引起的变异，使得误差变异中不再包含由被试的个体差异所引起的变异（舒华，1994）。在被试参加了一个实验条件，还可以再参加其他实验条件的情况下，如果实验处理的效应较小不易观察，那么，同被试间设计相比，被试内设计是一种更好的选择。

被试内实验设计的缺点是：在一种实验条件下的操作可能会影响后面另一种实验条件下的操作，并带来实验顺序的问题。相同的被试要重复接受不同的实验处理，这不可避免地会产生练习或疲劳效应。用完全的平衡方法或拉丁方方法，可克服实验顺序带来的缺点。如在视、听觉的反应时实验中，可让一组被试轮流对灯光和声音作反应，并用"视听听视、听视视听"的操作顺序加以平衡。

根据设计中所包含的因素数目是一个还是多个，被试内设计可分成单因素被试内设计和多因素被试内设计两类。被试内实验设计通常采用重复测量方差分析来进行数据处理。

2. 被试内实验设计及数据分析方法

（1）单因素被试内实验设计及单因素重复测量方差分析。

"重复测量"是就某个测量指标对每个被试在不同的时间内进行多次重复测量。最简单的被试内实验设计是对每个被试先后进行两次测试，获得同一测量指标的两次测试结果，例如心理学实验中常用的"前测"和"后测"的得分。对重复测量结果的差异分析就是检验实验前、后样本均值之间差异的显著性，从而考察实验过程中的不同处理或不同条件对测验成绩的影响。但在这种情况下收集到的实验数据通常采用配对样本 t 检验来进行统计分析。当因变量重复测量的次数大于等于 3 时，就要采用重复测量方差分析。这种重复测量在同一种实验条件下进行时，重复测量的方差分析所检验的是几次重复测量结果的均值之间差异是否显著。也可以采用协方差分析，对大于等于 3 个处理水平的各组均值进行多重比较。

重复测量方差分析在建立数据文件时要把多次重复测量的结果定义为不同的因变量。其假设条件是重复测量设计中的因变量是独立的,并符合多元正态分布。重复测量的方差分析要满足"球形检验"假设,即每组之间的方差—协方差矩阵相等。但是在各组观测量相等的情况下,对该假设条件的要求并不严格。SPSS将k次重复测量的结果看作k个因变量,如果方差分析检验结果的F值远远大于临界值,即$p<0.05$,则推翻原假设(原假设是k次重复测量结果的均值都相等,且有共同的方差),表明重复测量结果的均值之间差异显著;如果检验结果的F值在临界值之内,即$p>0.05$,则接受原假设,表明重复测量结果的均值之间差异不显著。

(2) 多因素被试内实验设计及重复测量方差分析。

若实验设计中包含两个或两个以上变量,且都是被试内变量,每个变量有两个或更多个水平,被称作多因素被试内实验设计。

该实验设计可使用重复测量方差分析,可以检验几次重复测量结果均值之间的差异是否显著,在不同处理水平之间的重复测量结果均值的差异是否显著,以及不同处理水平与重复测量次数之间的组合对因变量的交互作用是否显著。

(3) 多因素混合实验设计及重复测量方差分析。

一个研究,如果既包含被试内变量,又包含被试间变量,那么,该研究所采用的设计属于混合设计(mixed design)。例如,研究者考察不同性别的被试对两类图片(情绪中性图片与情绪唤起图片)的记忆成绩是否存在显著差异。其中性别为被试间变量,情绪图片类型为被试内变量。混合设计兼具被试间设计和被试内设计的优缺点。

混合实验设计采用重复测量方差分析进行数据处理。

(三) 方差成分分析

方差成分分析的目的是通过对方差成分的计算,找出减小方差的方向,以便确定如何减小方差。它计算的是在混合效应模型中各种随机效应对因变量变异贡献的大小。例如,对单变量重复测量实验设计和随机区组实验设计的分析等。

方差成分分析有4种分析方法:正态最小二次无偏估计(MINQUE)、方差分析(ANOVA)、最大似然法(ML)和有限最大似然法(REML)。

方差成分分析的假设是:① 随机效应模型参数的均值为0,方差为有限常数,并且彼此不相关。不同效应的模型参数间也不相关。② 残差项也有0均值和有限常数的方差,且与任意一个随机效应的模型参数不相关。不同观测量的残差项也彼此不相关。③ 采用最大似然法和有限最大似然法时还要求模型参数和残差项是正态分布的。

方差成分分析对变量和数据的要求是:① 因变量是数值型变量;② 因素变量是分类变量,可以是数值的也可以是字符的;③ 协变量是数值型变量,且与因变量有一定的相关;④ 至少要有一个随机因素变量,即该因素的水平必须能够从可能的水平中随机采样获得。

方差成分分析过程与一般线性模型(General Linear Model)中的单因变量方差分析过程(Univariate)完全兼容。允许指定一个协变量和一个加权变量。

四、SPSS 方差分析功能项介绍

在 Analyze→Compare Means 下有 One-Way ANOVA，为单因素方差分析，如图 5-1-1 所示。

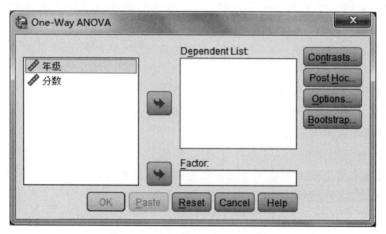

图 5-1-1　单因素方差分析菜单

在 Analyze→General Linear Model 下有："Univariate"为多因素方差分析、"Multivariate"为多元方差分析、"Repeated Measures"为重复测量方差分析和"Variance Components"为方差成分分析。如图 5-1-2 所示。

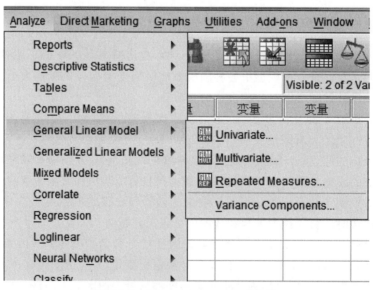

图 5-1-2　General Linear Model 菜单

第二节　单因素方差分析

一、操作选项

按 Analyze→Compare Means→One-Way ANOVA 顺序单击菜单，打开 One-Way ANOVA 主对话框，如图 5-2-1 所示。

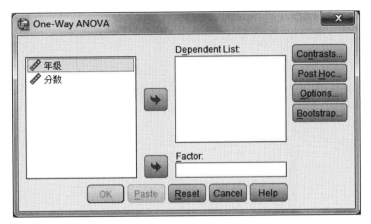

图 5-2-1　单因素方差分析的主对话框

1. Dependent List

Dependent List 框是因变量（观测变量）框。选定因变量，点击向右的箭头图标，将选定的因变量移入 Dependent List 框中。

2. Factor

Factor 框是因素变量框。选定因素变量移入 Factor 框中，如图 5-2-2 所示。

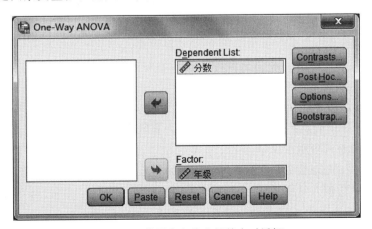

图 5-2-2　单因素方差分析的主对话框

3. Contrasts

Contrasts 主要是进行对照比较。对控制变量(自变量)各水平上观测变量(因变量)的差异进行对比检验。单击 Contrasts 按钮,打开 Contrasts 对话框,如图 5-2-3 所示。

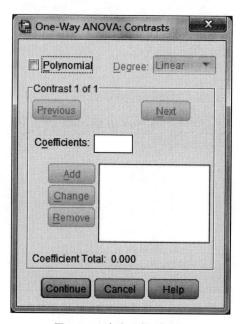

图 5-2-3 事先比较对话框

(1) Polynomial 复选项:趋势成分分析,即将组间偏差平方和分解为线性、二次、三次或更高次的趋势成分。操作如下:① 选中 Polynomial 复选项,激活右面的 Degree 参数框。② 单击 Degree 参数框右面的向下箭头展开菜单,可选择 Linear(线性)、Quadratic(二次)、Cubic(三次)、4th(四次)、5th(五次)。允许构造高达 5 次的均值多项式,多项式的"阶数"根据研究的需要进行选择。

(2) Coefficients 框:指定各组均值的系数。系数指定规则:因素变量(自变量)有几个水平(几个组)就指定几个系数。第一个系数对应着因素变量(自变量)第一组的均值,最后一个系数对应着的是因素变量(自变量)最后一组的均值。对于不参与比较的组,其系数可指定为 0,系数之和常为 0。具体操作如下:首先,在 Coefficients 框中输入一个系数;然后,单击 Add 按钮,Coefficients 框中的系数进入下面的方框中。重复上述操作,依次输入各组均值的系数。因素变量(自变量)有几个水平就输入几个系数。

(3) Next 按钮:可以隐藏清空系数显示框中的系数。一元方差分析可同时进行多组均值组合比较。一组系数输入结束后就激活了 Next 按钮,单击 Next 按钮后,系数显示框中的系数被隐藏清空,然后输入下一组系数。最多可以输入 10 组系数。

(4) Previous 和 Next 按钮:如果输入的几组系数中有错误,可单击 Previous 按钮往前翻或单击 Next 按钮往后翻,找到出错的一组系数。

(5) Change 按钮:单击出错的系数,该系数会显示在 Coefficients 框中,然后进行修改,修改后单击 Change 按钮,在系数显示框中会出现改变后的系数值。

(6) Remove 按钮:清除系数。在系数显示框中选中一个系数,同时也激活了 Remove 按钮,单击该按钮就会将选中的系数清除。

选择完成后,单击 Continue 按钮,确认选择并返回主对话框;如果单击 Cancel 按钮,则取消选择并返回主对话框;单击 Help 按钮,显示有关的帮助信息。

4. Post Hoc

Post Hoc 对各组均值进行多重比较。单击 Post Hoc 按钮,打开 Post Hoc Multiple Comparisons 对话框,如图 5-2-4 所示。

(1) 选择多重比较的方法。

① Equal Variance Assumed 栏:当各组方差齐时,在此栏中选择均值比较的方法。共 14 种方法。其中,进行均值多重比较的选项有:LSD,Bonferroni,Sidak 和 Dunnett。

• LSD 复选项:用 t 检验完成各组均值间的配对比较,对多重比较误差率不进行调整。较敏感。

• Bonferroni 复选项:计算 Student 统计量,完成各组间均值的配对比较。通过设置每个检验的误差率来控制整个误差率。

• Sidak 复选项:计算 t 统计量进行多重配对比较,调整多重比较的显著性水平,在限制上比 Bonferroni 检验更严格。

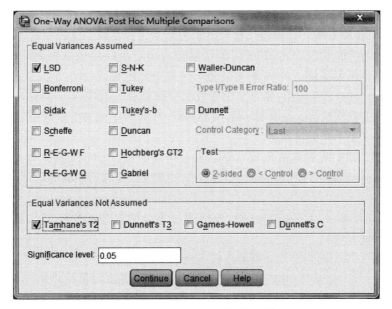

图 5-2-4 均值多重比较的对话框

- Dunnett 复选项:使用 t 检验进行各组均值与对照组均值的比较。多用于多个处理组和一个对照组的比较。选择了此项可激活下面的 Control Category 参数框,下拉列表中设定了第一组(First)或最后一组(Last)为对照组供选择。默认的对照组是最后一组,展开下拉列表可以重新选择对照组。在下面被激活的 Test 栏中有 "2 Sided"(双侧 t 检验)、"<Control"(比较组的各组均值小于对照组均值的单侧 t 检验)、">Control"(比较组的各组均值大于对照组均值的单侧 t 检验)。研究者可以根据需要进行选择,但一般来说还是选择 2 Sided 不易出错。

进行子集一致性检验的选项有:R-E-G-W F,R-E-G-W Q,S-N-K,Tukey's-b,Duncan 和 Waller-Duncan。

- R-E-G-W F 复选项:用基于 F 检验的逐步缩小的多重比较检验,显示一致性子集表。
- R-E-G-W Q 复选项:使用基于学生化值域的逐步缩小的多元统计过程,进行子集一致性检验。
- S-N-K 复选项:使用学生化值域统计量,进行子集一致性检验。
- Tukey's-b 复选项:用学生化值域分布进行组间均值的配对比较,其精确值为 S-N-K 和 Tukey 两种检验相应值的平均值。
- Duncan 复选项:指定一系列的 Range 值,逐步进行计算比较得出结论,显示一致性子集检验结果。
- Waller-Duncan 复选项:用 t 统计量进行子集一致性检验,使用贝叶斯逼近。

进行均值多重比较和子集一致性检验两种检验的选项有:Scheffe,Tukey,Hochberg's GT2 和 Gabriel。

- Scheffe 复选项:对所有可能的组合进行同步进入的配对比较。可以同时选择若干个选项,以便对使用各种方法进行均值比较所得到的结果进行比较。这种检验不很敏感。
- Tukey 复选项:用 Student-Range 统计量进行所有组间均值的配对比较,用所有配对比较的累计误差率作为实验误差率,同时还进行子集一致性检验。
- Hochberg's GT2 复选项:基于学生化最大模数检验。与 Tukey 类似,进行组均值配对比较和进行子集一致性检验。这种检验适用范围较广,只要单元格含量并不是非常不平衡,该检验甚至适用于方差不齐的情况。
- Gabriel 复选项:根据学生化最大模数进行均值多重比较和子集一致性检验。当单元格含量不等时,这种检验方法比 Hochberg's GT2 更有效,当单元格含量较大时,这种方法用起来比较自由。

② Equal Variance Not Assumed 栏:各组方差不齐时在此栏中选择均值多重比较的方法。共有下面 4 种方法:

- Tamhane's T2 复选项:用 t 检验进行各组均值配对比较。
- Dunnett's T3 复选项:用学生化最大模数检验进行各组均值配对比较。
- Games-Howell 复选项:能较灵活地进行各组均值配对比较检验。
- Dunnett's C 复选项:用学生化值域检验进行各组均值配对比较。

(2) Significance Level 复选项：设定各种检验的显著性概率临界值，默认值为 0.05，可以重新设定。

选择完成后，确认选择，单击 Continue 按钮，返回主对话框。

5. Options

单击 Options 按钮，打开 Options 对话框，如图 5-2-5 所示，选择输出统计量。

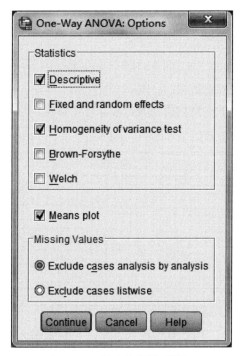

图 5-2-5 输出统计量对话框

(1) Statistics 栏：输出统计量的选项。

① Descriptive 复选项：输出描述统计量。计算并输出观测量（因变量）的数目、均值、标准差、标准误、最小值、最大值、各组中每个因变量的 95% 置信区间。

② Fixed and random effects 复选项：输出固定效应模型的标准差、标准误和 95% 置信区间，随机效应模型的标准误，以及 95% 置信区间和方差成分间估测值。

③ Homogeneity of variance test 复选项：进行 Levene 方差齐性检验，并输出检验结果，即计算每个观测值与其组均值之差，然后对这些差值进行一维方差分析。

④ Brown-Forsythe 复选项：用 Brown-Forsythe 统计量检验各组均值是否相等，当不能确定方差齐性假设时，该统计量优于 F 统计量。

⑤ Welch 复选项：用 Welch 统计量检验各组均值是否相等，当不能确定方差齐性假设时，该统计量优于 F 统计量。

(2) Means plot 复选项：做均值分布图，根据因素变量的各组均值描绘出因变量的均值分布情况,即横轴为因素变量(自变量),纵轴为因变量的均值线图。

(3) Missing Values 栏:选择缺失值的处理方法,有两个选项:

① Exclude cases analysis by analysis:从分析中剔除参与分析的含有缺失值变量的观测量。

② Exclude cases listwise:从分析中剔除所有含有缺失值变量的观测量。

选择完成后,单击 Continue 按钮,返回主对话框。

二、应用举例

例题 某研究要比较小学一、三、五这三个年级的小学生识记生字量的年级差异。从小学一、三、五年级分别随机抽取 30 名被试,先让他们识记 15 个生字,然后对他们识记过的生字进行回忆测验,并对测验所得分数的三组均值差异进行显著性检验。原始实验数据见表 5-2-1。

表 5-2-1 不同年级的学生识记生字的分数

一年级	三年级	五年级
2	8	10
3	10	12
3	9	8
4	11	9
5	8	11
⋮	⋮	⋮
5	8	7

1. 建立 SPSS 数据文件

根据原始实验数据建立的 SPSS 数据文件见图 5-2-6(数据文件 data5-01)。

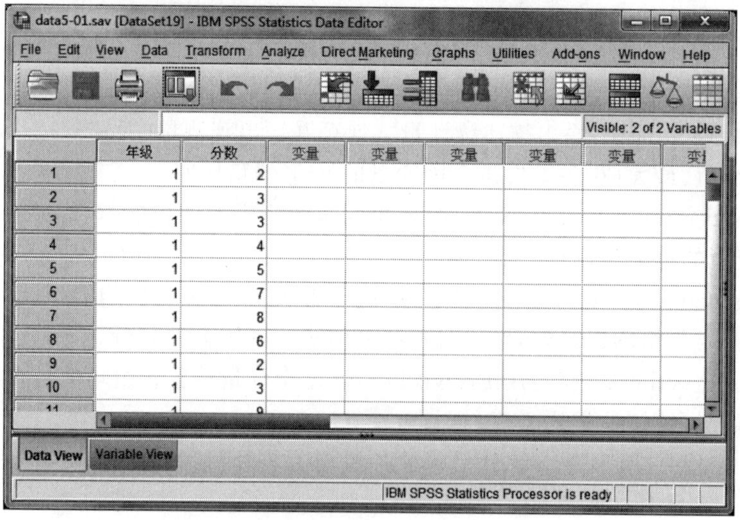

图 5-2-6 单因素方差分析数据文件结构

2. 操作步骤

（1）按 Analyze→Compare Means→One-Way ANOVA 的顺序单击菜单，打开 One-Way ANOVA 主对话框。

（2）把"分数"移入 Dependent List 框中，"年级"移入 Factor 框中。

（3）单击 Contrasts 按钮，打开 Contrasts 对话框，在 Contrast 栏中指定一组系数为 1，0，-1，检验一年级和五年级小学生对识记生字的效应及效应之间的显著性差异。单击 Continue 按钮，确认选择并返回主对话框。

（4）单击 Post Hoc 按钮，打开 Post Hoc Multiple Comparisons 对话框，选择 LSD 复选项和 Tamhane's T2 复选项。单击 Continue 按钮，确认选择并返回主对话框。

（5）单击 Options 按钮，打开 Options 对话框，选择 Descriptive（输出描述统计量）复选项、Homogeneity of variance test（方差齐性检验）复选项和 Means plot（均数分布图）复选项。单击 Continue 按钮，确认选择并返回主对话框。

（6）单击 OK 按钮，执行命令。

3. 输出的结果及解释

图 5-2-7 从左至右依次列出了一、三、五年级组的样本数量、分数的平均数、标准差、标准误、95%的置信区间、最小值和最大值。

Descriptives

分数

	N	Mean	Std. Deviation	Std. Error	95% Confidence Interval for Mean		Minimum	Maximum
					Lower Bound	Upper Bound		
1	30	6.43	3.002	.548	5.31	7.55	2	14
3	30	8.13	2.662	.486	7.14	9.13	3	15
5	30	9.73	2.318	.423	8.87	10.60	6	14
Total	90	8.10	2.972	.313	7.48	8.72	2	15

图 5-2-7 描述统计量

图 5-2-8 从左至右依次为方差齐性检验结果（Levene）为 0.901，组间自由度（df_1）为 2，组内自由度（df_2）为 87，显著性概率值（p 值）为 0.410，即 $p>0.05$。这表明各年级组的方差之间差异不显著，即各组方差为齐性。

Test of Homogeneity of Variances

分数

Levene Statistic	df1	df2	Sig.
.901	2	87	.410

图 5-2-8 方差齐性检验

图 5-2-9 中依次列出了组间和组内的离差平方和、自由度、均方、F 值和 p 值。p 值为 0，即 $p<0.001$，这说明各年级组均值之间差异显著。

ANOVA

分数

	Sum of Squares	df	Mean Square	F	Sig.
Between Groups	163.400	2	81.700	11.415	.000
Within Groups	622.700	87	7.157		
Total	786.100	89			

图 5-2-9　方差分析表

图 5-2-10 中列出了均值对比系数。

Contrast Coefficients

Contrast	年级		
	1	3	5
1	1	0	-1

图 5-2-10　对比系数表

图 5-2-11 中 Contrast 栏表示按方差齐和不齐划分，如果方差齐就选择 Assume equal variances 行的数据，如果方差不齐就选择 Does not assume equal 行的数据。因为在图 5-2-8 中的检验结果已表明方差是齐的，所以该检验应根据 Assume equal variances 行的数据给出分析结论。

Contrast Tests

		Contrast	Value of Contrast	Std. Error	t	df	Sig. (2-tailed)
分数	Assume equal variances	1	-3.30	.691	-4.777	87	.000
	Does not assume equal variances	1	-3.30	.693	-4.765	54.515	.000

图 5-2-11　对比结果

Value of Contrast 表示对比组间均值差值，一年级组和五年级组的均值之差是 -3.30。图 5-2-11 还列出了标准误、t 值、自由度和 t 值的显著性概率。表中的 p 值小于 0.001，这表明一年级组和五年级组的均值之间差异显著。

从图 5-2-8 中已判断出方差具有齐性，所以选择用 LSD 法进行各组均值之间的多重比较。从此表中可以看出一年级和三年级、一年级和五年级、三年级和五年级进行比较的 p 值都小于 0.05，这说明各年级组被试识记生字的平均成绩之间差异显著。

Multiple Comparisons

Dependent Variable:分数

	(I) 年级	(J) 年级	Mean Difference (I-J)	Std. Error	Sig.	95% Confidence Interval	
						Lower Bound	Upper Bound
LSD	1	3	-1.700*	.691	.016	-3.07	-.33
		5	-3.300*	.691	.000	-4.67	-1.93
	3	1	1.700*	.691	.016	.33	3.07
		5	-1.600*	.691	.023	-2.97	-.23
	5	1	3.300*	.691	.000	1.93	4.67
		3	1.600*	.691	.023	.23	2.97
Tamhane	1	3	-1.700	.733	.070	-3.50	.10
		5	-3.300*	.693	.000	-5.01	-1.59
	3	1	1.700	.733	.070	-.10	3.50
		5	-1.600*	.644	.047	-3.19	-.01
	5	1	3.300*	.693	.000	1.59	5.01
		3	1.600*	.644	.047	.01	3.19

*. The mean difference is significant at the 0.05 level.

图 5-2-12 均值多重比较

图 5-2-13 的横坐标是因素变量(年级),纵坐标是因变量(各年级被试的平均成绩)。从中可以看出各年级组均值的分布。

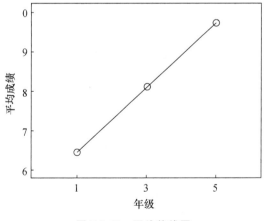

图 5-2-13 平均值线图

4. 结果的报告

方差分析结果表明:识记生字的平均成绩之间存在显著的年级差异 $F(2,87)=11.415$, $p<0.01$, $\eta^2=0.208$(SPSS 无法直接输出效应量,计算方法见本章第一节)。多重比较结果显示:一年级和三年级的平均成绩差异显著, $p=0.016$;一年级和五年级的平均成绩差异显著, $p<0.001$;三年级和五年级的平均成绩差异显著, $p=0.023$。

第三节 多因素方差分析

一、操作选项

按 Analyze→General Linear Model→Univariate 顺序单击菜单，打开 Univariate 主对话框，如图 5-3-1 所示。

1. Dependent Variable

Dependent Variable 框是因变量（观测变量）框。选定因变量进入 Dependent Variable 框中，只限选入一个数值型因变量。如图 5-3-2 所示。

2. Fixed Factor(s)

Fixed Factor(s) 框是固定因素框。选定因素变量进入 Fixed Factor(s) 框中，可选入一个或多个。

3. Random Factor(s)

Random Factor(s) 框是随机因素框。选定随机因素变量进入 Random Factor(s) 框中。这种选择适用于进行随机效应模型或混合效应模型检验。

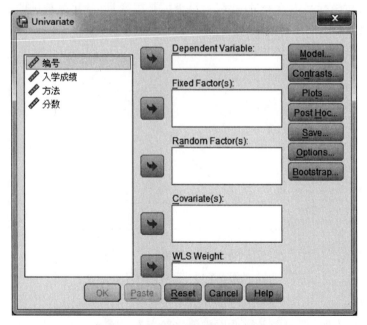

图 5-3-1　多因素方差分析主对话框

4. Covariates

Covariates 框是协变量框。如果需要除去协变量的影响，选定协变量（与因变量有关的数值型变量)进入 Covariates 框中。这种选择适用于进行协方差分析。

5．WLS Weight

WLS Weight 框是加权变量框。如果需要考虑权重变量的影响,选定权重变量进入 WLS Weight 框中。

6．Model

Model 选项是选择分析模型。单击 Model 按钮,打开 Univariate:Model 对话框,如图 5-3-3 所示。

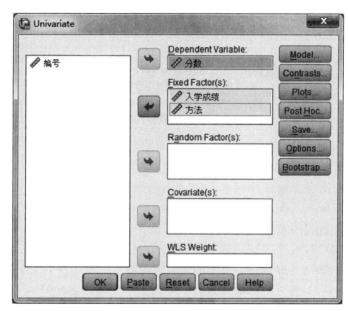

图 5-3-2　定义变量后的多因素方差分析主对话框

(1) Specify Model 栏:指定模型类型,定义模型。

① Full factorial:系统默认的模型,即全模型。全模型包括所有因素变量的主效应、所有协变量的主效应、所有因素变量与因素变量之间的交互作用,不包括协变量与其他因素变量的交互效应。

② Custom:建立自定义模型。

• Factors & Covariates 框:选择了 Custom 选项后,在此框中就会自动列出因素变量名及其类型。因素变量(自变量)后括号内的字母表示因素变量的类型,F 表示固定因素变量,R 表示随机因素变量,C 表示协变量。人们可根据表中列出的因素变量建立模型。

• Build Term(s)栏:选择一个因素变量名,单击 Build Term(s)栏中向右的箭头,该变量就会出现在 Model 框中,然后再选择下一个因素变量名进行如上的操作。

• Build Term(s)栏内的参数框:单击 Build Term(s)栏内的参数框的箭头按钮可以展开小菜单。有如下几个选项:

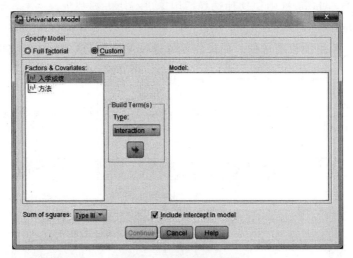

图 5-3-3 分析模型对话框

Main effects:因素变量之间没有交互效应时只指定主效应。

Interaction:可以指定所有因素不同水平各种组合的交互作用。该选项为系统默认项。

All 2-way:指定所有二维(2 个因素变量)的交互作用。

All 3-way:指定所有三维(3 个因素变量)的交互作用。

All 4-way:指定所有四维(4 个因素变量)的交互作用。

All 5-way:指定所有五维(5 个因素变量)的交互作用。

(2) Sum of squares:选择分解平方和的方法。参数框中有 4 种分解平方和的方法:

① TYPE Ⅰ:分层处理平方和的方法。一般适用于平衡的 ANOVA 模型、多项式回归模型和完全嵌套模型。

② TYPE Ⅱ:在计算一个效应的平方和时,对其他所有的效应进行调整。一般适用于平衡的 ANOVA 模型、只有主效应的模型、回归模型和完全嵌套设计。

③ TYPE Ⅲ:系统默认的常用的一种方法。对其他任何效应都进行调整。优点是:把所估计的剩余的常量也考虑到了单元频数中。一般适用于 TYPE Ⅰ 和 TYPE Ⅱ 所适合的模型、没有空单元格的平衡模型和不平衡模型。

④ TYPE Ⅳ:在缺失单元格的情况下使用,对任何效应的都计算平方和。若不包含在其他效应里,TYPE Ⅳ 与 TYPE Ⅲ 和 TYPE Ⅱ 三者的处理方法相同;若包含在其他效应里,TYPE Ⅳ 只对的较高水平效应参数做对比。一般适用于 TYPE Ⅰ 和 TYPE Ⅱ 所适合的模型、有空单元格的平衡模型和不平衡模型(有缺失数据的资料)。

(3) Include intercept in model 复选项:回归模型中包含截距,是系统默认选项。选择完成后,单击 Continue 按钮,会确认选择并返回主对话框。

7. Contrasts

Contrasts 选项是选择对比方法。因素变量各水平间的均值比较,即对控制变量各水平间观测变量均值的差异进行对比检验。单击 Contrasts 按钮,打开 Univariate：Contrasts 对话框,如图 5-3-4 所示。

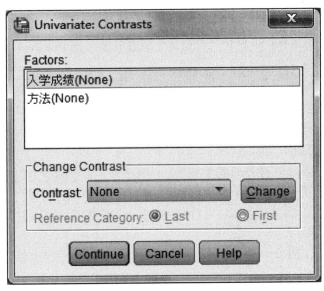

图 5-3-4　选择对照方法的对话框

（1）Factors 框：显示所有在主对话框中选中的因素变量。因素变量名后面的括号中表示的是当前的对比方法。在此框中选中想要改变对照方法的因素变量,然后在 Contrast 栏中选择对照方法。

（2）Change Contrast 栏：改变对照方法,对照检验用于检验一个因素变量的各水平之间的差异。

① Contrast 参数框：单击 Contrast 参数框中的向下箭头,就展开了对照方法表,在表中可选择对照方法。表中可供选择的对照方法有：

• None：不进行均数比较。

• Deviation：比较预测变量或因素变量中除了被忽略的水平（可选择最后一个水平 Last 或第一个水平 First 作为忽略的水平）以外的其他每个水平的效应。比较各水平上观测变量的均值是否有显著性差异。

• Simple：简单对照。除了作为参考的水平（可选择最后一个水平 Last 或第一个水平 First 作为参考水平）外,把预测变量或因素变量的每个水平都与参考水平进行比较。即以第一水平或最后一个水平上的观测变量均值为标准,比较各水平上观测变量的均值是否有显著性差异。

• Difference：对预测变量或因素变量中除第一水平以外的每一水平的效应都与其前面各水平的平均效应进行比较。即将各水平上观测变量的均值与其前一个水平上的观测变量的均值进行比较。

- Helmert：与 Difference 对照方法相反。对预测变量或因素变量中除最后一个水平以外的每一水平的效应都与其后面的各个水平上的平均效应进行比较。即将各个水平上观测变量的均值与其后一个水平上的观察变量的均值进行比较。
- Repeated：因素相邻水平比较。对预测变量或因素变量中除第一水平以外的每一水平的效应都与它前面的水平进行比较。
- Polynomial：多项式比较。第一级自由度包括线性效应与预测变量或因素变量水平的交叉，第二级自由度包括二次效应等。假设各因素水平彼此之间是等间隔的。

② Change：单击此按钮，选中的对照方法将代替步骤(1)中选中的因素变量后面括号中的对照方法而显示在此括号中。

③ Reference Category：对照的参考水平。只有选择了 Deviation 和 Simple 方法时才需要选择参考水平。该选项包括两个子选项：最后一个水平 Last 选项和第一个水平 First 选项。系统默认的参考水平是 Last。选择完成后，单击 Continue 按钮，确认选择并返回主对话框。

8. Plots

选择分布图形。用图形中因变量的均数随因素变量不同水平组合的变动描述因素变量之间的交互作用。如果各因素变量之间有交互作用，则各因素变量水平对应的图形相交，否则接近于平行。单击 Plots 按钮，打开 Univariate：Profile Plots 对话框，如图 5-3-5 所示。

图 5-3-5　选择分布图形对话框

（1）Factors 框：显示所有在主对话框中选中的因素变量名称。

（2）Horizontal Axis 框：横坐标轴框，显示横坐标变量。选择 Factors 框中的一个因素变量作为横坐标变量,单击箭头按钮,将变量名送入 Horizontal Axis 框中。如果这时单击 Add 按钮,将所选的因素变量送入下面的 Plots 框中,那么结果输出的是该因素变量各个水平的因变量均值分布图。

（3）Separate Lines 框:显示分线变量。如果想看两个因素变量组合的各单元格中因变量均值分布或两个因变量间是否存在交互效应,那么就选择 Factors 框中的另一个因素变量,将变量名送入 Separate Lines 框中。单击 Add 按钮,将自动生成的图形表达式(用"＊"连接的两个因素变量名)移入 Plots 框中。分线变量的每个水平在图中各是一条线。

（4）Separate plots 框:显示分图变量。如果在 Factors 框中还有因素变量,可以按照上述的操作方法将其送入 Separate Plots 框中,单击 Add 按钮,将自动生成的图形表达式(用"＊"连接的三个因素变量名)送入 plots 框中。分图变量的每个水平都生成一张线图。

（5）Change 按钮:修改表达式。如果送到 plots 框中的图形表达式有错误,可以修改。首先,单击有错的图形表达式,该表达式中所包含的变量就会显示在相应的框中。然后,重新选择正确的变量名送入相应的框中。最后,单击 Change 按钮改变表达式。

（6）Remove 按钮:删除表达式。如果送到 plots 框中的图形表达式有错误,可以选中表达式,然后点击 Remove 按钮,删除该表达式。选择完成后,单击 Continue 按钮,返回主对话框。

9. Post Hoc

选择多重比较分析。单击 Post Hoc 按钮,打开 Univariate：Post Hoc Multiple Comparisons for Observed Means 对话框,如图 5-3-6 所示。

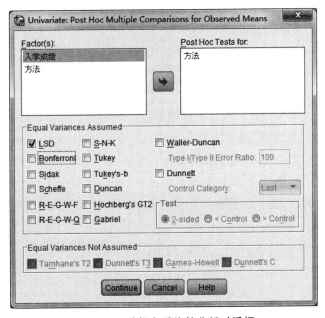

图 5-3-6 选择多重比较分析对话框

从 Factor(s) 中选择因素变量,单击箭头按钮,把选择的变量送入 Post Hoc Test for 框中。然后选择多重比较方法,详见本章第二节。

10. Save

保存运算结果。将所计算的预测值、残差值和诊断值作为新的变量保存在数据文件中。单击 Save 按钮,打开 Univariate:Save 对话框,如图 5-3-7 所示。

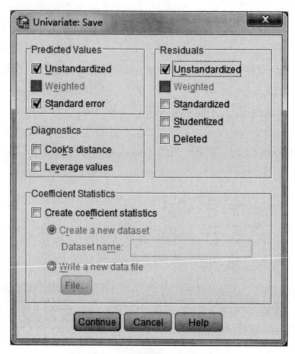

图 5-3-7　保存运算结果对话框

(1) Predicted Values 栏:系统对每个观测量给出根据模型计算的预测值。

① Unstandardized 复选项:非标准化预测值。

② Weighted 复选项:加权非标准化预测值。

③ Standard error 复选项:预测值标准误。

(2) Diagnostics 栏:诊断栏。测量并标识对模型影响较大的自变量或观测量。

① Cook's distance 复选项:Cook 距离。

② Leverage values 复选项:非中心化杠杆值。

(3) Residuals 栏:残差栏。

① Unstandardized 复选项:非标准化残差值(观测值与预测值之差)。

② Weighted 复选项:加权的非标准化残差。

③ Standardized 复选项:标准化残差(Pearson 残差)。

④ Studentized 复选项：学生化残差。

⑤ Deleted 复选项：剔除残差（因变量值与校正预测值之差）。

（4）Coefficient statistics 栏：系数统计栏。Create coefficient statistics 复选项：

① Create a new dataset 复选项：创建新数据集并对其进行命名，将模型参数估计的方差—协方差矩阵保存到一个新文件中，包括参数估计值、与参数估计值相对应的显著性检验的值、残差自由度。

② Write a data file 复选项：写入新数据文件。File 按钮：单击 File 按钮，就打开了相应的保存对话框，然后指定文件的保存位置和文件名。选择完成后，单击 Continue 按钮，返回主对话框。

11．Options

选择输出项。单击 Options 按钮，打开 Univariate：Options 对话框，如图 5-3-8 所示。

图 5-3-8　选择输出项对话框

（1）Estimated Marginal Means：边际均值估计栏。

① Factor(s) and Factor Interactions 框：列出了 OVERALL 项和在 Model 对话框中选定的因素变量的各种效应项。

② Display Means for 框：在 Factor(s) and Factor Interactions 框中选定效应项，单击移

动箭头,将其移到此框中。
- 选择 OVERALL 项:产生边际均值的均值。
- 选择主效应:产生估计的边际均值表。
- 选择二维交互效应:产生的估计边际均值表是典型的单元格均值表。
- 选择三维交互效应:显示单元格均值表。

③ Compare main effects 复选项:当 Display Means for 框中有主效应时会激活此复选项,并对效应的边际均值进行组间的配对比较。

④ Confidence interval adjustment 参数框:选中 Compare main effects 复选项就会激活此参数框。参数框中列出了进行组间多重比较时置信区间和显著性水平调整的三种方法:
- LSD(none):不进行调整。
- Bonferroni:基于 Student t 统计量的方法。它适用于要进行比较的均值,对数比较少的情况。
- Sidak:计算 t 统计量进行多重配对比较,调整多重比较的显著性水平。它的限制比 Bonferroni 检验更严格。

(2) Display 栏:指定要输出的统计量。

① Descriptive statistics 复选项:输出描述统计量,有观测量的均值、标准差和样本容量。

② Estimates of effect size 复选项:输出效应量估计(方差分析的效度估计值),给出 η_p^2 (Partial Eta Squared)值。

③ Observed power 复选项:输出各种检验假设的功效(效能)。计算功效的显著性水平,系统默认的临界值是 0.05。

④ Parameter estimates 复选项:输出各因素变量的模型参数估计、标准误、t 值、显著性概率(p 值)和 95% 的置信区间。

⑤ Contrast coefficient matrix 复选项:输出变换系数矩阵或 L 矩阵,即水平间差值比较的系数矩阵。

⑥ Homogeneity tests 复选项:进行 Levene 方差齐性检验,输出方差齐性检验结果。

⑦ Spread vs. level plot 复选项:绘制观测量的均值图、标准差图和方差图,即不同因素组合的均数与标准差(方差)的散点图。

⑧ Residuals plot 复选项:绘制残差图。残差、观测值和预测值三变量相关散点图,包括观测值、预测值的散点图和观测量数目对标准化残差的散点图,以及正态和标准化残差的正态概率图。

⑨ Lack of fit 复选项:检查模型拟合是否有意义,独立变量和非独立变量之间的关系是否被充分描述。

⑩ General estimable function 复选项:根据进行一般估计的函数来自定义假设检验。对

比系数矩阵的行与一般估计的函数是线性组合的,它是水平间比较的一般线性组合函数。

(3) Significance level 框:在此框中改变 Confidence intervals 框中的多重比较的显著性水平。选择完成后,单击 Continue 按钮,返回主对话框。

二、应用举例

(一) 二因素完全随机实验设计的方差分析

例题 某数学教师要考察高中一年级学生的初中数学考试成绩和三种教学方法对其数学期末成绩的影响。他按初中数学考试成绩的高低,将被试分为"高"和"低"两组,每组分别选择了 90 名高中一年级学生进行教学实验,分别把 90 名学生随机分配到三种教学方法的实验班中,每种教学方法各有 30 名被试,请问不同入学成绩和教学方法对学生数学成绩是否有影响?原始实验数据见表 5-3-1。

表 5-3-1　二因素完全随机设计方差分析的原始实验数据

成绩等级	方法 1	方法 2	方法 3
高	40.0	66.0	77.0
	46.0	59.0	76.0
	52.0	57.0	75.0
	58.0	58.0	77.0
低	40.0	78.0	80.0
	45.0	76.0	90.0
	43.0	72.0	87.0
	54.0	73.0	86.0

1. 建立 SPSS 数据文件

根据原始实验数据建立的 SPSS 数据文件见图 5-3-9(数据文件 data5-02)。

2. 操作步骤

(1) 按 Analyze→General Linear Model→Univariate 顺序单击菜单,打开 Univariate 主对话框。

(2) 选定因变量"分数"进入 Dependent Variable 框中。

(3) 选定因素变量"入学成绩"和"方法"进入 Fixed Factor(s)框中。

(4) 采用默认的全模型即可。

(5) 单击 Plots 按钮,打开 Univariate:Profile plots 对话框。选定因素变量"方法"进入 Horizontal Axis 框中,选定因素变量"入学成绩"进入 Separate Lines 框中,单击 Add 按钮。

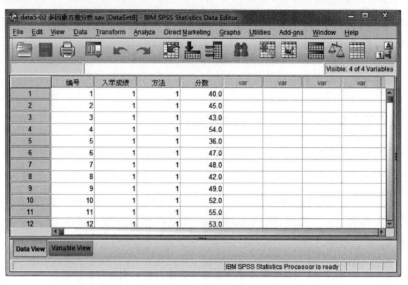

图 5-3-9　二因素完全随机设计方差分析数据文件

（6）单击 Continue 按钮，确认选择并返回主对话框。

（7）单击 Post Hoc 按钮，打开 Post Hoc Multiple Comparisons 对话框，将 Factor(s)中的"方法"移入 Post Hoc tests for 框中。然后选择多重比较方法 LSD 和 Tamhane's T2。

（8）单击 Continue 按钮，确认选择并返回主对话框。

（9）单击 Options 按钮，打开 Univariate：Options 对话框，将 Factor(s) and Factor Interactions 框中的"OVERALL""入学成绩""方法"和"入学成绩 * 方法"移入 Display Means for 框中，并勾选 Compare main effects 复选项。然后在 Display 栏中选择 Descriptive statistics、Homogeneity tests 以及 Estimates of effect 复选项。

（10）单击 Continue 按钮，确认选择并返回主对话框。

（11）单击 OK 按钮，执行命令。

（12）如交互作用显著，完成上述操作之后，需进一步进行简单效应检验，具体操作步骤如下：在方差分析主对话框点击 Paste，如图 5-3-10 所示。弹出 Syntax Editor(语法编辑器)对话框，如图 5-3-11 所示。在编辑器中输入简单效应检验分析语句，如图 5-3-12 所示。点击 ▶，运行语句。

5 方差分析

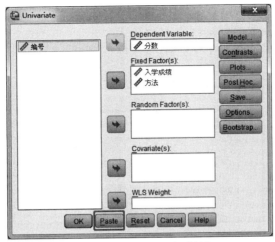

图 5-3-10　方差分析主对话框

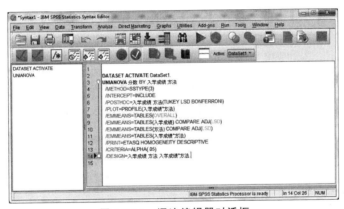

图 5-3-11　语法编辑器对话框

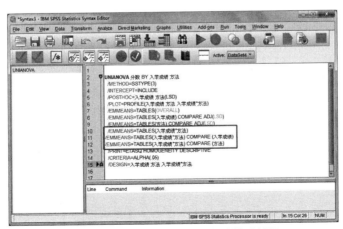

图 5-3-12　简单效应检验语句编辑对话框

3. 结果输出及解释

统计结果详见下列各图。

图 5-3-13 从左至右依次列出了变量名、变量标签(Value Label)和样本数量(N)。

Between-Subjects Factors

		Value Label	N
入学成绩	1	高	90
	2	低	90
方法	1	方法1	60
	2	方法2	60
	3	方法3	60

图 5-3-13 因素变量表

从图 5-3-14 中可以看出,显著性概率 p 值为 0.343,即 $p>0.05$。表明按教学方法分组的各组方差在 0.05 的显著性水平上差异不显著,即方差齐。

Levene's Test of Equality of Error Variances[a]

Dependent Variable:分数

F	df1	df2	Sig.
1.136	5	174	.343

Tests the null hypothesis that the error variance of the dependent variable is equal across groups.

a. Design: Intercept + 入学成绩 + 方法 + 入学成绩 * 方法

图 5-3-14 方差齐性检验

图 5-3-15 的左上方的 Dependent Variable 表示因变量数学分数;Source 表示方差来源;Corrected Model 表示由条件引起的误差;Error 表示实验误差。

从图 5-3-15 可见,入学成绩的主效应显著,$F(1, 174)=43.033$,$p<0.001$,$\eta_p^2=0.198$;这表明高中一年级学生的数学成绩在高中入学考试成绩等级之间差异显著。方法的主效应显著 $F(2, 174)=854.981$,$p<0.001$,$\eta_p^2=0.908$;这说明高中学生的数学成绩在三种教学方法之间差异显著。入学成绩与方法的交互作用显著 $F(2, 174)=6.759$,$p=0.001$,$\eta_p^2=0.072$;这说明高中入学成绩等级和教学方法在对数学成绩的影响中有显著的交互作用。

Tests of Between-Subjects Effects

Dependent Variable: 分数

Source	Type III Sum of Squares	df	Mean Square	F	Sig.	Partial Eta Squared
Corrected Model	66255.428a	5	13251.086	353.303	.000	.910
Intercept	916633.472	1	916633.472	24439.439	.000	.993
入学成绩	1614.006	1	1614.006	43.033	.000	.198
方法	64134.411	2	32067.206	854.981	.000	.908
入学成绩 * 方法	507.011	2	253.506	6.759	.001	.072
Error	6526.100	174	37.506			
Total	989415.000	180				
Corrected Total	72781.528	179				

a. R Squared = .910 (Adjusted R Squared = .908)

图 5-3-15　方差分析结果输出

从图 5-3-16 可见,总效应项生成的数学成绩总均值的估计值为 71.361,标准误为 0.456, 95% 置信区间的下边界值为 70.460,上边界值为 72.262。

1. Grand Mean

Dependent Variable: 分数

Mean	Std. Error	95% Confidence Interval	
		Lower Bound	Upper Bound
71.361	.456	70.460	72.262

图 5-3-16　综合的边际均值估计值

从图 5-3-17 可见,入学成绩"高""低"两组学生的平均数学成绩的估计值分别为 74.356 和 68.367,标准误为 0.646,95% 置信区间的下边界值分别为 73.081 和 67.093,上边界值分别为 75.630 和 69.641。

Estimates

Dependent Variable: 分数

入学成绩	Mean	Std. Error	95% Confidence Interval	
			Lower Bound	Upper Bound
高	74.356	.646	73.081	75.630
低	68.367	.646	67.093	69.641

图 5-3-17　入学成绩的边际均值估计值

从图 5-3-18 可见,三种教学方法分组下的平均数学成绩的估计值分别为 44.667、84.800、84.617,标准误为 0.791,95% 置信区间的下边界值分别为 43.106、83.240 和 83.056,上边界值分别为 46.227、86.360 和 86.177。

Estimates

Dependent Variable: 分数

方法	Mean	Std. Error	95% Confidence Interval	
			Lower Bound	Upper Bound
方法1	44.667	.791	43.106	46.227
方法2	84.800	.791	83.240	86.360
方法3	84.617	.791	83.056	86.177

图 5-3-18　三种教学方法的边际均值估计值

从图 5-3-19 可见，入学成绩等级"高"分组内三种教学方法下被试平均数学成绩的估计值分别为 48.167、85.533 和 89.367，标准误为 1.118，95％置信区间的下边界值分别为 45.960、83.326 和 87.160，上边界值分别为 50.374、87.740 和 91.574。

入学成绩等级"低"分组内三种教学方法下被试平均数学成绩的估计值分别为 41.167、84.067 和 79.867，标准误为 1.118，95％置信区间的下边界值分别为 38.960、81.860 和 77.660，上边界值分别为 43.374、86.274 和 82.074。

由于交互作用显著，因此直接进行简单效应检验，不再报告主效应事后多重比较的结果（图 5-3-20）。

Estimates

Dependent Variable: 分数

入学成绩	方法	Mean	Std. Error	95% Confidence Interval	
				Lower Bound	Upper Bound
高	方法1	48.167	1.118	45.960	50.374
	方法2	85.533	1.118	83.326	87.740
	方法3	89.367	1.118	87.160	91.574
低	方法1	41.167	1.118	38.960	43.374
	方法2	84.067	1.118	81.860	86.274
	方法3	79.867	1.118	77.660	82.074

图 5-3-19　交互作用项的边际均值估计值

图 5-3-21 显示了不同入学成绩（高、低）被试在三种教学方法上（方法 1、方法 2 和方法 3）的数学成绩之间的差异比较。

Pairwise Comparisons

Dependent Variable:分数

(I) 方法	(J) 方法	Mean Difference (I-J)	Std. Error	Sig.a	95% Confidence Interval for Difference a	
					Lower Bound	Upper Bound
方法1	方法2	-40.133*	1.118	.000	-42.340	-37.926
	方法3	-39.950*	1.118	.000	-42.157	-37.743
方法2	方法1	40.133*	1.118	.000	37.926	42.340
	方法3	.183	1.118	.870	-2.024	2.390
方法3	方法1	39.950*	1.118	.000	37.743	42.157
	方法2	-.183	1.118	.870	-2.390	2.024

Based on estimated marginal means

*. The mean difference is significant at the .05 level.

a. Adjustment for multiple comparisons: Least Significant Difference (equivalent to no adjustments).

图 5-3-20 均值多重比较

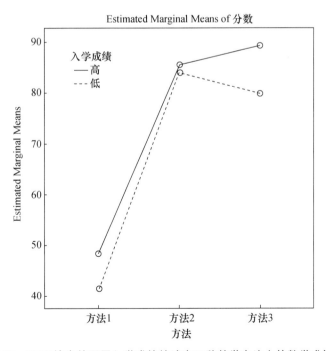

图 5-3-21 SPSS 输出的不同入学成绩被试在三种教学方法上的数学成绩差异

Pairwise Comparisons

Dependent Variable: 分数

方法	(I) 入学成绩	(J) 入学成绩	Mean Difference (I-J)	Std. Error	Sig.a	95% Confidence Interval for Difference[a]	
						Lower Bound	Upper Bound
方法1	高	低	7.000*	1.581	.000	3.879	10.121
	低	高	-7.000*	1.581	.000	-10.121	-3.879
方法2	高	低	1.467	1.581	.355	-1.654	4.588
	低	高	-1.467	1.581	.355	-4.588	1.654
方法3	高	低	9.500*	1.581	.000	6.379	12.621
	低	高	-9.500*	1.581	.000	-12.621	-6.379

Based on estimated marginal means
*. The mean difference is significant at the .05 level.
a. Adjustment for multiple comparisons: Least Significant Difference (equivalent to no adjustments).

图 5-3-22　入学成绩在不同方法上的差异

Pairwise Comparisons

Dependent Variable: 分数

入学成绩	(I) 方法	(J) 方法	Mean Difference (I-J)	Std. Error	Sig.a	95% Confidence Interval for Difference[a]	
						Lower Bound	Upper Bound
高	方法1	方法2	-37.367*	1.581	.000	-40.488	-34.246
		方法3	-41.200*	1.581	.000	-44.321	-38.079
	方法2	方法1	37.367*	1.581	.000	34.246	40.488
		方法3	-3.833*	1.581	.016	-6.954	-.712
	方法3	方法1	41.200*	1.581	.000	38.079	44.321
		方法2	3.833*	1.581	.016	.712	6.954
低	方法1	方法2	-42.900*	1.581	.000	-46.021	-39.779
		方法3	-38.700*	1.581	.000	-41.821	-35.579
	方法2	方法1	42.900*	1.581	.000	39.779	46.021
		方法3	4.200*	1.581	.009	1.079	7.321
	方法3	方法1	38.700*	1.581	.000	35.579	41.821
		方法2	-4.200*	1.581	.009	-7.321	-1.079

Based on estimated marginal means
*. The mean difference is significant at the .05 level.
a. Adjustment for multiple comparisons: Least Significant Difference (equivalent to no adjustments).

图 5-3-23　三种教学方法在不同入学成绩上的差异

4. 结果的报告

方差分析结果表明：入学成绩的主效应显著，$F(1, 174) = 43.033$，$p < 0.001$，$\eta_p^2 = 0.198$，这表明高中一年级学生的数学成绩在高中入学考试成绩等级之间差异显著。教学方法

的主效应显著,$F(2,174)=854.981$,$p<0.001$,$\eta_p^2=0.908$,这表明高中学生的数学成绩在三种教学方法之间差异显著。入学成绩与方法的交互作用显著,$F(2,174)=6.759$,$p=0.001$,$\eta_p^2=0.072$。简单效应分析结果表明:在方法1上,高入学成绩的被试的数学成绩显著高于低入学成绩的被试,$p<0.001$;在方法2上,高、低入学成绩的被试数学成绩差异不显著,$p=0.355$;高入学成绩的被试的数学成绩显著高于低入学成绩的被试,$p<0.001$。不论在高或低入学成绩上,方法1的被试数学成绩显著低于方法2的被试,$p_s<0.001$;方法2的被试数学成绩显著低于方法3的被试,$p_s=0.016$;方法1的被试数学成绩显著低于方法3的被试,$p_s<0.001$。

(二)随机区组设计的方差分析

例题 在上面的例题中,如果考试的时间与入学成绩、教学方法之间没有交互作用,研究者想进一步考察"考试时间"这一随机变量对学生数学成绩可能的影响,那么就可以把考试时间作为一个无关变量,将180名学生按考试时间分为四个区组,然后随机分配每个区组45名学生,每个学生接受一种考试时间。原始数据见表5-3-2。

表 5-3-2 随机区组设计方差分析的原始实验数据

考试时间	高			低		
	方法1	方法2	方法3	方法1	方法2	方法3
8:00—10:00	57.5	87.5	97.0	65.0	65.0	72.5
10:00—12:00	50.0	80.0	98.0	42.5	50.0	57.5
13:00—15:00	42.5	73.0	97.0	43.0	35.5	36.0
15:00—17:00	43.0	80.0	97.5	51.0	52.0	57.5

1. 建立 SPSS 数据文件

根据原始实验数据建立的 SPSS 数据文件见图 5-3-24(数据文件 data5-03)。

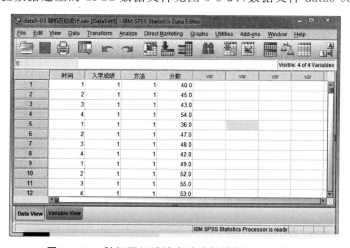

图 5-3-24 随机区组设计方差分析的数据文件结构

2. 操作步骤

（1）按 Analyze→General Linear Model→Univariate 顺序单击菜单，打开 Univariate 主对话框。

（2）选定因变量"分数"进入 Dependent Variable 框中。

（3）选定因素变量"入学成绩"和"方法"进入 Fixed Factor(s)框中。

（4）选定随机变量"时间"进入 Random Factor(s) 框中。

（5）单击 Model 按钮，打开 Model 对话框，选择自定义模型 Custom。在 Build Term(s)栏内的参数框中选择 Main effects 项，然后从 Factors & Covariates 框中分别选定时间、入学成绩和方法进入 Model 框中。然后在 Build Term(s)栏内的参数框中选择 All 2-way 项，再从 Factors & Covariates 框中同时选定入学成绩和方法进入 Model 框中。

（6）单击 options 按钮，打开 options 对话框，勾选 Compare main effects 复选项，然后从 display 栏内的参数框中选择 Descriptive Statistics、Homogeneity tests 和 Estimates of effect size 项，点击 continue。

（7）单击 OK 按钮，执行系统默认的方差分析命令。

3. 结果输出及解释

统计结果详见下列各图。

图 5-3-25 从左至右依次列出了变量名、变量标签和样本数量。

Between-Subjects Factors

		Value Label	N
入学成绩	1	高	90
	2	低	90
方法	1	方法1	60
	2	方法2	60
	3	方法3	60
时间	1	8：00-10：00	45
	2	10：00-12：00	45
	3	13：00-15：00	45
	4	15：00-17：00	45

图 5-3-25　因素变量表

Tests of Between-Subjects Effects

Dependent Variable: 分数

Source		Type III Sum of Squares	df	Mean Square	F	Sig.	Partial Eta Squared
Intercept	Hypothesis	916633.472	1	916633.472	61851.934	.000	1.000
	Error	44.124	2.977	14.820[a]			
入学成绩	Hypothesis	1617.894	1	1617.894	42.684	.000	.200
	Error	6481.538	171	37.904[b]			
方法	Hypothesis	64134.411	2	32067.206	846.017	.000	.908
	Error	6481.538	171	37.904[b]			
时间	Hypothesis	44.562	3	14.854	.392	.759	.007
	Error	6481.538	171	37.904[b]			
入学成绩 * 方法	Hypothesis	512.271	2	256.135	6.758	.001	.073
	Error	6481.538	171	37.904[b]			

a. 1.001 MS(时间) - .001 MS(Error)
b. MS(Error)

图 5-3-26 方差分析结果输出

4. 结果的报告

方差分析结果表明：考试时间的区组效应不显著，$F(3,171)=0.392$，$p=0.759$，$\eta_p^2=0.007$，表明考试时间对数学考试成绩无显著影响。入学成绩的主效应显著，$F(1,171)=42.684$，$p<0.001$，$\eta_p^2=0.200$；方法的主效应显著，$F(2,171)=846.017$，$p<0.001$，$\eta_p^2=0.908$；入学成绩与教学方法的交互作用显著，$F(2,171)=6.758$，$p=0.001$，$\eta_p^2=0.073$。对交互作用的简单效应分析结果报告同二因素完全随机实验设计的方差分析结果报告部分。

第四节 协方差分析

一、操作选项

协方差分析的操作过程与多因素方差分析唯一不同的是，在指定分析变量时要选定协变量进入 Covariates 框中，其他的操作过程相同。协方差分析主对话框如图 5-4-1 所示。

分别将因变量、因素变量和协变量送入对应空格内（见图 5-4-1），其他操作与前面介绍过的多因素方差分析的选项操作步骤相同。

二、应用举例

例题 某心理学工作者要考察两种训练方法对小学生范畴三段论推理成绩的影响。从某小学选取 30 名儿童，将其随机分配到两种方法组中，每组 15 名被试，然后对他们的范畴三段论推理能力进行测试。测验材料是 6 道推理题，第一至第三格水平各 2 道题。被试每做对一

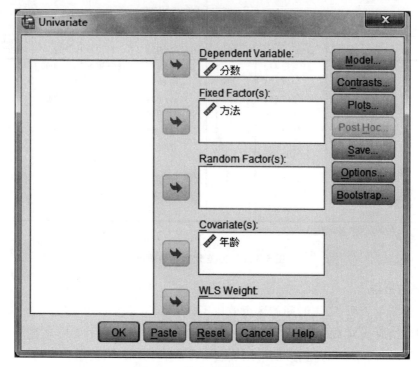

图 5-4-1 协方差分析主对话框

道推理题记 1 分。测验最高成绩是 6 分。

在此实验中,30 名被试的年龄是不同的,而小学生的年龄会影响其范畴三段论的推理成绩。所以,本研究应该以年龄因素作为协变量进行协方差分析。原始实验数据见表 5-4-1。

表 5-4-1 协方差分析原始实验数据

年龄	方法 1	年龄	方法 2
8	5	9	2
10	4	10	3
9	4	9	3
12	6	8	2
11	5	11	4
⋮	⋮	⋮	⋮
10	4	11	3

1. 建立 SPSS 数据文件

根据原始实验数据建立的 SPSS 数据文件见图 5-4-2（数据文件 data5-04）。

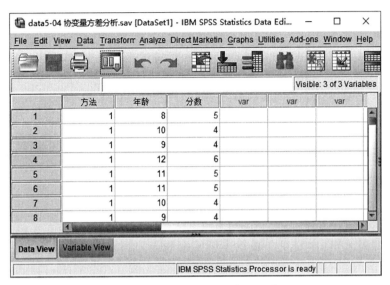

图 5-4-2　协方差分析的数据文件

2. 操作步骤

（1）按 Analyze→General Linear Model→Univariate 顺序单击菜单，打开 Univariate 主对话框。

（2）将"分数"变量移入 Dependent Variable 框中，将"方法"变量移入 Fixed Factor(s)框中，将"年龄"变量移入 Covariates 框中。

（3）单击 OK 按钮，执行系统默认的协方差分析。

3. 输出的结果及解释

统计结果详见下列各图。

图 5-4-3 中列出了按方法分组的样本数量。

Between-Subjects Factors

		N
方法	1	30
	2	30

图 5-4-3　因素变量输出

Tests of Between-Subjects Effects

Dependent Variable: 分数

Source	Type III Sum of Squares	df	Mean Square	F	Sig.
Corrected Model	78.911ª	2	39.456	112.323	.000
Intercept	4.229	1	4.229	12.040	.001
年龄	33.844	1	33.844	96.349	.000
方法	37.364	1	37.364	106.370	.000
Error	20.022	57	.351		
Total	848.000	60			
Corrected Total	98.933	59			

a. R Squared = .798 (Adjusted R Squared = .791)

图 5-4-4　方差分析结果输出

4. 结果的报告

方差分析结果表明：协变量年龄的主效应显著 $F(1, 57) = 96.349$，$p < 0.001$，$\eta_p^2 = 0.628$。表明年龄因素确实对小学生范畴三段论推理成绩有显著影响；训练方法的主效应显著，$F(1, 60) = 106.37$，$p < 0.001$，$\eta_p^2 = 0.651$。表明小学生范畴三段论推理的平均成绩在两种训练方法间差异显著。

第五节　多元方差分析

一、操作选项

按 Analyze→General Linear Model→Multivariate 顺序单击菜单，打开 Multivariate 主对话框，如图 5-5-1 所示。

多元方差分析与一元方差分析的操作过程基本相同，不同的操作有：多元方差分析在 Dependent Variables 因变量框中可以选择多个因变量。如图 5-5-2 所示。

单击 Options 按钮，打开 Multivariate:Options 对话框，如图 5-5-3 所示。

（1）Estimated Marginal Means（估计的边际均值栏）中的选项的操作方法见本章第四节。

（2）Display 栏：指定要输出的统计量。

• Descriptive statistics 复选项：输出的描述统计量，有观测量的均值、标准差和样本容量。

• Estimates of effect size 复选项：输出效应量估计（方差分析的效度估计值），给出 η_p^2（Partial Eta-Squared）值。它是由一个自变量所解释的变异（SSH）对自变量解释的变异和未计入模型解释的变异总和（SSH+SSE）之比（SSH/(SSH+SSE)），是方差分析能解释的变异（SSH）与总变异（方差分析能解释的变异（SSH）与残差（SSR））之和之比。

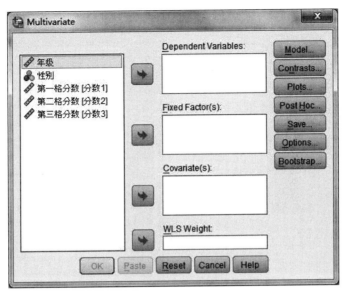

图 5-5-1　多元方差分析主对话框之一

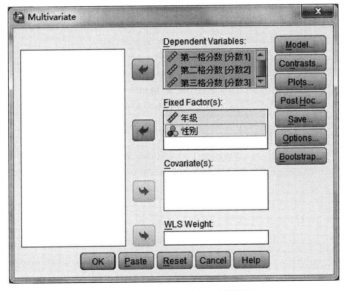

图 5-5-2　多元方差分析主对话框之二

- Observed power 复选项：给出检验组间差异的 F 检验的概率，在基于观测值进行假设的时候，检验各种假设的功效（即观测的强度），并计算功效的显著性水平，系统默认的临界值是 0.05。
- Parameter estimates 复选项：输出各因素变量的模型参数估计、标准误、t 值、显著性概率（p 值）和 95% 的置信区间的上下限边界值。

• SSCP matrices 复选项：输出设计中的每个效应的平方和与交叉积矩阵，并给出每个效应假设的 SSCP 矩阵和误差的 SSCP 矩阵。

• Residual SSCP matrix 复选项：输出 RSSCP 残差的平方和与交叉积矩阵。RSSCP 的维度与模型中因变量的数目相同，残差的一些相关的矩阵是由残差协方差矩阵标准化得来的，残差协方差矩阵为 RSSCP 除以残差自由度。

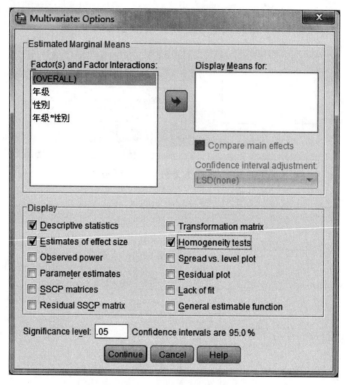

图 5-5-3　选择输出项对话框

• Transformation matrix 复选项：输出对因变量的转换系数矩阵或 M 矩阵。

• Homogeneity tests 复选项：输出 Levene 方差齐性检验结果。

• Spread vs. level plots 复选项：绘制观测量单元均值对标准差的图形（标准差图）和观测量单元均值对方差的图形（方差图），即不同因素组合的均值与标准差（方差）的散点图。

• Residual plots 复选项：绘制残差图。残差、观测值和预测值三变量相关的散点图，包括观测值×预测值×标准化残差图。

• Lack of fit 复选项：检验模型拟合是否有意义，独立变量和非独立变量之间的关系是否被充分描述。

• General estimable function 复选项：输出表示估计函数一般形式的表格。可以根据进行一般估计的函数通过 LMATRIX 子命令来自定义假设检验。

(3) Significance level 框:在此框中改变 Confidence intervals 框中的多重比较的显著性水平。选择完成后,单击 Continue 按钮,会确认选择并返回主对话框。

二、应用举例

例题 某心理学工作者要考察小学生范畴三段论推理成绩是否存在显著的年级差异和性别差异,从某小学一、三、五这三个年级分别随机抽取 30 名被试,男女生各半。实验材料是 6 道推理题,第一格至第三格的推理题各 2 道。原始实验数据见表 5-5-1。

表 5-5-1 多元方差分析的原始实验数据

	1 年级			3 年级			5 年级		
	第一格	第二格	第三格	第一格	第二格	第三格	第一格	第二格	第三格
男生	2	1	2	2	1	1	2	2	1
	2	1	2	2	1	1	2	2	1
	⋮	⋮	⋮	⋮	⋮	⋮	⋮	⋮	⋮
	2	2	2	1	2	1	2	2	1
女生	2	1	1	2	1	1	2	2	1
	2	1	1	2	1	2	2	1	2
	⋮	⋮	⋮	⋮	⋮	⋮	⋮	⋮	⋮
	2	1	2	2	1	2	2	2	2

1. 建立 SPSS 数据文件

根据原始实验数据建立的 SPSS 数据文件见图 5-5-4(数据文件 data5-05)。

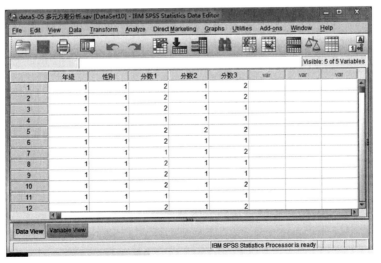

图 5-5-4 多元方差分析的数据文件

2. 操作步骤

(1) 按 Analyze→General Linear Model→Multivariate 顺序单击菜单,打开 Multivariate 主对话框。

(2) 将因变量"第一格分数[分数 1]""第二格分数[分数 2]"和"第三格分数[分数 3]"移入 Dependent Variables 框中,将因素变量"年级"和"性别"移入 Fixed Factor(s)框中。

(3) 单击 Post Hoc 按钮,打开 Univariate:Post Hoc Multiple Comparisons for Observed 对话框,将 Factor(s)中的"年级"变量移入 Post Hoc test for 框中。然后选择多重比较方法 LSD 和 Tamhane's T2。

(4) 单击 Options 按钮,打开 Multivariate:Options 对话框,在 Display 栏中选择 Descriptive statistics(描述统计量)、Estimates of effect size(方差分析效度估计值)和 Homogeneity tests(方差齐性检验)。确认选择后,单击 Continue 按钮,返回主对话框。

(5) 单击 OK 按钮,执行系统运行命令。

3. 输出的结果及解释

统计结果详见下列各图。

图 5-5-5 从左到右依次列出了变量名、变量标签和样本数量。

Between-Subjects Factors

		Value Label	N
年级	1	一年级	60
	3	三年级	60
	5	五年级	60
性别	1	男生	90
	2	女生	90

图 5-5-5 因素变量表

图 5-5-6 显示的是协方差矩阵的齐性检验结果。Box's M 检验的零假设是因变量协方差矩阵在各组之间是相等的。在表中 Box's M 检验的统计量被转换为具有 df_1 和 df_2 自由度的 F 统计量。在本例题中,$F=1.226$,$p=0.229$,表明因变量协方差矩阵在各组之间的差异不显著,即因变量协方差矩阵在各组之间是近似相等的,这个模型的统计分析结果是可信的。如果 Box's M 检验的结果是 $p<0.05$,则表明该模型的结果是不可信的。

Box's Test of Equality of Covariance Matrices^a

Box's M	23.158
F	1.226
df1	18
df2	47550.037
Sig.	.229

Tests the null hypothesis that the observed covariance matrices of the dependent variables are equal across groups.

a. Design: Intercept + 年级 + 性别 + 年级 * 性别

图 5-5-6　协方差矩阵的齐性检验

图 5-5-7 显示的是 Levene 方差齐性检验结果。其检验假设是各个因素水平所定义的各个分组之间误差变异相等。表中列出了每个因变量的 Levene 方差齐性检验结果。其中因变量"第一格分数""第二格分数"和"第三格分数"的 F 值分别是 24.421、32.273 和 4.227，三种分数的两个自由度分别是 5 和 174，p 值分别是 0.000、0.000 和 0.001，表明这三个因变量在年级和性别因素的各个水平组合之间的误差变异差异显著，即误差变异不相等，拒绝误差变异相等的假设。

Levene's Test of Equality of Error Variances^a

	F	df1	df2	Sig.
分数1	24.421	5	174	.000
分数2	32.273	5	174	.000
分数3	4.227	5	174	.001

Tests the null hypothesis that the error variance of the dependent variable is equal across groups.

a. Design: Intercept + 年级 + 性别 + 年级 * 性别

图 5-5-7　协方差矩阵的齐性检验

图 5-5-8 列出了三个因变量按年级和性别分组的平均数、标准差和样本数量。

图 5-5-9 是多元检验的 SSCP 矩阵。分别列出了 Pillai's Trace、Hotelling's Trace、Roy's Largest Root 和 Wilks' Lambda 四种显著性检验的统计结果。其中，Pillai's Trace、Hotelling's Trace 和 Roy's Largest Root 的值越大，表明效应对模型的贡献越大；Wilks' Lambda 的值越小，表明效应对模型的贡献越大。

Descriptive Statistics

	年级	性别	Mean	Std. Deviation	N
分数1	一年级	男生	1.80	.407	30
		女生	1.60	.498	30
		Total	1.70	.462	60
	三年级	男生	1.67	.479	30
		女生	1.87	.346	30
		Total	1.77	.427	60
	五年级	男生	1.87	.346	30
		女生	2.00	.000	30
		Total	1.93	.252	60
	Total	男生	1.78	.418	90
		女生	1.82	.384	90
		Total	1.80	.401	180
分数2	一年级	男生	1.13	.346	30
		女生	1.00	.000	30
		Total	1.07	.252	60
	三年级	男生	1.60	.498	30
		女生	1.40	.498	30
		Total	1.50	.504	60
	五年级	男生	1.73	.450	30
		女生	1.87	.346	30
		Total	1.80	.403	60
	Total	男生	1.49	.503	90
		女生	1.42	.497	90
		Total	1.46	.499	180
分数3	一年级	男生	1.47	.507	30
		女生	1.27	.450	30
		Total	1.37	.486	60
	三年级	男生	1.47	.507	30
		女生	1.53	.507	30
		Total	1.50	.504	60
	五年级	男生	1.67	.479	30
		女生	1.73	.450	30
		Total	1.70	.462	60
	Total	男生	1.53	.502	90
		女生	1.51	.503	90
		Total	1.52	.501	180

图 5-5-8 描述统计量

Effect		Value	F	Hypothesis df	Error df	Sig.	Partial Eta Squared
Intercept	Pillai's Trace	.982	3120.887a	3.000	172.000	.000	.982
	Wilks' Lambda	.018	3120.887a	3.000	172.000	.000	.982
	Hotelling's Trace	54.434	3120.887a	3.000	172.000	.000	.982
	Roy's Largest Root	54.434	3120.887a	3.000	172.000	.000	.982
年级	Pillai's Trace	.455	16.971	6.000	346.000	.000	.227
	Wilks' Lambda	.549	20.012a	6.000	344.000	.000	.259
	Hotelling's Trace	.812	23.147	6.000	342.000	.000	.289
	Roy's Largest Root	.803	46.282b	3.000	173.000	.000	.445
性别	Pillai's Trace	.009	.542a	3.000	172.000	.654	.009
	Wilks' Lambda	.991	.542a	3.000	172.000	.654	.009
	Hotelling's Trace	.009	.542a	3.000	172.000	.654	.009
	Roy's Largest Root	.009	.542a	3.000	172.000	.654	.009
年级 * 性别	Pillai's Trace	.107	3.250	6.000	346.000	.004	.053
	Wilks' Lambda	.896	3.250a	6.000	344.000	.004	.054
	Hotelling's Trace	.114	3.251	6.000	342.000	.004	.054
	Roy's Largest Root	.084	4.836b	3.000	173.000	.003	.077

a. Exact statistic
b. The statistic is an upper bound on F that yields a lower bound on the significance level.
c. Design: Intercept + 年级 + 性别 + 年级 * 性别

图 5-5-9 多元检验的 SSCP 矩阵

从表中可以看出"性别"主效应在三种显著性检验(Pillai's Trace、Hotelling's Trace、Roy's Largest Root)下的值都很小(0.009),只有 Wilks' Lambda 的值较大(0.991)。而 Wilks' Lambda 的值越大,表明效应对模型的贡献越小。所以,四种检验的结果一致表明"性别"主效应对模型的贡献很小。

"年级×性别"交互作用效应的值也不大(Pillai's Trace = 0.107,Hotelling's Trace = 0.114,Roy's Largest Root = 0.084),只有 Wilks' Lambda 的值较大(0.896),所以,四种检验结果一致表明年级与性别的交互作用效应对模型的贡献也不大。

只有"年级"主效应在四种显著性检验下的值处在中等水平(Pillai's Trace = 0.455,Hotelling's Trace = 0.812,Roy's Largest Root = 0.803,Wilks' Lambda = 0.549),这表明"年级"主效应对模型有一定的贡献。

图 5-5-9 中四个多元统计量都分别转换为近似的(或确切的)F 分布的检验统计量,列出了 F 分布的假设自由度、误差自由度和显著性概率。从 F 分布检验的显著性概率值来看,"性别"主效应的 F 分布检验的显著性概率都等于 0.645,即 $p > 0.05$,这表明"性别"主效应不显著。"年级"主效应的 F 分布检验的显著性概率都小于 0.001,这表明年级主效应显著。"年级×性别"交互作用效应的 F 分布检验的显著性概率都小于 0.05,表明"年级×性别"交互作用效应显著。简单效应分析的结果显示,在第一格分数、第二格分数和第三格分数上,各个年级的男生和女生都不存在显著性差异,$p > 0.05$。在第一格分数上:三年级男生和五年级男生存在显著性差异,$p < 0.05$;一年级女生和三年级女生、一年级女生和五年级女生都存在显著性差异,$p < 0.01$。在第二格分数上:一年级男生和三年级男生、一年级男生和五年级男生都存在

显著性差异，$p<0.001$；一年级女生、三年级女生和五年级女生两两之间都存在显著性差异，$p<0.001$。在第三格分数上：一年级女生和三年级女生存在显著性差异，$p<0.05$；一年级女生和五年级女生也存在显著性差异，$p<0.001$。这种根据 F 分布检验的显著性概率进行判断的结果与根据上述四种显著性检验的值所判断的结果是一致的。这种根据 F 分布检验的显著性概率进行判断的结果与根据上述四种显著性检验的值所判断的结果是一致的。

图 5-5-9 中最右边的 Partial Eta Squared 是偏 η^2 统计量（η_p^2）。它是由效应计算出的变异与总变异（效应变异与误差变异之和）的比值。其值越大，表明效应的贡献越大；其值越小，表明效应的贡献越小。η_p^2 的最大值是 1。

图 5-5-10 是方差分析的结果表。

Tests of Between-Subjects Effects

Source	Dependent Variable	Type III Sum of Squares	df	Mean Square	F	Sig.	Partial Eta Squared
Corrected Model	分数1	3.200ᵃ	5	.640	4.350	.001	.111
	分数2	17.444ᵇ	5	3.489	22.319	.000	.391
	分数3	4.111ᶜ	5	.822	3.507	.005	.092
Intercept	分数1	583.200	1	583.200	3963.938	.000	.958
	分数2	381.356	1	381.356	2439.554	.000	.933
	分数3	417.089	1	417.089	1778.761	.000	.911
年级	分数1	1.733	2	.867	5.891	.003	.063
	分数2	16.311	2	8.156	52.172	.000	.375
	分数3	3.378	2	1.689	7.203	.001	.076
性别	分数1	.089	1	.089	.604	.438	.003
	分数2	.200	1	.200	1.279	.260	.007
	分数3	.022	1	.022	.095	.759	.001
年级 * 性别	分数1	1.378	2	.689	4.682	.010	.051
	分数2	.933	2	.467	2.985	.053	.033
	分数3	.711	2	.356	1.516	.222	.017
Error	分数1	25.600	174	.147			
	分数2	27.200	174	.156			
	分数3	40.800	174	.234			
Total	分数1	612.000	180				
	分数2	426.000	180				
	分数3	462.000	180				
Corrected Total	分数1	28.800	179				
	分数2	44.644	179				
	分数3	44.911	179				

a. R Squared = .111 (Adjusted R Squared = .086)
b. R Squared = .391 (Adjusted R Squared = .373)
c. R Squared = .092 (Adjusted R Squared = .065)

图 5-5-10　方差分析结果输出

4. 结果的报告

多元方差分析结果表明：在第一格的推理成绩"第一格分数"上，年级主效应显著，$F(2,174)=5.891$，$p=0.003$，$\eta_p^2=0.063$。事后多重比较结果显示，一年级和五年级之间差异显著，$p=0.003$；三年级和五年级之间差异显著，$p=0.031$。性别主效应不显著，$F(1,174)=0.604$，$p=0.438$，$\eta_p^2=0.003$；年级和性别的交互作用显著，$F(2,174)=4.682$，$p=0.010$，$\eta_p^2=0.051$。在第二格的推理成绩"第二格分数"上，年级主效应显著，$F(2,174)=52.172$，$p<0.001$，$\eta_p^2=0.375$。事后多重比较结果显示，一年级和三年级之间差异显著，$p<0.001$；一年级和五年级之间差异显著，$p<0.001$；三年级和五年级之间差异显著，$p=0.001$。性别主效应

不显著，$F(1,174)=1.279$，$p=0.260$，$\eta_p^2=0.007$；年级与性别的交互作用不显著，$F(2,174)=2.985$，$p=0.053$，$\eta_p^2=0.033$。在第三格的推理成绩"第三格分数"上，年级主效应显著，$F(2,174)=7.203$，$p=0.001$，$\eta_p^2=0.076$。事后多重比较结果显示，一年级和五年级之间差异显著，$p=0.001$。性别主效应不显著，$F(1,174)=0.095$，$p=0.759$，$\eta_p^2=0.001$；年级与性别的交互作用不显著，$F(2,174)=1.516$，$p=0.222$，$\eta_p^2=0.017$。对交互作用的简单效应分析结果报告同二因素完全随机实验设计的方差分析结果报告部分。

第六节　重复测量方差分析

一、单因素被试内设计的方差分析

例题　一项心理学研究要测量被试在不同刺激条件下的视觉反应时。实验设置3种视觉刺激条件，90位被试均接受3种实验处理，测得的原始数据见表5-6-1。请做重复测量方差分析。

表 5-6-1　单因素重复测量方差分析的原始实验数据

	测量 1	测量 2	测量 3
被试 1	1.0	1.3	0.8
被试 2	1.6	1.2	0.9
⋮	⋮	⋮	⋮
被试 89	1.5	1.2	1.9
被试 90	2.1	1.9	2.2

1. 建立数据文件

根据原始实验数据建立的SPSS数据文件见图5-6-1（数据文件data5-06）。

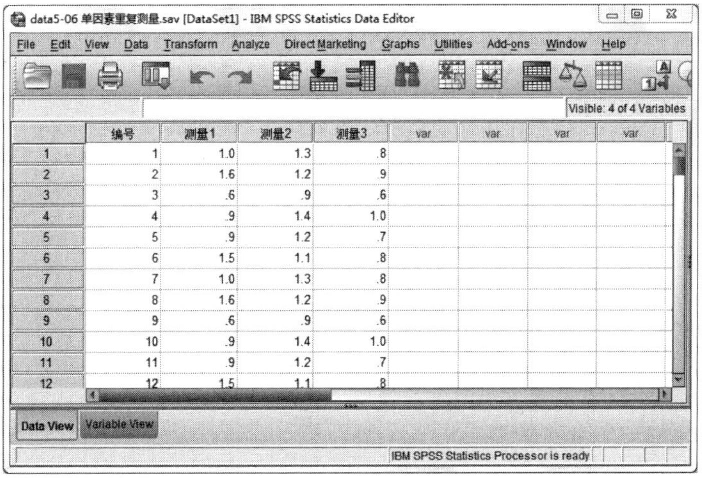

图 5-6-1　重复测量方差分析的数据文件

2. 操作步骤

（1）按 Analyze→General Linear Model→Repeated Measures 顺序单击菜单，打开 Repeated Measures Define Factor(s)对话框。

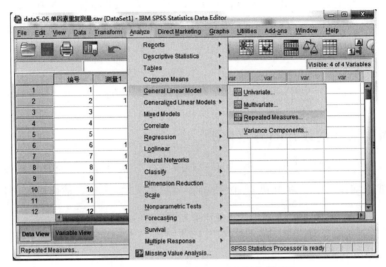

图 5-6-2　重复测量方差分析的操作界面

（2）在 Within-Subject Factor Name 框中输入重复测量的变量名"测量"，取代原来显示的 Factor1。

（3）在 Number of Levels 框中输入重复测量次数"3"。

（4）单击 Add 按钮，生成的定义表达式出现在右面的方框中。

（5）单击 Define 按钮，打开 Repeated Measures 主对话框。

（6）选择左边变量框中的"测量1""测量2"和"测量3"，单击向右的箭头按钮，送入 Within-Subjects Variables 框中。

（7）单击 Options 按钮，打开 Options 对话框，在 Factor(s) and Factor Interactions 框中选择"OVERALL""测量"，单击向右的箭头按钮，送入 Display Means for 框中，并勾选 Compare main effects 选项。将校正方法选为 Bonferroni。在 Display 栏中选择 Descriptive statistics、Estimates of effect size 和 Homogeneity tests 复选项。

（8）单击 Continue 按钮，返回主对话框。

（9）单击 OK 按钮，执行命令。

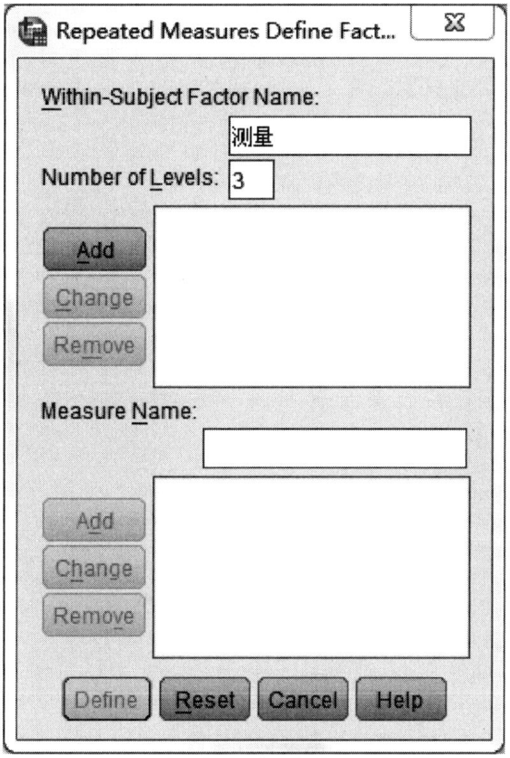

图 5-6-3 重复测量方差分析的主对话框

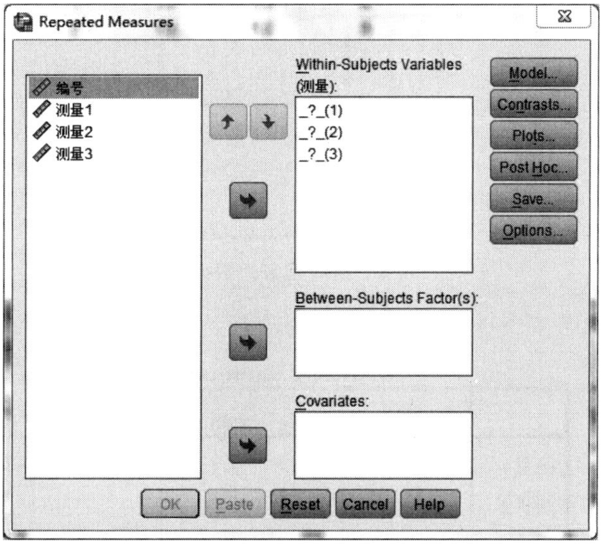

图 5-6-4 重复测量方差分析的 Repeated Measures 主对话框

3. 结果输出及解释

统计结果见以下各图。

图 5-6-6 中显示了重复测量的次数有 3 次，分别对应的因变量为"测量 1""测量 2"和"测量 3"。

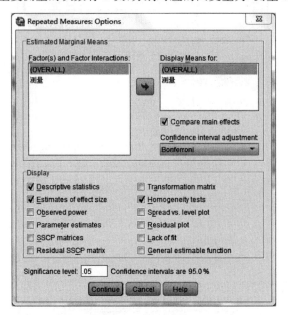

图 5-6-5　重复测量方差分析的 Options 主对话框

Within-Subjects Factors

Measure:MEASURE_1

测量	Dependent Variable
1	测量1
2	测量2
3	测量3

图 5-6-6　组内因素的数据信息

图 5-6-7 分别列出了三个重复测量变量在每种刺激条件下的平均数、标准差和样本数量。

Descriptive Statistics

	Mean	Std. Deviation	N
测量1	1.728	.6411	90
测量2	1.883	.7437	90
测量3	1.689	.7562	90

图 5-6-7　描述统计量

通过球形检验(Mauchly's Test of Sphericity)的结果可判断重复测量数据之间是否存在相关。如果 $p>0.05$，说明重复测量数据之间实际上不存在相关，数据符合球形假设条件，可按单因素方差分析方法来处理；如果 $p<0.05$，说明重复测量数据之间存在相关，数据不符合球形假设条件，不能按单因素方差分析方法处理，宜用多元方差分析进行检验或按图5-6-9 给出的三种 ε(epsilon)校正方法(Greenhouse-Geisser、Huynh-Feldt 和 Lower-bound)对一元方差分析进行校正(对相应的 F 值进行校正)。一般推荐使用 Greenhouse-Geisser 的校正结果。

Mauchly's Test of Sphericity[b]

Measure:MEASURE_1

Within Subjects Effect	Mauchly's W	Approx. Chi-Square	df	Sig.	Epsilon[a]		
					Greenhouse-Geisser	Huynh-Feldt	Lower-bound
测量	.898	9.513	2	.009	.907	.925	.500

Tests the null hypothesis that the error covariance matrix of the orthonormalized transformed dependent variables is proportional to an identity matrix.

a. May be used to adjust the degrees of freedom for the averaged tests of significance. Corrected tests are displayed in the Tests of Within-Subjects Effects table.

b. Design: Intercept
Within Subjects Design: 测量

图 5-6-8　球形检验

从图 5-6-8 中可以看出球形检验统计量 $W=0.898$，$p=0.009$，差异显著，即各组间的方差(协方差)矩阵不相等，不接受球形假设，应使用校正后的方差分析结果，此处接受 Greenhouse-Geisser 矫正的结果。

Tests of Within-Subjects Effects

Measure:MEASURE_1

Source		Type III Sum of Squares	df	Mean Square	F	Sig.	Partial Eta Squared
测量	Sphericity Assumed	1.906	2	.953	13.946	.000	.135
	Greenhouse-Geisser	1.906	1.814	1.050	13.946	.000	.135
	Huynh-Feldt	1.906	1.850	1.030	13.946	.000	.135
	Lower-bound	1.906	1.000	1.906	13.946	.000	.135
Error(测量)	Sphericity Assumed	12.161	178	.068			
	Greenhouse-Geisser	12.161	161.457	.075			
	Huynh-Feldt	12.161	164.627	.074			
	Lower-bound	12.161	89.000	.137			

图 5-6-9　组内效应的比较

由图 5-6-10 可见三次测量的均值、标准误和 95% 置信区间的上、下边界值的估计值。

Estimates

Measure:MEASURE_1

测量	Mean	Std. Error	95% Confidence Interval	
			Lower Bound	Upper Bound
1	1.728	.068	1.594	1.862
2	1.883	.078	1.728	2.039
3	1.689	.080	1.531	1.847

图 5-6-10　视觉反应时三次测量结果的边界估计值

Pairwise Comparisons

Measure:MEASURE_1

(I) 测量	(J) 测量	Mean Difference (I-J)	Std. Error	Sig.[a]	95% Confidence Interval for Difference[a]	
					Lower Bound	Upper Bound
1	2	-.156*	.035	.000	-.226	-.085
	3	.039	.036	.284	-.033	.111
2	1	.156*	.035	.000	.085	.226
	3	.194*	.045	.000	.106	.283
3	1	-.039	.036	.284	-.111	.033
	2	-.194*	.045	.000	-.283	-.106

Based on estimated marginal means

*. The mean difference is significant at the .05 level.

a. Adjustment for multiple comparisons: Least Significant Difference (equivalent to no adjustments).

图 5-6-11　主效应事后多重比较的结果

4. 结果的报告

重复测量方差分析结果表明：测量的主效应显著，$F(2, 178) = 13.946$，$p < 0.001$，$\eta_p^2 = 0.135$。测量 1 与测量 2 成绩差异显著，$p < 0.001$；测量 2 与测量 3 成绩差异显著，$p < 0.001$；测量 1 与测量 3 成绩差异不显著，$p = 0.284$。

二、2×3 被试内实验设计的重复测量方差分析

（一）操作选项

按 Analyze→General Linear Model→Repeated Measures 顺序单击菜单，打开 Repeated Measures Define Factor(s)对话框，如图 5-6-12 所示。

（1）在 Within-Subject Factor Name 框内输入重复测量变量（因变量）的名称，取代原来显示的 factor1。

（2）在 Number of Levels 框内输入重复测量变量的次数。

（3）单击 Add 按钮，生成的定义表达式出现在右下方的方框中。如图 5-6-13 所示。

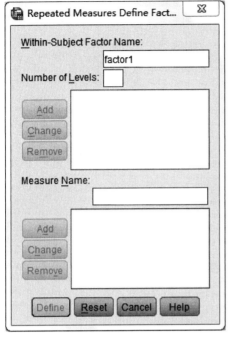
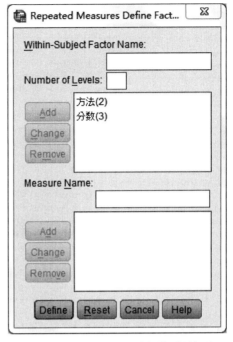

图 5-6-12　定义重复测量变量的对话框之一　　图 5-6-13　定义重复测量变量的对话框之二

（4）Change 按钮：用于更改定义表达式。首先单击要更改的定义表达式，将其变为蓝色，再单击此按钮。然后，分别在 Within-Subject Factor Name 框和 Number of Levels 框内修改，修改后再单击 Change 按钮，在方框中将生成新的表达式。

（5）Remove 按钮：删除原来的定义表达式。首先单击表达式，将其变为蓝色，然后单击该按钮。

（6）Measure Name 框：当对重复测量的变量还要进行重复测量时（如每周测一次），把重复测量的变量名输入此框中，然后单击 Add 按钮送入右面的方框中。

（7）单击 Define 按钮，打开 Repeated Measures 主对话框，左边的方框是变量列表框：框中列有数据文件中的所有变量名称。如图 5-6-14 所示。

在 Within-Subjects Variables 框中确定重复测量变量所对应的测量次数。例如，利用向右的箭头按钮把"方法1第一周"的变量名点击到"_?_(1,1)"，把"方法1第二周"点击到"_?_(1,2)"，把"方法1第三周"点击到"_?_(1,3)"，把"方法2第一周"的变量名点击到"_?_(2,1)"，把"方法2第二周"的变量名点击到"_?_(2,2)"，把"方法2第三周"的变量名点击到"_?_(2,3)"。详见图 5-6-15。

（9）Covariates 框：用于确定协变量。在左面的变量列表框中选择协变量，单击向右箭头按钮，送入 Covariates 框中。

（10）Model 按钮：定义模型。

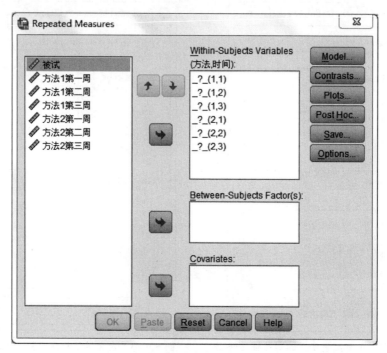

图 5-6-14　重复测量方差分析主对话框

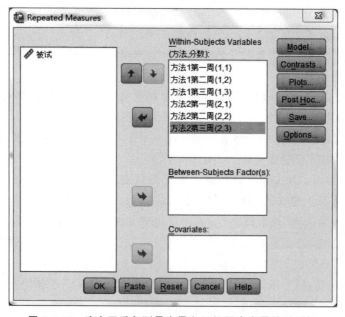

图 5-6-15　确定了重复测量变量和组间因素变量的对话框

单击 Model 按钮,打开 Repeated Measures:Model 对话框。如图 5-6-16 所示。

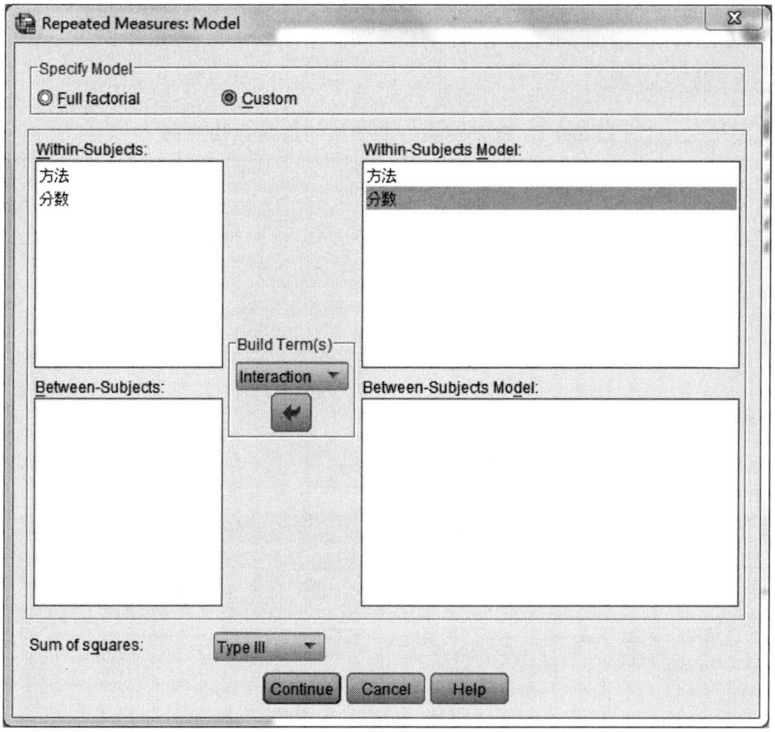

图 5-6-16 定义模型对话框

① Specify Model 栏:用于选择定义模型的方式。
- Full factorial 选项:是系统默认选择的饱和模型。
- Custom 选项:自定义模型。选择此项可激活下面的四个框。
- Within-Subjects 框:列出了组内因素变量,即重复测量的变量名称。
- Within-Subjects Model 框:选中 Within-Subjects 框中的组内因素变量(即重复测量的变量名称),单击向右的箭头按钮送入 Within-Subjects Model 框中。
- Between-Subjects 框:列出了组间因素变量的名称。
- Between-Subjects Model 框:选中 Between-Subjects 框中的组间因素变量名,单击向右的箭头按钮将其送入 Between-Subjects Model 框中。
- Build Term(s)栏:对应的效应类型。下拉列表参照本章第三节。

② Sum of squares 框:用于选择分解平方和的方法。参照本章第三节。

(11) 单击 Continue 按钮,确认并返回主对话框。

(12) Contrast、Plots、Post Hoc、Save 和 Options 等功能选项可参照本章第三节。

(13) 单击 OK 按钮,执行命令。

(二) 应用举例

例题　一项心理学研究要测量在三种学习时间后(第一周、第二周和第三周),两种不同的学习方法对学生成绩的影响。

表 5-6-2　重复测量方差分析的原始实验数据

	方法 1				方法 2			
	1	2	…	34	1	2	…	34
第一周	1.0	1.6	…	1.5	2.5	2.0	…	1.9
第二周	1.3	1.2	…	1.1	2.9	2.5	…	2.4
第三周	0.8	0.9	…	0.8	2.3	2.3	…	2.2

1. 建立数据文件

根据原始实验数据建立的 SPSS 数据文件见图 5-6-17(数据文件 data5-07)。

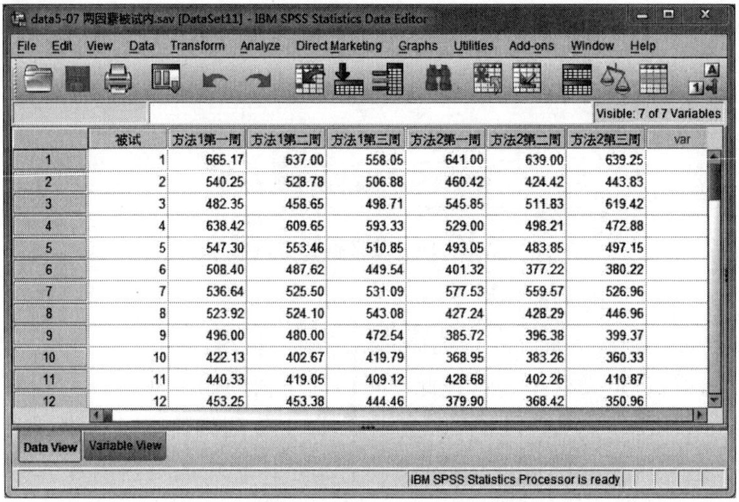

	被试	方法1第一周	方法1第二周	方法1第三周	方法2第一周	方法2第二周	方法2第三周	var
1	1	665.17	637.00	558.05	641.00	639.00	639.25	
2	2	540.25	528.78	506.88	460.42	424.42	443.83	
3	3	482.35	458.65	498.71	545.85	511.83	619.42	
4	4	638.42	609.65	593.33	529.00	498.21	472.88	
5	5	547.30	553.46	510.85	493.05	483.85	497.15	
6	6	508.40	487.62	449.54	401.32	377.22	380.22	
7	7	536.64	525.50	531.09	577.53	559.57	526.96	
8	8	523.92	524.10	543.08	427.24	428.29	446.96	
9	9	496.00	480.00	472.54	385.72	396.38	399.37	
10	10	422.13	402.67	419.79	368.95	383.26	360.33	
11	11	440.33	419.05	409.12	428.68	402.26	410.87	
12	12	453.25	453.38	444.46	379.90	368.42	350.96	

图 5-6-17　重复测量方差分析的数据文件

2. 操作步骤

(1) 按 Analyze→General Linear Model→Repeated Measures 顺序单击菜单,打开 Repeated Measures Define Factor(s)对话框。

(2) 在 Within-Subject Factor Name 框中输入重复测量的变量名“方法”,取代原来显示的 Factor1。

(3) 在 Number of Levels 框中输入重复测量次数“2”。点击 Add 按钮。

(4) 在 Within-Subject Factor Name 框中输入重复测量的变量名“测量时间”。

(5) 在 Number of Levels 框中输入重复测量次数“3”。

(6) 单击 Add 按钮,生成的定义表达式出现在右面的方框中。

(7) 单击 Define 按钮,打开 Repeated Measures 主对话框。

(8) 选择左边变量框中的"方法1第一周"的变量名点击到 Within-Subjects Variables "_?_(1,1)",把"方法1第二周"点击到"_?_(1,2)",把"方法1第三周"点击到"_?_(1,3)",把"方法2第一周"的变量名点击到"_?_(2,1)",把"方法2第二周"的变量名点击到"_?_(2,2)",把"方法2第三周"的变量名点击到"_?_(2,3)"。

(9) 单击 Options 按钮,打开 Options 对话框,在 Factor(s) and Factor Interactions 框中选择"方法""测量时间"和"方法×测量时间"单击向右的箭头按钮,送入 Display Means for 框中,并勾选"Compare main effects"选项。在 Display 栏中选择 Descriptive statistics、Estimate of effect size 和 Homogeneity tests 复选项。

(10) 单击 Continue 按钮,返回主对话框。

(11) 单击 OK 按钮,执行命令。

3. 结果输出及解释

统计结果见以下各图。

图 5-6-18 中显示了重复测量的变量有2个,分别为"方法"和"测量时间"。

Within-Subjects Factors

Measure:MEASURE_1

方法	测量时间	Dependent Variable
1	1	方法1第一周
	2	方法1第二周
	3	方法1第三周
2	1	方法2第一周
	2	方法2第二周
	3	方法2第三周

图 5-6-18 组内因素的数据信息

图 5-6-19 分别列出了6个重复测量变量在每种刺激条件下的平均数、标准差和样本数量。

图 5-6-20 列出了 Pillai's Trace、Hotelling's Trace、Roy's Largest Root 和 Wilks' Lambda 四种显著性检验统计结果的值和转换成 F 分布检验的统计结果。从表中列出 F 检验的显著性概率值来看,"测量时间"主效应的 p 值大于0.05,表明"测量时间"主效应对模型的贡献不大,"方法"主效应和"方法×测量时间"交互作用的 p 值均小于0.05,表明"方法"主效应和"方法×测量时间"交互作用对模型有显著贡献。

从图 5-6-21 中可以看出"测量时间"变量的球形检验统计量 $W=0.792, p=0.024$;"方

Descriptive Statistics

	Mean	Std. Deviation	N
方法1第一周	479.4391	75.31790	34
方法1第二周	466.7544	69.97216	34
方法1第三周	459.5347	62.89700	34
方法2第一周	447.2553	75.58600	34
方法2第二周	446.6994	68.85943	34
方法2第三周	442.0606	69.24763	34

图 5-6-19 描述统计量

Multivariate Tests[b]

Effect		Value	F	Hypothesis df	Error df	Sig.	Partial Eta Squared
方法	Pillai's Trace	.169	6.707[a]	1.000	33.000	.014	.169
	Wilks' Lambda	.831	6.707[a]	1.000	33.000	.014	.169
	Hotelling's Trace	.203	6.707[a]	1.000	33.000	.014	.169
	Roy's Largest Root	.203	6.707[a]	1.000	33.000	.014	.169
测量时间	Pillai's Trace	.167	3.209[a]	2.000	32.000	.054	.167
	Wilks' Lambda	.833	3.209[a]	2.000	32.000	.054	.167
	Hotelling's Trace	.201	3.209[a]	2.000	32.000	.054	.167
	Roy's Largest Root	.201	3.209[a]	2.000	32.000	.054	.167
方法*测量时间	Pillai's Trace	.249	5.293[a]	2.000	32.000	.010	.249
	Wilks' Lambda	.751	5.293[a]	2.000	32.000	.010	.249
	Hotelling's Trace	.331	5.293[a]	2.000	32.000	.010	.249
	Roy's Largest Root	.331	5.293[a]	2.000	32.000	.010	.249

a. Exact statistic
b. Design: Intercept
  Within Subjects Design: 方法 + 测量时间 + 方法 * 测量时间

图 5-6-20 重复测量变量间的多元检验

法×测量时间"的球形检验统计量 $W=0.767$，$p=0.014$。差异均显著，即各组间的方差（协方差）矩阵接近相等，不接受球形假设。因此，应对"测量时间"主效应和"方法×测量时间"交互作用结果进行 Greenhouse-Geisser 校正。

Mauchly's Test of Sphericity[b]

Measure:MEASURE_1

Within Subjects Effect	Mauchly's W	Approx. Chi-Square	df	Sig.	Epsilon[a]		
					Greenhouse-Geisser	Huynh-Feldt	Lower-bound
方法	1.000	.000	0	.	1.000	1.000	1.000
测量时间	.792	7.480	2	.024	.828	.866	.500
方法 * 测量时间	.767	8.487	2	.014	.811	.847	.500

Tests the null hypothesis that the error covariance matrix of the orthonormalized transformed dependent variables is proportional to an identity matrix.

a. May be used to adjust the degrees of freedom for the averaged tests of significance. Corrected tests are displayed in the Tests of Within-Subjects Effects table.

b. Design: Intercept
   Within Subjects Design: 方法 + 测量时间 + 方法 * 测量时间

图 5-6-21 球形检验

Tests of Within-Subjects Effects

Measure:MEASURE_1

Source		Type III Sum of Squares	df	Mean Square	F	Sig.	Partial Eta Squared
方法	Sphericity Assumed	27539.400	1	27539.400	6.707	.014	.169
	Greenhouse-Geisser	27539.400	1.000	27539.400	6.707	.014	.169
	Huynh-Feldt	27539.400	1.000	27539.400	6.707	.014	.169
	Lower-bound	27539.400	1.000	27539.400	6.707	.014	.169
Error(方法)	Sphericity Assumed	135507.962	33	4106.302			
	Greenhouse-Geisser	135507.962	33.000	4106.302			
	Huynh-Feldt	135507.962	33.000	4106.302			
	Lower-bound	135507.962	33.000	4106.302			
测量时间	Sphericity Assumed	5360.120	2	2680.060	4.713	.012	.125
	Greenhouse-Geisser	5360.120	1.655	3238.711	4.713	.018	.125
	Huynh-Feldt	5360.120	1.731	3095.839	4.713	.016	.125
	Lower-bound	5360.120	1.000	5360.120	4.713	.037	.125
Error(测量时间)	Sphericity Assumed	37530.899	66	568.650			
	Greenhouse-Geisser	37530.899	54.616	687.184			
	Huynh-Feldt	37530.899	57.136	656.869			
	Lower-bound	37530.899	33.000	1137.300			
方法 * 测量时间	Sphericity Assumed	2097.487	2	1048.743	3.980	.023	.108
	Greenhouse-Geisser	2097.487	1.622	1293.063	3.980	.032	.108
	Huynh-Feldt	2097.487	1.694	1238.244	3.980	.030	.108
	Lower-bound	2097.487	1.000	2097.487	3.980	.054	.108
Error(方法*测量时间)	Sphericity Assumed	17391.748	66	263.511			
	Greenhouse-Geisser	17391.748	53.530	324.900			
	Huynh-Feldt	17391.748	55.899	311.126			
	Lower-bound	17391.748	33.000	527.023			

图 5-6-22 组内效应和交互效应的比较

由图 5-6-23 可见三次测量的均值、标准误和 95％置信区间的上、下边界值的估计值。

Estimates

Measure:MEASURE_1

方法	测量时间	Mean	Std. Error	95% Confidence Interval	
				Lower Bound	Upper Bound
1	1	479.439	12.917	453.159	505.719
	2	466.754	12.000	442.340	491.169
	3	459.535	10.787	437.589	481.481
2	1	447.255	12.963	420.882	473.628
	2	446.699	11.809	422.673	470.726
	3	442.061	11.876	417.899	466.222

图 5-6-23　三种时间下两种方法测试成绩的边界估计值

4．结果的报告

重复测量方差分析结果表明：方法主效应显著，$F(1, 33)=6.707$，$p=0.014$，$\eta_p^2=0.169$。由于不满足球形假设，应接受 Greenhouse-Geisser 的分析结果：测量时间主效应显著，$F(2, 66)=4.713$，$p=0.018$，$\eta_p^2=0.125$；方法与测量时间的交互作用显著，$F(2, 66)=3.980$，$p=0.032$，$\eta_p^2=0.108$。

5．重复测量结果之间的多重比较

对于上面的结果既可以进一步对两种学习方法的成绩均值之间进行多重比较，也可以对三种分数条件下被试的成绩均值之间进行多重比较分析。

（1）SPSS 操作步骤。

① Analyze→General Linear Model→Repeated Measures，打开 Repeated Measures Define Factor(s)对话框后，点击"Define"后，点击"Paste"，随后输入两行命令，如下：

/EMMEANS=TABLES(方法 * 测量时间)COMPARE(方法)

/EMMEANS=TABLES(方法 * 测量时间)COMPARE(测量时间)

② 点击工具栏中的"Run Selection"按钮▶运行语句，如图 5-6-24 所示。

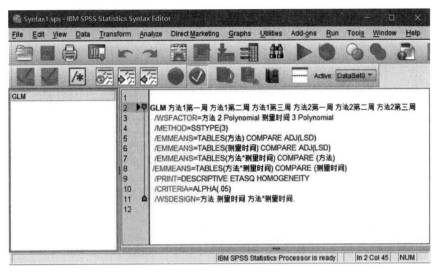

图 5-6-24　简单效应检验语句编辑

（2）结果输出。统计结果见下列各截图。

Pairwise Comparisons

Measure:MEASURE_1

方法	(I) 测量时间	(J) 测量时间	Mean Difference (I-J)	Std. Error	Sig.a	95% Confidence Interval for Difference a	
						Lower Bound	Upper Bound
1	1	2	12.685*	3.843	.002	4.866	20.503
		3	19.904*	6.144	.003	7.405	32.404
	2	1	-12.685*	3.843	.002	-20.503	-4.866
		3	7.220	4.872	.148	-2.693	17.132
	3	1	-19.904*	6.144	.003	-32.404	-7.405
		2	-7.220	4.872	.148	-17.132	2.693
2	1	2	.556	4.120	.893	-7.826	8.938
		3	5.195	5.526	.354	-6.049	16.438
	2	1	-.556	4.120	.893	-8.938	7.826
		3	4.639	4.805	.341	-5.137	14.414
	3	1	-5.195	5.526	.354	-16.438	6.049
		2	-4.639	4.805	.341	-14.414	5.137

Based on estimated marginal means

*. The mean difference is significant at the .05 level.

a. Adjustment for multiple comparisons: Least Significant Difference (equivalent to no adjustments).

图 5-6-25　三次测试分数在两种方法上的比较结果

Pairwise Comparisons

Measure:MEASURE_1

测量时间	(I) 方法	(J) 方法	Mean Difference (I-J)	Std. Error	Sig.ª	95% Confidence Interval for Differenceª	
						Lower Bound	Upper Bound
1	1	2	32.184*	9.461	.002	12.935	51.433
	2	1	-32.184*	9.461	.002	-51.433	-12.935
2	1	2	20.055*	9.355	.040	1.021	39.089
	2	1	-20.055*	9.355	.040	-39.089	-1.021
3	1	2	17.474	9.773	.083	-2.409	37.357
	2	1	-17.474	9.773	.083	-37.357	2.409

Based on estimated marginal means

*. The mean difference is significant at the .05 level.

a. Adjustment for multiple comparisons: Least Significant Difference (equivalent to no adjustments).

图 5-6-26　两种方法在三次测量分数上的比较结果

(3) 结果的报告。

简单效应分析的结果显示,在方法 1 中,第一周和第二周分数之间差异显著,$p=0.002$,第一周和第三周分数之间差异也显著 $p=0.003$,第二周和第三周分数之间差异不显著 $p=0.148$;在方法 2 中,三组之间的差异均不显著 $p_s \geqslant 0.341$。在第一周测试分数上,两种方法之间差异显著,$p=0.002$,在第二周测试分数上,两种方法之间差异显著,$p=0.040$,在第三周测试分数上,两种方法之间的差异不显著,$p=0.083$。

三、混合实验设计的方差分析

(一) 操作选项

按 Analyze→General Linear Model→Repeated Measures 顺序单击菜单,打开 Repeated Measures Define Factor(s)对话框,如图 5-6-27 所示。

(1) 在 Within-Subject Factor Name 框内输入重复测量变量(因变量)的名称"测量时间",取代原来显示的 Factor1。

(2) 在 Number of Levels 框内输入重复测量变量的次数"3"。

(3) 单击 Add 按钮,生成的定义表达式出现在右下方的方框中。如图 5-6-28 所示。

(4) Change 按钮:用于更改定义表达式。首先单击要更改的定义表达式,将其变为蓝色,再单击此按钮。然后,分别在 Within-Subject Factor Name 框和 Number of Levels 框内修改,修改后再单击 Change 按钮,在方框中将生成新的表达式。

(5) Remove 按钮:删除原来的定义表达式。首先单击表达式,将其变为蓝色,然后单击该按钮。

(6) Measure Name 框:当对重复测量的变量还要进行重复测量时(如每周测一次),把重复测量的变量名输入此框中,然后单击 Add 按钮送入右面的方框中。

(7) 单击 Define 按钮,打开 Repeated Measures 主对话框,如图 5-6-29 所示。左边的方框

是变量列表框:框中列有数据文件中的所有变量名称。

(8) 在 Within-Subjects Variables 框中确定重复测量变量所对应的测量次数。利用向右的箭头按钮把"第一周"的变量名点击到"_?_(1)",把"第二周"点击到"_?_(2)",把"第三周"点击到"_?_(3)"。详见图 5-6-30。

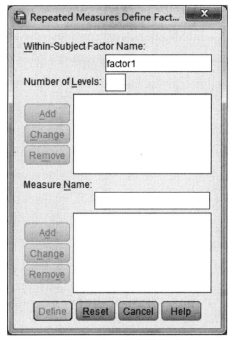

图 5-6-27　定义重复测量变量的对话框之一

图 5-6-28　定义重复测量变量的对话框之二

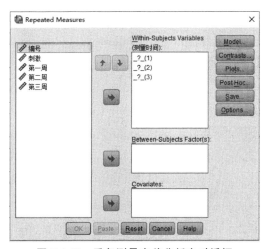

图 5-6-29　重复测量方差分析主对话框

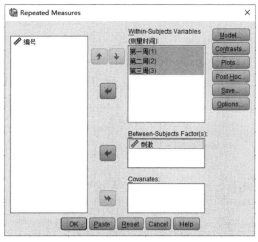

图 5-6-30　确定了重复测量变量和组间因素变量的对话框

（9）Between-Subjects Factor(s)框：用于确定组间因素变量。在左面的变量列表框中选择组间因素变量，单击向右的箭头按钮，送入 Between-Subjects Factor(s)框中。

（10）Covariates 框：用于确定协变量。在左面的变量列表框中选择协变量，单击向右箭头按钮，送入 Covariates 框中。

（11）Model 按钮：定义模型。

单击 Model 按钮，打开 Repeated Measures：Model 对话框。如图 5-6-31 所示。

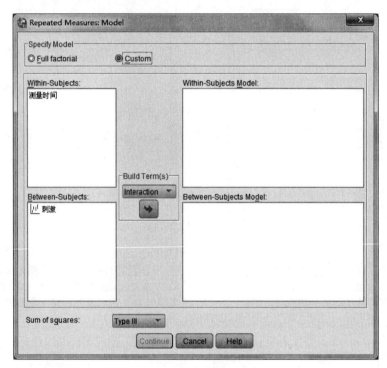

图 5-6-31　定义模型对话框

① Specify Model 栏：用于选择定义模型的方式。
- Full Factorial：是系统默认选择的饱和模型。
- Custom：自定义模型。选择此项可激活下面的四个框。
- Within-Subjects：列出了组内因素变量，即重复测量的变量名称。
- Within-Subjects Model：选中 Within-Subjects 框中的组内因素变量（即重复测量的变量名称），单击向右的箭头按钮送入 Within-Subjects Model 框中。
- Between-Subjects：列出了组间因素变量的名称。
- Between-Subjects Model：选中 Between-Subjects 框中的组间因素变量名，单击向右的箭头按钮将其送入 Between-Subjects Model 框中。
- Build Term(s)：对应的效应类型。下拉列表参照本章第三节。

② Sum of squares：用于选择分解平方和的方法。参照本章第三节。
单击 Continue 按钮，确认并返回主对话框。
（12）Contrast、Plots、Post Hoc、Save 和 Options 等功能选项可参照本章第三节。
（13）单击 OK 按钮，执行命令。

（二）应用举例

例题 一项心理学研究要测量被试的视觉反应时。主试在实验中设置了两种视觉刺激条件，60 位被试平均分为两组，一组以"刺激 1"为实验材料，另一组以"刺激 2"为实验材料，每个被试每种刺激条件下被重复测量 3 次，测量时间分别是"第一周""第二周"和"第三周"。测得的原始数据见表 5-6-3。考察不同测试时间下被试对不同刺激材料视觉反应时是否有显著差异。

表 5-6-3　重复测量方差分析的原始实验数据

	刺激 1				刺激 2			
	1	2	…	30	31	32	…	60
第一周	1.0	1.6	…	1.5	2.5	2.0	…	1.9
第二周	1.3	1.2	…	1.1	2.9	2.5	…	2.4
第三周	0.8	0.9	…	2.3	2.3	2.3	…	2.2

1. 建立数据文件

根据原始实验数据建立的 SPSS 数据文件见图 5-6-32（数据文件 data5-08）。

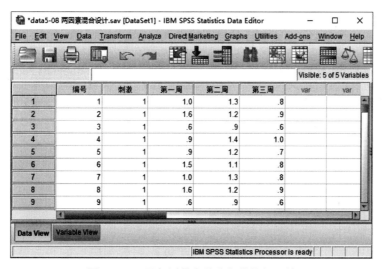

图 5-6-32　重复测量方差分析的数据文件

2. 操作步骤

（1）按 Analyze→General Linear Model→Repeated Measures 顺序单击菜单，打开 Repeated Measures Define Factor(s)对话框。

（2）在 Within-Subject Factor Name 框中输入重复测量的变量名"测量时间"，取代原来显示的 Factor1。

（3）在 Number of Levels 框中输入重复测量次数"3"。

（4）单击 Add 按钮，生成的定义表达式出现在右面的方框中。

（5）单击 Define 按钮，打开 Repeated Measures 主对话框。

（6）选择左边变量框中的"第一周""第二周"和"第三周"，单击向右的箭头按钮，送入 Within-Subjects Variables 框中。选择左边变量框中的"刺激"，单击向右箭头按钮，送入 Between-Subjects Variables 框中。

（7）单击 Options 按钮，打开 Options 对话框，在 Factor(s) and Factor Interactions 框中选择"OVERALL"和"测量时间"，单击向右的箭头按钮，送入 Display Means for 框中。勾选 Compare main effects 复选项，然后在 Display 栏中选择 Descriptive statistics 和 Estimate of effect size 复选项。

（8）单击 Continue 按钮，返回主对话框。

（9）单击 OK 按钮，执行命令。

3. 结果输出及解释

统计结果见以下各图。

图 5-6-33 中显示了重复测量的次数有 3 次，分别对应的因变量为"第一周""第二周"和"第三周"。

图 5-6-34 从左至右依次列出了以组间因素变量"刺激"的 2 个水平，变量标签和样本数量。

Within-Subjects Factors

Measure:MEASURE_1

测量时间	Dependent Variable
1	第一周
2	第二周
3	第三周

图 5-6-33 组内因素的数据信息

Between-Subjects Factors

		Value Label	N
刺激	1	刺激1	30
	2	刺激2	30

图 5-6-34 组间因素变量表

图 5-6-35 分别列出了三个重复测量变量在每种刺激条件下的平均数、标准差和样本数量。

Descriptive Statistics

	刺激	Mean	Std. Deviation	N
第一周	刺激1	1.083	.3592	30
	刺激2	2.383	.3687	30
	Total	1.733	.7483	60
第二周	刺激1	1.183	.1599	30
	刺激2	2.817	.3291	30
	Total	2.000	.8626	60
第三周	刺激1	.800	.1313	30
	刺激2	2.450	.3361	30
	Total	1.625	.8696	60

图 5-6-35　描述统计量

图 5-6-36 列出了 Pillai's Trace，Hotelling's Trace，Roy's Largest Root 和 Wilks' Lambda 四种显著性检验结果的值和转换成 F 分布检验的统计结果。从表中列出 F 检验的显著性概率来看，"测量时间"主效应的 p 值都小于 0.001，表明"测量时间"主效应对模型有显著贡献，"测量时间×刺激"的交互作用的 p 值都小于 0.001，表明"测量时间×刺激"的交互作用对模型有显著贡献。

Multivariate Tests[b]

Effect		Value	F	Hypothesis df	Error df	Sig.	Partial Eta Squared
测量时间	Pillai's Trace	.790	107.528[a]	2.000	57.000	.000	.790
	Wilks' Lambda	.210	107.528[a]	2.000	57.000	.000	.790
	Hotelling's Trace	3.773	107.528[a]	2.000	57.000	.000	.790
	Roy's Largest Root	3.773	107.528[a]	2.000	57.000	.000	.790
测量时间 * 刺激	Pillai's Trace	.304	12.427[a]	2.000	57.000	.000	.304
	Wilks' Lambda	.696	12.427[a]	2.000	57.000	.000	.304
	Hotelling's Trace	.436	12.427[a]	2.000	57.000	.000	.304
	Roy's Largest Root	.436	12.427[a]	2.000	57.000	.000	.304

a. Exact statistic
b. Design: Intercept + 刺激
　Within Subjects Design: 测量时间

图 5-6-36　重复测量变量间的多元检验

从图 5-6-37 表中可以看出球形检验统计量 $W=0.813$，$p=0.003$，差异显著，即各组间的方差（协方差）矩阵不相等，拒绝球形假设，不接受单因素方差分析的结果，所以报告 Greenhouse-Geisser 的校正结果。

Mauchly's Test of Sphericity[b]

Measure: MEASURE_1

Within Subjects Effect	Mauchly's W	Approx. Chi-Square	df	Sig.	Epsilon[a] Greenhouse-Geisser	Huynh-Feldt	Lower-bound
测量时间	.813	11.814	2	.003	.842	.880	.500

Tests the null hypothesis that the error covariance matrix of the orthonormalized transformed dependent variables is proportional to an identity matrix.

a. May be used to adjust the degrees of freedom for the averaged tests of significance. Corrected tests are displayed in the Tests of Within-Subjects Effects table.

b. Design: Intercept + 刺激
Within Subjects Design: 测量时间

图 5-6-37 球形检验

Tests of Within-Subjects Effects

Measure: MEASURE_1

Source		Type III Sum of Squares	df	Mean Square	F	Sig.	Partial Eta Squared
测量时间	Sphericity Assumed	4.469	2	2.235	62.298	.000	.518
	Greenhouse-Geisser	4.469	1.685	2.653	62.298	.000	.518
	Huynh-Feldt	4.469	1.759	2.540	62.298	.000	.518
	Lower-bound	4.469	1.000	4.469	62.298	.000	.518
测量时间 * 刺激	Sphericity Assumed	1.169	2	.585	16.300	.000	.219
	Greenhouse-Geisser	1.169	1.685	.694	16.300	.000	.219
	Huynh-Feldt	1.169	1.759	.665	16.300	.000	.219
	Lower-bound	1.169	1.000	1.169	16.300	.000	.219
Error(测量时间)	Sphericity Assumed	4.161	116	.036			
	Greenhouse-Geisser	4.161	97.710	.043			
	Huynh-Feldt	4.161	102.043	.041			
	Lower-bound	4.161	58.000	.072			

图 5-6-38 组内效应和交互效应的比较

Tests of Between-Subjects Effects

Measure: MEASURE_1
Transformed Variable: Average

Source	Type III Sum of Squares	df	Mean Square	F	Sig.	Partial Eta Squared
Intercept	574.235	1	574.235	2978.887	.000	.981
刺激	105.035	1	105.035	544.876	.000	.904
Error	11.181	58	.193			

图 5-6-39 组间因素效应比较

由图 5-6-40 可见三次测量的均值、标准误,以及 95% 置信区间的上、下边界值的估计值。

Estimates

Measure: MEASURE_1

刺激	Mean	Std. Error	95% Confidence Interval Lower Bound	Upper Bound
刺激1	1.022	.046	.930	1.115
刺激2	2.550	.046	2.457	2.643

图 5-6-40 视觉反应时三次测量结果的边界估计值

Pairwise Comparisons

Measure:MEASURE_1

刺激	(I) 测量时间	(J) 测量时间	Mean Difference (I-J)	Std. Error	Sig.a	95% Confidence Interval for Differencea	
						Lower Bound	Upper Bound
刺激1	1	2	-.100*	.048	.041	-.196	-.004
		3	.283*	.058	.000	.168	.399
	2	1	.100*	.048	.041	.004	.196
		3	.383*	.039	.000	.304	.462
	3	1	-.283*	.058	.000	-.399	-.168
		2	-.383*	.039	.000	-.462	-.304
刺激2	1	2	-.433*	.048	.000	-.529	-.338
		3	-.067	.058	.253	-.182	.049
	2	1	.433*	.048	.000	.338	.529
		3	.367*	.039	.000	.288	.446
	3	1	.067	.058	.253	-.049	.182
		2	-.367*	.039	.000	-.446	-.288

Based on estimated marginal means

*. The mean difference is significant at the .05 level.

a. Adjustment for multiple comparisons: Least Significant Difference (equivalent to no adjustments).

图 5-6-41 不同刺激下三次测量反应时差异

Pairwise Comparisons

Measure:MEASURE_1

测量时间	(I) 刺激	(J) 刺激	Mean Difference (I-J)	Std. Error	Sig.a	95% Confidence Interval for Differencea	
						Lower Bound	Upper Bound
1	刺激1	刺激2	-1.300*	.094	.000	-1.488	-1.112
	刺激2	刺激1	1.300*	.094	.000	1.112	1.488
2	刺激1	刺激2	-1.633*	.067	.000	-1.767	-1.500
	刺激2	刺激1	1.633*	.067	.000	1.500	1.767
3	刺激1	刺激2	-1.650*	.066	.000	-1.782	-1.518
	刺激2	刺激1	1.650*	.066	.000	1.518	1.782

Based on estimated marginal means

*. The mean difference is significant at the .05 level.

a. Adjustment for multiple comparisons: Least Significant Difference (equivalent to no adjustments).

图 5-6-42 不同测量时间下两种刺激材料反应时差异

4. 结果的报告

重复测量方差分析结果表明：三次重复测量时间的主效应显著，$F(2,116)=62.298$，$p<0.001$，$\eta_p^2=0.518$；两种刺激条件的主效应显著，$F(1,58)=544.876$，$p<0.001$，$\eta_p^2=0.904$；三种测量时间与刺激条件的交互作用显著，$F(2,116)=16.300$，$p<0.001$，$\eta_p^2=0.219$。对交互作用做简单效应检验，结果显示，在刺激1实验材料下，第一周、第二周与第三周的成绩均值之间两两差异显著，$p_s<0.05$；在刺激2实验材料下，第一周与第二周差异显著，$p<0.001$，第二周与第三周差异显著，$p<0.001$，第一周与第三周差异不显著，$p=0.253$。另外，在第一周、第二周与第三周下，刺激1与刺激2差异均显著，$p_s<0.001$。

第七节　方差成分分析

一、操作选项

按 Analyze→General Linear Model→Variance Components 的顺序单击菜单,打开 Variance Components 的主对话框,如图 5-7-1 所示。

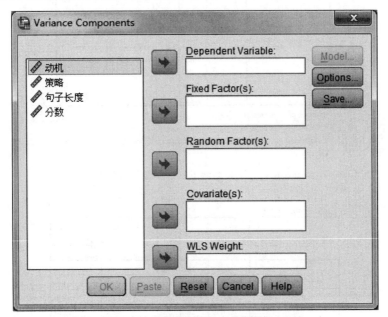

图 5-7-1　方差成分分析主对话框

1. Dependent Variable

Dependent Variable 框:在左边的变量框中选择因变量,单击向右的箭头按钮,将其送入 Dependent Variable 框中。

2. Fixed Factor(s)

Fixed Factor(s)框:在左边的变量框中选择自变量(即固定因素变量),单击向右的箭头按钮,将其送入 Fixed Factor(s) 框中。

3. Random Factor(s)

Random Factor(s) 框:在左边的变量框中选择随机变量,单击向右的箭头按钮,将其送入 Random Factor(s) 框中。值得注意的是,做方差成分分析一定要指定随机因子。

4. Covariate(s)

如果有协变量的话,可以选择协变量进入 Covariate(s) 框中。

5．WLS Weight

如果需分析权重，可以选择加权变量进入 WLS Weight 框中，如图 5-7-2 所示。

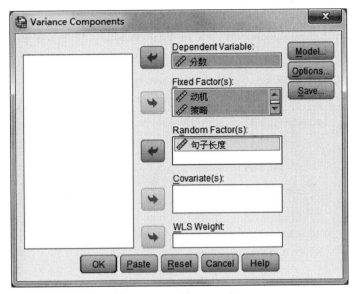

图 5-7-2　确定了变量的方差成分分析主对话框

6．Model

Model 用于选择分析模型。单击 Model 按钮，打开 Model 对话框，如图 5-7-3 所示。选项操作可参见本章第三节。

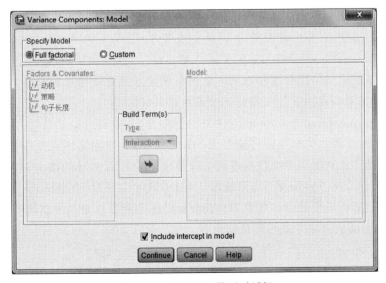

图 5-7-3　选择分析模型对话框

7. Options

Options 选择分析方法。单击 Options 按钮,打开 Options 对话框,如图 5-7-4 所示。

图 5-7-4 选择分析方法对话框

(1) Method 栏:用于指定一种方差成分分析的方法,有四种方法可供选择。

① MINQUE 选项是"正态最小二次无偏估计法",是系统默认的方法。如果数据是正态分布且估计正确时,使用此方法比其他方法得到的方差小。

② ANOVA 选项:对每个效应采用 Type Ⅰ 或 Type Ⅲ 平方和分解方法进行无偏估计。

③ Maximum likelihood(ML)选项是"最大似然法"。该方法使用迭代的方法产生与实际观测数据最一致的估计,可能与实际观测的数据有偏差。该方法要求模型参数和残差项是正态分布的。该方法对固定因素效应做估计时未考虑自由度。

④ Restricted maximum likelihood(REML)选项是"有限最大似然法"。用此方法对固定因素效应做调整时计算出的标准误可能要比 ML 方法小,在对固定因素效应做估计时考虑自由度。所以,用此方法对很多平衡数据进行估计要比 ANOVA 估计的值小。

(2) Random Effect Priors 栏:当系统默认 MINQUE 方法时,会激活此栏。

① Uniform:所有随机效应和残差项对观测量的影响相等。是系统默认的选项。

② Zero:假设随机效应方差相等且都为 0。

(3) Sum of squares 栏:当选择 ANOVA 方法时,会激活此栏。

① Type Ⅰ:用于分层模型方差成分的迭代。是系统默认的选项。

② Type Ⅲ:对其他所有效应进行调整。优点是把所估计的剩余常量也考虑到了单元频

数中。一般适用于 Type Ⅰ 和 Type Ⅱ 所适合的模型、没有空单元格的平衡模型和不平衡模型。请参见本章第三节。

(4) Criteria 栏：当选择 ML 或 REML 方法时，会激活此栏。

① 在 Convergence 框指定收敛判据。在下拉列表中列出了 1E-6、1E-7、1E-8、1E-9 和 1E-10 五个选项，分别表示 10^{-6}、10^{-7}、10^{-8}、10^{-9}、10^{-10}，可任选其中一个。

② 在 Maximum iterations 框指定最大迭代次数。

(5) Display 栏：当选择 ANOVA 或 ML 或 REML 方法时，会激活此栏。

① Sum of squares：显示平方和。在选择 ANOVA 方法时，会激活此选项。

② Expected mean squares：显示期望的均方值。在选择 ANOVA 方法时，会激活此选项。

③ Iteration history：显示迭代过程。选择 ML 或 REML 方法时，会激活此选项。

8. Save

Save 保存运算结果。单击 Save 按钮，打开 Save to New File 对话框，如图 5-7-5 所示。

图 5-7-5　保存运算结果对话框

(1) Variance component estimates 复选项：保存方差成分估计值。

(2) Component covariation 复选项：选择 ML 或 REML 方法时，会激活此复选项。

① Covariance matrix：保存方差成分的协方差矩阵。

② Correlation matrix：保存方差成分的相关矩阵。

单击 File 按钮，打开 Variance Components：Save to File 对话框，指定保存位置、文件名称和保存类型。然后单击"保存"按钮，返回主对话框。

二、应用举例

例题　某心理学工作者为了考察学习动机水平和学习策略对阅读成绩的影响，在一项心理学实验中把 240 名学生的学习动机分为 2 个水平,又对每种学习动机水平中的被试设置了 3 种学习策略,并选择了 2 种句子长度的文章。这是一个 2×3×2 的三因素实验设计,共有 12 种处理水平的组合,将 240 名学生随机分配到各种处理水平的组合中。阅读成绩采用标准化阅读成绩测验测得。原始实验数据见表 5-7-1。试对该实验数据做方差成分分析。

表 5-7-1 方差成分分析的原始实验数据

	高动机			低动机		
	策略 1	策略 2	策略 3	策略 1	策略 2	策略 3
句子长度 1	10	12	9	10	13	6
	10	10	11	12	14	10
	10	8	10	12	8	8
	⋮	⋮	⋮	⋮	⋮	⋮
	12	10	10	10	12	9
	9	9	12	12	15	8
句子长度 2	5	15	6	4	10	3
	6	10	7	5	10	5
	7	9	8	5	10	4
	⋮	⋮	⋮	⋮	⋮	⋮
	7	14	14	5	12	4
	5	13	3	7	14	2

1. 建立数据文件

根据原始实验数据建立的 SPSS 数据文件见图 5-7-6(数据文件 data5-09)。

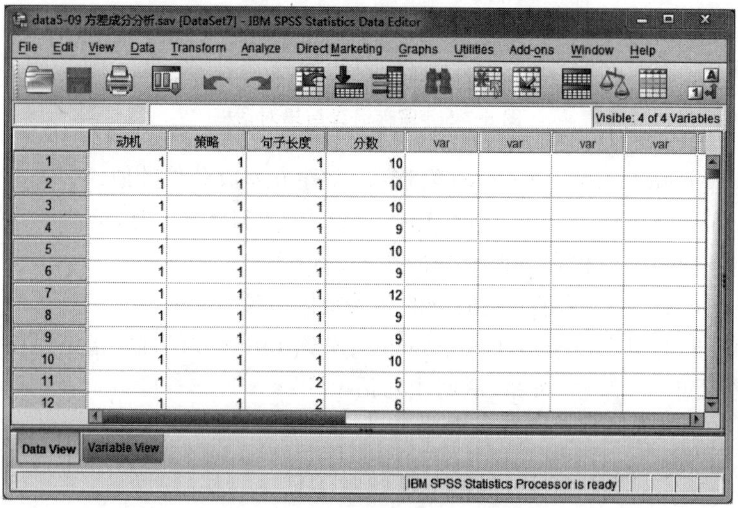

图 5-7-6 方差成分分析的数据文件

2. 操作步骤

(1) 按 Analyze→General Linear Model→Variance Components 顺序单击菜单,打开 Variance Components 对话框。

(2) 在左边的变量框中选择因变量"分数",单击向右的箭头按钮,将其送入 Dependent Variable 框中;选择自变量(即固定因素变量)"动机"和"策略",单击向右的箭头按钮,将其送入 Fixed Factor(s) 框中;选择随机变量"句子长度",单击向右的箭头按钮,将其送入 Random Factor(s) 框中。

(3) 可以不打开 Model 对话框,采用系统默认的全模型。

(4) 单击 Continue 按钮,返回主对话框。

(5) 单击 Options 按钮,打开 Options 对话框。

(6) 在 Method 栏中选择 ANOVA 选项,即选择 ANOVA 方法进行方差成分分析;在 Sum of Squares 栏中选择 Type Ⅲ 选项,即对每个效应采用 Type Ⅲ 平方和分解方法进行无偏估计;Display 栏中选择 Sum of Square 选项和 Expected mean Square 选项,即在表格中输出均方和和期望均方。

(7) 单击 Continue 按钮,返回主对话框。

(8) 单击 OK 按钮,执行命令。

3. 结果输出及解释

统计结果见下列各图。

Factor Level Information

		Value Label	N
句子长度	1	平均句长30个词	120
	2	平均句长40个词	120
动机	1	学习动机高	120
	2	学习动机低	120
策略	1	学习策略1	80
	2	学习策略2	80
	3	学习策略3	80

Dependent Variable: 分数

图 5-7-7　因素水平信息表

图 5-7-7 是因素水平信息表。表中列出了三个因素变量"句子长度""动机"和"策略"及其水平、变量标签和样本数量。

图 5-7-8 是方差分析表。表中列出了各主效应和交互作用效应的平方和分解结果。图 5-7-8 从左至右依次是方差来源、偏差平方和、自由度和均方。均方也称为观测均方(Mean

Square)。从表中均方的数值可以看出，因变量的主要方差来源是随机变量"句子长度"(473.204)和固定因素变量"策略"(315.804)，以及"句子长度×策略"的交互作用(130.929)。"动机"主效应的均方值(30.104)较小，"句子长度×动机"(37.604)和"动机×策略"(18.579)的交互作用效应不大，"句子长度×动机×策略"的交互作用更小(3.554)。这说明随机因子"句子长度"、固定因素"策略"，以及两者的交互作用是方差的主要来源。

图 5-7-9 给出了期望均方与方差成分之间的系数矩阵。方差成分分析的 ANOVA 方法是根据此表中的随机效应的期望均方与图 5-7-8 中的观测均方相等，来估计图 5-7-10 中的方差成分的，即根据图 5-7-8 和图 5-7-9 得出图 5-7-10 的结果。

在本例中，图 5-7-9 给出了随机效应的期望均方(EMS)。句子长度、动机与策略三者之间的 EMS＝20×Var(句子长度×动机×策略)＋1×Var(Error)。图 5-7-8 给出了随机效应的观测均方(MS)。句子长度、动机与策略三者之间的 MS＝3.554。

根据句子长度、动机与策略三者之间的 EMS 等于句子长度、动机与策略三者之间的 MS 可得到：

$$20×\text{Var}(句子长度×动机×策略)+1×\text{Var}(\text{Error})=3.554$$

因为 Var(Error)(即表 5-7-8 中的 MS(Error))＝2.631，将其代入上式中得到：

$$20×\text{Var}(句子长度×动机×策略)+1×2.631=3.554$$

ANOVA

Source	Type III Sum of Squares	df	Mean Square
Corrected Model	1478.646	11	134.422
Intercept	18392.504	1	18392.504
句子长度	473.204	1	473.204
动机	30.104	1	30.104
策略	631.608	2	315.804
句子长度 * 动机	37.604	1	37.604
句子长度 * 策略	261.858	2	130.929
动机 * 策略	37.158	2	18.579
句子长度 * 动机 * 策略	7.108	2	3.554
Error	599.850	228	2.631
Total	20471.000	240	
Corrected Total	2078.496	239	

Dependent Variable: 分数

图 5-7-8　ANOVA 方差分析表

Expected Mean Squares

Source	Variance Component					Quadratic Term
	Var(句子长度)	Var(句子长度 * 动机)	Var(句子长度 * 策略)	Var(句子长度 * 动机 * 策略)	Var(Error)	
Intercept	120.000	60.000	40.000	20.000	1.000	Intercept,动机,策略,动机 * 策略
句子长度	120.000	60.000	40.000	20.000	1.000	
动机	.000	60.000	.000	20.000	1.000	动机,动机 * 策略
策略	.000	.000	40.000	20.000	1.000	策略,动机 * 策略
句子长度 * 动机	.000	60.000	.000	20.000	1.000	
句子长度 * 策略	.000	.000	40.000	20.000	1.000	
动机 * 策略	.000	.000	.000	20.000	1.000	动机 * 策略
句子长度 * 动机 * 策略	.000	.000	.000	20.000	1.000	
Error	.000	.000	.000	.000	1.000	

Dependent Variable: 分数
Expected Mean Squares are based on Type III Sums of Squares.
For each source, the expected mean square equals the sum of the coefficients in the cells times the variance components, plus a quadratic term involving effects in the Quadratic Term cell.

图 5-7-9　期望均方系数矩阵

Variance Estimates

Component	Estimate
Var(句子长度)	2.569
Var(句子长度 * 动机)	.568
Var(句子长度 * 策略)	3.184
Var(句子长度 * 动机 * 策略)	.046
Var(Error)	2.631

Dependent Variable: 分数
Method: ANOVA (Type III Sum of Squares)

图 5-7-10　方差成分分析结果

于是可解出图 5-7-10 中三阶交互效应的方差成分 Var(句子长度×动机×策略)=0.046。

又根据图 5-7-9 中的 EMS(句子长度×策略)=40×Var(句子长度×策略)+20×Var(句子长度×动机×策略)+1×Var(Error)，图 5-7-8 中的 MS(句子长度×策略)=130.929 可解出图 5-7-10 中二阶交互效应的方差成分 Var(句子长度×策略)=3.184。

同理:可解出图 5-7-10 中二阶交互效应的方差成分 Var(句子长度×动机)=0.568；随机因素"句子长度"的主效应的方差成分 Var(句子长度)=2.569。

图 5-7-10 中列出了随机因素变量"句子长度""句子长度×动机""句子长度×策略""句子长度×动机×策略"和误差(Error)各效应的方差估计值。

"句子长度"的各阶效应的总方差估计值为：Var(句子长度)+ Var(句子长度×动机)+

Var(句子长度×策略)＋Var(句子长度×动机×策略)＝2.569＋0.568＋3.184＋0.046＝6.367。

表中误差Error的方差估计值为2.631，则6.367/(6.367＋2.631)＝70.76%，即"句子长度"效应对随机效应的解释率为70.76%，Error效应对随机效应的解释率为29.24%，这说明"句子长度"效应对随机效应的贡献多，在该实验中是不能被忽视的。

4. 结果的报告

方差成分分析结果表明：Var(句子长度)＝2.569，Var(句子长度×动机)＝0.568，Var(句子长度×策略)＝3.184，Var(句子长度×动机×策略)＝0.046，Var(Error)＝2.631，Var(句子长度)＋Var(句子长度×动机)＋Var(句子长度×策略)＋Var(句子长度×动机×策略)＝2.569＋0.568＋3.184＋0.046＝6.367。

6.367/(6.367＋2.631)＝70.76%，即"句子长度"效应对随机效应的解释率为70.76%，2.631/(6.367＋2.631)＝29.24%，即Error效应对随机效应的解释率为29.24%。这说明"句子长度"对随机效应的贡献大，在该实验中是不能被忽视的。

本 章 小 结

一、基本概念

1. 单因素方差分析

单因素方差分析(One-Way ANOVA)也称作一维方差分析(One-Way ANOVA)。检验一个因素的不同水平是否给一个(或几个相互独立的)因变量造成了显著的差异和变动。

2. 多重比较

进行方差分析时，当自变量有3个或3个以上水平时，还要对每两个组之间均值的差异进行比较，这称作组间均值的"多重比较"(Post Hoc Multiple Comparisons)。

3. 多因素方差分析

多因素方差分析(Univariate)是检验两个或两个以上因素(自变量)的不同水平是否给一个(或几个相互独立的)因变量造成了显著的差异和变动的分析方法。

4. 主效应和交互作用效应

主效应(main effect)考察的是在忽略其他因素的情况下一个自变量对观测变量的影响，即这一个因素的不同水平分组下的观测值的均值之间的差异是否显著。当一个自变量的单独效应随另一个自变量的水平的不同而不同时，则这两个自变量对因变量的影响存在交互作用(interaction effects)。

5. 协方差分析

协方差分析(covariates)就是在进行方差分析时，将那些除了要考察的自变量之外的、很难控制的、能对因变量产生显著影响的随机变量(随机因素)作为协变量，在分析自变量对因变量的影响时，消除协变量对自变量的影响，从而使分析的结论更准确。

6. 多元方差分析

有两个或两个以上因变量的方差分析(可以是单因素的,也可以是多因素的)称为多元方差分析(multivariate)。

7. 重复测量方差分析

在不同条件下对每一被试重复 3 次或 3 次以上的测量就要采用重复测量方差分析(repeated measures)。这种分析可以是单因素的重复测量;也可以是两因素的重复测量,包括两个因素分别是组间因素和组内因素和两个因素都是组内因素;还可以是三因素重复测量,包括三因素中有两个组间因素和一个组内因素、三因素中有一个组间因素和两个组内因素或三因素都是组内因素。

8. 组间因素

组间因素(between-group factors)就是把被试分组的因素,组间因素的水平把被试划分成几个组。

9. 组内因素

组内因素(within-subjects factors,重复测量因素)就是测试的不同水平或不同次数,是在每个被试内的因素。组内因素的不同水平决定了重复测量的次数。

10. 方差成分分析

方差成分分析(variance components)是对混合效应模型的分析,如对单变量重复测量和随机区组设计的分析,是研究混合效应模型中各随机效应对因变量变异贡献的大小。通过对方差的成分进行分析,可以确定如何减小方差。

二、应用导航

(一) 单因素方差分析

1. 应用对象

当需要检验一个因素变量(自变量)的不同水平是否给一个(或几个相互独立的)因变量造成了显著的差异和变动时,使用此分析方法。

2. 操作步骤

应用 SPSS 进行单因素方差分析的一般操作步骤如下:

(1) 按 Analyze→Compare Means→One-Way ANOVA 的顺序单击菜单,打开 One-Way ANOVA 主对话框。

(2) 把"因变量"移入 Dependent List 框中,"因素变量"移入 Factor 框中。

(3) 单击 Contrasts 按钮,打开 Contrasts 对话框,在 Contrast 栏中指定一组系数,然后,单击 Continue 按钮。

(4) 单击 Post Hoc 按钮,打开 Post Hoc Multiple Comparisons 对话框,选择 LSD 复选项和 Tamhane's T2 复选项。然后,单击 Continue 按钮。

(5) 单击 Options 按钮,打开 Options 对话框,选择 Descriptive(输出描述统计量)复选项、Homogeneity of variance test(方差齐性检验)复选项和 Means plot(均数分布图)复选项。然

后,单击 Continue 按钮。

(6) 单击 OK 按钮,执行命令。

3. 关键步骤

(1) 在 Factor 框中只能有一个因素变量。

(2) 当自变量有 3 个或 3 个以上水平时,还要进行组间均值的"多重比较"。在 Post Hoc Multiple Comparisons 对话框中,要选择 LSD 复选项或 Tamhane's T2 复选项。在 Options 对话框中,要选择 Homogeneity of variance test(方差齐性检验)复选项。

(二) 多因素方差分析

1. 应用对象

检验两个或两个以上因素(自变量)的不同水平是否给一个(或几个相互独立的)因变量造成了显著的差异和变动时使用此分析方法。

2. 操作步骤

应用 SPSS 进行多因素方差分析的一般操作步骤如下:

(1) 按 Analyze→General Linear Model→Univariate 顺序单击菜单,打开 Univariate 主对话框。

(2) 选定因变量进入 Dependent Variable 框中,选定因素变量进入 Fixed Factor(s)框中。

(3) 单击 Model 按钮,打开 Model 对话框,选择自定义模型 Custom。在 Build Term(s) 栏内的参数框中选择 Main effects 项,然后从 Factors & Covariates 框中分别选定各因素变量进入 Model 框中。然后在 Build Term(s)栏内的参数框中选择 Interaction 项,再从 Factors & Covariates 框中同时选定两种或两种以上的因素变量进入 Model 框中。然后,单击 Continue 按钮。如不需要自定义模型,采用默认的全模型即可。

(4) 单击 plots 按钮,打开 Univariate: Profile plots 对话框。分别选定其中各个因素变量进入 Horizontal Axis 框中再单击 Add 按钮;选定一个因素变量进入 Horizontal Axis 框中,再选定另一个因素变量进入 Separate Lines 框中,然后单击 Add 按钮。再单击 Continue 按钮。

(5) 单击 Post Hoc 按钮,打开 Post Hoc Multiple Comparisons 对话框,将 Factor(s)中的要进行多重比较的因素变量名移入 Post Hoc tests for 框中。再选择多重比较方法 LSD 和 Tamhane's T2,然后单击 Continue 按钮。

(6) 单击 Options 按钮,打开 Univariate: Options 对话框,将 Factor(s) and Factor Interactions 框中的 OVERALL 及各因素变量移入 Display Means for 框中。在 Display 栏中选择 Homogeneity tests 复选项。然后,单击 Continue 按钮。

(7) 单击 OK 按钮,执行命令。

3. 关键步骤

(1) Fixed Factor(s)框中可以有两个或两个以上的因素变量。

(2) 选择自定义模型 Custom,各因素之间可能存在交互作用。

(3) 在 Post Hoc Multiple Comparisons 对话框中,在选择多重比较方法 LSD 或

Tamhane's T2 时,要先将 Factor(s) 中的要进行多重比较的因素变量移入 Post Hoc tests for 框中。

(4) 如要进行多重比较,在 Univariate：Options 对话框中要选择 Homogeneity tests 复选项。

(三) 协方差分析

1. 应用对象

在分析自变量对因变量的影响时,如要消除协变量对因变量的影响就要使用此分析方法。

2. 操作步骤

应用 SPSS 进行协方差分析的一般操作步骤如下：

(1) 按 Analyze→General Linear Model→Univariate 顺序单击菜单,打开 Univariate 主对话框。

(2) 将因变量移入 Dependent Variable 框中,因素变量移入 Fixed Factor(s) 框中,协变量移入 Covariates 框中。

(3) 单击 Options 按钮,打开 Univariate：Options 对话框,将 Factor(s) and Factor Interactions 框中的因素变量移入 Display Means for 框中,并在 Display 栏内选择 Parameter estimates 复选项。然后,单击 Continue 按钮。

(4) 单击 OK 按钮,执行命令。

3. 关键步骤

将协变量移入 Covariates 框中。

(四) 多元方差分析

1. 应用对象

当要对两个或两个以上相关联的因变量同时进行方差分析时,可采用此分析方法。

2. 操作步骤

应用 SPSS 进行多元方差分析的一般操作步骤如下：

(1) 按 Analyze→General Linear Model→Multivariate 顺序单击菜单,打开 Multivariate 主对话框。

(2) 将各因变量移入 Dependent Variables 框中,将因素变量移入 Fixed Factor(s) 框中。

(3) 单击 Post Hoc 按钮,打开 Univariate：Post Hoc Multiple Comparisons for Observed 对话框,将 Factor(s) 中的要进行多重比较的因素变量名移入 Post Hoc test for 框中。然后选择多重比较方法 LSD 和 Tamhane's T2。然后,单击 Continue 按钮。

(4) 单击 Options 按钮,打开 Univariate：Options 对话框,在 Display 栏中选择 Descriptive statistics(描述统计量)、Estimates of effect size(方差分析效度估计值) 和 Homogeneity tests(齐性检验)。然后,单击 Continue 按钮。

(5) 单击 OK 按钮,执行命令。

3. 关键步骤

(1) 在 Dependent Variables 框中应该有两个或两个以上因变量。

(2) 在 Post Hoc Multiple Comparisons 对话框中,在选择多重比较方法 LSD Covariates Tamhane's T2 时,要先将 Factor(s) 中要进行多重比较的因素变量移入 Post Hoc tests for 框中。

(3) 如要进行多重比较,在 Univariate: Options 对话框中要选择 Homogeneity tests 复选项。

(五) 重复测量方差分析

1. 应用对象

当在不同时间下对每一被试的观测量重复进行3次或3次以上的测量时,就要采用重复测量方差分析。

2. 操作步骤

应用 SPSS 进行重复测量方差分析的一般操作步骤如下:

(1) 按 Analyze→General Linear Model→Repeated Measures 顺序单击菜单,打开 Repeated Measures Define Factor(s) 对话框。

(2) 在 Within-Subject Factor Name 框中输入组内因素名,代替原来显示的 Factor1。

(3) 在 Number of Levels 框中输入因素水平数。然后,单击 Add 按钮。

(4) 单击 Define 按钮,打开 Repeated Measures 主对话框。选择左边的方框中的各组内因素送入 Within-Subjects Variables 框中,选择各组间因素送入 Between-Subjects Factor(s) 框中。

(5) 单击 Options 按钮,打开 Options 对话框,在 Factor(s) and Factor Interactions 框中选择组内因素名送入 Display Means for 框中。在 Display 栏中选择 Descriptive statistics 复选项。然后,单击 Continue 按钮。

(6) 单击 OK 按钮,执行命令。

3. 关键步骤

分清组内因素和组间因素。

(六) 方差成分分析

1. 应用对象

研究混合效应模型中各随机效应对因变量变异贡献的大小时要进行方差成分分析。通过对方差的成分进行分析,可以确定如何减小方差。

2. 操作步骤

应用 SPSS 进行方差成分分析的一般操作步骤如下:

(1) 按 Analyze→General Linear Model→Variance Components 顺序单击菜单,打开 Variance Components 对话框。

(2) 在左边的变量框中选择因变量,将其送入 Dependent Variable 框中;选择自变量(或固定因素变量),将其送入 Fixed Factor(s) 框中;选择随机因子,将其送入 Random Factor(s)

框中。

(3) 单击 Model 按钮,打开 Model 对话框。选择自定义模型 Custom。在 Build Term(s) 栏内的参数框中选择 Main effects 项,然后从 Factors & Covariates 框中分别选定各因素变量名进入 Model 框中。然后在 Build Term(s) 栏内的参数框中选择 Interaction 项,再从 Factors & Covariates 框中同时选定两种或两种以上的因素变量名进入 Model 框中。然后,单击 Continue 按钮。如不需要自定义模型,采用默认的全模型即可。

(4) 单击 Options 按钮,打开 Options 对话框。在 Method 栏中选择 ANOVA 选项;Sum of Squares 栏中选择 Type III 选项;Display 栏中选择 Sum of Square 选项和 Expected mean Square 选项。然后,单击 Continue 按钮。

(5) 单击 OK 按钮,执行命令。

3. 关键步骤

(1) 要选择随机因子将其送入 Random Factor(s) 框中。

(2) 在 Options 对话框中,要在 Method 栏中指定方差成分分析的方法,其中 ANOVA 选项是使用 Type I 或 Type III 平方和分解方法进行无偏估计,是常用的方法。

思 考 题

1. 简述方差分析的类型及适用条件。
2. 简述方差分析各个效应量的计算公式。
3. 简述单因素重复测量设计的特点,与随机区组设计有什么不同?随机区组设计的方差分析是否适用于重复测量的数据资料?
4. 能否用多元方差分析方法对重复测量设计的数据进行分析?如果能,要符合什么条件?
5. 进行协方差分析数据需要符合什么条件?

练 习 题

1. 有 4 种计算机辅助教学方案,每一种方案设置了 3 种不同的学习时间,分别为 30 分钟、60 分钟和 90 分钟,即共有 12 种处理的组合。将 360 名被试随机分配到各处理组合中,每一处理组合中有 30 名被试,最后所有被试进行同样的学业成绩测验。实验数据见 data5-10。请做多因素方差分析,并报告效应量。

2. 为了比较两种教学方法对学生学习成绩的影响,随机选取 60 名学生进行学习动机的水平测验,并将其随机分配到两种教学方法组中,每组 30 名被试,分别在相同的时间和教学条件下进行教学实验,然后对所有被试进行学习成绩测验。在此实验中,60 名被试的学习动机水平各不相同,实验数据见 data5-11。请以被试的学习动机水平为协变量对两种教学方法下的学习成绩测验分数的均值进行协方差分析,并报告效应量。

3. 某项心理学研究采用同一个焦虑水平测验量表在 3 种不同的情境中重复测量被试的

焦虑水平,每种情境测量 4 次,实验数据见 data5-12,请对数据做重复测量的方差分析,并报告效应量。

推荐参考书目

1. 舒华,1994. 心理与教育研究中的多因素实验设计. 北京:北京师范大学出版社.
2. 卢纹岱,2006. SPSS for Windows 统计分析. 3 版. 北京:电子工业出版社.
3. 莫雷,温忠麟,陈彩琦,2007. 心理学研究方法. 广州:广东高等教育出版社.
4. 袁淑君,孟庆茂,1995. 数据统计分析:SPSS/PC+原理及其应用. 北京:北京师范大学出版社.
5. 舒华,张亚旭,2008. 心理学研究方法:实验设计和数据分析. 北京:人民教育出版社.
6. 胡竹菁,2019. 心理统计学. 2 版. 北京:高等教育出版社.
7. 张敏强,2010. 教育与心理统计学. 3 版. 北京:人民教育出版社.
8. ALLEN P,BENNETT K,2010. Pasw statistics by SPSS version 18.0:a practical guide. Melbourne:Thomas Nelson Australia.

6 相 关 分 析

> **教学导引**

本章主要介绍相关分析的基本概念和原理,以及应用 SPSS 做相关分析的操作步骤、选项依据、统计输出结果的解释和应用要领。在这一章我们将学习相关、正相关、负相关、零相关、皮尔逊相关、斯皮尔曼等级相关、肯德尔相关和偏相关等概念。其中,在应用 SPSS 做相关分析时,具体选择哪种相关分析的方法需要认真的理解和掌握。

第一节　相关分析概述

一、相关分析简介

相关分析(correlate)是分析两个变量观测值变化的一致程度或密切程度的统计方法。

根据两个变量观测值变化的方向,可以把相关分为正相关、负相关和零相关。正相关指两个变量的观测值变动的方向相同,即一个变量值变大(或变小),另一个变量值也随之变大(或变小)。负相关是指两个变量的观测值变化方向相反,即一个变量的值变大(或变小),另一个变量的值随之变小(或变大)。零相关即不相关,是指两个变量值之间的变化是相互独立的,互不影响。

在 SPSS 中相关分析包括简单相关分析和偏相关分析。

二、简单相关分析

当只对两个变量的数据做相关分析时,采用简单相关(bivariate correlation)分析方法,其中包括两个连续变量之间的相关和两个等级变量之间的秩相关。具体选择哪种分析方法要看具体的数据类型。

相关系数是反映两个变量之间相关程度的量化指标,通常用 r 来表示。如果两个变量存在一定程度的正相关关系,则 $0 < r < 1$;如果两个变量存在一定程度的负相关关系,则 $-1 < r < 0$。

如果两个变量存在完全的正相关关系,则 $r=1$;如果两个变量存在完全的负相关关系,则 $r=-1$;如果两个变量不存在相关关系,则 $r=0$。

计算相关系数时,变量的类型必须是数值型的。变量的数据特征不一样,计算相关系数的方法也不一样。

(1) 皮尔逊(Pearson)相关系数适用的条件是两列变量值为连续的等间隔(等距、等比)数据,而且数据呈正态分布,其计算公式为:

$$r_{xy} = \frac{\sum_{i=1}^{n}(x_i-\bar{x})(y_i-\bar{y})}{\sqrt{\sum_{i=1}^{n}(x_i-\bar{x})^2 \sum_{i=1}^{n}(y_i-\bar{y})^2}}$$

式中,$\bar{x}$ 与 $\bar{y}$ 分别是变量 x 和 y 的均值。x_i 与 y_i 分别是变量 x 和 y 的第 i 个观测量。

(2) 斯皮尔曼(Spearman)相关系数是 Pearson 相关系数的非参数形式,是根据数据的秩而不是根据实际数值计算出来的相关系数。当测量的数据不是等距或等比数据,而是具有等级顺序的测量数据时,或者得到的数据是等距或等比的测量数据,但当它的总体分布不是正态分布时,可使用 Spearman 等级相关。其计算公式为:

$$r_R = 1 - \frac{6\sum D^2}{n(n^2-1)}$$

式中,D 代表对偶等级之差,即 $D=(R_x-R_y)$;n 代表对偶数据的个数;R_x 是 X 变量的等级,R_y 是 Y 变量的等级。

(3) 肯德尔(Kendall's tau-b)相关系数是两个有秩变量间密切程度的测度,属于一种非参数相关。其计算公式为:

$$\tau = \frac{\sum_{i<j}\text{sign}(x_i-x_j)\text{sign}(y_i-y_j)}{\sqrt{(T_0-T_1)(T_0-T_2)}}$$

其中,

$$\text{sign}(z) = \begin{cases} 1 & \text{if } z>0 \\ 0 & \text{if } z=0 \\ -1 & \text{if } z<0 \end{cases}$$

$T_0 = n(n-2)/2$, $T_1 = \sum t_i(t_i-1)/2$, $T_2 = \sum u_i(u_i-1)/2$

式中,t_i(或 u_i)是 x(或 y)的第 i 组结点 x(或 y)值的数目,n 为观测量数。

值得注意的是,能做"Pearson 相关"的数据也可以做"Spearman 相关"和"Kendall 相关",但是,能做"Spearman 相关"和"Kendall 相关"的数据不一定能做"Pearson 相关"。

三、偏相关分析

简单相关分析是通过分析两个变量之间线性关系的程度来计算两个变量间的相关系数。但是,在有些研究中,两个变量之间的相关,可能受到其他变量的间接影响。因而,简单相关系数可能由于其他变量的影响反映的仅仅是表面的而非本质的相关,甚至可能是假象。而偏相关分析(partial correlation)能控制与研究变量有关的其他变量的影响,对其他变量的影响进行统计控制,因而能够准确反映两个变量之间"纯"的相关程度。所谓偏相关分析,就是在对三个或三个以上的变量做相关分析时,每做其中两个变量的相关分析都要把其他变量控制起来,消除其他变量带来的影响。也就是说,控制其他变量后计算出来的两个变量之间的相关系数就称为偏相关系数或净相关系数。正确运用偏相关分析,可以有效地揭示出变量之间的真实相关程度,识别干扰变量,并寻找出隐含的相关性。

控制了变量3,计算变量1和变量2之间的偏相关计算公式和控制了变量3和变量4,计算变量1和变量2之间的偏相关系数的计算公式分别如下:

$$r_{(12|3)} = \frac{r_{12} - r_{13}r_{23}}{\sqrt{(1-r_{13}^2)(1-r_{23}^2)}}$$

$$r_{(12|34)} = \frac{r_{(12|3)} - r_{(14|3)}r_{(24|3)}}{\sqrt{(1-r_{(14|3)}^2)(1-r_{(24|3)}^2)}}$$

在第一个公式中的 $r_{(12|3)}$ 是在控制了第三个变量的条件下,计算变量1和变量2之间的偏相关系数的计算公式。其中,r_{12} 是变量1和变量2之间的简单相关系数。r_{13} 和 r_{23} 分别是变量1和变量3之间、变量2和变量3之间的简单相关系数。第二个公式以此类推。

四、SPSS中相关分析的功能项介绍

在 Analyze 下拉菜单中的 Correlate 有三个相关分析功能项,如图 6-1-1 所示。

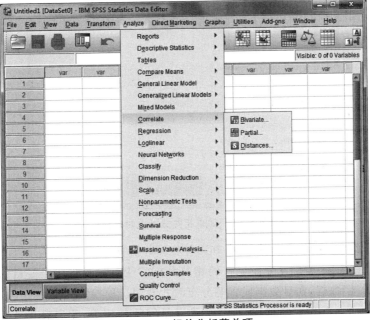

图 6-1-1　相关分析菜单项

（1）Bivariate 用于两个变量间的简单相关分析，计算的是两个变量间的简单相关系数。其中有三个选项，Pearson 相关是系统的默认选项，Spearman 相关系数和 Kendall 相关系数的计算方法是复选项。

（2）Partial 是偏相关分析，即在控制了其他变量的影响下，计算两个变量之间的净相关系数。

（3）Distances 是距离分析，对变量或观测量进行相似性或距离分析。

第二节　简单相关分析

一、Bivariate 的操作选项

按下列步骤操作进行相关分析。

（1）打开或建立数据文件。

（2）选择分析变量，依次单击 Analyze→Correlate→Bivariate，打开简单相关分析主对话框，如图 6-2-1 所示。在左侧变量框中选择变量送入 Variables 中，作为相关分析的变量。

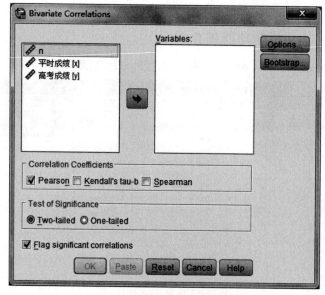

图 6-2-1　简单相关分析主对话框

（3）Correlation Coefficients 栏目中有三种相关分析方法。

① Pearson 相关复选项：是系统默认的相关分析方法。只有当两个变量的数据是连续的等间隔（等距、等比）数据，而且数据成正态分布时才选用这种相关分析。

② Kendall's tau-b 相关复选项：计算分类变量间的秩相关，即当参与分析的变量是连续

的数值变量时,如果选择此项,系统自动对连续变量的值先求秩,再计算其相关系数。

③ Spearman 相关复选项:数据是等级数据或不是正态分布时,适用此方法。

(4) Test of Significance 栏:显著性检验选项。

① Two-tailed:双尾 t 检验,是系统默认的方式。当不知道相关方向(正相关还是负相关)时选择此项。

② One-tailed:单尾 t 检验,如果事先知道相关方向可以选择此项。

(5) Flag significant correlations 复选项:要求在输出结果中标明相关系数的显著性水平。相关系数右上方标出"*"号的,表示相关系数的显著性水平为 $p<0.05$;用"**"号表示的,其相关系数的显著性水平为 $p<0.01$;用"***"号表示的,其相关系数的显著性水平为 $p<0.001$;没有"*"号的,其相关系数不论大小都没有统计学意义。

(6) Options 窗口中的选项。在主对话框中单击 Options 按钮,展开对话框,如图 6-2-2 所示。

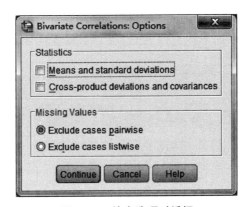

图 6-2-2 输出选项对话框

① Statistics 选项:这里有两个选项,只有在主对话框中选择了 Pearson 相关分析方法时才可以选择这两个选项。

• Means and standard deviations 复选项:要求计算出每个变量的平均数和标准差。

• Cross-product deviations and covariances 复选项:要求计算并输出"叉积离差"矩阵和协方差矩阵。

② Missing Values 栏为缺失值的处理方法:

• Exclude cases pairwise:是系统默认项,仅剔除正在参与计算的两个变量值为缺失值的观测量。这样有可能在计算出的相关系数矩阵中,相关系数是根据不同数量的观测量计算出来的。选择此项,可以最大限度地使用取得的观测数据。

• Exclude cases listwise:剔除在主对话框 Variables 矩形框中列出的变量带有缺失值的所有观测量。这样计算出的相关系数矩阵,每个相关系数都是依据相同数量的观测量计算出来的。

选择完成后,单击 Continue 按钮返回主对话框。单击 OK 按钮提交运行。

二、Bivariate 应用举例

(一) 连续变量的相关分析实例

例题 表 6-2-1 为 20 名中学生平时英语作文成绩与高考英语作文成绩,考察二者是否存在相关。

表 6-2-1 英语作文成绩原始数据

被试	1	2	3	4	5	6	7	8	9	10	⋯	19	20
平时成绩	75	73	85	87	77	67	85	79	59	71	⋯	55	95
高考成绩	24	20	25	27	19	20	22	18	10	20	⋯	15	29

1. 建立 SPSS 数据文件

根据原始数据建立的 SPSS 数据文件见图 6-2-3(数据文件 data6-01)。

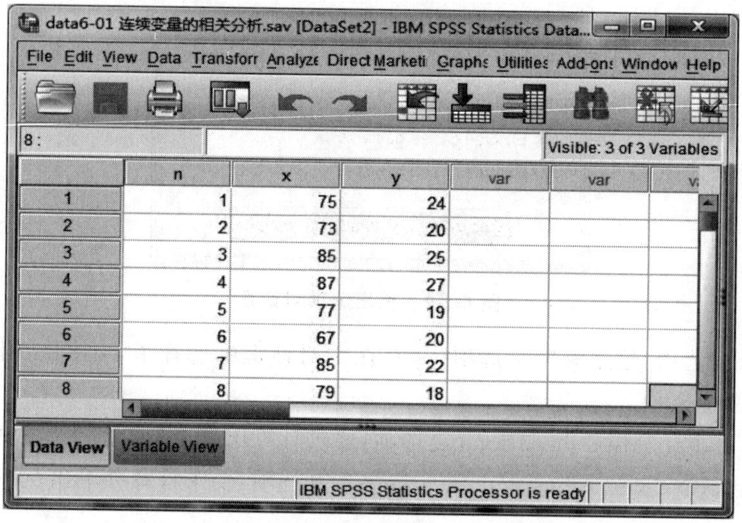

图 6-2-3 简单相关分析的数据文件结构

2. 操作步骤

(1) 打开数据文件后,按 Analyze→Correlate→Bivariate 顺序单击菜单项,展开对话框。

(2) 在左侧变量框中选择"平时成绩"和"高考成绩"两个变量送入 Variables 栏,作为分析变量。

(3) 在 Correlation Coefficients 栏中选择 Pearson 相关分析方法。

(4) Test of Significance 栏中选 Two-tailed(双尾 t 检验)。

(5) 选中 Flag significant correlations 复选项。

(6) 在 Options 窗口中指定选项。

- Statistics 栏,选中 Means and standard deviations 要求计算平均数和标准差。
- Missing Values 采用系统默认选项。

(7) 选择完成后,单击 Continue 按钮返回主对话框。单击 OK 按钮提交运行。

3. 输出的结果与解释

统计结果见图 6-2-4 和图 6-2-5。

Descriptive Statistics

	Mean	Std. Deviation	N
平时成绩	75.27	10.069	30
高考成绩	19.90	4.985	30

图 6-2-4　描述统计量输出表

图 6-2-4 描述统计量输出表,从左至右依次为变量名称、平均数、标准差和被试数量。

Correlations

		平时成绩	高考成绩
平时成绩	Pearson Correlation	1	.848**
	Sig. (2-tailed)		.000
	N	30	30
高考成绩	Pearson Correlation	.848**	1
	Sig. (2-tailed)	.000	
	N	30	30

**. Correlation is significant at the 0.01 level (2-tailed).

图 6-2-5　相关分析表

图 6-2-5 是相关系数表,第一行中的数值是平时英语作文成绩与高考英语作文成绩的相关系数,其值 $r=0.848$,第二行数据显示相关系数的显著性水平,即 $p<0.001$。第三行数值是被试样本的数量,$N=30$。

4. 结果的报告

通过 Pearson 相关分析,结果显示,平时英语作文成绩与高考英语作文成绩相关显著,$r=0.848$,$p<0.001$(双尾检验)。

(二) 次序型变量的相关分析实例

例题　初三学生的语言理解能力的等级为 X(等级数越大表明能力越强),英语阅读测验成绩为 Y,要求考察语言理解能力等级(X)与英语阅读测验成绩(Y)之间是否存在显著相关。原始数据见表 6-2-2。

表 6-2-2　语言等级与阅读测验成绩原始数据

被试编号	1	2	3	4	5	6	7	8	9	10	…	15
语言等级	5	2	2	4	3	2	1	4	5	2	…	1
阅读成绩	96	76	78	89	85	63	60	91	90	65	…	66

1. 建立 SPSS 的数据文件

根据原始数据建立的 SPSS 数据文件见图 6-2-6(数据文件 data6-02)。

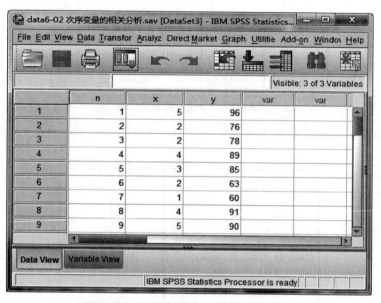

图 6-2-6　语言等级与阅读成绩数据文件

2. 操作步骤

(1) 打开数据文件后，按 Analyze→Correlate→Bivariate 顺序单击菜单项，展开对话框。

(2) 在左侧变量框中选择 X,Y 变量送入 Variables 作为分析变量。

(3) 在 Correlation Coefficients 栏中选择 Kendall's tau-b 和 Spearman 两种相关分析方法。

(4) Test of Significance 栏中选 Two-tailed(双尾 t 检验)。

(5) 选中 Flag significant correlations 复选项。

(6) 在 Options 窗口中，Missing values 采用系统默认。

(7) 选择完成后，单击 Continue 按钮返回主对话框。单击 OK 按钮提交运行。

3. 输出的结果与解释

统计结果见图 6-2-7。从图 6-2-7 中可以看到，Kendall's tau-b 和 Spearman 检验得出相关系数与 p 值。

Correlations

			语言等级	阅读成绩
Kendall's tau_b	语言等级	Correlation Coefficient	1.000	.847**
		Sig. (2-tailed)	.	.000
		N	15	15
	阅读成绩	Correlation Coefficient	.847**	1.000
		Sig. (2-tailed)	.000	.
		N	15	15
Spearman's rho	语言等级	Correlation Coefficient	1.000	.936**
		Sig. (2-tailed)	.	.000
		N	15	15
	阅读成绩	Correlation Coefficient	.936**	1.000
		Sig. (2-tailed)	.000	.
		N	15	15

**. Correlation is significant at the 0.01 level (2-tailed).

图 6-2-7　Kendall's tau-b 和 Spearman 相关系数

4. 结果的报告

通过 Kendall's tau-b 和 Spearman 相关分析,结果显示,语言等级与阅读成绩之间的相关显著,相关系数分别为 $r=0.847$,$p<0.001$;$r=0.936$,$p<0.001$。

第三节　偏相关分析

一、操作选项

(1) 按 Analyze→Correlate→Partial 顺序单击菜单项,打开偏相关分析的主对话框,如图 6-3-1 所示。

(2) 从左侧变量栏中选择分析变量送入 Variables(变量)栏内,选择控制变量送入 Controlling for(控制变量)栏内。

(3) Test of Significance,显著性检验。

① Two-tailed:双尾检验,用于正负相关两种可能的情况,是系统默认方式。

② One-tailed:单尾检验,用于只可能是正相关或只可能是负相关的情况。

(4) Display actual significance level 选项:显示实际的显著性水平。

(5) 单击 Options 选项,展开如图 6-3-2 所示的对话框。

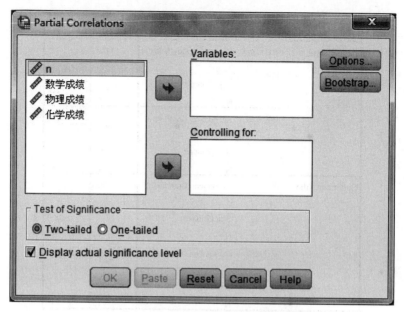

图 6-3-1 偏相关分析主对话框

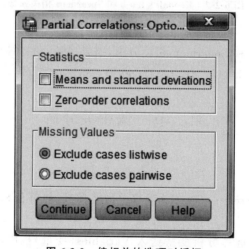

图 6-3-2 偏相关的选项对话框

① Statistics 选项：
- Means and standard deviations 复选项：要求计算并显示变量的均值和标准差。
- Zero-order correlations 复选项：要求显示"零阶相关"系数矩阵，即 Pearson 相关矩阵。

② Missing Values 为缺失值的处理选项。

选择完成后，单击 Continue 按钮返回主对话框。单击 OK 按钮提交运行。

二、应用举例

例题 数据 data6-03 是某初中三年级学生的数学、物理、化学期末考试成绩。请问学生的数学成绩与化学成绩之间是否有显著相关?

1. 建立 SPSS 数据文件

根据原始数据建立的 SPSS 数据文件见图 6-3-3(数据文件 data6-03)。

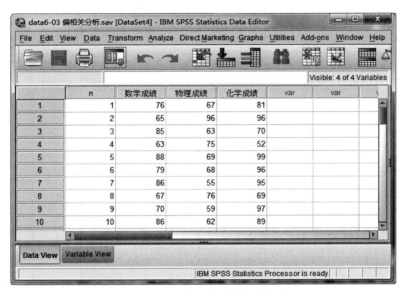

图 6-3-3 偏相关分析的数据文件

2. 操作步骤

(1) 打开数据文件 data6-03 后,按 Analyze→Correlate→Partial 顺序单击菜单项,打开偏相关分析的主对话框。

(2) 指定分析变量和控制变量。将左侧变量栏中的"数学成绩"和"化学成绩"选入右上侧 Variables(变量)栏内,"物理成绩"选入右下侧 Controlling for(控制变量)栏内。

(3) Test of Significance(显著性检验)栏内有两个选项,选择 Two-tailed(双尾检验),因为,我们不清楚三科考试成绩到底是一种什么样的相关关系。

(4) 点击 Options 按钮打开对话框。在 Statistics(统计值)栏内,选择 Zero-order-correlations(零相关)这一选项,系统会输出简单相关系数,以便与偏相关系数进行比较。还要选 Means and standard deviations 选项,输出描述统计量。

(5) 选择完成后,单击 Continue 按钮返回主对话框。单击 OK 按钮提交运行。

3. 输出的结果与解释

统计输出的结果见图 6-3-4 和图 6-3-5。

Descriptive Statistics

	Mean	Std. Deviation	N
数学成绩	78.67	8.899	30
化学成绩	83.00	13.073	30
物理成绩	65.57	9.522	30

图 6-3-4　描述统计量输出表

图 6-3-4 是描述统计量输出表，分别输出变量的平均数、标准差和被试的数量。

Correlations

Control Variables			数学成绩	化学成绩	物理成绩
-none-[a]	数学成绩	Correlation	1.000	.530	-.300
		Significance (2-tailed)	.	.003	.107
		df	0	28	28
	化学成绩	Correlation	.530	1.000	.206
		Significance (2-tailed)	.003	.	.275
		df	28	0	28
	物理成绩	Correlation	-.300	.206	1.000
		Significance (2-tailed)	.107	.275	.
		df	28	28	0
物理成绩	数学成绩	Correlation	1.000	.634	
		Significance (2-tailed)	.	.000	
		df	0	27	
	化学成绩	Correlation	.634	1.000	
		Significance (2-tailed)	.000	.	
		df	27	0	

a. Cells contain zero-order (Pearson) correlations.

图 6-3-5　零相关和偏相关输出结果

图 6-3-5 是零相关和偏相关输出的结果，从中可以看出在没有控制变量的条件下，数学成绩与化学成绩的相关系数为 0.53；在控制一个变量（物理成绩）的条件下，计算出的偏相关系数为 0.634，这比在前一种条件下算出的相关系数高。它表明的是，在控制了第三个变量（物理成绩）后，数学成绩与化学成绩的净相关系数。

4. 结果的报告

偏相关分析的结果表明，数学成绩与化学成绩有显著的正相关，$r=0.634$，$p<0.001$。

本 章 小 结

一、基本概念

1. 相关分析

相关分析是分析两个变量观测值变化的一致性程度或密切程度的统计方法。

2. 皮尔逊（Pearson）相关

皮尔逊相关是对两列变量为连续等间隔（等距、等比）数据，而且数据呈正态分布的相关系数计算方法。

3. 斯皮尔曼（Spearman）相关

Spearman 相关系数是 Pearson 相关系数的非参数形式，是根据数据的秩而不是根据实际观测值计算出来的相关系数。

4. 肯德尔（Kendall's tau-b）相关

两个有秩变量相关系数的计算方法，属于一种非参数相关的计算方法。

5. 偏相关（partial correlation）

偏相关是控制第三个变量（或其他多个变量）的影响后，两变量间相关程度的统计方法。

二、应用导航

（一）应用对象

当分析两个变量之间的相关时，在没有其他变量影响的情况下，采用简单相关分析的方法，包括两个连续变量之间的相关和两个等级变量之间的秩相关。具体选择哪一种分析方法要看数据的具体类型。

（二）操作步骤

1. 皮尔逊相关

应用 SPSS 做皮尔逊相关分析的一般操作步骤如下：

(1) 打开数据文件后，按 Analyze→Correlate→Bivariate 顺序单击菜单项，展开对话框。

(2) 在左侧变量框中选择两变量送入 Variables 栏作为分析变量。

(3) 在 Correlation Coefficients 栏中选择 Pearson 相关分析方法。

(4) Test of Significance 栏中选 Two-tailed（双尾 t 检验）。

(5) 选中 Flag significant correlations 复选项。

(6) 在 Options 窗口中指定选项。

- Statistics 栏，选中 Means and standard deviations 要求计算平均数和标准差。
- Missing Values 采用系统默认。

(7) 选择完成后，单击 Continue 按钮返回主对话框。单击 OK 按钮提交运行。

2. 等级相关

应用 SPSS 做等级相关分析的一般操作步骤如下：

(1) 打开数据文件后，按 Analyze→Correlate→Bivariate 顺序单击菜单项，展开对话框。

(2) 在左侧变量框中选择两变量送入 Variables 栏作为分析变量。

(3) 在 Correlation Coefficients 栏中选择 Kendall's tau-b 和 Spearman 相关分析方法。

(4) Test of Significance 栏中选 Two-tailed(双尾 t 检验)。

(5) 选中 Flag significant correlations 复选项。

(6) 在 Options 窗口中,Missing Values 采用系统默认。

(7) 选择完成后,单击 Continue 按钮返回主对话框。单击 OK 按钮提交运行。

(三) 偏相关

1. 应用对象

当数据文件中有三个或三个以上相关的变量时,对其中每两个变量做相关分析都要采用偏相关分析。

2. 操作步骤

应用 SPSS 做偏相关分析的一般操作步骤如下:

(1) 打开数据文件后,按 Analyze→Correlate→Partial 顺序单击菜单项,打开偏相关分析的主对话框。

(2) 指定分析变量和控制变量。左侧变量栏中的分析变量选入右上侧 Variables(变量)栏内,把控制变量选入右下侧 Controlling for(控制变量)栏内。

(3) Test of Significance(显著性检验)栏内有两个选项,选择 Two-tailed(双侧检验)。

(4) 点击 Options 按钮打开对话框。在 Statistics(统计值)栏内,选择 Zero-order-correlations(零相关)这一选项,系统会输出简单相关系数,以便与偏相关系数进行比较。还要选 Means and standard deviations 选项输出描述统计量。

(5) 选择完成后,单击 Continue 按钮返回主对话框。单击 OK 按钮提交运行。

3. 关键步骤

打开 Options 对话框。在 Statistics(统计值)栏内,选择 Zero-order-correlations(零相关)这一选项,系统会输出简单相关系数,以便与偏相关系数进行比较。

思 考 题

1. 什么是相关分析?简单相关分析与偏相关分析的区别与联系是什么?
2. 皮尔逊相关、斯皮尔曼相关和肯德尔相关各自适用的数据条件是什么?

练 习 题

1. 选择适合做皮尔逊相关、斯皮尔曼等级相关和肯德尔相关的数据进行练习。
2. data6-04 是 10 名学生两次考试的成绩,请讨论此数据用哪种相关分析方法更恰当,为什么?

推荐阅读参考书目

1. 张厚粲,徐建平,2015.现代心理与教育统计学.4版.北京:北京师范大学出版社.
2. 潘玉进,2006.教育与心理统计:SPSS应用.杭州:浙江大学出版社.
3. 梁荣辉,章炼,封文波,2005.教育心理多元统计学与SPSS软件.北京:北京理工大学出版社.
4. 王秀玲,刘兰英,2002.教育统计的基本理论与SPSS操作技术.杭州:杭州出版社.

7

回 归 分 析

教学导引

本章主要介绍回归分析中的线性回归、曲线估计和非线性回归的基本概念和原理,以及 SPSS 的操作步骤、选项依据、统计输出结果的解释和应用要领。本章要学习回归分析、回归方程、线性回归分析、中介效应与调节效应、非线性回归分析、曲线估计、解释率、共线性、容许度等概念,以及相关的分析和判定方法。其中线性回归分析和曲线估计是常用的方法,需要准确理解和熟练掌握;多元线性回归中的方程拟合优度检验、共线性诊断是关键的操作步骤和分析要领,需要认真理解和反复的操作练习;非线性回归需要结合数据的散点分布图和专业知识及实践经验选择相关的非线性模型。

第一节 SPSS 的回归分析

一、函数与回归方程

在自然界、人类社会乃至人的心理和行为表现的诸因素之间都存在着各种各样的联系和关系,探索和认识这些关系是科学研究的主要任务。其中有些关系是确定的因果关系,用数学的语言来表述就是"函数关系"。函数关系既可用函数关系式表达,也可以用函数曲线或图形(又称为函数的图像)来表达。在函数关系式或函数图像中,自变量每取一个值,都可以找出与之对应的因变量的值,表明自变量与因变量之间的某种定量因果关系。探索自变量与因变量之间所存在的各种各样的函数关系是数学研究的主要任务之一。数学家们已经探索出许多函数关系,例如,在中学(高中)学过的线性函数、指数函数、对数函数、三角函数和解析几何等。这些函数准确而有效地表达了自然界一些物质运动变化的一般因果规律,成为人们预测和控制有关事物(变量)运动变化的依据。

可是在社会科学的诸多研究领域,尤其是在人的心理和行为表现的研究中,由于受到个体差异、各种潜在的心理变量、环境变量和测量方法等因素的影响和制约,探索心理变量与环境变量、刺激变量与行为变量等之间的函数关系是十分困难的。但是,在这些变量之间却可能存在类似于某种函数关系的主要关系趋势。如果用这种函数关系式或函数曲线近似地描述和表示这种主要的关系趋势,就可以近似地解释变量之间的因果关系,这种方法就是统计学中"回归分析"的方法。顾名思义,所谓"回归分析"就是用已知的函数关系去拟合测量数据的主要关系趋势的方法。由此,可以利用统计分析的方法,根据测量数据的集中关系趋势建立起类似函数关系式的因变量与自变量的关系表达式,即"回归方程"。

不同的是,函数关系式表达的是自变量与因变量之间确定的数量因果关系,而回归方程表达的却是概率水平上的自变量与因变量之间不确定的数量因果关系,这是函数关系式与回归方程之间的根本区别。所谓"不确定的"数量因果关系是指,对于一个确定的自变量的值可能有多个不等的因变量的观测值。根据回归方程计算出来的因变量的值只是代表那些多个不等的观测值的集中量数(平均数)或近似值。当然,这个集中量数越接近那些观测值,观测值的差异量(方差或标准差)越小,回归方程的解释率就越高,代表性就越强。所谓"概率水平"上的自变量与因变量之间不确定的数量因果关系是指,如果经过多次重复的测量,自变量与因变量之间不确定的数量因果关系表现得越稳定,即出现的概率越大,显著性水平越高(即 p 值越小),这个回归方程所解释的自变量与因变量之间的数量因果关系的说服力就越强。所以,回归分析的关键是探索并拟合出解释率高、发生概率的显著性水平也高的回归方程。

二、SPSS 的回归分析功能

在 SPSS 19.0 的数据编辑窗口,单击 Analyze 菜单中的 Regression,弹出回归分析的子菜单,其中回归分析的类型有 12 种,如图 7-1-1 所示。从上到下依次是:Automatic Linear Modeling(自动线性建模)、Linear(线性回归)、Curve Estimation(曲线估计)、Partial Least Squares(部分最小平方)、Binary Logistic(二分变量的 Logistic 回归)、Multinomial Logistic(多分变量 Logistic 回归)、Ordinal(序列回归)、Probit(概率单位回归)、Nonlinear(非线性回归)、Weight

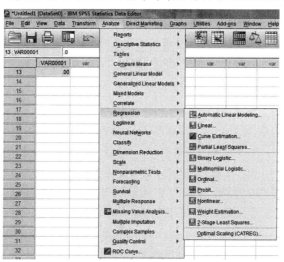

图 7-1-1 回归分析的主菜单

Estimation(加权估计)、2-Stage Least Squares (两段最小二乘法)和 Optimal Scaling(最优编码尺度回归)。

第二节　线性回归分析的基本概念和原理

一、一元线性回归分析

1. 一元线性回归的概念与回归方程

最简单的一次函数是一个自变量与一个因变量之间的线性关系,它的标准形式可写成 $y=a+bx$,在这个函数中,a 和 b 都是常数项,分别为直线的截距和斜率。当 a 和 b 的值确定时,x 每取一个值,就有一个唯一确定的 y 值与之对应,做出的图像是一条斜线。

可是,在心理学、教育学等许多领域的实际研究中,由于个体差异、测量方法、环境变量以及其他潜在因素的影响,两个变量之间的关系往往只能表现出某种线性趋势而不是严格的函数关系。

例如:x 与 y 两个变量的关系如图 7-2-1 所示。

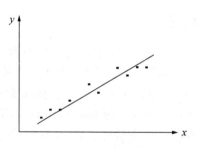

图 7-2-1　线性回归示意图

从图中可看到,代表每个数据的点没有恰好落在一条直线上,对于自变量 x 的每个取值,并不是只有唯一确定的 y 值与之对应。如果每取一个 x 值后,能够求出与之对应的代表多个 y 值的预测值 $\hat{y}$($\hat{y}$ 不一定实际存在于散点图中),那么 x 与 $\hat{y}$ 的对应关系就可以用一条直线来表示,这样的回归方程的一般表达式为:

$$\hat{y} = a + bx$$

常数 a 是该直线在 y 轴上的截距,表示 x 为 0 时 y 的平均水平。$a<0$ 时,表示直线与纵轴的交点在原点的下方;$a>0$ 时,交点在原点的上方;$a=0$ 时,回归直线经过原点。b 是该直线的斜率,又称为回归系数。其统计学的意义是,x 每变化一个单位,y 平均变化 b 个单位。当 $b<0$ 时,直线从左上方延伸到右下方,即 y 随 x 的增大而减小;当 $b>0$ 时,直线从左下方延伸到右上方,即 y 随着 x 的增大而增大;当 $b=0$ 时,表示直线与 x 轴平行,即 x 与 y 无关。

在求直线回归方程 $\hat{y}=a+bx$ 时,若想得到比较精确的回归方程,通常采用最小二乘法。简单地讲就是使该直线与各点的纵向垂直距离最小,即实测值 y 与预测值 $\hat{y}$ 之差的平方和(误差的平方和) $\sum(y-\hat{y})^2$ 达到最小。因此,建立回归方程 $\hat{y}=a+bx$,就是求出当 $\sum(y-\hat{y})^2$ 达到最小时的 a,b 值。

2. 一元线性回归分析的检验

(1) 回归方程的拟合优度评价。所谓拟合优度,是指观测值聚集在回归曲线周围的紧密程度,它反映了回归方程对因变量的解释程度。判断回归方程拟合优度最常用的指标是判定系数 R^2。这里的 R^2 是 y 的实际值与期望值之间的相关系数的平方。计算公式为:

$$R^2 = \frac{\sum(\hat{y}_i - \bar{y})^2}{\sum(y_i - \bar{y})^2}$$

即,判定系数被定义为回归平方和在总平方和中所占的比例,这个比例越大回归效果越好。若这个比例达到1,则表明此时总平方和全部由回归平方和所致,回归效果极佳,没有误差(这时回归方程变成函数关系式)。若比例为零,则说明回归平方和是零,即回归效果是零。假如 $R^2=0.68$,则表明变量 y 的变异中有68%是由变量 x 的变异引起的。所以,回归方程的拟合优度评价指标实际上就是回归方程对观测数据的解释率。

(2) 回归方程的显著性检验。回归方程的显著性检验用于检验因变量与自变量之间的线性关系是否达到重复出现概率的显著性水平,其实质是判断回归平方和与残差平方和比值的大小问题。可以通过方差分析来进行检验。

$$SS_t = SS_r + SS_e$$

其中 SS_t 为所有 y 值的平方和,SS_r 为回归平方和,反映了自变量 x 的重要程度;SS_e 为残差平方和,反映了实验误差和其他因素对实验结果的影响。这两部分除以各自的自由度,得到它们的均方。所以方差分析的公式为:

$$F = \frac{\text{回归均方}}{\text{残差均方}} = \frac{\sum(\hat{y}-\bar{y})^2/p}{\sum(y-\hat{y})^2/(n-p-1)}$$

查 F 分布表得到 F_a,若 $F>F_a$,则回归方程显著。

(3) 回归系数显著性检验。

① 对斜率检验的假设是,总体回归系数 $b=0$。检验该假设的 t 值计算公式为:

$$t = \frac{b}{SE_b}$$

② 对截距检验的假设是,总体回归方程截距 $a=0$。检验该假设的 t 值计算公式为:

$$t = \frac{a}{SE_a}$$

在公式中,SE_b 是回归系数斜率的标准误,SE_a 是截距的标准误。

(4) 误差的独立性检验。这是考察因变量 y 的取值是否相互独立。当回归方程中的误差项不独立,即误差项存在序列相关时,可能导致最小二乘法估计方差增大、回归系数 t 检验失效等问题。在 SPSS 19.0 中给出了专门用于检验序列相关的 Durbin-Watson 检验,公式为:

$$DW = \frac{\sum_{i=2}^{n}(e_i - e_{i-1})^2}{\sum_{i=2}^{n} e_i^2}$$

DW 的取值范围是 $0 < DW < 4$,统计学意义如下:

① 当 $DW \approx 2$ 时,残差与自变量互相独立;
② 当 $DW < 2$ 时,相邻两点的残差为正相关;
③ 当 $DW > 2$ 时,相邻两点的残差为负相关;
④ 当 $DW = 2$ 时,相邻两点的残差不相关。

3. 线性回归的数据要求

一元线性回归与多元线性回归的数据要求相同。

(1) 自变量与因变量都应该是数值型变量,因变量应为正态分布的随机变量。如果是分类变量应重新编码为虚拟变量或者其他类型的对比变量。

(2) 因变量和每一个自变量之间的关系必须是线性关系,所有的观测量必须是彼此独立的。

二、多元线性回归

(一) 多元线性回归方程的概念与回归方程

多元线性回归是探索多个自变量与一个因变量之间的线性关系,并用多元线性回归方程来表达这种关系。现实中,一种现象常常是与多种其他现象相联系的。由多个自变量的最优组合来共同预测因变量,比只用一个自变量进行预测更有效,也更符合实际。因此多元线性回归分析比一元线性回归分析的实际应用意义更大,多元线性回归分析的方程为:

$$\hat{y} = a + b_1 x_1 + b_2 x_2 + \cdots + b_n x_n + e$$

其中 $\hat{y}$ 是因变量 y 的预测值;a 为常数;$b_1, b_2, \cdots, b_n$ 为 y 对 $x_1, x_2, \cdots, x_n$ 的偏回归系数。偏回归系数表示其他自变量不变时,某一个自变量的变化所引起因变量变化的比。e 是去除 n 个自变量对 y 的影响后的随机误差,也称残差。建立多元线性回归方程实际上就是求出有效的且解释率最高的 $a, b_1, b_2, \cdots, b_n$ 的过程。

(二) 多元线性回归分析的检验

1. 方程的拟合优度评价

在一元线性回归分析中采用 R^2 判定系数作为判断回归方程拟合优度的指标。但在多元回归的情况下,由于 R^2 会随着方程中引入的自变量数量的增多而增大,而增加自变量数量所引起的 R^2 值的增大与方程拟合的好坏无关。因此,在自变量数量不同的方程之间比较拟合优度时,R^2 就不是一个合适的指标了。为了消除自变量的数量的增多所导致的 R^2 的增大,引

入了校正 R^2(Adjusted R Square)。校正 R^2 的计算公式为：

$$R^2 = 1 - \frac{\sum(y-\hat{y})^2/(n-k-1)}{\sum(y-\bar{y})^2/(n-1)}$$

其中 k 为自变量的个数，n 为观测量的数目。

2. 复相关系数

复相关系数表示因变量与所有自变量之间的线性相关的程度。取值范围在 0～1 之间，其值越接近 1，表明线性关系越密切；越接近 0，则表明线性关系越差。

3. 回归方程的显著性检验

使用 F 检验，其原理与一元线性回归的方差分析原理相同。

4. 回归系数的显著性检验

经检验的具有显著意义的回归方程，只是对 n 个自变量这一整体而言的，还不能说明每个自变量对因变量的影响都是显著的。这时就要对每个回归系数的有效性进行检验，以便确定哪些自变量的影响是显著的，哪些自变量的影响是不显著的，并从方程中剔除那些影响不显著的自变量。多元线性回归系数的显著性检验方法与一元线性回归分析的检验方法相同。

5. 方差齐性检验

方差齐性是指残差的分布是常数，与自变量或因变量无关。一般采用绘制因变量预测值与学生化残差的散点图来检验。图中代表残差值的点应该随机地分布在一条穿过零点的水平直线的两侧。

6. 残差的正态性检验

残差的正态性检验是考察因变量 y 的取值是否服从正态分布。残差呈非正态分布的原因很多，如方程缺乏代表性、方差不齐等。因而，需要对残差进行正态性检验。其中最切实易行的方法是画出残差的直方图和累积概率图(P-P 图)。希望残差完全服从正态分布是不现实的，原因是抽样的变异造成了偏差，即使总体的误差呈正态分布，样本的残差也只能近似于正态分布。

7. 多重共线性检验

多重共线性是指线性回归模型中的自变量之间由于存在较高的相关而使模型估计失真或难以估计准确。在多元线性回归方程中，虽然各自变量对因变量都是有意义的，但由于某些自变量之间存在相关，这会给自变量的贡献评价带来困难，因此，需要对回归方程中的自变量进行共线性诊断。诊断共线性常用的参数有：

(1) 容许度(Tolerance)。对应于自变量 x_i 的容许度定义为：

$$\text{Tol}_i = 1 - R_i^2$$

其值介于 0～1 之间。R_i^2 是自变量 x_i 与方程中其他所有自变量之间的复相关系数的平方。它可以衡量 x_i 与其他自变量的线性相关程度。显然，x_i 与其他自变量的线性相关程度越高，R_i^2 就越大，从而 Tol_i 就越小。Tol_i 越小，自变量 x_i 与其他自变量之间的共线性就越强。所以,在实际的分析过程中,我们希望 Tol_i 的值越接近 1 越好,也就是 R_i^2 的值越接近 0 越好。

(2) 方差膨胀因子(Variable Inflate Factor)。方差膨胀因子被定义为容许度的倒数,即:

$$VIF_i = \frac{1}{1 - R_i^2}$$

其值介于 $1 \sim \infty$ 之间。方差膨胀因子越大,表明 x_i 与其他自变量的线性相关程度越高。一般认为,方差膨胀因子大于 10 时,存在多重共线性。由于方差膨胀因子是容许度的倒数,所以,在实际的分析过程中,我们只参考容许度的值就可以了。

(3) 条件指数(Condition Index)。条件指数是考察自变量之间共线性的另一种计算方法,其计算公式如下:

$$\text{Condition Index}_i = \sqrt{\frac{\lambda_{\max}}{\lambda_i}}$$

其中,$\lambda_{\max}$ 表示自变量的最大特征根,λ_i 表示第 i 个特征根。一般认为,当条件指数的值在 10 以下时,多重共线性较弱;当条件指数大于 100 时,自变量之间存在严重的多重共线性。

(4) 方差比例(Variance Proportions)。要判断变量之间是否存在共线性问题,可以注意观测同一序号的特征值对应的变量的方差比例。该比例越大,其共线的可能性越大。

(5) 特征值(Eigenvalues)。如果若干特征值较小并且接近 0,则说明某些自变量之间存在较高的相关。这些变量的观测值即使出现较小的变化,也会导致方程系数较大的变化。

多重共线的处理方法:

• 从专业知识的角度进行判断,剔除不重要的有共线性的自变量,但要注意专业的合理性。

• 增加样本含量,能部分解决多重共线性的问题。

• 重新抽取样本数据。

上述用于共线性诊断的评价指标较多,可以综合参考使用。但在一般情况下,采用较多的是容许度指标。

在进行自变量之间的共线性诊断时,其基本原则是共线性越低(弱)的回归方程越好。但是,有时为了降低回归方程中自变量之间的共线性,往往要将更多的自变量排除在回归方程之外,这可能会降低回归方程的解释率。所以,在选择回归方程时要综合权衡这两个评价指标。

第三节 线性回归分析的 SPSS 操作和应用

一、操作选项

(1) 单击菜单 Analyze→Regression→Linear,弹出 Linear Regression 主对话框,如图 7-3-1 所示。

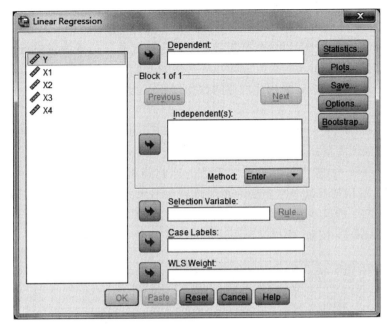

图 7-3-1 Linear Regression 的主对话框

① Dependent 栏：定义回归分析中的因变量，只能选一个因变量送入此栏。

② Independent 栏：定义回归分析中的自变量，可以选择一个或多个自变量送入此栏，仅选择一个自变量就是一元线性回归分析，选择了多个自变量就是多元线性回归分析。Previous 和 Next 按钮可以在对话框中 Independent(s) 下面的小窗口内呈现和隐藏选入的多个自变量。

③ 在 Method 下拉菜单中设置自变量进入模型的方法：

• Enter：为强行进入法。即所选择的自变量全部进入回归模型。这是系统的默认方式。通常用于一元线性回归分析。

• Stepwise：为逐步回归法。它是向前选择法与向后剔除法的结合。其特点是每一次按照向前选择法的标准引入变量后，都要按照向后剔除法的标准对已经引入的变量进行检验，直到进入模型的自变量均符合判据，没进入模型的都不符合判据为止。

• Remove：为剔除法。建立模型时，根据设定的条件剔除部分自变量。

• Backward：为向后选择法。与向前选择法的顺序相反，首先建立全模型，然后根据 Options 对话框所设立判据，每次删除一个最不符合进入模型判据的变量。直到回归方程中不再含有不符合判据的自变量为止。

• Forward：为向前选择法。首先将与因变量有最大相关的自变量引入方程，如果该自变量没有通过 F 检验，则变量选择工作结束，方程中没有引入任何变量；如果通过 F 检验，则在剩余的变量中寻找具有最大偏相关系数的变量，将其引入方程，并再次进行 F 检验，如果通过检验,则保留该变量在模型中,并以这样的模式继续寻找下一个进入回归方程的自变量。直到所有满足 Options 对话框所设立判据的变量都被引入模型为止。

④ Selection Variable 栏:当只选择某变量中符合一定条件的观测量进行回归分析时,选择该栏目。通过右侧的 Rule(Define Selection Rule)按钮建立选择条件。这时只有满足条件的观测量才能进入回归分析。采用此栏目的数据选择功能可以排除一些异常值对回归方程解释率低的影响。

⑤ Case Labels 栏:将一个标识性变量移入 Case Labels 栏,在回归分析的输出图形中,各个观测量将以该标识变量的值作为标签。

⑥ WLS Weight 栏:进行加权最小二乘法的回归分析。选择一个作为权重的变量进入 WLS Weight 栏,利用加权最小二乘法给观测量施加不同的权重值。它可以补偿或减少采用不同测量方式所产生的误差。但要注意自变量与因变量不能作为加权变量使用。

(2) 单击 Statistics 按钮,弹出输出统计量对话框,如图 7-3-2 所示。

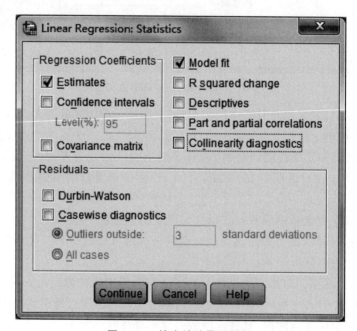

图 7-3-2 输出统计量对话框

① Regression Coefficients 栏:用于设置回归系数选项。

• Estimates:输出回归系数 B 值及其标准误、标准化回归系数 Beta 值、t 值、p 值,这是系统的默认选项,在操作时不用改变。

• Confidence intervals:输出每个回归系数 95% 的置信区间。

• Covariance matrix:多重回归分析时输出各个自变量的相关系数矩阵和方差、协方差矩阵。

② 与模型拟合及拟合效果有关的选项。

• Model fit：输出产生回归方程过程中引入和剔除回归方程的变量列表，并给出有关拟合优度的检验，包括复相关系数 R、判定系数 R^2、校正 R^2、估计值的标准误及 ANOVA 方差分析表，这是系统的默认选项，在操作时不用改变。

• R squared change：输出每个自变量引入模型后引起判定系数 R^2 值和 F 值的变化量。

• Descriptives：输出符合判据要求的观测值的数量、变量的平均数、标准差、相关系数矩阵和单侧检验显著性水平矩阵。

• Part and partial correlations：输出方程各自变量与因变量之间的部分相关系数与偏相关系数。

• Collinearity diagnostics：输出一些诊断共线性的统计量，如特征根（Eigen values）、方差膨胀因子（VIF）等。

③ Residuals 栏：设置残差选项。

• Durbin-Watson：输出 Durbin-Watson 统计量以及可能是异常值的观测量诊断表。

• Casewise diagnostics：输出观测量诊断表。

• Outliers outside：3 standard deviations：设置异常值的判据，默认值为大于等于 3。

• All cases：对所有样本数据进行诊断。

（3）单击 Plots 按钮，打开选择残差图形的对话框，如图 7-3-3 所示。可以利用各种残差图形对残差进行分析，例如，绘制各种残差图、残差直方图和残差正态分布累积图等。

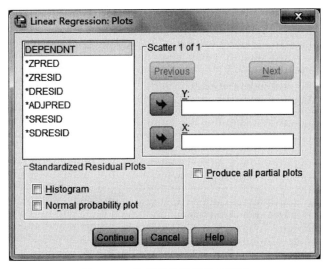

图 7-3-3　选择残差图形的对话框

① 可以选择左侧变量列表中任意两个变量的组合，分别送入 Y、X 轴变量框中。若绘制多个散点图，可单击 Next 按钮，重新指定 Y 变量和 X 变量。最多可绘制 9 个散点图。

可以选择的作图变量有：DEPENDNT 为因变量、ZPRED 为标准化预测值、ZRESID 为标准化残差、DRESID 为剔除残差、ADJPRED 为修正后的预测值、SRESID 为学生化残差、SDRESID 为学生化剔除残差。

② Standardized Residual Plots 栏：选择输出标准化残差图。
- Histogram：带有正态曲线的标准化残差直方图。
- Normal probability plot：残差的正态分布累积图（P-P 图）。

③ Produce all partial plots 选项：输出每一个自变量的残差相对于因变量残差的散点图。

（4）单击 Save 按钮，打开保存变量的对话框，如图 7-3-4 所示。

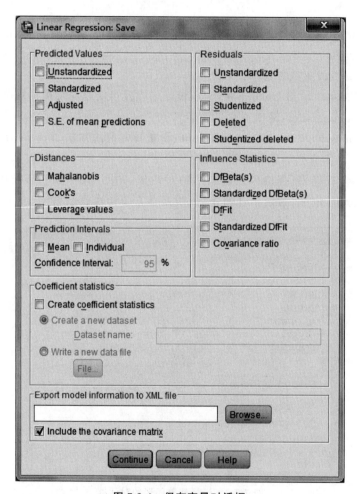

图 7-3-4　保存变量对话框

① Predicted Values 栏：选择输出因变量的预测值。
- Unstandardized：非标准化的预测值。

- Standardized:标准化的预测值。
- Adjusted:修正后的预测值。
- S. E. of mean predictions:预测值的标准误。

② Distances 栏:计算并保存自变量的一个观测值与所有观测值的均值的偏差(距离)。
- Mahalanobis:马氏距离,是一种测量自变量观测值与所有观测值均值差异的测度,把马氏距离数值大的观测值视为异常值。
- Cook's:库克距离,用于测量一个特殊的观测值被排除在回归系数的计算之外时,所有观测值的残差有多大变化。库克距离大的观测值若被排除在回归分析之外,会导致回归系数发生较大的变化。
- Leverage values:中心点杠杆值,用于测量回归拟合中一个数据点对回归方程拟合度的影响,其值介于 0 和 $(N-1)/N$ 之间。如果该值为 0,则说明该点对回归拟合没有影响。其值越大,对方程拟合的影响程度就越大。

③ Prediction intervals 栏:选择输出预测区间。
- Mean:均值预测区间的上限和下限。
- Individual:单一观测值预测区间的上限和下限。
- Confidence Interval:设置置信区间,默认值为 95%。

④ Residuals 栏:输出观测值与模型预测值之间的残差值。
- Unstandardized:非标准化残差,观测值与预测值之间的差异值。
- Standardized:标准化残差,其均值为 0,方差为 1。
- Studentized:学生化残差。
- Deleted:剔除残差。
- Studentized deleted:学生化剔除残差。

⑤ Influence Statistics 栏:影响点的检测。
- DfBeta(s):剔除一个特定的观测值所引起的回归系数的变化值。一般情况下如果此值大于临界值 $2/\sqrt{N}$ 的绝对值,则被排除的观测值有可能是"影响点"。
- Standardized DfBeta(s):标准化的 DfBeta(s),其中 $M=0$ 时为因变量,$M \geqslant 1$ 时为自变量,$N \geqslant 1$ 时为模型数值。
- DfFit:排除一个特定的观测值所引起的预测值的变化量。
- Standardized DfFit:标准化的 DfFit 值。
- Covariance ratio:协方差比值矩阵。删除了某个"影响点"后,协方差矩阵的行列式与未删前协方差矩阵行列式之比。若比值接近于 1,说明删除的影响点对方差矩阵没有显著影响。

⑥ Coefficient statistics 栏:系数统计。
- Create coefficient statistics:创建系数统计。
- Create a new dataset:创建新数据集。

- Write a new data file：写入新数据文件。
⑦ Export model information to XML file 栏：输出模型信息到指定的文件中。
- Include the covariance matrix：将协方差矩阵输出到指定的 XML 文件中。

（5）单击 Options 按钮，弹出 Options 选项对话框，如图 7-3-5 所示。

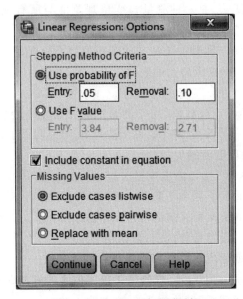

图 7-3-5　Options 选项对话框

① Stepping Method Criteria 栏：设置变量进入模型或从模型中删除的判据。
- Use probability of F：采用 F 检验的概率值作为判据，"Entry：.05"，这是变量进入方程的标准概率，即 0.05（P_{in} 的默认值）。可选择：$0 < P_{in} < 0.09$。"Removal：.10"，这是变量移出方程的标准概率，默认 $P_{out} = 0.10$。可选择：$0.10 \leqslant P_{out} < 1$。
- Use F value：采用 F 值作为判据。系统默认 $F \geqslant 3.84$ 时，该变量进入模型中，可选择 $2.71 < F_{in} < N$（N 为大于 2.71 的数）。系统默认 $F \leqslant 2.71$ 时，从模型中剔除该变量，可以选择 $0 < F_{out} \leqslant 2.71$。

② Include constant in equation 选项：回归方程中含有常数项，这是系统的默认选项。
③ Missing Values 栏：缺失值的处理栏。
- Exclude cases listwise：凡是带有缺失值的观测值都不参与分析。
- Exclude cases pairwise：剔出成对数据中至少含有一个缺失值的数据。
- Replace with mean：如果某变量存在缺失值，则用该变量的均值替代缺失值。

二、应用举例

(一) 一元线性回归分析

例题 某大学的数学教师为了考察大学生的数学分析成绩与高等代数成绩之间是否存在线性关系,收集了 73 名大学生的数学分析考试成绩和高等代数的考试成绩,试分析数学分析成绩与高等代数成绩是否存在线性关系,能否建立线性方程。原始数据见表 7-3-1。

表 7-3-1　73 名大学生的数学分析成绩和高等代数成绩

学号	数学分析成绩	高等代数成绩
1	55	75
2	118	119
3	63	103
4	51	72
5	90	117
6	91	106
⋮	⋮	⋮
73	96	107

1. 建立 SPSS 数据文件

根据表 7-3-1 的数据所建立的 SPSS 数据文件如图 7-3-6 所示(数据文件 data7-01)。

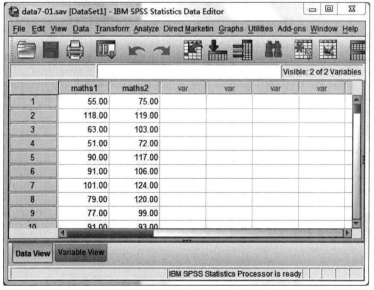

图 7-3-6　73 名大学生的数学分析成绩和高等代数成绩

2. 操作步骤

(1) 打开数据文件 data7-01.sav，先绘制散点图。具体操作为单击 Graphs→Legacy Dialogs→Scatter/Dot→Simple Scatter，点击 Define 打开 Simple Scatterplot 对话框，选择"高等代数"送入 Y 轴，选择"数学分析"送入 X 轴，单击 OK 按钮，如图 7-3-7 所示。用散点图来判断两变量之间有无线性趋势，如图 7-3-8 所示，可以看出数学分析成绩与高等代数成绩有明显的线性趋势，可以进行线性回归分析。

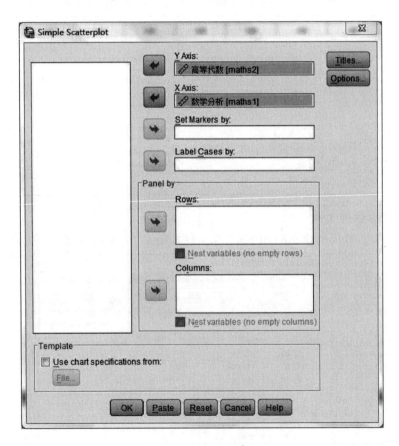

图 7-3-7　散点图对话框

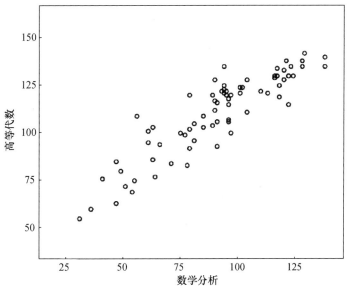

图 7-3-8　SPSS 输出的 73 名学生数学分析成绩与高等代数成绩的散点图

（2）单击 Analyze→Regression→Linear，打开 Linear Regression 主对话框。将"数学分析"作为自变量送入 Independent(s)栏；将"高等代数"作为因变量送入 Dependent 栏。Method 默认为 Enter，如图 7-3-9 所示。单击 Statistics，选择默认选项 Estimates，Model fit，Durbin-Watson，如图 7-3-10 所示。

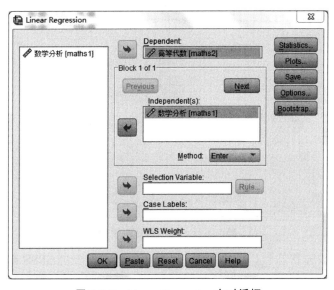

图 7-3-9　Linear Regression 主对话框

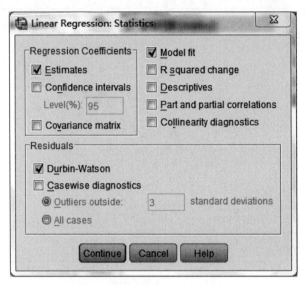

图 7-3-10 输出统计量对话框

单击 Plots 按钮,选择 SRESID 作为 Y 轴,选择 DEPENDNT 作为 X 轴,同时选择 Histogram 和 Normal probability plot,如图 7-3-11 所示。

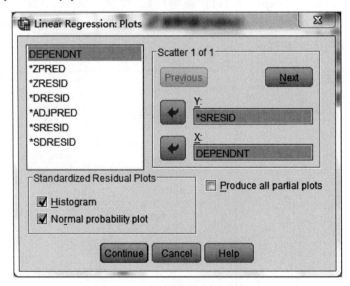

图 7-3-11 选择图形对话框

单击 Save 按钮,选择两个 Unstandardized 选项。其余均保持 SPSS 默认选项。在主对话框中单击 OK 按钮。执行回归分析命令。

3. 输出的结果与解释

图 7-3-12 给出了回归模型的编号、引入模型的自变量、模型剔除的自变量以及自变量的筛选方法。从图中可以看出，因为模型中只有一个自变量"数学分析"，所以采取的是强行进入方法得出的一个模型。

Variables Entered/Removed[b]

Model	Variables Entered	Variables Removed	Method
1	数学分析[a]	.	Enter

a. All requested variables entered.
b. Dependent Variable: 高等代数

图 7-3-12 拟合过程中自变量的进入和剔除情况

图 7-3-13 给出了复相关系数、判定系数、经过校正的判定系数、估计值的标准差和误差的独立性检验。从图中可以看出复相关系数为 0.897，说明数学分析成绩与高等代数成绩确实存在着较高的线性关系。判定系数为 0.804，说明自变量"数学分析"可以解释因变量"高等代数"变异的 80.4%，拟合良好。Durbin-Watson 检验的值为 2.039，约等于 2，说明残差与自变量相互独立。

Model Summary[b]

Model	R	R Square	Adjusted R Square	Std. Error of the Estimate	Durbin-Watson
1	.897[a]	.804	.802	9.43723	2.039

a. Predictors: (Constant), 数学分析
b. Dependent Variable: 高等代数

图 7-3-13 模型的拟合优度以及 Durbin-Watson 检验结果

图 7-3-14 给出了因变量的方差来源、方差平方和、自由度、均方、F 检验统计量和观测量的显著性水平，其中方差来源包括回归和残差。表中 $F=291.814, p<0.001$，说明自变量和因变量的线性关系是显著的，可以建立线性回归方程。

图 7-3-15 从左至右依次列出了模型、非标准化回归系数 B 值和标准误、标准化回归系数 Beta 值、t 检验的 t 值及其显著性水平。从表中可以看出模型的常数项为 43.189；自变量"数学分析"的回归系数为 0.738。由于 t 检验的结果均达到显著水平 $p<0.001$，所以，常数项与回归系数都具有统计学意义，自变量与因变量的线性关系显著。在线性回归分析中，我们一般采用非标准化的回归系数。建立线性回归方程为 $y=43.189+0.738x$，其中 y 代表因变量，即高等代数的成绩，x 代表自变量，即数学分析的成绩。

ANOVA[b]

Model		Sum of Squares	df	Mean Square	F	Sig.
1	Regression	25989.284	1	25989.284	291.814	.000[a]
	Residual	6323.346	71	89.061		
	Total	32312.630	72			

a. Predictors: (Constant), 数学分析
b. Dependent Variable: 高等代数

图 7-3-14 方差分析表

Coefficients[a]

Model		Unstandardized Coefficients		Standardized Coefficients	t	Sig.
		B	Std. Error	Beta		
1	(Constant)	43.189	4.072		10.607	.000
	数学分析	.738	.043	.897	17.083	.000

a. Dependent Variable: 高等代数

图 7-3-15 回归模型系数表

图 7-3-16 依次给出了预测值、标准化预测值、预测值的标准误、修正后的预测值、非标准化残差、标准化残差、学生化残差、剔除残差、学生化剔除残差、马氏距离、库克距离以及中心点杠杆值的最小值、最大值、均数、标准差及观测量的数目。根据 $3-\sigma$ 的原则,标准化残差或者学生化残差的绝对值大于 3 对应的观测值为异常值,从表中可以看出本数据不存在异常值。

Residuals Statistics[a]

	Minimum	Maximum	Mean	Std. Deviation	N
Predicted Value	66.0641	145.0213	110.1370	18.99901	73
Std. Predicted Value	-2.320	1.836	.000	1.000	73
Standard Error of Predicted Value	1.105	2.806	1.505	.423	73
Adjusted Predicted Value	67.1375	145.6669	110.1818	18.97577	73
Residual	-18.21462	24.48798	.00000	9.37146	73
Std. Residual	-1.930	2.595	.000	.993	73
Stud. Residual	-1.964	2.647	-.002	1.007	73
Deleted Residual	-18.85944	25.48082	-.04480	9.63602	73
Stud. Deleted Residual	-2.005	2.768	-.001	1.021	73
Mahal. Distance	.000	5.381	.986	1.182	73
Cook's Distance	.000	.142	.014	.023	73
Centered Leverage Value	.000	.075	.014	.016	73

a. Dependent Variable: 高等代数

图 7-3-16 残差的描述统计表

图 7-3-17 为残差的直方图,从图中可以看出样本的残差近似于正态分布,没有异常值。

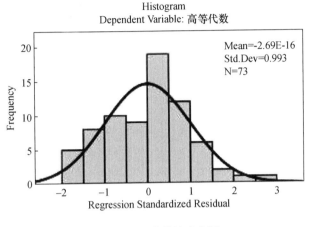

图 7-3-17　残差的直方图

为了进一步观察残差是否服从正态分布,可以观察残差的正态分布 P-P 图,见图 7-3-18。

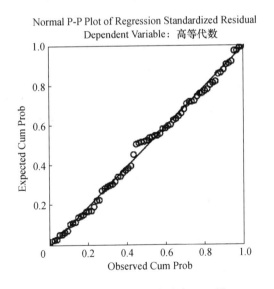

图 7-3-18　残差的正态分布 P-P 图

从图中可以看出代表残差值的点基本上都分布在对角线上。根据以上两张图,可以判定残差是服从正态分布的,从而证明样本来自正态分布的总体。

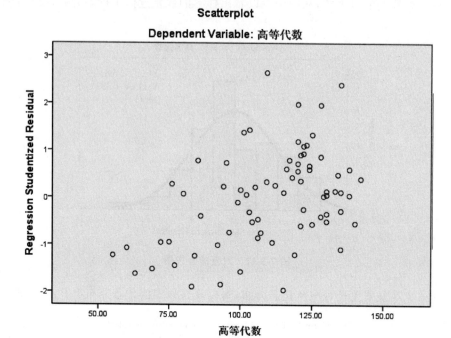

图 7-3-19　SPSS 输出的高等代数与学生化残差散点图

图 7-3-19 是以"高等代数"为横坐标轴,以学生化残差为纵坐标轴的散点图。用于观察残差是否有随因变量增大而改变的趋势,用来诊断因变量的独立性。从图中可以看出学生化残差值的点绝大部分都落在绝对值为 2 的区间内,结合残差的描述统计结果(图 7-3-16)可以认为数据中没有异常值。

4. 结果的报告

线性回归分析结果显示,大学生的数学分析成绩与高等代数成绩存在显著的线性关系,自变量"数学分析"可以解释因变量"高等代数"80.4%的变异性($R^2=0.804$),建立的回归方程为:$y=43.189+0.738x$,其中 y 代表高等代数的平均成绩,x 代表数学分析的平均成绩,可以用数学分析的成绩预测高等代数的成绩。

(二) 多元线性回归分析

例题　某研究人员为了考察价格、质量和售后服务对顾客彩电品牌偏好程度的影响,收集了 30 个品牌的彩电在价格、质量、售后服务的得分与顾客的偏好程度(10 等级计分)的数据(原始数据见表 7-3-2)。试用多元线性回归的分析方法为顾客的偏好寻求一个恰当的回归模型。

表 7-3-2　顾客对彩电品牌的偏好程度

品牌	价格	质量	售后服务	顾客偏好
1	6	8	8	9
2	4	3	4	3
3	7	7	8	8
4	3	3	3	2
5	9	10	7	10
6	5	7	5	7
⋮	⋮	⋮	⋮	⋮
30	5	4	4	5

1. 建立 SPSS 数据文件

根据表 7-3-2 的数据所建立的 SPSS 数据文件如图 7-3-20 所示(数据文件 data7-02)。

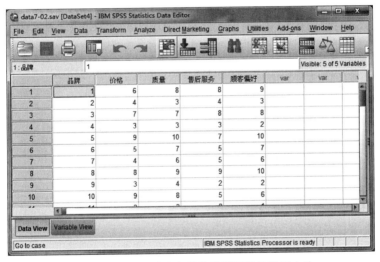

图 7-3-20　顾客对彩电品牌偏好程度的数据文件

2. 多元线性回归分析的操作步骤

(1) 打开数据文件 data7-02.sav,首先分别以价格、质量、售后服务为自变量,以顾客偏好为因变量绘制散点图,观察自变量与因变量之间是否存在线性关系。具体方法参见前面一元线性回归分析的实例。

(2) 在菜单栏中单击 Analyze→Regression→Linear,打开 Linear Regression 主对话框。将"顾客偏好"作为因变量送入 Dependent 栏,将"价格""质量""售后服务"作为自变量送入 Independent(s)栏。Method 栏选择 Stepwise(逐步回归法),如图 7-3-21 所示。

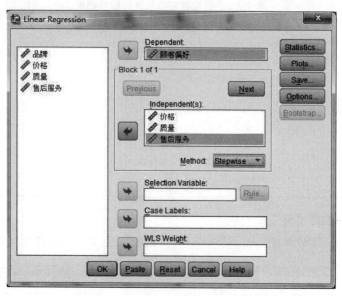

图 7-3-21 Linear Regression 的主对话框

（3）单击 Statistics 按钮,选择 Estimates 和 Model fit 输出常用统计量,选择 Collinearity diagnostics 进行共线性诊断,选择 Casewise diagnostics 进行异常值辨别,在 Outliers outside 参数框中键入 3,如图 7-3-22 所示。

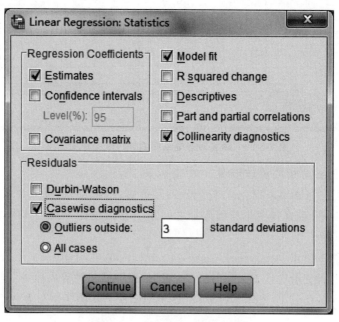

图 7-3-22 输出统计量对话框

(4) 单击 Plots 按钮,将 ZPRED 送入 X 轴,将 ZRESID 送入 Y 轴,如图 7-3-23 所示。

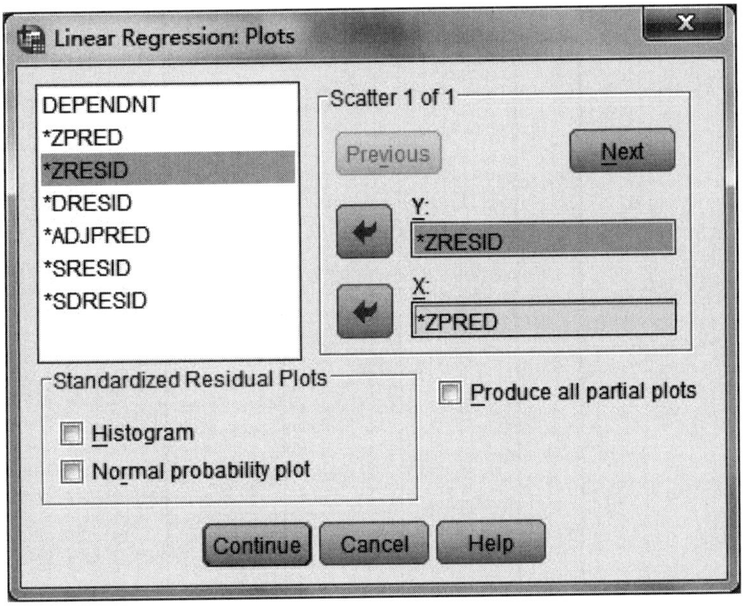

图 7-3-23 选择残差图形对话框

(5) 单击 Save 按钮,选择两个 Unstandardized,保存未标准化的预测值与残差。单击 Options 按钮,如图 7-3-5 所示。注意其中的 Include constant in equation 选项,即是否在回归方程中保留常数项的选项。是否保留常数项会对回归方程的解释率产生影响。在实际研究中可以尝试去除常数项,比较回归方程拟合程度是否更优。本实例选择 Include constant in equation 的默认选项。返回主对话框,单击 OK 按钮,执行回归分析命令。

3. 输出的结果与解释

从图 7-3-24 中可以看出 3 个自变量经过逐步回归过程都进入了回归方程,没有被剔除的自变量。

图 7-3-25 给出了复相关系数、判定系数、校正后的判定系数和估计值的标准差。根据校正后的判定系数的值,模型 3 解释的变异最大,建立的回归方程比较好。模型 3 的校正 R^2 值是 0.894,说明自变量可以解释因变量变异的 89.4%。

Variables Entered/Removed[a]

Model	Variables Entered	Variables Removed	Method
1	质量	.	Stepwise (Criteria: Probability-of-F-to-enter <= .050, Probability-of-F-to-remove >= .100).
2	售后服务	.	Stepwise (Criteria: Probability-of-F-to-enter <= .050, Probability-of-F-to-remove >= .100).
3	价格	.	Stepwise (Criteria: Probability-of-F-to-enter <= .050, Probability-of-F-to-remove >= .100).

a. Dependent Variable: 顾客偏好

图 7-3-24 拟合过程中变量的进入和剔除情况

Model Summary[d]

Model	R	R Square	Adjusted R Square	Std. Error of the Estimate
1	.902[a]	.814	.808	1.313
2	.928[b]	.861	.851	1.155
3	.951[c]	.905	.894	.973

a. Predictors: (Constant), 质量
b. Predictors: (Constant), 质量, 售后服务
c. Predictors: (Constant), 质量, 售后服务, 价格
d. Dependent Variable: 顾客偏好

图 7-3-25 模型的拟合优度

图 7-3-26 给出了模型、因变量的方差来源、方差平方和、自由度、均方、F 值及显著性水平,其中方差来源包括回归、残差和总平方和。表中给出了对拟合的三个模型的方差分析检验

结果,由统计分析输出的结果可知三个模型均有统计学意义,还需要对模型内的各项回归系数的有效性进行检验。

ANOVA^d

Model		Sum of Squares	df	Mean Square	F	Sig.
1	Regression	211.602	1	211.602	122.757	.000^a
	Residual	48.265	28	1.724		
	Total	259.867	29			
2	Regression	223.859	2	111.929	83.929	.000^b
	Residual	36.008	27	1.334		
	Total	259.867	29			
3	Regression	235.254	3	78.418	82.840	.000^c
	Residual	24.612	26	.947		
	Total	259.867	29			

a. Predictors: (Constant), 质量
b. Predictors: (Constant), 质量, 售后服务
c. Predictors: (Constant), 质量, 售后服务, 价格
d. Dependent Variable: 顾客偏好

图 7-3-26　方差分析表

图 7-3-27 分别列出了三个回归模型的非标准化的回归系数 B 值和标准误、标准化回归系数 Beta 值、t 值及其显著性水平、共线性统计量中的容许度和方差膨胀因子。从表中可以看出模型 3 中三个自变量的系数和常数项都具有统计学意义,从容许度和方差膨胀因子的值来看,模型 3 中的自变量存在一定的共线性,但不很严重,因为方差膨胀因子的值均小于 10。

Coefficients^a

Model		Unstandardized Coefficients		Standardized Coefficients	t	Sig.	Collinearity Statistics	
		B	Std. Error	Beta			Tolerance	VIF
1	(Constant)	-.913	.646		-1.413	.169		
	质量	1.078	.097	.902	11.080	.000	1.000	1.000
2	(Constant)	-1.498	.600		-2.496	.019		
	质量	.603	.178	.505	3.381	.002	.230	4.348
	售后服务	.667	.220	.453	3.032	.005	.230	4.348
3	(Constant)	-1.097	.519		-2.116	.044		
	质量	.931	.178	.779	5.244	.000	.165	6.064
	售后服务	.728	.186	.494	3.911	.001	.228	4.387
	价格	-.479	.138	-.375	-3.470	.002	.311	3.213

a. Dependent Variable: 顾客偏好

图 7-3-27　回归模型系数

图 7-3-28 给出了每个回归方程模型中没有进入方程的变量信息。图 7-3-28 从左至右依

次为模型、用来判断变量下一步能否进入方程的标准化回归系数、t 值及其显著性水平。右面是偏相关系数和共线性诊断表。

Excluded Variables[c]

Model		Beta In	t	Sig.	Partial Correlation	Collinearity Statistics		
						Tolerance	VIF	Minimum Tolerance
1	价格	-.335[a]	-2.516	.018	-.436	.314	3.184	.314
	售后服务	.453[a]	3.032	.005	.504	.230	4.348	.230
2	价格	-.375[b]	-3.470	.002	-.563	.311	3.213	.165

a. Predictors in the Model: (Constant), 质量
b. Predictors in the Model: (Constant), 质量, 售后服务
c. Dependent Variable: 顾客偏好

图 7-3-28　逐步回归过程中没有进入方程的变量检查情况

图 7-3-29 给出了回归模型的编号、特征值序号、特征值、条件指数、方差比。在方差比栏中,每一个变量的总方差被分解为若干个方差之和,其和为 1。例如模型 3 中的自变量"质量"的方差就被分解为 $0.00+0.03+0.03+0.94=1$。如果同一特征值序号上若干系数方差比例较大,则说明它们之间存在相关。例如模型 2 特征值序号为 3 的一行,可以解释自变量"质量" 92% 的方差,解释自变量"售后服务"95% 的方差,这就需要考虑"质量"与"售后服务"之间是否存在共线性。

Collinearity Diagnostics[a]

Model	Dimension	Eigenvalue	Condition Index	Variance Proportions			
				(Constant)	质量	售后服务	价格
1	1	1.929	1.000	.04	.04		
	2	.071	5.197	.96	.96		
2	1	2.898	1.000	.01	.00	.00	
	2	.086	5.821	.97	.07	.05	
	3	.016	13.424	.01	.92	.95	
3	1	3.859	1.000	.01	.00	.00	.00
	2	.092	6.468	.96	.03	.02	.04
	3	.034	10.654	.00	.03	.30	.77
	4	.014	16.428	.03	.94	.68	.19

a. Dependent Variable: 顾客偏好

图 7-3-29　共线性诊断

图 7-3-30 依次给出了预测值、非标准化残差、标准化预测值、标准化残差的最小值、最大值、均数、标准差、观测量的数目。根据 $3-\sigma$ 的原则,标准化残差的绝对值大于 3 对应的观测值为异常值,从表中可以看出本数据不存在异常值。

从图 7-3-31 中可以看出残差值绝大部分随机落在绝对值 2 以内的区间,预测值与标准化残差之间没有明显的关系,可以看出回归方程满足线性假设,方差齐,拟合效果比较好。

4. 结果的报告

多元线性回归分析结果显示,30 个品牌的质量、价格、售后服务与顾客偏好存在显著的多

Residuals Statistics[a]	Minimum	Maximum	Mean	Std. Deviation	N
Predicted Value	-.40	10.46	5.73	2.848	30
Residual	-2.401	1.855	.000	.921	30
Std. Predicted Value	-2.152	1.658	.000	1.000	30
Std. Residual	-2.467	1.906	.000	.947	30

a. Dependent Variable: 顾客偏好

图 7-3-30　残差的描述统计

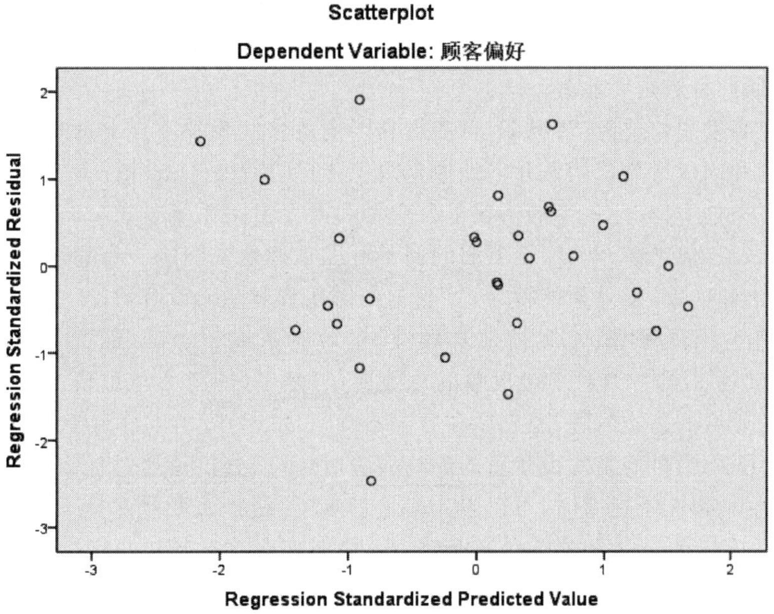

图 7-3-31　SPSS 输出的顾客偏好的预测值与标准化残差的散点图

元线性关系。自变量解释了整个因变量变异程度的 89.4%（校正 $R^2=0.894$）。建立回归方程为：$y=0.931x_1+0.728x_2-0.479x_3-1.097$。其中 y 代表顾客偏好，x_1 代表质量，x_2 代表售后服务，x_3 代表价格。这表明质量、售后服务、价格都对顾客的彩电品牌偏好有直接影响。

第四节　中介效应和调节效应的基本概念和原理

一、中介效应

1. 中介效应的基本概念及原理

在社会科学研究中，变量间的影响关系（$X \to Y$）通常不是直接的因果链关系，而是通过一个或多个变量（M）的间接影响产生，即 M 是 X 的函数，Y 是 M 的函数。此时，我们称 M 为中介变量,而 X 通过 M 对 Y 产生的间接影响即为中介效应。可见,中介效应是间接效应的一种。当模型中只有一个中介变量时,中介效应等于间接效应;当中介变量不止一个时,间接效应可以是部分中介效应的和或所有中介效应的总和。

中介变量是联系两个变量之间关系的纽带,可以体现变量之间的某种内部机制。例如,"父亲的社会经济地位"影响"儿子的受教育程度",进而影响"儿子的社会经济地位"。又如,"工作环境(如技术条件)"通过员工的"工作感觉(如挑战性)"影响其"工作满意度"。在这两个例子中,"儿子的受教育程度"和"工作感觉"便是中介变量,是参与整个因果过程的重要环节。因此,早期研究者认为,中介效应分析的前提是变量间存在明确的(理论上或事实上的)关系,否则结果很难解释。这是因为在理论上中介变量联系着两个变量,如果两个变量之间没有关系,中介作用将无从谈起。所以,在进行中介效应分析时,需要检验两个变量之间是否有关系,即相关系数或回归系数是否显著。

然而,研究者发现,在特定情况下,自变量和因变量之间相关不显著时仍有可能存在中介效应,即自变量和因变量显著相关并不是中介效应存在的前提。Rucker 等人的模拟研究也发现,在所有模拟条件下,有近一半的情况是自变量和因变量关系不显著,却存在显著中介效应(见温忠麟,刘红云,侯杰泰,2012)。下面的例子可以很好地说明这一有趣的现象。设 Y 是装配线上工人的出错次数,X 是他的智力,M 是他的厌倦程度。又设智力(X)对厌倦程度(M)的效应是 $0.707(a)$,厌倦程度(M)对出错次数(Y)的效应是 $0.707(b)$,而智力对出错次数的直接效应是 $-0.50(c')$,则智力对出错次数的总效应(c)是零(即智力与出错次数的相关系数是零)。本例涉及效应的遮掩问题,温忠麟和叶宝娟(2014)认为应当区分传统中介效应和遮掩效应。在实际应用中,当自变量对因变量的影响显著时,可以分析是通过什么中介起作用的;当自变量对因变量的影响不显著时,可以问为何不影响了,是什么变量遮掩了其影响。可见,出于解释的需要,应当区分中介效应和遮掩效应。由于实际中比较少见,这里对遮掩效应不多讨论。

2. 中介模型的形式

根据模型中中介变量的个数可以简单地将中介模型分为单中介和多中介模型(如图 7-4-1,图 7-4-2,图 7-4-3)。其中,单中介模型是最简单的一种。

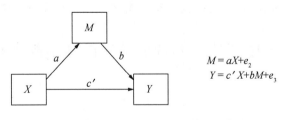

图 7-4-1 简单中介模型图

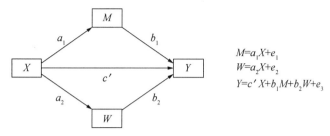

图 7-4-2 简单的双中介模型图

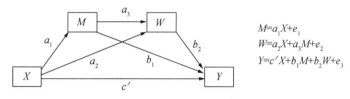

图 7-4-3 复杂的双中介模型图

对于单中介模型的分析,可以使用原始变量,也可以使用中心化变量(即减去其均值)或者标准化变量(即 Z 分数)。通常为了行文简便,避免在回归方程中出现与方法讨论无关的截距项,假设所有变量都已经中心化,则可用下列回归方程来描述变量之间的关系(图 7-4-1 是相应的路径图):

$$Y = cX + e_1 \tag{7.1}$$

$$M = aX + e_2 \tag{7.2}$$

$$Y = c'X + bM + e_3 \tag{7.3}$$

其中,方程(7.1)中的系数 c 为自变量 X 对因变量 Y 的总效应;方程(7.2)的系数 a 为自变量 X 对中介变量 M 的效应;方程(7.3)的系数 b 是在控制了自变量 X 的影响后,中介变量 M 对因变量 Y 的效应;系数 c' 是在控制了中介变量 M 的影响后,自变量 X 对因变量 Y 的直接效应;e_1、e_2、e_3 是回归残差。

对于这样一个单中介模型,中介效应等于间接效应(indirect effect),即等于系数乘积 ab。它与总效应和直接效应有下面关系:

$$c = c' + ab \tag{7.4}$$

当所有的变量都是标准化变量时,公式(7.4)就是相关系数的分解公式。但公式(7.4)对一般的回归系数也成立。由公式(7.4)得 $c - c' = ab$,即 $c - c'$ 等于中介效应,因而检验 $H_0: ab = 0$ 与检验 $H_0: c - c' = 0$ 是等价的。但由于各自检验统计量不同,检验结果可能不一样。

3. 中介效应的检验

已有文献介绍了多种检验中介效应的程序。下面以最简单的中介模型为例,说明中介效应分析的一般过程(温忠麟、叶宝娟,2014;见图 7-4-4)。

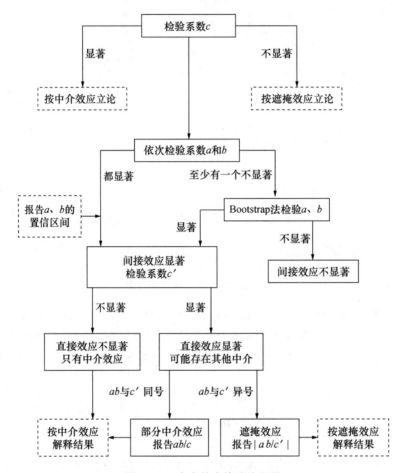

图 7-4-4 中介效应检验流程图

注：图中提到的 Bootstrap 法经常被用于不是正态分布或者虽然是正态分布但其标准误难以用公式简单计算的情形。若有兴趣，可以查阅温忠麟、刘红云和侯杰泰的著作《调节效应和中介效应分析》。

检验程序如下：

（1）检验系数 c。如果显著，按中介效应立论；如果不显著，按遮掩效应立论。

（2）依次检验系数 a、b。如果 a、b 都显著，则报告 a、b 的置信区间。a、b 都显著，表明间接效应显著，再检验系数 c'。如果 a、b 至少有一个不显著，则应用 Bootstrap 法检验 a、b。如果 Bootstrap 法检验 a、b 不显著，则表明间接效应不显著；如果 Bootstrap 法检验 a、b 都显著，则表明间接效应显著，再检验系数 c'。

（3）检验系数 c'。如果不显著，说明只有中介效应，按中介效应解释结果。如果显著，说明可能存在其他中介效应。如果 ab 与 c' 同号，则按部分中介效应解释结果，报告 ab/c；如果 ab 与 c' 异号，则按遮掩效应解释结果，报告 $|ab/c'|$。

二、调节效应

1. 调节效应的概述

当两个变量之间关系的方向和大小依赖于第三个变量时,则说明存在调节效应,这时的第三个变量即为调节变量。换句话说,如果变量 Y 与变量 X 的关系是变量 M 的函数,则称 M 为调节变量。例如,教学方法和学生数学成绩的关系往往受到性别的影响,即在相同的教学方法和实施手段下,男生与女生的数学成绩明显存在差异,这时,性别是调节变量。又如,学生某项自我概念(如外貌、体能等)和一般自我概念的关系会受到学生对该项自我概念重视程度的影响:很重视外貌的人,长相不好会大大降低其一般自我概念;不重视外貌的人,长相不好对其一般自我概念影响不大。在这里,对该项自我概念的重视程度是调节变量。调节变量可以是定性的(如性别、种族、学校类型等),也可以是定量的(如年龄、受教育年限、刺激次数等)。它影响因变量和自变量之间关系的方向(正或负)和(或)强弱。

最简单、常用的有调节变量的模型一般可以用图 7-4-5 示意:

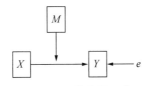

图 7-4-5 调节变量示意图

该模型的方程可以写成:

$$Y = aX + bM + cXM + e \tag{7.5}$$

也可以把上面的方程写成

$$Y = bM + (a + cM)X + e \tag{7.6}$$

在上述方程中,c 衡量了调节效应的大小。因此,对方程(7.5)中调节效应的分析主要是估计和检验 c。如果 c 显著(即 $H_0: c = 0$ 的假设被拒绝),则说明 M 的调节效应显著(温忠麟,刘红云,侯杰泰,2012)。

2. 调节效应与交互效应

在第五章方差分析中曾指出,当一个自变量的单独效应随另一个自变量的水平不同而不同时,这两个自变量对因变量的影响即为交互效应(interaction effect)。因此,从方程(7.1)可以看出,c 其实代表了 X 与 M 的交互效应。倘若从统计分析的角度来看,调节效应和交互效应没有什么差别。

然而,二者并不完全相同。在交互效应分析中,两个自变量的地位可以是对称的,其中任何一个都可以解释为调节变量;也可以是不对称的,只要其中一个起到了调节变量的作用,交互效应就存在。但在调节效应中,哪个是自变量,哪个是调节变量,是很明确的,在一个确定的模型中两者不能互换。因此,可以将调节效应看作交互效应的特例。例如,要研究性别是否是教学方法和学生数学成绩的关系中的调节变量,则可以指定教学方法是自变量,数学成绩是因变量,考察不同教学方法对学生成绩的影响是否会因性别的不同而不同。

3. 调节效应的检验

由于变量可分为两类,一类是类别变量(categorical variable),包括定类变量和定序变量,另一类是连续变量(continuous variable),包括定距变量和定比变量。因此,调节效应的分析方法可以分四种情况讨论(温忠麟,刘红云,侯杰泰,2012):

(1) 当自变量和调节变量都是类别变量时,可以做两因素交互效应的多因素方差分析。

(2) 当自变量和调节变量都是连续变量时,将因变量、自变量和调节变量中心化后,用带有乘积项的回归模型,做层次回归分析,即:① 做 Y 对 X 和 M 的回归,得测定系数 R_1^2。② 做 Y 对 X、M 和 XM 的回归得 R_2^2,若 R_2^2 显著高于 R_1^2,则调节效应显著;或者,做 XM 的偏回归系数检验,若显著,则调节效应显著。

(3) 当自变量是类别变量、调节变量是连续变量时,将自变量重新编码为伪变量(dummy variable),同(2)用带有乘积项的回归模型,做层次回归分析。

(4) 当自变量是连续变量、调节变量是类别变量时,做分组回归分析。

具体的调节效应分析方法如表 7-4-1 所示。

表 7-4-1 调节效应的分析方法

调节变量 (M)	自变量(X)	
	类别	连续
类别	两因素有交互作用的方差分析(ANOVA),交互作用即调节效应。	方法1. 分组回归:按 M 的取值分组,做 Y 对 X 的回归。若回归系数的差异显著,则调节效应显著。 方法2. 调节变量使用伪变量,并将自变量和调节变量中心化,做层次回归(同 X 是类别变量、M 是连续变量的情况)。
连续	自变量使用伪变量,并将自变量和调节变量中心化,做 $Y=\beta_0+\beta_1X+\beta_2M+\beta_3MX+e$ 的层次回归。如果 MX 的系数 β_3 显著,则调节效应显著。	将自变量和调节变量中心化,做层次回归(同 X 是类别变量、M 是连续变量的情况)。除了考虑交互效应项的情况(如 M^2X,表示非线性调节效应;MX^2,表示曲线回归的调节)。

第五节 中介效应和调节效应的 SPSS 操作和应用

一、中介效应的应用举例

例题 某研究调查了 732 名中学生在问题性网络使用、孤独感以及自杀意念上的得分。分析考察孤独感在问题性网络使用与自杀意念之间是否起到中介作用(见表 7-5-1)。

表 7-5-1　中学生问题性网络使用、孤独感以及自杀意念得分

编号	问题性网络使用	孤独感	自杀意念
1	36	33	8
2	37	23	0
3	37	26	0
4	39	50	3
5	39	63	4
6	39	58	5
7	39	37	9
8	41	37	8
9	42	26	0
10	42	32	1
⋮	⋮	⋮	⋮
732	120	53	9

1. 建立 SPSS 文件

根据表 7-5-1 的数据建立 SPSS 文件，如图 7-5-1（数据文件 data7-03）。

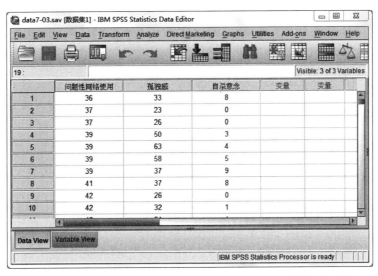

图 7-5-1　中学生问题性网络使用、自杀意念和孤独感的数据文件

2. 变量中心化

如前所述，为了避免在回归方程中出现与方法讨论无关的截距项，将变量 X、M、Y 做中心化处理（各变量减去各自的均值），得到新变量 X"问题性网络使用（中心化）"、M"孤独感（中心

化)"、Y"自杀意念(中心化)",如图 7-5-2 所示。

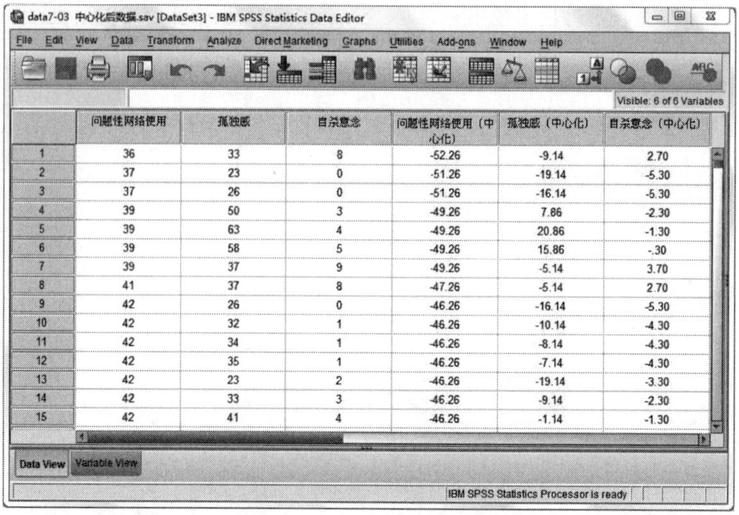

图 7-5-2 中心化后的新变量

3. 中介效应检验的 SPSS 操作步骤

第一步,检验方程 $Y=cX+e_1$ 中的 c 是否显著。

(1) 在菜单栏中单击 Analyze→Regression→Linear,打开 Linear Regression 主对话框。将"自杀意念(中心化)"作为因变量送入 Dependent 栏,将"问题性网络使用(中心化)"作为自变量送入 Independent(s) 栏。Method 栏选择 Enter(进入)。如图 7-5-3 所示。

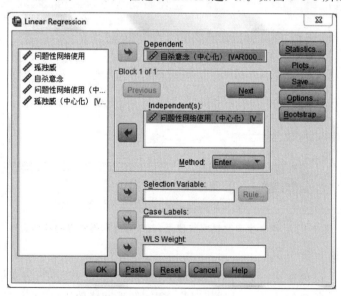

图 7-5-3 检验方程中 c 显著性的 Linear Regression 主对话框

(2) 单击 Statistics 按钮,选择 Estimates 和 Model fit 输出常用统计量,如图 7-5-4 所示。

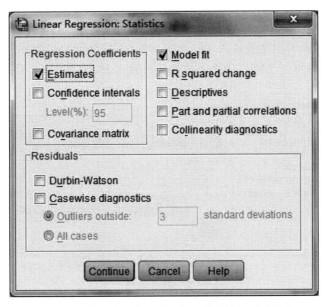

图 7-5-4　检验方程中 c 显著性的输出统计量对话框

(3) 返回主对话框,单击 OK 按钮,执行回归分析命令,输出结果,如表 7-5-2 和表 7-5-3 所示。

表 7-5-2　检验方程中 c 显著性的模型的拟合优度表

模型	R	R^2	Adjusted R^2	SE
1	0.184	0.034	0.033	3.91564

表 7-5-3　检验方程中 c 显著性的回归模型系数表*

模型	非标准化回归系数		标准化回归系数	t	p
	B	SE	Beta		
常数	0.005	0.145	—	0.033	0.974
问题性网络使用(中心化)	0.034	0.007	0.184	5.060	0.000

* 因变量:自杀意念(中心化)。

表 7-5-2 给出了复相关系数(R)、判定系数(R^2)、校正后的判定系数(Adjusted R^2)和估计值的标准差(SE)。模型的校正 R^2 值是 0.033,说明自变量可以解释因变量变异的 3.3%。

表 7-5-3 列出了模型的非标准化的回归系数 B 值和标准误、标准化回归系数 Beta 值、t 值及其显著性水平。由于在回归分析之前,所有的变量都已中心化,所以,要得到中介效应分析的标准化结果,可以选择标准化回归系数。由这两个表可知,方程 $Y = cX + e_1$ 的回归效应显

著,$c=0.184$,$p<0.001$。

第二步,检验方程 $M=aX+e_2$ 中的 a 是否显著。

(1) 在菜单栏中单击 Analyze→Regression→Linear,打开 Linear Regression 主对话框。将"孤独感(中心化)"作为因变量送入 Dependent 栏,将"问题性网络使用(中心化)"作为自变量送入 Independent(s)栏。Method 栏选择 Enter(进入)。如图 7-5-5 所示。

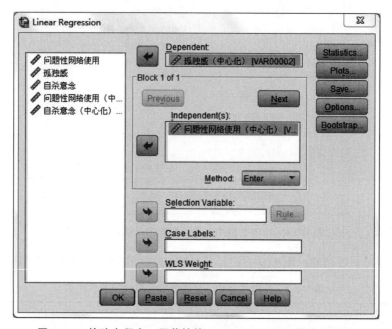

图 7-5-5　检验方程中 a 显著性的 Linear Regression 的主对话框

(2) 其他选项不变,单击 OK 按钮,输出结果,如表 7-5-4 和表 7-5-5。由表 7-5-4 可知,模型的校正 R^2 值为 0.025,说明自变量可以解释因变量变异的 2.5%。

表 7-5-4　检验方程中 a 显著性的模型的拟合优度表

模型	R	R^2	Adjusted R^2	SE
1	0.159	0.025	0.024	9.83128

表 7-5-5　检验方程中 a 显著性的回归模型系数表[*]

模型	非标准化回归系数		标准化回归系数	t	p
	B	SE	Beta		
常数	0.002	0.363	—	0.006	0.995
问题性网络使用(中心化)	0.074	0.017	0.159	4.363	0.000

[*] 因变量:孤独感(中心化)。

由以上两个表可知,在方程 $M=aX+e_2$ 中,$a=0.159$,$p<0.001$。

第三步,检验方程 $Y=c'X+bM+e_3$ 中的 b 是否显著。

(1) 在菜单栏中单击 Analyze→Regression→Linear,打开 Linear Regression 主对话框。将"自杀意念(中心化)"作为因变量送入 Dependent 栏,将"问题性网络使用(中心化)"和"孤独感(中心化)"同时送入 Independent(s) 栏。Method 栏选择 Enter(进入)。如图 7-5-6 所示。

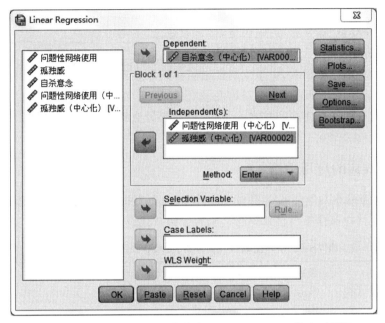

图 7-5-6　检验方程中 b 显著性的 Linear Regression 的主对话框

(2) 其他选项不变,单击 OK 按钮,输出结果,如表 7-5-6 和表 7-5-7。

表 7-5-6　检验方程中 b 显著性的模型的拟合优度表

模型	R	R^2	Adjusted R^2	SE
1	0.570	0.325	0.324	3.27415

表 7-5-7　检验方程中 b 显著性的回归模型系数表[*]

模型	非标准化回归系数		标准化回归系数	t	p
	B	SE	Beta		
常数	0.004	0.121	—	0.035	0.972
问题性网络使用(中心化)	0.018	0.006	0.097	3.144	0.002
孤独感(中心化)	0.219	0.012	0.547	17.750	0.000

[*] 因变量:自杀意念(中心化)。

由以上两个表可知,模型的校正 R^2 值是 0.325,说明自变量问题性网络使用与孤独感可以解释因变量自杀意念变异的 32.5%。方程 $Y=c'X+bM+e_3$ 的回归效应显著,$b=0.547$,$p<0.001$,因此,a 和 b 都是显著的,接下来检验中介效应到底是部分中介效应还是完全中介效应。

第四步,判断完全中介效应还是部分中介效应,即 c' 的显著性。

从表 7-4-7 可知,$c'=0.097$,$p=0.002$,因此是部分中介效应,即自变量"问题性网络使用"部分通过中介变量"孤独感"影响因变量"自杀意念"。

4. 结果的报告

中介效应检验的结果显示,中学生的孤独感在问题性网络使用和自杀意念之间起部分中介作用,即自变量"问题性网络使用"对因变量"自杀意念"的影响不完全通过变量"孤独感"的中介来达到,"问题性网络使用"对"自杀意念"还有部分直接效应。中介效应对总效应的贡献率为:Effect $M=ab/c=0.159\times0.547/0.184=0.4727$,即 47.27%。

二、调节效应的应用举例

例题 某项研究测量了 718 名中学生在领悟社会支持、孤独感以及自杀意念上的得分。分析领悟社会支持在孤独感与自杀意念之间有无调节效应(见表 7-5-8)。

表 7-5-8 中学生领悟社会支持、孤独感以及自杀意念得分

编号	领悟社会支持	孤独感	自杀意念
1	31	57	13
2	32	68	15
3	32	66	17
4	33	57	7
5	33	60	18
6	34	50	4
7	34	60	12
8	35	66	10
9	35	65	12
10	35	64	17
⋮	⋮	⋮	⋮
718	64	36	14

1. 建立 SPSS 文件

根据表 7-5-8 的数据建立的 SPSS 文件如图 7-5-7(数据文件 data-7-04)。

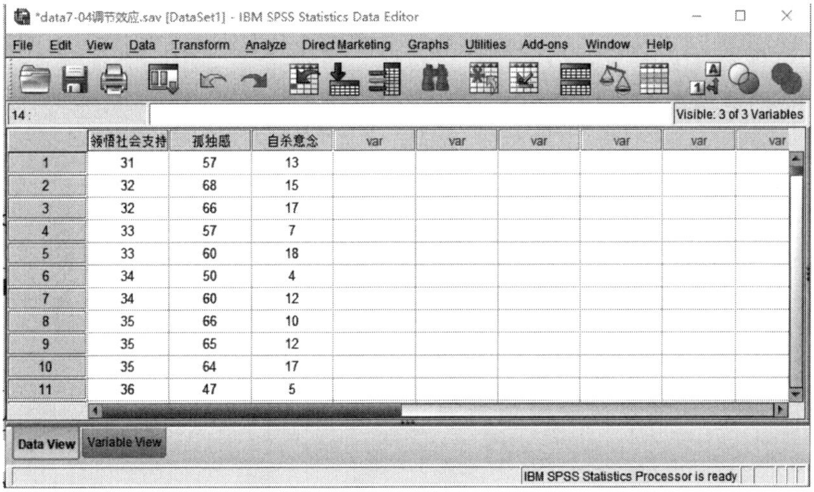

7 回归分析

图 7-5-7　中学生领悟社会支持、孤独感和自杀意念的数据文件

2. 变量中心化

将变量 X、M、Y 做中心化处理（各变量减去各自的均值），得到新变量 X"孤独感（中心化）"、M"领悟社会支持（中心化）"、Y"自杀意念（中心化）"，如图 7-5-8 所示。

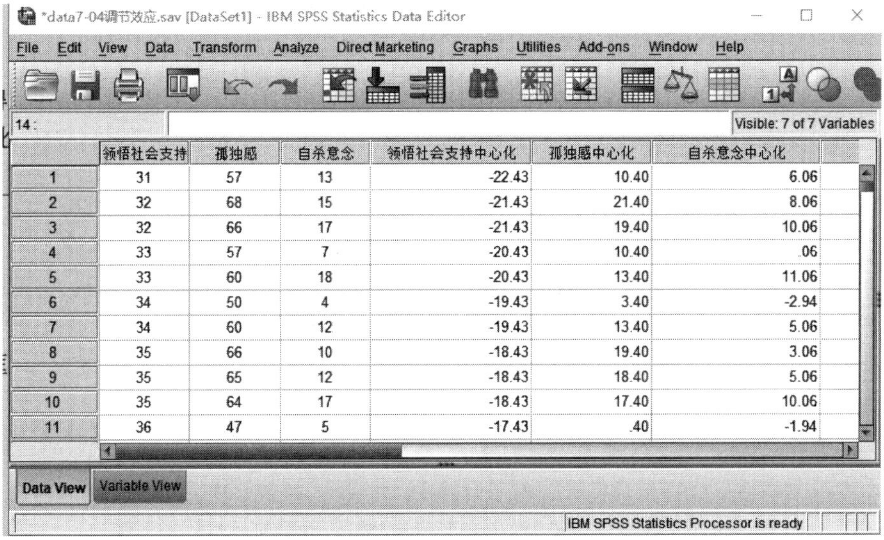

图 7-5-8　中心化后的新变量

3. 定义自变量与调节变量的乘积项

（1）在菜单栏中依次单击 Transform→Compute，打开 Compute Variable 对话框。在 Target Variable 框中输入目标变量的名称，如 XM，在 Number Expression 框中输入数学表达

式,见图 7-5-9。

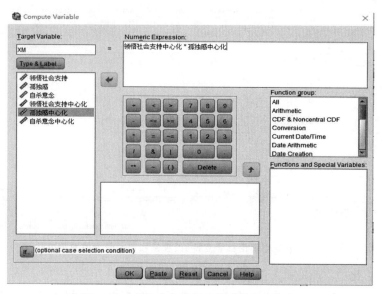

图 7-5-9 定义自变量与调节变量的乘积项

(2) 单击 OK 按钮,执行操作,则在数据文件中增加了一列数据,如图 7-5-10。

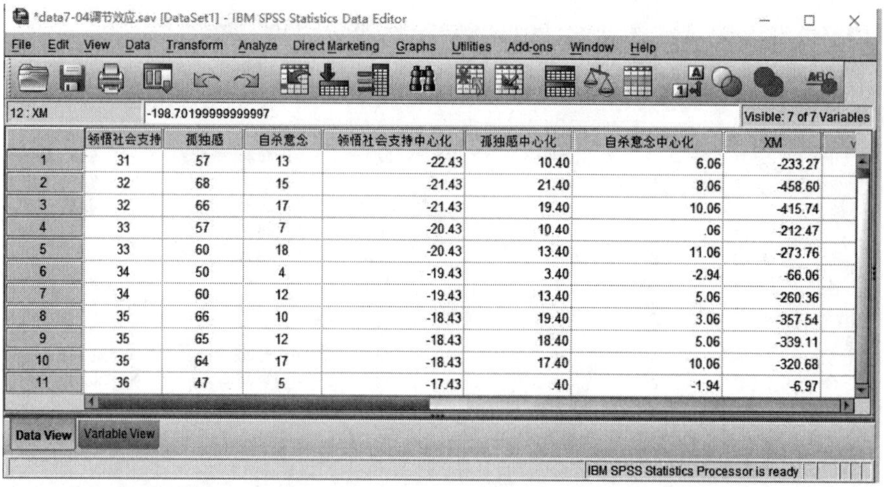

图 7-5-10 添加自变量(X)与调节变量(M)的乘积项后的数据文件

4. 调节效应检验的操作步骤

(1) 在菜单栏中单击 Analyze→Regression→Linear,打开 Linear Regression 主对话框。将"自杀意念(中心化)"作为因变量送入 Dependent 栏,将"孤独感(中心化)"和"领悟社会支持(中心化)"作为自变量送入 Independent(s)栏,Method 栏选择 Enter(进入)。如图 7-5-11 所示。

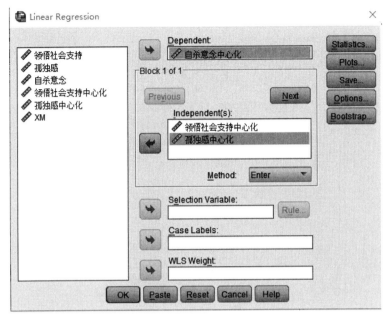

图 7-5-11　层次回归 Linear Regression 中第一层的主对话框

（2）单击"Next"，将"孤独感（中心化）""领悟社会支持（中心化）"和"XM"作为自变量送入 Independent(s)栏。Method 栏选择 Enter（进入）。如图 7-5-12 所示。

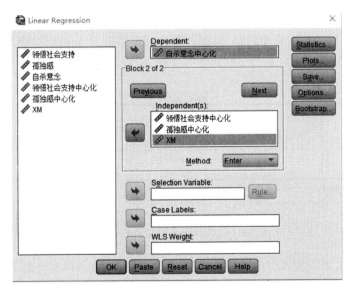

图 7-5-12　层次回归 Linear Regression 中第二层的主对话框

（3）单击 Statistics 按钮，选择 Estimates 和 Model fit 输出常用统计量，选择 R squared change 考察 R^2 变化，如图 7-5-13 所示。

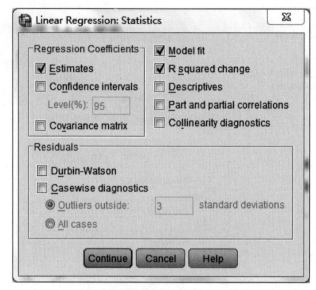

图 7-5-13　层次回归输出统计量对话框

返回主对话框，单击 OK 按钮，执行回归分析命令。

5. 输出的结果与解释

图 7-5-14 给出了 XM 进入前、后两个回归模型的复相关系数（R）、判定系数（R Square）、经过校正的判定系数（Adjusted R Square）、估计值的标准差（Std. Error of the Estimate）和判定系数改变的显著性检验。从中可知，模型 1 中的判定系数 $R_1^2=0.269$，模型 2 中的判定系数 $R_2^2=0.283$。引入交互项 XM 后，R^2 存在显著变化，说明调节效应存在。

Model Summary

Model	R	R Square	Adjusted R Square	Std. Error of the Estimate	Change Statistics				
					R Square Change	F Change	df1	df2	Sig. F Change
1	.519a	.269	.267	3.85248	.269	131.583	2	715	.000
2	.532b	.283	.280	3.81696	.014	14.368	1	714	.000

a. Predictors: (Constant), 孤独感中心化, 领悟社会支持中心化
b. Predictors: (Constant), 孤独感中心化, 领悟社会支持中心化, XM

图 7-5-14　层次回归模型的拟合优度

图 7-5-15 给出了层次回归模型的系数（注意：与中介效应分析不同的是，在调节效应分析中，一般采用非标准化的回归系数）。从中可以看出，XM 的非标准回归系数为 -0.007，$p<0.05$，说明 XM 回归系数是有意义的，即领悟社会支持在孤独感和自杀意念的关系中存在调节效应，且回归方程为：$Y=-0.203+0.204X-0.083M-0.007XM$，其中 Y 代表因变量，即

自杀意念，X 代表自变量，即孤独感，M 代表调节变量，即领悟社会支持。

Model	Unstandardized Coefficients		Standardized Coefficients	t	Sig.
	B	Std. Error	Beta		
(Constant)	.001	.144		.006	.733
领悟社会支持中心化	-.106	.022	-.173	-4.925	.002
孤独感中心化	.209	.017	.424	12.086	.000
(Constant)	.203	.152		-1.333	.183
领悟社会支持中心化	-.083	.022	-.135	-3.747	.000
孤独感中心化	.204	.017	.414	11.896	.000
XM	-.007	.002	-.127	-7.791	.000

a. Dependent Variable: 自杀意念中心化

图 7-5-15　层次回归模型中的系数

6. 结果的报告

层次线性回归分析的结果显示，中学生的领悟社会支持在孤独感与自杀意念的关系中存在着调节作用，且调节效应模型的回归方程为：$Y=-0.203+0.204X-0.083M-0.007XM$，其中 Y 代表自杀意念，X 代表孤独感，M 代表领悟社会支持。进一步将 $M=0$（均值），$M=-7.3$（比均值低一个标准差）和 $M=7.3$（比均值高一个标准差）代入回归方程，分别得到：$Y=-0.203+0.204X$，$Y=0.4029+0.2251X$ 和 $Y=-0.8089+0.1529X$，即 X 每增加一个单位，Y 分别增加 0.204、0.2551 和 0.1529 个单位。显然，自变量 X（孤独感）对因变量 Y（自杀意念）的正向影响，随着调节变量 M（领悟社会支持）的增加而减少。当 $M=29.14$ 时，X 对 Y 的影响为零。当 $M>29.14$ 时，X 对 Y 变成了反向影响，这显然几乎是不可能的。

第六节　曲线估计的基本概念和原理

在实际问题的研究中，变量之间的关系并非都是线性的。在很多情况下，变量之间只有一定的线性关系，但线性回归方程的解释率不高，此时可以考虑变量之间是否存在着某种曲线关系，可以用某种曲线函数来拟合观测数据。

一、曲线估计的概念

曲线估计（curve estimation）就是选定一种函数曲线，使得实际观测数据与函数值之间的差异尽可能地小。如果曲线选择得好，就可以更好地揭示因变量与自变量的数量关系，并能更有效地预测因变量的值。在曲线估计中，需要解决两个问题：第一，选用哪种函数模型，即用哪种函数关系式来拟合观测值；第二，当模型确定后，如何选择合适的参数，使得函数数据与实际观测数据的差异最小。

二、曲线估计的基本步骤

（1）根据自变量 x 和因变量 y 的散点图所呈现的趋势来分析曲线的形状。应该注意的是，如果两个变量之间存在某种不确定的函数关系，那么它就可能是以下两种函数关系中的一种：最简单的线性函数关系或非线性函数关系。非线性函数关系又分为两种：一种是本质性线性函数关系，即可以转换为线性关系，用最小二乘法求出相关系数；另一种为本质性非线性关系，不能转换成线性关系，仅能用迭代方法或分段平均值方法完成回归分析。SPSS 对本质性线性关系的回归分析采用本节所介绍的曲线估计，而对于本质性非线性关系则采用非线性回归分析（具体方法在第七节中介绍）。

（2）根据散点图，结合专业知识及经验选择合适的函数曲线。若散点图的分布形状呈圆形分布，则表示两个变量之间没有函数关系。

（3）有时可以结合散点图试拟合几种不同形式的曲线方程并计算 R^2，一般来说，R^2 较大时表明回归方程拟合的效果较好。但应该注意的是，为了单纯地得到较大的 R^2，模型的形式可能会很复杂，甚至使其中的参数无法解释其实际意义。所以，要充分考虑专业知识，结合实际经验的解释和应用效果来确定最终的曲线形式。

三、数据要求

（1）自变量与因变量应该均为数值型变量。

（2）模型的残差应该是任意的，且呈正态分布。如果选择了线性模型，因变量必须是正态分布的，且所有的观测量应该是独立的。

第七节 曲线估计的操作和应用

一、操作选项

1. 计算

单击菜单 Analyze→Regression→Curve Estimation，弹出 Curve Estimation 主对话框，如图 7-7-1 所示。

（1）Dependent(s)栏：可以选出一个或多个因变量进入，如果选多个，则对各个因变量分别拟合模型。

（2）Independent 栏：选择一个自变量进入。

- Variable 选项：选择普通的自变量进入模型时，选择此项。
- Time 选项：选择时间变量作为自变量时，选择此项。若选择此项，那么因变量也应该是时间量度的变量。

（3）Case Labels 栏：用此栏中的数值标记散点图中的每一个点，可以从左侧的变量列表中选择。

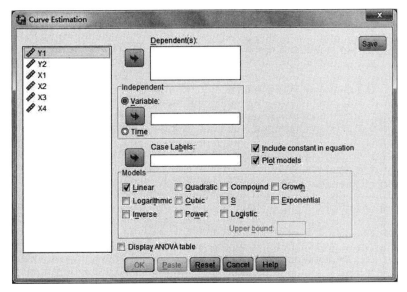

图 7-7-1　Curve Estimation 主对话框

（4）Include constant in equation 选项：在回归方程中包含常数项，这是系统的默认选项。

（5）Plot models 选项：输出回归模型图，包括原始数值的连线图和拟合模型的曲线图，它在曲线拟合中是非常重要的，是系统的默认选项。

（6）Models 栏：选择一个或多个曲线估计模型，各个曲线模型的方程见表 7-7-1。

表 7-7-1　曲线估计模型

模型名称	回归方程	相应的线性方程
Linear（直线）	$y=b_0+b_1 t$	$y=b_0+b_1 t$
Quadratic（二次曲线）	$y=b_0+b_1 t+b_2 t^2$	
Compound（复合函数）	$y=b_0(b_1^t)$	$\ln(y)=\ln(b_0)+[\ln(b_1)]t$
Growth（等比级数曲线）	$y=e^{(b_0+b_1 t)}$	$\ln(y)=b_0+b_1 t$
Logarithmic（对数曲线）	$y=b_0+b_1 \ln(t)$	
Cubic（三次曲线）	$y=b_0+b_1 t+b_2 t^2+b_3 t^3$	
S（S形曲线）	$y=e^{b_0+b_1/t}$	$\ln(y)=b_0+b_1/t$
Exponential（指数曲线）	$y=b_0 e^{b_1 t}$	$\ln(y)=\ln(b_0)+b_1 t$
Inverse（双曲线）	$y=b_0+(b_1/t)$	
Power（幂函数）	$y=b_0(t^{b_1})$	$\ln(y)=\ln(b_0)+b_1 \ln(t)$
Logistic（逻辑曲线）	$y=1/[1/u+b_0(b_1^t)]$	$\ln(1/y-1/u)=\ln\{b_0+[\ln(b_1)t]\}$

表 7-7-1 的公式中，t 表示时间或指定的自变量，b_0 为常数，b_n 为回归系数。ln 是以 e 为

底的自然对数。在逻辑曲线中 u 是一个上限值,它必须是一个正数,而且必须大于因变量中的最大值。

(7) Display ANOVA table 选项:表示是否输出 ANOVA 方差分析表。

2. 保存

单击 Save 按钮,弹出保存对话框,如图 7-7-2 所示。

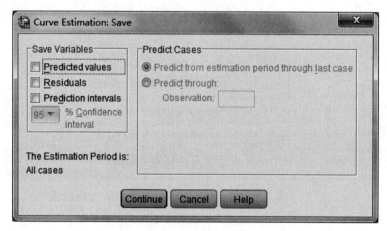

图 7-7-2　保存对话框

(1) Save Variables 栏:选择哪些作为新变量保存。

• Predicted values:保存因变量的预测值。

• Residuals:保存残差值。

• Prediction intervals:保存预测值的置信区间,在 Confidence interval 的下拉菜单中选择置信区间。

(2) Predict Cases 栏:当自变量为时间变量时使用。

• Predict from estimation period through last case:使用预先设定好的估计周期中的数据,求出所有观测量的预测值,要完成这一步,必须事先通过 Data 菜单中的 Select Cases 选项中的 Based on time or case range 定义估计周期。这个定义估计周期显示在 Curve Estimation:Save 对话框的下端。

• Predict through:用来预测时间序列中最后一个观测量之后的数值。选择该选项后,在下面的 Observation 文本框中指定一个预测周期。如果没有定义日期变量,也可以指定观测量的数目。

二、应用举例

例题　某研究人员为了考察胎儿体重随身高增长的变化关系,收集到了怀孕第 8 周到第 38 周胎儿的平均身高和体重的数据,试采用恰当的回归方程描述胎儿体重 y 与身高 x 之间的关系,考察能否用胎儿的平均身高预测胎儿的平均体重。原始数据见表 7-7-2(数据来自:林崇德,1995. 发展心理学. 北京:人民教育出版社,112-113.)。

表 7-7-2　胎儿身高与体重变化表

周	身高/cm	体重/g
8	2.5	14
12	7.5	28
16	15	110
⋮	⋮	⋮
38	52	3500

1. 建立 SPSS 数据文件

根据表 7-7-2 的数据建立的 SPSS 数据文件见图 7-7-3(数据文件 data7-05)。

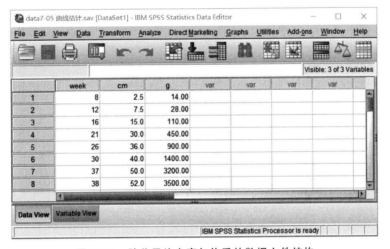

图 7-7-3　胎儿平均身高与体重的数据文件结构

2. 操作步骤

(1) 打开数据文件 data7-05.sav 绘制散点图。单击 Graphs→Legacy Dialogs→Scatter/Dot→Simple Scatter,打开 Simple Scatter plot 对话框,选择"体重"送入 Y 轴,选择"身高"送入 X 轴,单击 OK 按钮,如见图 7-7-4 所示。

从图 7-7-5 可以看出,胎儿身高与体重呈曲线关系,可以根据散点图选择模型,用曲线估计的方法来求出回归方程。

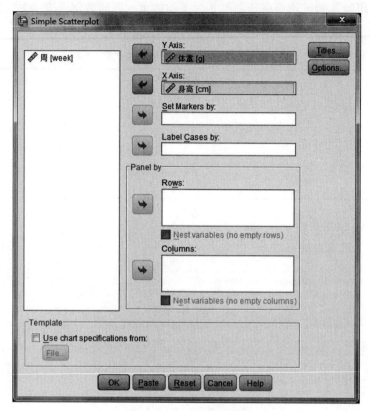

图 7-7-4 散点图对话框

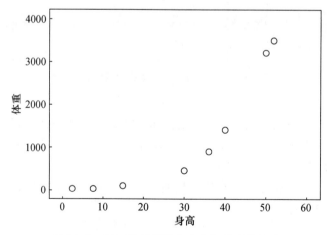

图 7-7-5 SPSS 输出的胎儿身高与体重散点图

（2）在菜单栏中单击 Analyze→Regression→Curve Estimation，打开 Curve Estimation 主

对话框,在左边的变量列表中选择"身高"作为自变量送入 Independent 栏,选择"体重"作为因变量送入 Dependent 栏,在 Models 栏中选择 Linear、Quadratic 和 Exponential。选择 Display ANOVA table 选项,其他设置保持默认选项,单击 OK 按钮,执行回归分析命令,如图 7-7-6 所示。

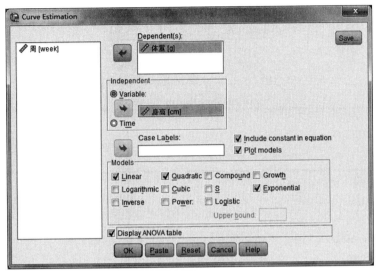

图 7-7-6　Curve Estimation 的主对话框

3. 输出的结果与解释

图 7-7-7 给出了模型拟合过程中的一系列描述信息,包括因变量的数目和变量名、所选择的模型数量和类型、自变量的变量名、回归方程包括常数项等情况。

Model Description

Model Name			MOD_1
Dependent Variable	1		体重
Equation	1		Linear
	2		Quadratic
	3		Exponential[a]
Independent Variable			身高
Constant			Included
Variable Whose Values Label Observations in Plots			Unspecified
Tolerance for Entering Terms in Equations			.0001

a. The model requires all non-missing values to be positive.

图 7-7-7　模型拟合过程的描述信息表

图 7-7-8 至图 7-7-9 分别为模型拟合中关于样本例数的情况和拟合过程中的一些其他情况说明。

Case Processing Summary

	N
Total Cases	8
Excluded Cases[a]	0
Forecasted Cases	0
Newly Created Cases	0

a. Cases with a missing value in any variable are excluded from the analysis.

图 7-7-8 拟合样本例数的说明表

Variable Processing Summary

		Variables	
		Dependent	Independent
		体重	身高
Number of Positive Values		8	8
Number of Zeros		0	0
Number of Negative Values		0	0
Number of Missing Values	User-Missing	0	0
	System-Missing	0	0

图 7-7-9 拟合过程情况表

Model Summary

R	R Square	Adjusted R Square	Std. Error of the Estimate
.889	.791	.756	697.171

The independent variable is 身高.

ANOVA

	Sum of Squares	df	Mean Square	F	Sig.
Regression	11034499	1	11034498.906	22.703	.003
Residual	2916281	6	486046.766		
Total	13950780	7			

The independent variable is 身高.

Coefficients

	Unstandardized Coefficients		Standardized Coefficients		
	B	Std. Error	Beta	t	Sig.
身高	66.418	13.940	.889	4.765	.003
(Constant)	-734.179	474.957		-1.546	.173

图 7-7-10 线性回归方程 Linear 的拟合结果表

图 7-7-10 至图 7-7-12 分别由三个子表组成,其中 Model Summary 表依次给出了复相关

系数 R、判定系数 R^2、校正 R^2 和估计值的标准误；ANOVA 表给出了方差分析的结果；Coefficients 表给出了回归模型的系数及常数项。

Model Summary

R	R Square	Adjusted R Square	Std. Error of the Estimate
.994	.989	.984	178.222

The independent variable is 身高.

ANOVA

	Sum of Squares	df	Mean Square	F	Sig.
Regression	13791964	2	6895981.841	217.106	.000
Residual	158815.8	5	31763.163		
Total	13950780	7			

The independent variable is 身高.

Coefficients

	Unstandardized Coefficients		Standardized Coefficients	t	Sig.
	B	Std. Error	Beta		
身高	-72.575	15.337	-.972	-4.732	.005
身高 ** 2	2.546	.273	1.914	9.317	.000
(Constant)	358.706	168.820		2.125	.087

图 7-7-11　二次曲线回归方程 Quadratic 的拟合结果表

Model Summary

R	R Square	Adjusted R Square	Std. Error of the Estimate
.993	.987	.985	.260

The independent variable is 身高.

ANOVA

	Sum of Squares	df	Mean Square	F	Sig.
Regression	30.747	1	30.747	456.272	.000
Residual	.404	6	.067		
Total	31.152	7			

The independent variable is 身高.

Coefficients

	Unstandardized Coefficients		Standardized Coefficients	t	Sig.
	B	Std. Error	Beta		
身高	.111	.005	.993	21.361	.000
(Constant)	14.201	2.511		5.655	.001

图 7-7-12　指数回归方程 Exponential 的拟合结果表

结合图 7-7-10、图 7-7-11 和图 7-7-12 可以看出三个模型中的 F 值均达到了显著性水平，二次曲线回归方程（Quadratic）的 R^2 值（0.989）既大于线性回归方程（Linear）中的 R^2 值（0.791），又大于指数曲线回归方程（Exponential）中的 R^2 值（0.987）。但选择模型不能只考虑 R^2 的大小，应该注意到二次曲线模型中的标准误很大，而且回归系数中的常数项也有没有达到显著性水平，而在指数曲线模型校正的 R^2 值（0.985）还略大于二次曲线模型校正的 R^2 值（0.984），F 值较大，而且标准误较小，所以综合考虑，选择指数曲线模型的拟合效果更好一些。

图 7-7-13 是所选择的三种模型对原始数据拟合情况的示意图。拟合曲线图可以对选择模型起到辅助作用，从图中可以看出指数曲线拟合得更好些，结合图 7-7-10 至图 7-7-12 的分析，应该选择指数曲线模型作为回归方程。

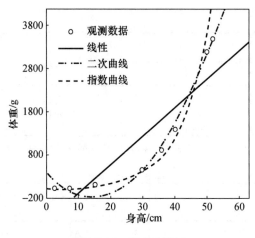

图 7-7-13　拟合曲线图

4. 结果报告

曲线估计分析结果显示，胎儿的身高与体重存在着显著的指数曲线关系，胎儿的身高可以解释胎儿体重变异的 98.5%（校正 $R^2=0.985$），胎儿身高和体重可以用指数曲线模型建立回归方程，建立的回归方程为：$y=14.201\times e^{0.111x}$，其中 y 代表胎儿的体重，x 代表胎儿的身高。回归分析结果表明，可以用胎儿的身高预测其体重。

第八节　非线性回归的基本概念和原理

一、非线性回归的概念

非线性回归（nonlinear regression analysis）是寻求因变量与一系列自变量之间的非线性关系模型的统计方法。"线性"和"非线性"并不是说因变量与自变量之间是直线或曲线关系，而是说因变量是否能用自变量的线性组合来表示。非线性回归可以估计因变量和自变量之间具有任意数量关系的模型。它适用于方程中的参数被限制约束的回归模型,如果掌握了方程中的参数值或参数的取值范围,并且方程并不能被简单写成参数与几个变量的乘积时,可以使用非线性回归分析。

二、非线性回归原理

1. 非线性回归分析中估算参数的方法

与线性回归一样,非线性回归也必须选择模型中的参数值,以使残差平方和的值越小越好。

2. 非线性回归的计算方法

非线性回归的计算方法很多,最常用的是迭代算法。迭代算法有两种,阻尼最小二乘法(Levenberg-Marquardt)和序列二次规划法(sequential quadratic programming)。

阻尼最小二乘法是 Gauss-Newton 算法的一种修正法。它有一个阻尼因子 λ,利用阻尼因子 λ 可以控制搜索步长和方向。当 $\lambda=0$ 时,即为 Gauss-Newton 法;当 $\lambda \to \infty$ 时,趋于零向量,即为"最速下降法";阻尼最小二乘法的优势是对影响 Gauss-Newton 法有效性的病态二次项,可以利用 λ 进行控制。

序列二次规划法的主要思路是,形成基于拉格朗日函数二次近似的二次规划子问题。而这些问题可以用任意一种二次规划算法求解。求得的解用来形成新的迭代公式,作为下一次搜索的依据。用序列二次规划法求解非线性有约束问题时的迭代次数常常比求解无约束问题时少,因为在搜索区间内,序列二次规划法可以获得最佳的搜索步长和方向信息。

3. 参数约束

在序列二次规划法中提到了约束的问题。所谓的"约束"是指在利用迭代方法求解的过程中对参数值的限制,也就是说在多数的非线性回归模型中,参数必须限制在有意义的区间内。

4. 数据要求

使用非线性回归方法建立回归模型时,要求自变量与因变量必须是数值型变量。如果自变量是分类变量,则应先转换为二分类变量的虚拟变量。并且仅当指定的函数能准确描述因变量和自变量的关系时,才能保证分析结果的有效性。

5. 初始值的选择

选择一个好的初始值是非常重要的。如果初始值的选择不合适,即使指定的函数模型再准确,也会导致迭代过程不收敛或者可能只得到一个局部最优值而不能得到整体最优值。

初始值的选择方法有如下 6 种:

(1) 使用图形辅助来确定参数的取值范围,在研究的实际范围内确定初始值。

(2) 根据确定的非线性方程的数学特性进行交换,结合图形辅助判断初始值范围。

(3) 直接用数值来代替某些参数,确定其他参数的取值范围,从而确定初始值。

(4) 将数据转换后,使用线性关系模型确定初始值。

通常情况下,要综合使用上述方法。如果参数没有初始值,也不要将它们设置为 0,最好是将它们设置为预计要改变值的大小。如果忽略误差项,或许可以获得一个线性模型,并根据线性模型估算初始值。

(5) 利用非线性模型的属性估算初始值。

(6) 利用与参数同等数量的方程式,估算参数的初始值问题。

表 7-8-1　SPSS 中提供的非线性回归模型

模型名称	模型表达式
Asymptotic Regression	$b_1 + b_2 \times \exp(b_3 \times x)$
Density	$(b_1 + b_2 \times x)^{-1/b_3}$
Gauss	$b_1 \times (1 - b_3 \times \exp(-b_2 \times x^2))$
Gompertz	$b_1 \times \exp(-b_2 \times \exp(-b_3 \times x))$
Johnson-Schumacher	$b_1 \times \exp(-b_2/(x+b_3))$
Log-Modified	$(b_1 + b_3 \times x)^{b_2}$
Log-Logistic	$b_1 - \ln(1 + b_2 \times \exp(-b_3 \times x))$
Metcherlich-Law of Diminishing Returns	$b_1 + b_2 \times \exp(-b_3 \times x)$
Michaelis Menten	$b_1 \times x/(x + b_2)$
Morgan-Mercer-Florin	$(b_1 \times b_2 + b_3 \times x^{b_4})/(b_2 + x^{b_4})$
Peal-Reed	$b_1/(1 + b_2 \times \exp(-(b_3 \times x + b_4 \times x^2 + b_5 \times x^3)))$
Ratio of Cubics	$(b_1 + b_2 \times x + b_3 \times x^2 + b_4 \times x^3)/(b_5 \times x^3)$
Ratio of Quadratics	$(b_1 + b_2 \times x + b_3 \times x^2)/(b_4 \times x^2)$
Richards	$b_1/((1 + b_2 \times \exp(-b_3 \times x))^{1/b_4})$
Verhulst	$b_1/(1 + b_3 \times \exp(-b_2 \times x))$
Von Bertalanffy	$(b_1^{(1-b_4)} - b_2 \times \exp(-b_3 \times x))^{1/(1-b_4)}$
Weibull	$b_1 - b_2 \times \exp(-b_3 \times x^{b_4})$
Yield Density	$(b_1 + b_2 \times x + b_3 \times x^2)^{-1}$

第九节　非线性回归分析的 SPSS 操作和应用

一、操作选项

(1) 依次单击 Analyze→Regression→Nonlinear,弹出 Nonlinear Regression 主对话框,如图 7-9-1 所示。

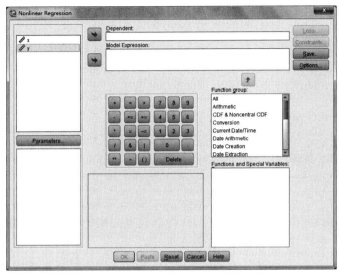

图 7-9-1 Nonlinear Regression 的主对话框

① Dependent 栏：从左侧的变量列表中选择一个变量作为非线性模型的因变量送入右边 Dependent 栏中。

② Model Expression 栏：输入回归模型的数学表达式，即表示因变量与当前数据文件中自变量关系的数学表达式，模型中可以包含待估计的位置参数，也可以引用 Functions 框中的函数。输入的模型至少应该包含一个自变量。

③ Function group 栏：该列表中列出了各种可用的数学函数组，在下方 Functions and Special Variables 栏中选择特定的数学函数和特殊变量，之后单击上方的向上按钮，将函数复制到 Model Expression 栏中，或者双击选定的函数，将其复制到 Model Expression 栏中。

单击对话框中间的小键盘，可以将对应的数字或者运算符号复制到 Model Expression 栏中。

（2）单击 Parameters 按钮，打开参数设置对话框，如图 7-9-2 所示，在该对话框中设置参数的初始值。

图 7-9-2 参数对话框

① Name：指定参数的名称，这个参数必须是在 Model Expression 栏中回归模型表达式中使用的名称。

② Starting Value：指定参数的初始值，初始值越接近最终确定的参数真值越好，所有的参数都需要指定初始值。不合适的初始值会增加迭代次数或导致迭代不收敛，或者可能得到一个局部最优值而不能得到整体最优值。将前次计算的参数结果作为当前初始值，可以增加计算的精度。

单击 Add 按钮，加以确认。以此类推，为每个参数都设置名称和初始值。单击 Change 按钮，修改已经设定的参数的初始值。单击 Remove 按钮，删除已经设定的参数的初始值。在这里所设置的参数以及初始值将在以后的分析中一直产生作用。

③ Use starting value from previous analysis 选项：是否将以前进行的非线性回归分析所获得的参数值作为初始值。如果选中此项，它将取代事先指定的初始值，如果改变了方程式，不能选择此项，应该删除或修改以前设置的参数。

（3）单击 Loss 按钮，弹出损失函数对话框，在该对话框中可以设置损失函数，如图 7-9-3 所示。

非线性回归分析中的损失函数是通过一定算法使其最小化的函数。必要时损失函数可以分区段表示。

① Sum of squared residuals：最小化的统计量是残差的平方和，这是系统的默认选项，以残差平方和为损失函数，此时拟合的就是最小二乘法。

② User-defined loss function：用户自定义其他损失函数，在下面的表达式框中输入损失函数。也可以从左侧的备选变量框中选择。若损失函数中要使用预测值，则使用因变量减去残差。

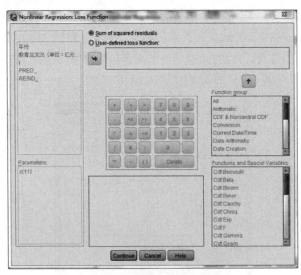

图 7-9-3　损失参数对话框

（4）单击 Nonlinear Regression 主对话框中的 Constraints 按钮，弹出参数约束对话框用于设置参数约束，这是针对在得到最终参数值的迭代过程中所允许参数的取值范围而言的，如图 7-9-4 所示。

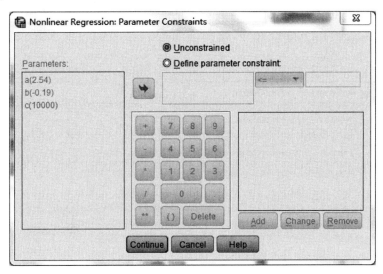

图 7-9-4　参数约束对话框

参数约束有两种，线性约束和非线性约束。线性约束是单个参数，或者常数与参数的乘积，或者是参数的线性组合。非线性约束是其中至少一个参数被其他参数相乘、相除或进行幂运算。

① Unconstrained：不对参数进行约束。

② Define parameter constraint：定义参数约束表达式，可以是等式和不等式。选择此项后，在参数框中选择要约束的参数进入 Define parameter constraint 框中。利用中间的小键盘设置参数的约束表达式。

（5）单击主对话框中的 Save 按钮，弹出保存新变量的对话框，如图 7-9-5 所示。

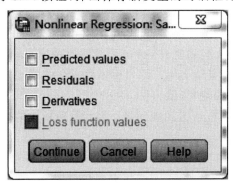

图 7-9-5　保存新变量对话框

① Predicted values：保存因变量预测值。
② Residuals：保存残差。
③ Derivatives：保存损失函数的值。

保存的新变量用于绘制散点图，它可以对研究模型的拟合程度起到辅助作用。

（6）单击主对话框中 Options 按钮，弹出选择对话框。可以设置非线性回归分析方法的各种选项，如图 7-9-6 所示。

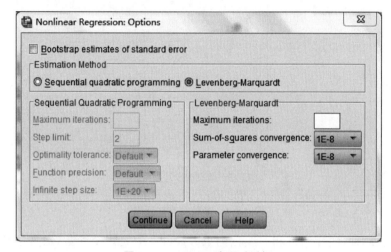

图 7-9-6　Options 选项对话框

① Bootstrap estimates of standard error：标准误的自助估计方法。通过从原始数据中重复取样来计算标准误。当选择了此项时，只有 Sequential quadratic programming（序列二次规划法）可用。也就是说这种标准误的估计方法需要序列二次规划法的支持。

② Estimation Method 栏：选择迭代算法。

Sequential quadratic programming：序列二次规划法。对于约束模型和非约束模型均有效。如果指定了一个约束模型或定义了一个损失函数，或者选择了标准误的自助估计法，则自动选中该项。若选择了此项，需要对下列选项进行设置。

• Maximum iterations：设置对最大迭代步数作为迭代停止的判据。

• Step limit：步数限制。必须输入一个正数作为参数向量长度改变的最大允许度。

• Optimality tolerance：最优容限。即目标函数求解的精确度或者有效数字的位数。最优容限的设置必须大于函数精确度。

• Function precision：目标函数的精确度。当函数值较大时，它作为相对精确度；当函数值较小时，它作为绝对精确度。

• Infinite step size：无限步长。如果一步迭代中参数的值大于这个设置值，则迭代停止。

Levenberg-Marquardt：阻尼最小二乘法。对非约束模型的默认算法。如果指定了一个约束模型或定义了一个损失函数，或者选择了标准误的自助估计法，则此算法不可选。其选项的含义如下：
- Maximum iterations：最大迭代步数。
- Sum-of-squares convergence：平方和的收敛容限。残差平方和的变化量小于该设置值，则迭代停止。
- Parameter convergence：参数收敛。任何参数的变化量小于该设置值，则迭代停止。

二、应用举例

例题 某国教育研究人员为了预测 2024 年教育总支出，收集了 2005—2020 年教育总支出的情况，试用非线性模型对教育总支出情况进行拟合，并预测 2024 年的教育费支出情况。原始数据见表 7-9-1。

表 7-9-1　2005—2020 年教育总支出

年份	2005	2006	2007	2008	…	2020
教育总支出/亿元	731.51	867.06	1059.94	1488.78	…	3849.08

1. 建立 SPSS 数据文件

根据表 7-9-1 的数据建立的 SPSS 数据文件如图 7-9-7 所示（数据文件 data7-06）。

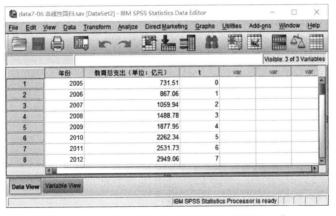

图 7-9-7　2005—2020 年教育总支出的数据文件

2. 操作步骤

（1）打开数据文件 data7-06.sav 绘制教育总支出的散点图，单击 Graphs→Legacy Dialogs→Scatter/Dot→Simple Scatter，打开 Simple Scatterplot 对话框，选择"教育总支出"送入 Y 轴，选择"年份"送入 X 轴，单击 OK 按钮。如图 7-9-8 所示。

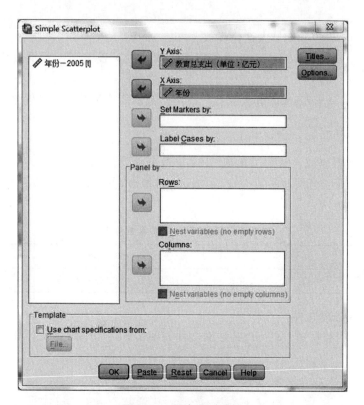

图 7-9-8　散点图对话框

(2) 非线性模型的确定。从图 7-9-9 中可以看出，教育总支出随着年份的递增呈非线性增长，根据散点图的趋势，试采用 Logistic 模型进行拟合。

$$y_i = \frac{c}{1+e^{a+bt_i}} + e_i$$

模型中的 y_i 是在年度为 t_i 时的教育经费总支出，a、b、c 是非线性模型的初始参数，其中 c 为渐近线；e_i 为误差项，需要在进行模型拟合前求出参数的解，误差项的大小依赖支出数额的变化，但为了方便计算，这里假设没有误差项，即 $e_i = 0$。

(3) 模型初始值的确定。在进行非线性回归之前要先计算出参数 a 和 b，依据时间变量为 0 的支出数据，即 2005 年的支出费用 731.51 亿元，渐近线 c 取距离最大观测值不远的数据 10 000，来估算参数 a 的值：

$$731.51 = \frac{10\,000}{1+e^{a+b\times 0}}$$

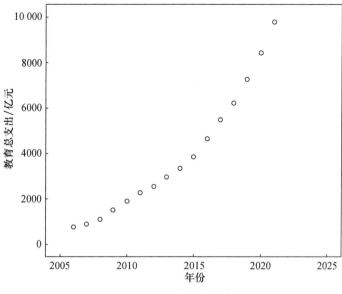

图 7-9-9　SPSS 输出的散点图

整理后得：$$a = 2.54$$

把参数 a 的估算值代入公式，并且利用时间变量为 1 时的支出数据，即 2006 年的支出费用 867.06 亿元来估算参数 b 的值：

$$867.06 = \left(\frac{10\,000}{1 + e^{b+2.54}} \right)$$

整理后得：$$b = -0.19$$

(4) 单击 Analyze→Regression→Nonlinear，打开 Nonlinear Regression 对话框。将"教育总支出"作为因变量送入 Dependent 栏，在 Model Expression 栏中输入模型的表达式：$c/[1+\exp(a+b \times t)]$，其中的 EXP(numexpr) 表达式可以在 Function group 栏中选择。在 Parameters 栏中输入已经计算出的参数 a 和 b 及渐近线 c 的估计值，即 $a \approx 2.54$，$b \approx -0.19$，$c \approx 10\,000$。返回主对话框，单击 OK 按钮，执行回归分析命令。如图 7-9-10 所示。

3. 输出的结果与解释

图 7-9-11 为每步迭代的残差平方和以及参数 a、b、c 的估计值，从中可以看出一共估算了 55 个模型和 23 个导数后，由于残差平方和的减少量达到了判据(1.00E-008)的要求，所以迭代停止。

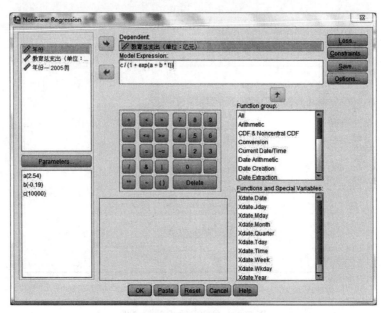

图 7-9-10　Nonlinear Regression 的主对话框

Iteration History[b]

Iteration Number[a]	Residual Sum of Squares	Parameter		
		a	b	c
1.0	41772200.738	2.540	-.190	10000.000
1.1	1.233E8	3.921	-.148	25251.751
1.2	2597116.859	2.773	-.240	12833.067
2.0	2597116.859	2.773	-.240	12833.067
2.1	15864162.221	3.097	-.176	18723.690
2.2	1726428.306	2.893	-.237	13361.485
……	……	……	……	……
21.0	207278.262	3.977	-.174	48063.959
21.1	207229.069	3.995	-.173	49012.395
22.0	207229.069	3.995	-.173	49012.395
22.1	207210.465	3.995	-.173	49029.862
23.0	207210.465	3.995	-.173	49029.862
23.1	207210.465	3.995	-.173	49031.557

Derivatives are calculated numerically.

a. Major iteration number is displayed to the left of the decimal, and minor iteration number is to the right of the decimal.

b. Run stopped after 55 model evaluations and 23 derivative evaluations because the relative reduction between successive residual sums of squares is at most SSCON = 1.00E-008.

图 7-9-11　每一步迭代的残差平方和及参数值表

图 7-9-12 给出了各个参数的估计值、标准误和 95% 的置信区间，从表中可以看出参数 a、b、c 的 95% 的置信区间均不包括 0，表明 a、b、c 均具有统计学意义。根据参数值可以建立回归方程。

Parameter Estimates

Parameter	Estimate	Std. Error	95% Confidence Interval	
			Lower Bound	Upper Bound
a	3.995	.377	3.180	4.810
b	-.173	.009	-.193	-.154
c	49031.557	20111.206	5583.939	92479.176

图 7-9-12　参数估计值表

Correlations of Parameter Estimates

	a	b	c
a	1.000	.931	.996
b	.931	1.000	.958
c	.996	.958	1.000

图 7-9-13　参数估计的相关系数表

从图 7-8-13 中可以看出，参数的相关系数很大，这说明模型有若干参数是不拟合的数据，很可能是因为模型中的参数比较多，相对来说观测量较少，但并不能说明模型不适合。

图 7-9-14 给出了模型因变量方差平方和、自由度、均方。Regression 给出了模型可以解释的变异信息，Residual 给出了模型不能解释的变异信息，Uncorrected Total 给出了全部变异之和（因变量的总平方和），Corrected Total 给出了因变量平均值的变异（偏离均值的平方和）。Residual Sum of Squares 和 Corrected Sum of Squares 用于计算复相关系数的平方，复相关系数的平方为 0.998，说明在该回归模型中，自变量可以解释因变量 99.8% 的变异。

ANOVA^a

Source	Sum of Squares	df	Mean Squares
Regression	3.640E8	3	1.213E8
Residual	207210.465	13	15939.267
Uncorrected Total	3.642E8	16	
Corrected Total	1.179E8	15	

Dependent variable: 教育总支出（单位：亿元）

a. R squared = 1 - (Residual Sum of Squares) / (Corrected Sum of Squares) = .998.

图 7-9-14　方差分析表

4. 结果的报告

非线性回归分析结果显示，R^2 的值为 0.998，方程拟合良好。根据图 7-9-12 的数据，可以建立回归方程：$y_i = \dfrac{49\,031.55}{1+e^{2.54-0.19 t_i}}$。根据回归方程预测 2024 年教育总支出为：$y_i = \dfrac{49\,031.55}{1+e^{2.54-0.19 \times 19}} \approx 36\,590.71 (亿元)$。

应该注意的是，根据回归方程得出的预测值只是一个估计值，不是精确值，可能与实际情况有一定的差距。

本章小结

一、基本概念

1. 回归分析

回归分析(analysis of regression)主要考察一个或几个自变量的变化对一个因变量的变化的影响关系和程度。可以根据已有的实验或调查数据，利用回归分析的方法，找出自变量与因变量的函数关系表达式，即回归方程，并通过自变量的值来预测因变量的近似值及取值范围，是考察两个变量或多个变量之间非确定性函数关系的统计学方法。

2. 一元线性回归

一元线性回归(one-dimensional linear regression)是研究一个自变量与一个因变量间是否存在线性关系，用一元线性回归方程来表示这种关系。

3. 多元线性回归

多元线性回归(multivariable linear regression)是研究多个自变量与一个因变量间是否存在线性关系，用多元线性回归方程来表达这种关系。

4. 中介变量

自变量的变化引起中介效应是指变量间的影响关系不是直接的因果关系，而是通过一个或一个以上的变量(M)间接影响产生，则称 M 为中介变量。

5. 中介效应

自变量 X 通过中介变量 M 对因变量 Y 产生的间接影响，则称存在中介效应。

6. 调节变量

如果变量 Y 与变量 X 的关系是变量 M 的函数，则称 M 为调节变量。

7. 调节效应

当两个变量之间的关系的方向和大小依赖于第三个变量时，则称存在调节效应。

8. 曲线估计

曲线估计(curve estimation)是指选定一种用方程表达的曲线，使得实际数据与理论数据之间的差异尽可能地小。如果曲线选择得好的话，就可以揭示因变量与自变量的曲线关系，并对因变量的预测有一定的意义。

9. 非线性回归

非线性回归(nonlinear regression analysis)是指寻求因变量与一系列自变量之间的非线性相关模型的统计方法。"线性"和"非线性"并不是说因变量与自变量间是直线或曲线关系，而是说因变量是否能用自变量的线性组合来表示。非线性回归可以估计因变量和自变量之间具有任意关系的模型。

10. 拟合优度

拟合优度(goodness of fit)是指样本观测值聚集在样本回归线周围的紧密程度，反映了回归方程对因变量的解释程度。

11. 方差齐性

方差齐性(homogeneity of variances)是指残差的分布是常数，与自变量或因变量无关，一般采用绘制因变量预测值与学生式残差的散点图来检验。残差应随机地分布在一条穿过零点的水平直线的两侧。

12. 多重共线性

多重共线性(multicollinearity)是指线性回归模型中的自变量之间由于存在较高相关而使模型估计失真或难以估计准确。

13. 参数约束

参数约束(parameters bound)是指在利用迭代方法求解的过程中对参数值的限制，在多数的非线性模型中，参数必须限制在有意义的区间内。

二、应用导航

(一) 一元线性回归分析

1. 应用对象

用于考察一个自变量与一个因变量之间的线性关系，用自变量预测因变量的估计值。

2. 操作步骤

应用 SPSS 做一元线性回归分析的一般操作步骤如下：

(1) 绘制散点图。依次单击 Graphs→Legacy Dialogs→Scatter/Dot→Simple Scatter，打开 Simple Scatterplot 对话框，选择因变量送入 Y 轴，选择自变量送入 X 轴，单击 OK 按钮，用散点图来判断两变量之间有无线性趋势。

(2) 依次单击 Analyze→Data Reduction→Factor Analysis，打开因子分析的主对话框。

(3) 将因变量送入 Dependent 栏。自变量送入 Independent 栏。

(4) 在 Method 下拉菜单中，选择"Enter"。

(5) 单击 Statistics 按钮，选择默认选项"Estimates""Model fit"以及"Durbin-Watson"选项。

(6) 单击 Plots 按钮，选择"SRESID"作为 Y 轴，选择"DEPENDNT"作为 X 轴，同时选择"Histogram"和"Normal probability plot"也作为 Y 轴。

(7) 单击 Save 按钮，选择两个"Unstandardized"选项。其余均保持 SPSS 默认选项。

(8) 在主对话框中单击 OK 按钮，执行回归分析命令。

（二）多元线性回归分析

1. 应用对象

用于考察多个自变量与一个因变量间的线性关系程度，用自变量预测因变量的估计值。

2. 操作步骤

(1) 绘制散点图（具体操作同一元线性回归分析）。

(2) 依次单击 Analyze→Regression→Linear，打开 Linear Regression 主对话框。

(3) 将因变量送入 Dependent 栏，将多个自变量送入 Independent(s)栏。

(4) 在 Method 栏选择"Stepwise"（逐步回归法）。

(5) 单击 Statistics 按钮，选择"Estimates""Model fit"输出常用统计量，选择"Collinearity diagnostics"进行共线性诊断，选择"Casewise diagnostics"进行奇异值辨别，在"Outliers outside"参数框中键入 3。

(6) 单击 Plots 按钮，将 ZPRED 送入 X 轴，将 ZRESID 送入 Y 轴。

(7) 单击 Save 按钮，选择两个 Unstandardized，保存未标准化的预测值与残差。

(8) 单击 Options 按钮，选择 Include constant in equation 选项。

(9) 在主对话框，单击 OK 按钮，执行回归分析命令。

3. 关键步骤

(1) 在一元线性回归分析中采用判定系数 R^2 值作为判断回归方程拟合优度的指标，但在多元回归分析中采用校正 R^2 值作为判断回归方程拟合优度的指标。

(2) 注意共线性诊断值，共线性程度越低，回归方程的解释越好。若方差膨胀因子大于 10，自变量存在严重的共线性，应根据专业知识，剔除不重要的有共线性的自变量。

(3) Options 中的 Include constant in equation 选项是在回归方程是否保留常数项的选项。

（三）中介效应分析

1. 应用对象

用于考察第三个变量在自变量与因变量之间的作用，探索 X 影响 Y 的内部过程或机制。需要说明的是，SPSS 只可以操作显变量（即可以直接观测的变量）的中介效应和调节效应分析，如果需要进行潜变量的分析，可以参考温忠麟等人（2012）的专著。

2. 操作步骤

应用 SPSS 做中介效应的一般操作步骤如下：

(1)检验总效应系数 c 是否显著。

- 依次单击 Analyze →Regression →Linear，打开 Linear Regression 主对话框。将因变量送入 Dependent 栏，将自变量送入 Independent(s)栏。Method 栏选择 Enter。

- 单击 Statistics 按钮，选择 Estimates 和 Model fit 输出常用统计量。返回主对话框，单击 OK 按钮。

(2)检验自变量作用于中介变量的效应 a 是否显著。

- 在菜单栏中单击 Analyze→Regression→Linear,打开 Linear Regression 主对话框。将因变量送入 Dependent 栏,将自变量送入 Independent(s) 栏。Method 栏选择 Enter(进入)。
- 其他选项不变,单击 OK 按钮。

(3)检验中介变量作用于因变量的效应 b 是否显著。

- 在菜单栏中单击 Analyze→Regression→Linear,打开 Linear Regression 主对话框。将因变量送入 Dependent 栏,将自变量和中介变量同时送入 Independent(s) 栏。Method 栏选择 Enter。
- 其他选项不变,单击 OK 按钮。

(4)检验直接效应 c' 是否显著,方法同(3)。

(四) 调节效应分析

1. 应用对象

用于考察两个变量之间关系的大小和方向是否依赖于第三个变量,确定理论使用的外部条件。

2. 操作步骤

第一步,变量中心化。

第二步,定义自变量与调节变量的乘积。

第三步,调节效应分析。

(1)依次单击 Analyze→Regression→Linear,打开 Linear Regression 主对话框。将因变量送入 Dependent 栏,将自变量和调节变量作为自变量送入 Independent(s) 栏,Method 栏选择 Enter。

(2)单击"Next",将自变量、调节变量和乘积变量作为自变量送入 Independent(s) 栏。Method 栏选择 Enter。

(3)单击 Statistics 按钮,选择 Estimates 和 Model fit 输出常用统计量,选择 R squared change 考察 R^2 变化。

(4)返回主对话框,单击 OK 按钮。

(五) 曲线估计分析

1. 应用对象

当自变量与因变量的关系是本质线性关系,但是需要复杂转换时,或者根据观测量本身无法确定最佳的回归模型时,可以使用曲线估计。

2. 操作步骤

(1)绘制散点图。

(2)依次单击 Analyze→Regression→Curve Estimation,打开 Curve Estimation 主对话框。

(3)在左边的变量列表中将自变量送入 Independent 栏,将因变量送入 Dependent 栏。

(4) 在 Models 栏中根据散点图选择适当的曲线估计模型。
(5) 选择 Display ANOVA table 选项,其他设置保持默认选项。
(6) 在主对话框,单击 OK 按钮,执行回归分析命令。

3. 关键步骤

(1) 根据绘制的散点图,再根据专业的知识和经验选择几个相近的曲线估计模型进行拟合。

(2) Plot models 选项,用于输出回归模型图,包括原始数值的连线图和拟合模型的曲线图,它在曲线拟合中是非常重要的,比较回归模型图,选择拟合最好的模型作为曲线估计的模型。

(六) 非线性回归分析

1. 应用对象

当自变量与因变量的关系为本质非线性关系,即模型无法通过转换变成线性模型时,可以使用非线性回归来分析自变量与因变量间的关系。

2. 操作步骤

(1) 绘制散点图(具体操作同一元线性回归分析)。
(2) 根据散点图与专业知识经验确定非线性模型。
(3) 模型初始值的确定,计算模型参数的初始值。
(4) 依次单击 Analyze→Regression→Nonlinear,打开 Nonlinear Regression 对话框。
(5) 将因变量送入 Dependent 栏,在 Model Expression 栏中输入模型的函数表达式。
(6) 在 Parameters 栏中输入已经计算出的参数估计值。
(7) 返回主对话框,单击 OK 按钮,执行回归分析命令。

3. 关键步骤

选择一个好的初始值是非常重要的。如果初始值的选择不合适,即使指定的模型函数再准确,也会导致迭代过程不收敛或者可能只得到一个局部最优值而不能得到整体最优值。

思 考 题

1. 解释下列概念:线性回归、中介变量、调节变量、中介效应、调节效应、曲线估计、非线性回归。
2. 一元线性回归和多元线性回归的区别是什么?
3. 一元线性回归对数据有什么要求?
4. 非线性回归的适用范围是什么?
5. 中介效应与调节效应有什么区别和联系?

练 习 题

1. 数据 data7-07.sav 是 1949—2003 年我国人口总数。

① 判断数据是否存在线性关系。

② 若存在线性关系，求出以 year 为自变量，以 pop 为因变量的一元线性回归方程。

2. 数据文件 data7-08 是中学生在问题性网络使用、心理健康以及自杀意念上的得分。请分析心理健康在问题性网络使用与自杀意念之间是否起到中介作用。

3. 数据文件 data7-09 是中学生在领悟社会支持、问题性网络使用以及自杀意念上的得分。请分析领悟社会支持在问题性网络使用与自杀意念之间是否起到调节作用。

4. 数据 data7-10.sav 是 0～36 个月男婴头围与胸围发育的正常值（数据来自：林崇德. 发展心理学. 北京：人民教育出版社，1995：149.）。

① 调用曲线估计过程，用二次曲线、三次曲线、对数曲线分别拟合男婴头围与胸围之间的关系数据。

② 分析哪种曲线拟合较好，为什么？

5. 数据 data7-11.sav 为 1900—2002 年美国就业与失业状况（数据来自：中国社会科学院美国研究所. 美国年鉴 2004. 北京：中国社会科学出版社，2004，10：191.）

① 画出就业人数(y)与年份(x)的散点图及失业人数(y)与年份(x)的散点图。

② 通过散点图观察能否建立回归方程，如果可以建立回归方程，从本章所讲的三种回归分析方法中选择恰当的方法建立回归方程。

6. 数据 data7-12.sav 为 30 名高中生特质焦虑问卷得分与网络成瘾量表得分情况，试利用回归分析讨论两者的关系。

7. 数据 data7-13.sav 为 1977—2008 年我国高考招生录取总人数，试采用非线性回归分析建立模型，并预测 2018 年我国高考招生录取总人数。

8. 对数据 data7-05.sav 调用 Nonlinear 过程，求体重(g)与身高(cm)之间的二次曲线和指数曲线的回归模型，与曲线估计实例分析中的曲线拟合结果进行比较。

推荐阅读参考书目

1. 卢纹岱，2002. SPSS for Windows 统计分析. 2 版. 北京：电子工业出版社.
2. 卢纹岱，2006. SPSS for Windows 统计分析. 3 版. 北京：电子工业出版社.
3. 宇传华，2014. SPSS 与统计分析. 2 版. 北京：电子工业出版社.
4. 谭荣波，梅晓仁，2007. SPSS 统计分析实用教程. 北京：科学出版社.
5. 阮桂海，2000. SPSS 实用教程. 北京：电子工业出版社.
6. 蔡建琼，于惠芳，朱志洪，等，2006. SPSS 统计分析实例精选. 北京：清华大学出版社.
7. 梁荣辉，章炼，封文波，2005. 教育心理多元统计学与 SPSS 软件. 北京：北京理工大学出版社.
8. 汪冬华，马艳梅，2018. 多元统计分析与 SPSS 应用. 2 版. 上海：华东理工大学出版社.

9. 韦博成，2006. 参数统计教程. 北京：高等教育出版社.
10. 任雪松，于秀林，2011. 多元统计分析. 2版. 北京：中国统计出版社.
11. 温忠麟，刘红云，侯杰泰，2012. 调节效应和中介效应分析. 北京：教育科学出版社.
12. 王孟成，2014. 潜变量建模与Mplus应用：基础篇. 重庆：重庆大学出版社
13. 温忠麟，叶宝娟，2014. 中介效应分析：方法和模型发展. 心理科学进展，22(5)：731-745.

8

非参数检验

教学导引

本章主要介绍非参数检验的基本概念和原理、SPSS 的操作步骤、选项依据、统计输出结果的解释和应用要领。本章将学习卡方检验、二项式检验、两个或多个独立样本检验、两个或多个配对样本检验等方法。其中,各种检验方法的适用条件、两个或多个独立样本检验和两个或多个配对样本检验中的具体检验方法的适用条件需要认真理解和掌握。同时,两个或多个独立样本检验和两个或多个配对样本检验中检验方法的选择与结果报告是学习的重点。

第一节 非参数检验概述

一、非参数检验的概念

参数检验是在假定知道总体分布形式的情况下,对总体分布的某些参数,如均值、方差等进行推断检验;非参数检验(non-parametric test)是在总体分布未知或知之甚少的情况下,利用样本数据对总体的分布形态或分布参数进行推断。因此,非参数检验又被称为"任意分布检验"(distribution-free test)。非参数检验适用于数据总体分布不明确的等级数据或类别数据,也适用于小样本数据。非参数检验方法的最大不足是不能充分利用数据资料的全部信息,同时不能处理"交互作用"。

二、非参数检验的类别和基本原理

根据样本数量和样本之间的关系,可以将非参数检验分为三类:单样本检验,例如卡方检验与二项分布检验;独立样本检验,例如两个独立样本检验与 K 个独立样本检验;相关样本检验,例如两个相关样本检验与 K 个相关样本检验。

1. 卡方检验

卡方检验(χ^2 test)用于检验因素变量的两项或多项分类的实际观察频数与期望频数是否

差异显著。它的计算公式是：

$$\chi^2 = \sum_{i=1}^{k}(O_i - E_i)^2/E_i$$

式中，O_i 为第 i 类的观测频数，E_i 为第 i 类的期望频数，k 为类数。χ^2 值越大，观察频数与期望频数之间的差异越大，则样本来自不同总体的可能性也就越高；χ^2 值越小，观察频数与期望频数之间的差异越小，则样本来自不同总体的可能性也就越低。

卡方检验效应量的计算方式：

$$\omega = \sqrt{\frac{\chi^2}{N}}$$

N 为总样本量。

2. 二项分布检验

二项分布是仅有两种不同性质结果的概率分布。例如，抛硬币仅有正面和反面两种结果。二项分布检验用于检验样本分布与指定的二项分布是否存在显著的差异。SPSS 中的二项分布检验，在样本数量小于等于 30 时，按照计算二项分布概率的公式进行计算；在样本数量大于 30 时，计算的是 Z 统计量，Z 统计量的计算公式为：

$$Z = \frac{K \pm 0.5 - nP}{\sqrt{nP(1-P)}}$$

式中，K 是观察量取值，为指定检验值的样本数量；P 为检验概率；n 为样本总数。当 $K < \frac{n}{2}$ 时，取加号；当 $K > \frac{n}{2}$ 时，取减号。

卡方检验与二项分布检验都用于检验样本分布与期望分布的拟合性，但是前者适用于样本容量较大，而且因素变量具有多项分类的数据检验，后者只能做二项分布的检验。

3. 两个或多个独立样本检验

当两个或多个独立样本的数据分布是不明确的，但是还想知道独立样本的数据分布是否有显著性差异，可以采用两个或多个独立样本检验。具体检验原理和方法见本章第四节与第五节。

两个独立样本检验效应量的计算方法：

$$r = \frac{Z}{\sqrt{N}}$$

N 为总样本量。

多个独立样本检验效应量的计算方法：

(1)
$$\eta^2 = \frac{\chi^2}{N-1}$$

N 为总样本量。

(2)
$$f = \sqrt{\frac{\eta^2}{1-\eta^2}}$$

η^2 即第一种方法中计算的 η^2 值。

4. 两个或多个相关样本检验

当两个或多个相关样本的数据分布是不明确的,但还想知道相关样本的分布是否有显著性差异时,可以采用两个或多个相关样本检验。具体检验原理和方法见本章第六节与第七节。

两个或多个相关样本检验的效应量计算方法是一样的:

$$r = \frac{z}{\sqrt{N}}$$

N 为总样本量。

三、非参数检验的 SPSS 菜单

依次单击 Analyze→Nonparametric Tests 打开非参数检验的菜单,详见图 8-1-1。

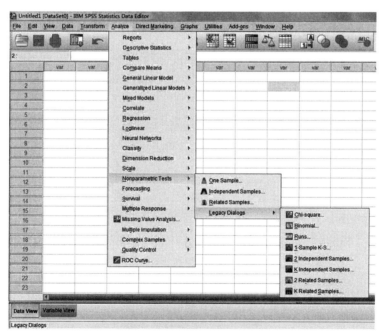

图 8-1-1　非参数检验的下拉菜单

(1) One-Sample Nonparametric Tests:单样本非参数检验。用于检验单个样本的差异,例如,卡方检验与二项分布检验,如图 8-1-2 所示。

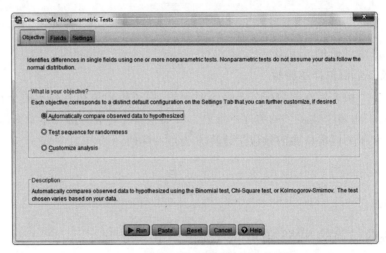

图 8-1-2 单样本非参数检验的主对话框

（2）Nonparametric Tests：Two or More Independent Samples，两个或多个独立样本的非参数检验。用于检验两个或多个独立样本的差异，如图 8-1-3。

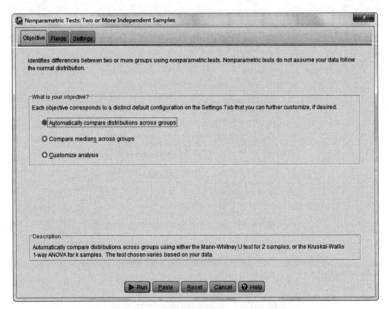

图 8-1-3 独立样本非参数检验的主对话框

（3）Nonparametric Tests：Two or More Related Samples，两个或多个相关样本的非参数检验。用于检验两个或多个相关样本的差异，如图 8-1-4。

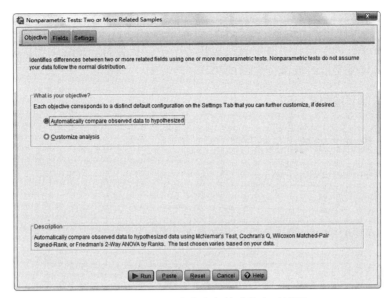

图 8-1-4　相关样本非参数检验的主对话框

　　Legacy Dialogs 的下拉菜单中(图 8-1-1)包括以下检验方法:Chi-Square(卡方检验)、Binomial(二项分布检验)、Runs(游程检验)、1-Sample K-S(一个样本柯尔莫哥洛夫-斯米诺夫检验)、2 Independent Samples(两个独立样本检验)、K Independent Samples(多个独立样本检验)、2 Related Samples(两个相关样本检验)和 K Related Samples(多个相关样本检验)。本章主要介绍卡方检验、二项分布检验、两个或多个独立样本检验以及两个或多个相关样本检验。

第二节　卡方检验

　　卡方检验是二列表分析(也称为交叉表分析)的非参数显著性检验方法,是检验两个不同的样本在一些行为特征或某些方面是否存在显著差异,由此推论样本来自总体的行为或特征是否也存在显著差异。与参数检验相比较(如 t 检验和方差分析),卡方检验对数据的要求不高、精确度较低,因此在统计检验中的地位较低。然而,它的局限性也正是它的优势所在:卡方检验可接受的数据范围更广,因此能够应用在更广泛的研究环境中。卡方检验较多地用于检验以二列表形式报告的结果的统计显著性,解释二列表就是完整地解释一个卡方检验结果,因此我们可以将卡方看作是一种二列表(交叉表)分析。

　　卡方检验不需要样本数据严格按正态分布,但是有很多需要注意的条件:
(1) 样本必须是随机抽取;
(2) 数据必须以原始次数报告(不能是百分比);
(3) 测量变量必须是独立的;

(4) 自变量和因变量的值或分类必须是相互独立的；

(5) 观察次数不能太小。

列联表是通过表格形式表明被试的反应作为一个变量是另一个变量的函数。列联表用来考察两个定性或分类变量的被试分数间的关系。

一、卡方检验的操作

(一) 配合度卡方检验

依次单击 Analyze→Nonparametric Tests→Legacy Dialogs→Chi-Square，打开卡方检验主对话框，如图 8-2-1 所示。

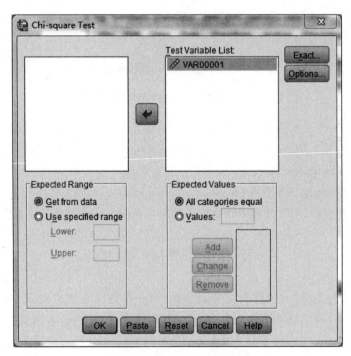

图 8-2-1　卡方检验主对话框

1. 选择变量

从左侧变量列表中选定要进行检验的变量，单击向右箭头按钮，将其移入 Test Variable List 框中。

2. Expected Range

Expected Range 栏用于设定检验数据的取值范围。

(1) Get from data 选项为系统默认选项，即所有的观测数据都参与检验。

(2) 如果要自定义数据范围，选择 Use specified range 选项，在 Lower 和 Upper 后的参数

框中键入数据范围的下限值与上限值,而且键入的数值应为整数。

3. Expected Values

Expected Values 栏用于设定期望频数。

(1) All categories equal 选项为系统默认选项,即所有组的期望频数相等。

(2) 如果各组的期望频数不同,选择 Values 选项,在参数框中键入第一组的期望频数,单击 Add 按钮,将其移入下面的矩形框中,然后再严格按顺序键入其他组的期望频数,操作过程同第一组。同时,可以通过 Remove 按钮和 Change 按钮删除或更改某个期望频数。

4. Options

单击 Options 按钮,打开 Chi-Square Test:Options 对话框,如图 8-2-2 所示。

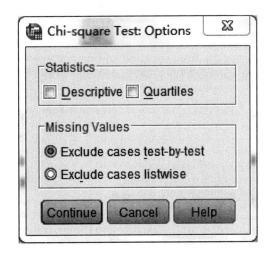

图 8-2-2　卡方检验选项对话框

(1) Statistics 栏:用于设定附加的输出结果。选择 Descriptive 选项,统计分析结果中会附加输出选择变量的均值、标准差、最大值和最小值等描述统计量;选择 Quartiles 选项,结果会附加输出选择变量的四分位数。

(2) Missing Values 栏:用于设定缺失值的处理方式。Exclude cases test-by-test 选项为系统默认选项,当检验涉及含有缺失值的变量时,剔除在该变量上是缺失值的个案;Exclude cases listwise 选项,剔除所有含有缺失值的个案后再进行检验。

本章后面各节内关于附加输出结果与缺失值处理选项的内容和操作与此相同,不再赘述。然后单击 OK,执行操作。

(二) 独立性卡方检验

依次单击 Date→Weight Cases,如图 8-2-3 所示。打开卡方检验主对话框,如图 8-2-4 所示。

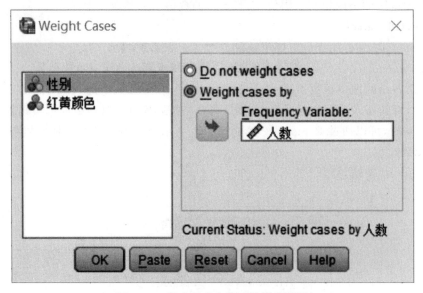

图 8-2-3　独立性卡方检验的操作界面

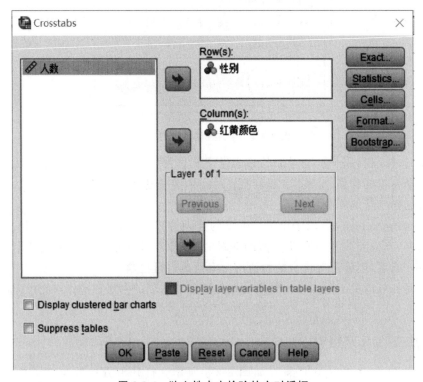

图 8-2-4　独立性卡方检验的主对话框

1. 选择变量

从左侧变量列表中选定要进行检验的变量,单击向右箭头按钮,将其移入 Frequency Variable 框中。

2. Crosstabs

依次点击 Analyze→Description Statistics→Crosstabs,便会弹出如图 8-2-4 所示的对话框。然后把"性别"和"红黄颜色"分别选入到 Row(s) 和 Column(s) 中。并打开 Statistics 窗口选中 Chi-Square 选项,如图 8-2-5,然后单击 Continue。单击 OK,执行操作。

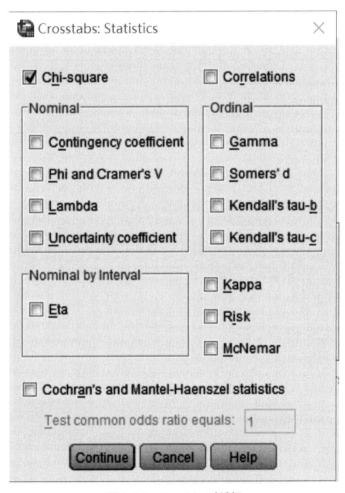

图 8-2-5　Crosstabs 对话框

二、应用举例

(一) 例题 1

为考察"运算标记"对小学二年级学生四则混合运算规则的样例学习是否有促进作用,研究人员在实验中设计了两种样例:"有运算标记"的样例和"无运算标记"的样例。有运算标记的样例用红色箭头标示解题步骤,无运算标记的样例在解题步骤中无任何标记,除此之外,二者完全相同。实验记录两组被试学会的人数(实验数据见表 8-2-1)。请用 SPSS 的适当统计分析功能验证两组被试学会的人数是否有显著差异。

表 8-2-1 不同组别学会的人数

组别	学会的人数
有标记组	15
无标记组	5

1. 建立 SPSS 数据文件

根据实验数据建立的 SPSS 数据文件见图 8-2-6(数据文件 data8-01)。

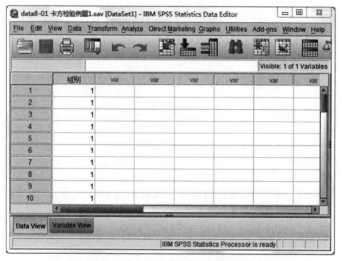

图 8-2-6 学会人数的数据文件

2. 操作步骤

(1) 依次单击 Analyze→Nonparametric Tests→Legacy Dialogs→Chi-Square,打开卡方检验的主对话框,如图 8-2-7 所示。

(2) 将"组别"变量移入 Test Variable List 框中。

(3) 单击 OK,执行操作。

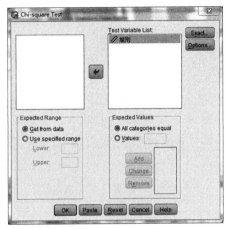

图 8-2-7 卡方检验主对话框

3. 输出的结果与解释

卡方检验的输出结果包括变量表与卡方检验结果表,具体见图 8-2-8 和图 8-2-9。

图 8-2-8 从左至右给出了不同组别的观测频数、期望频数、观测频数与期望频数的差值,即残差。

组别

	Observed N	Expected N	Residual
1	15	10.0	5.0
2	5	10.0	-5.0
Total	20		

图 8-2-8 组别变量

图 8-2-9 从上到下依次列出了卡方值、自由度、p 值。

Test Statistics

	组别
Chi-Square	5.000[a]
df	1
Asymp. Sig.	.025

a. 0 cells (.0%) have expected frequencies less than 5. The minimum expected cell frequency is 10.0.

图 8-2-9 卡方检验结果

4. 结果的报告

为考察运算标记对样例学习的作用,对有标记组和无标记组学会规则的人数进行卡方检验。结果显示,两组被试学会的人数之间存在显著差异,$\chi^2(1, N=20) = 5.000$,$p<0.05$,$\omega=0.5$。

(二) 例题 2

某大学以往学生会干部的男、女生比例是 3∶1,现在学生会干部的男、女生人数见表 8-2-2。请用 SPSS 的适当统计分析功能验证现在的学生会干部中男、女生比例与以往的比例是否有明显的不一致?

表 8-2-2　男、女学生干部人数

性别	人数
男生	7
女生	5

1. 建立 SPSS 数据文件

根据男、女学生干部人数建立的 SPSS 数据文件见图 8-2-10(数据文件 data8-02)。

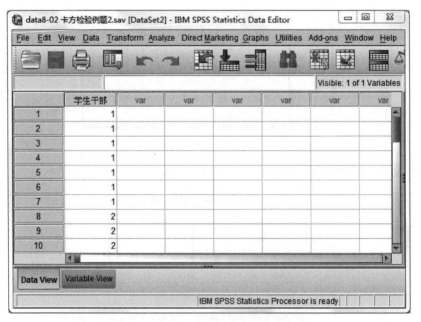

图 8-2-10　男、女学生干部人数的数据文件
注:男生记作"1",女生记作"2"。

2．操作步骤

（1）依次单击 Analyze→Nonparametric Tests→Legacy Dialogs→Chi-Square，打开卡方检验的主对话框，如图 8-2-11 所示。

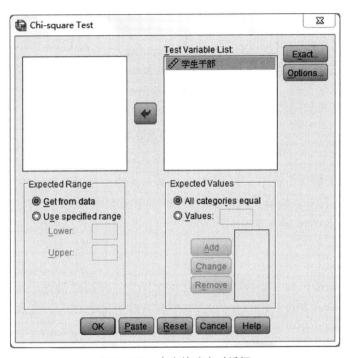

图 8-2-11　卡方检验主对话框

（2）将"学生干部"变量移入 Test Variable List 框中。

（3）在期望频数栏中，选择 Values 选项，由于以往的学生干部的男、女生比例是 3∶1，因此，在参数框中键入男生的期望频数为 75(或 3)，单击 Add 按钮，将其移入下面的矩形框中，然后再键入女生的期望频数 25(或 1)。

（4）单击 OK，执行操作。

3．输出的结果与解释

结果输出包括学生干部变量表和卡方检验结果，详见图 8-2-12 和图 8-2-13。

学生干部

	Observed N	Expected N	Residual
男生	7	9.0	-2.0
女生	5	3.0	2.0
Total	12		

图 8-2-12　学生干部统计量

Test Statistics

	学生干部
Chi-Square	1.778[a]
df	1
Asymp. Sig.	.182

a. 1 cells (50.0%) have expected frequencies less than 5. The minimum expected cell frequency is 3.0.

图 8-2-13　卡方检验结果

4．结果的报告

为考察目前某大学学生会干部的男、女生比例与以往的比例是否一致，对目前学生会干部中的男、女生人数进行卡方检验。结果显示，目前学生干部的男、女比例与以往的比例没有显著的不一致，$\chi^2(1, N=12)=1.778$，$p>0.05$。

（三）例题 3

为了考察性别与颜色偏好是否有关，研究者进行了一次抽样调查。共调查 58 人，其中女生喜欢红色的有 24 人，喜欢黄色的有 7 人；男生喜欢红色的有 20 人，喜欢黄色的有 7 人。请采用适当的统计分析功能验证颜色偏好是否存在性别差异。

1．建立 SPSS 数据文件

打开数据文件 date8-02-1，如图 8-2-14 所示。

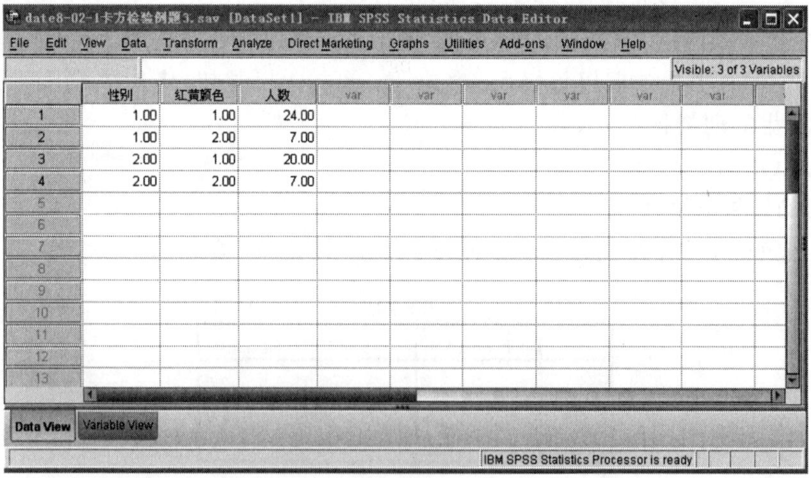

图 8-2-14　不同颜色偏好的男、女生人数的数据文件

2. 操作步骤

（1）加权数据：依次单击 Date→Weight Cases，如图 8-2-15。然后从左侧变量列表中选定要进行检验的变量人数，单击向右箭头按钮，将其移入 Frequency Variable 框，如图 8-2-16，单击 OK。

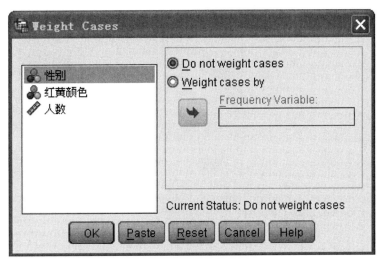

图 8-2-15　独立性卡方检验的主对话框

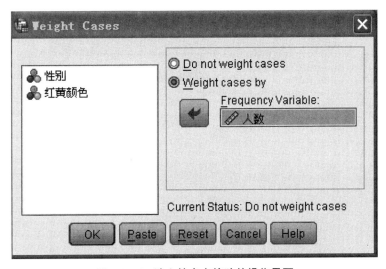

图 8-2-16　独立性卡方检验的操作界面

（2）数据分析和检验：依次点击 Analyze→Description Statistics→Crosstabs，弹出如图 8-2-17 所示的对话框。

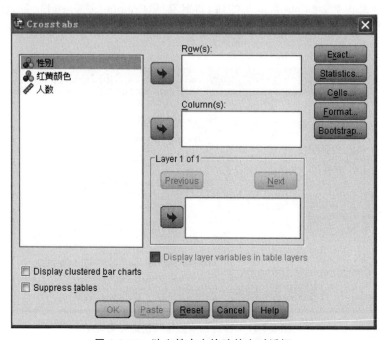

图 8-2-17　独立性卡方检验的主对话框

（3）把"性别"和"红黄颜色"分别选入到 Row(s) 和 Column(s) 中，如图 8-2-18 所示。

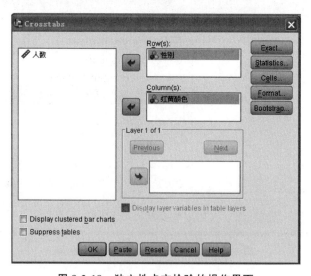

图 8-2-18　独立性卡方检验的操作界面

(4) 打开 Statistics 窗口选中 Chi-Square 选项，如图 8-2-19 所示，单击 OK。
(5) 单击 OK，执行操作。

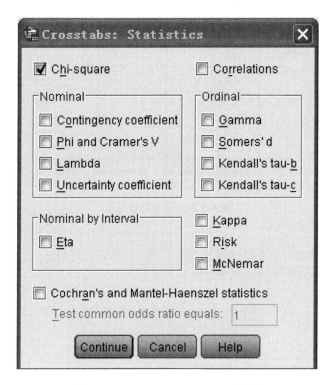

图 8-2-19　Crosstabs:Statistics 对话框

3. 输出的结果与解释

图 8-2-20 是对男、女生颜色偏好的统计。

性别 * 红黄颜色 Crosstabulation

Count

		红黄颜色		Total
		红	黄	
性别	女	24	7	31
	男	20	7	27
Total		44	14	58

图 8-2-20　男、女生颜色偏好统计

图 8-2-21 从左到右依次列出了卡方值、自由度和 p 值。

Chi-Square Tests

	Value	df	Asymp. Sig. (2-sided)	Exact Sig. (2-sided)	Exact Sig. (1-sided)
Pearson Chi-Square	.088a	1	.766		
Continuity Correctionb	.000	1	1.000		
Likelihood Ratio	.088	1	.767		
Fisher's Exact Test				1.000	.503
Linear-by-Linear Association	.087	1	.768		
N of Valid Cases	58				

a. 0 cells (.0%) have expected count less than 5. The minimum expected count is 6.52.
b. Computed only for a 2x2 table

图 8-2-21　卡方检验结果

4. 结果的报告

为考察颜色偏好中是否存在性别差异,对红、黄两种颜色偏好的男、女生人数进行卡方检验。结果显示,两种颜色偏好的男、女生人数之间不存在显著差异,$\chi^2(1, N=58)=0.088, p=0.766$。

第三节　二项分布检验

一、二项分布的操作

依次单击 Analyze→Nonparametric Tests→Legacy Dialogs→Binomial,打开二项分布检验的主对话框,如图 8-3-1 所示。

1. 选择变量

从左侧变量列表中选定要进行检验的变量,单击向右箭头按钮,将其移入 Test Variable List 框中。

2. Define Dichotomy

Define Dichotomy 栏用于设定二分数值。

(1) Get from data 选项:为系统默认选项,适用于所选择的变量只有两种观测值。

(2) Cut point 选项:如果所选的变量有两种以上的观测值选择此项。在参数框中键入分界点值,那么,系统将观察数据按小于等于和大于该值分成两组。

3. Test Proportion

Test Proportion 用于设定期望概率值。系统默认的期望概率是 0.5,如果两组的期望概率不等,则需要在参数框中键入第一组的期望概率值。

4. Options

Options 选项用于设定附加的检验结果和缺失值处理方式,详见本章第二节和图 8-2-2。

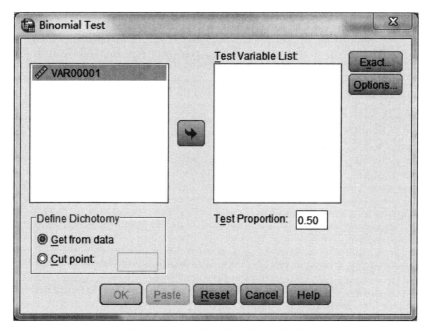

图 8-3-1 二项分布检验的主对话框

最后,单击 OK,执行操作。

二、应用举例

例题 某专业课考试有 15 个判断题,某学生的答题情况见表 8-3-1。请用 SPSS 的适当统计分析功能验证这个学生是否真正掌握了这 15 道题所涉及的相关专业知识。

表 8-3-1 学生的答案

题号	1	2	3	4	5	6	7	8	9	10	11	12	13	14	15
判断	1	1	2	1	1	2	1	1	1	1	2	1	2	1	2

注:判断为正确的记"1",判断为错误的记"2"。

1. 建立数据文件

根据该生的答案所建立的 SPSS 数据文件见图 8-3-2(数据文件 data8-03)。

2. 操作步骤

(1) 依次单击 Analyze→Nonparametric Tests→Legacy Dialogs→Binomial,打开二项分布检验的主对话框,如图 8-3-3 所示。

(2) 将"成绩"变量移入 Test Variable List 框中。

(3) 单击 OK,执行操作。

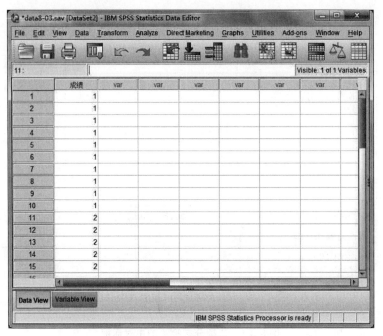

图 8-3-2 学生答案的数据文件

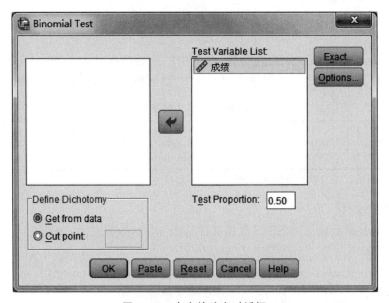

图 8-3-3 卡方检验主对话框

3. 输出的结果与解释

图 8-3-4 列出了二项分布检验的结果。

Binomial Test

		Category	N	Observed Prop.	Test Prop.	Exact Sig. (2-tailed)
成绩	Group 1	正确	10	.67	.50	.302
	Group 2	错误	5	.33		
	Total		15	1.00		

图 8-3-4 二项分布检验结果

图 8-3-4 从左至右分别是二项分布检验中的分类值、观测频数、观测概率、期望频数和双侧检验显著性值。

4. 结果的报告

对这个学生答案的二项分布检验结果显示,其回答结果不显著,$p>0.05$。这表明这个学生没有掌握正误判断题所涉及的专业知识,他的答案很可能是随机猜测的。

第四节 两个独立样本检验

一、两个独立样本检验的 SPSS 操作

依次单击 Analyze→Nonparametric Test→Legacy Dialogs→2 Independent Samples,打开两个独立样本检验的主对话框,如图 8-4-1 所示。

1. 选择检验变量

从左侧变量列表中选定一个或几个要进行检验的变量,单击向右的箭头按钮,将其移入 Test Variable List 框中。

2. 选择分组变量与定义组别

从左侧变量列表中选定分组变量,单击向右箭头按钮,将变量移入 Grouping Variable 框中。单击 Define Groups 按钮,打开两个独立样本检验定义组别的对话框,如图 8-4-2。在 Group 后面的参数框中分别键入两组的分类值。单击 Continue 按钮返回主对话框。

3. 选择检验方法

Test Type 提供了四种不同的检验方法,它们都是用于检验两个独立样本是否来自具有相同分布的两个总体的检验方法。

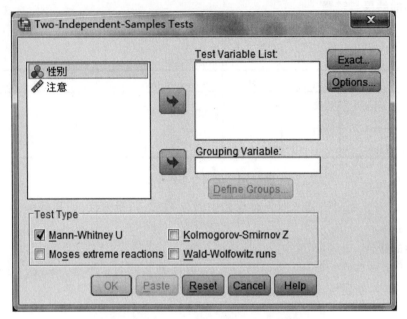

图 8-4-1　两个独立样本检验的主对话框

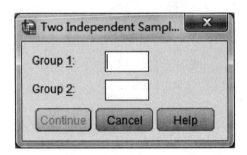

图 8-4-2　两个独立样本检验的定义组别对话框

（1）Mann-Whitney U（曼-惠特尼 U）检验，为系统默认的检验方法。其检验方法是将两个样本的观察值混合排秩，然后计算样本 1 的每个观察值大于样本 2 的每个观察值的次数总和（U_1），样本 2 的每个观察值大于样本 1 的每个观测值的次数总和（U_2）。如果 U_1 和 U_2 较接近，则说明两个样本的总体分布接近或相同；如果 U_1 和 U_2 差异显著，则说明两样本的总体分布不同。

（2）Kolmogorov-Smirnov Z（柯尔莫哥洛夫-斯米诺夫 Z）检验。其检验方法是将两个样本的观察值混合排秩，然后分别计算两个样本秩的累计频数和在每个秩数上的累计频率，最后将两个累计频率相减，得到差值序列数据。实际上，两个样本在每个秩数上的累积频率可以描写成两个累积频率的分布函数。如果两个分布函数距离较近，则表明两个样本的总体分布接近或相同；如果两个分布函数距离较远，则说明两样本的总体分布不同。该检验方法要求两个样本都必须足够大(大于40)。

(3) Moses(extreme reactions,极端反应)检验。其检验思想是将两个样本分为控制样本和实验样本。以控制样本为对照,检验实验样本是否存在极端反应。如果实验样本不存在极端反应,则说明两个样本的总体分布相同;反之,则说明两个样本的总体分布不同。其检验方法是首先将两个样本的观测值混合排秩,找出控制样本最低秩与最高秩之间的所有观测值个数,称为"跨度"(span)。为控制极端值对结果的影响,也可先控制样本两个极端的观测值求出跨度,这个跨度称为"截头"跨度。如果跨度很大,则说明两个样本的总体分布接近或相同,反之,则说明两个样本的总体分布不同。值得注意的是,如果两个样本中存在太多的结点数,不宜采用此方法。

(4) Wald-Wolfowitz(runs,游程)检验。其检验方法是将两个独立样本的数据混合排秩,然后通过考察两个样本的秩数在中位数、离中趋势和偏度等方面的差异来检验两个样本的总体分布是否相同。

四种检验方法对样本之间不同种类差异的敏感程度不同。例如,若检验两个样本是否来自位置(集中趋势)有差异的总体,就应该选择 Mann-Whitney U 检验。如果研究者感兴趣的是确定两个样本是否来自如位置、跨度、偏斜度等方面有差异的总体,就应选择 Kolmogorov-Smirnov Z 检验或 Wald-Wolfowitz 检验。Moses 检验只适合检验与控制样本相比,实验样本是否表现出极端反应的情况。

4. Options

Options 选项用于设定附加的输出结果和缺失值处理方式,详见本章第二节和图 8-2-2。

最后,单击 OK,执行操作。

二、两个独立样本检验的应用举例

例题 某次研究,对某个班学生进行了注意稳定性测验,男生与女生的测验结果见表 8-4-1。请用 SPSS 的适当统计分析功能验证男、女生之间的注意稳定性是否有显著性差异。

表 8-4-1 男、女生的注意稳定性测验结果

编号	1	2	3	4	5	6	7	8	9	10	11	12	13	14	15	16	17
男生	20	31	27	22	26	26	29	22	24	19	32	21	31	19	25	25	
女生	28	25	30	27	25	23	35	30	29	29	37	35	33	31	32	34	28

1. 建立 SPSS 数据文件

根据注意稳定性测验结果所建立的 SPSS 数据文件见图 8-4-3(数据文件 data8-04)。

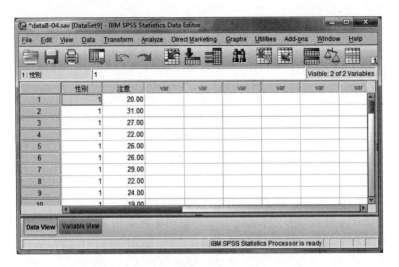

图 8-4-3　男女生注意稳定性测验结果的数据文件
注:性别中男生为"1",女生为"2"。

2. 两个独立样本检验的操作步骤

(1) 依次单击 Analyze→Nonparametric Tests→Legacy Dialogs→2 Independent Samples,并打开两个独立样本检验的主对话框,如图 8-4-4 所示。

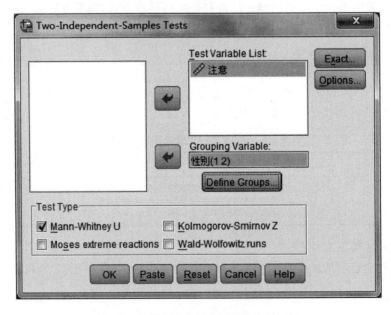

图 8-4-4　两个独立样本检验的主对话框

(2) 将"注意"变量移入 Test Variable List 框中。

(3) 将"性别"作为分组变量,并移入 Grouping Variable 框中。单击 Define Groups 按钮,打开定义组别对话框,如图 8-4-5。在 Group 后面的参数框中分别键入"1"和"2"两个分类值。单击 Continue 按钮返回主对话框。

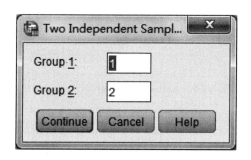

图 8-4-5　两个独立样本检验的定义组别对话框

(4) 选择 4 种检验方法。
(5) 单击 OK,执行操作。

3. 输出的结果与解释

系统分别输出了 4 种检验方法的统计结果,见图 8-4-6、图 8-4-7、图 8-4-8 和图 8-4-9。

Ranks

	性别	N	Mean Rank	Sum of Ranks
注意	m	16	11.88	190.00
	f	17	21.82	371.00
	Total	33		

(a)

Test Statistics[a]

	注意
Mann-Whitney U	54.000
Wilcoxon W	190.000
Z	-2.960
Asymp. Sig. (2-tailed)	.003
Exact Sig. [2*(1-tailed Sig.)]	.002[b]

a. Grouping Variable: 性别
b. Not corrected for ties.

(b)

图 8-4-6　Mann-Whitney U 检验结果

图 8-4-6(a)从左至右依次为男女生两个样本的人数、平均秩数和秩数总和。表 8-4-6(b)从上到下依次为曼-惠特尼 U 值、维尔克斯 W 值、Z 值和 p 值。

图 8-4-7(a)为两个独立样本的数量。图 8-4-7(b)从上至下依次为两个样本秩数差值的最大绝对值、最大的秩数差值、最小的秩数差值、Z 值和相对应的 p 值。

图 8-4-8(a)为男、女两个独立样本的人数。图 8-4-8(b)从上至下依次为控制样本的"跨度"和相对应的 p 值、"截头"跨度和相应的 p 值、控制样本的两个极端而去掉的极端值的数量。

Frequencies

性别		N
注意	m	16
	f	17
	Total	33

(a)

Test Statistics^a

		注意
Most Extreme Differences	Absolute	.515
	Positive	.000
	Negative	-.515
Kolmogorov-Smirnov Z		1.478
Asymp. Sig. (2-tailed)		.025

a. Grouping Variable: 性别

(b)

图 8-4-7　Kolmogorov-Smirnov Z 检验结果

Frequencies

性别		N
注意	m (Control)	16
	f (Experimental)	17
	Total	33

(a)

Test Statistics^{a,b}

		注意
Observed Control Group Span		27
	Sig. (1-tailed)	.051
Trimmed Control Group Span		25
	Sig. (1-tailed)	.251
Outliers Trimmed from each End		1

a. Moses Test
b. Grouping Variable: 性别

(b)

图 8-4-8　Moses 检验结果

图 8-4-9(a)为两个独立样本的数量。图 8-4-9(b)从左至右依次为最小(和最大)游程数、检验值 Z 和 p 值。

Frequencies

性别		N
注意	m	16
	f	17
	Total	33

(a)

Test Statistics^{a,b}

		Number of Runs	Z	Asymp. Sig. (1-tailed)
注意	Minimum Possible	10^c	-2.473	.007
	Maximum Possible	18^c	.359	.640

a. Wald-Wolfowitz Test
b. Grouping Variable: 性别
c. There are 5 inter-group ties involving 14 cases.

(b)

图 8-4-9　Wald-Wolfowitz 检验结果

4. 结果报告

(1) 为考察男女生注意稳定性测验成绩的差异是否显著,对男、女生的注意稳定性测验成绩进行了 Mann-Whitney U 检验。结果显示,男、女生的注意稳定性之间存在显著差异,$Z=-2.960$,$p<0.01$,$r=0.515$。

(2) 为考察男女生注意稳定性测验成绩的差异是否显著,对男、女生的注意稳定性测验成绩进行了 Kolmogorov-Smirnov Z 检验。结果显示,男、女生的注意稳定性之间存在显著差异,$Z=1.478$,$p<0.05$,$r=0.257$。

(3) 为考察男女生注意稳定性测验成绩的差异是否显著,对男、女生的注意稳定性测验成绩进行了 Moses 检验。结果显示,男、女生的注意稳定性之间不存在显著差异,$p>0.05$。

(4) 为考察男女生注意稳定性测验成绩的差异是否显著,对男、女生的注意稳定性测验成绩进行了 Wald-Wolfowitz 检验。结果显示,男、女生的注意稳定性之间存在显著差异,$Z=-2.473$,$p<0.01$,$r=0.43$。

在使用非参数独立样本检验时,首先要根据数据选择最适当的检验方法,并报告用适当的方法检验所得出的结果。如果数据适用于多种检验方法,不同的检验方法得到的结果可能不同。一般来说,要报告大多数方法一致的检验结果。

第五节 多个独立样本检验

一、多个独立样本检验的 SPSS 操作

依次单击 Analyze→Nonparametric Test→Legacy Dialogs→K Independent Samples,打开多个独立样本检验的主对话框,如图 8-5-1 所示。

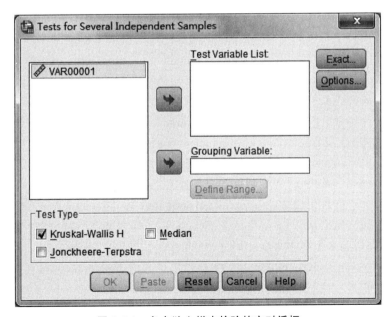

图 8-5-1 多个独立样本检验的主对话框

1. 选择检验变量

从左侧变量列表中选定一个或几个要进行检验的变量,单击向右箭头按钮,将其移入 Test Variable List 框中。

2. 选择分组变量与定义组别

从左侧变量列表中选定自变量,单击向右箭头按钮,将变量移入 Grouping Variable 框中。单击 Define Groups 按钮,打开定义组别对话框,如图 8-5-2。在 Group 后面的参数框中分别键入最小组别的数值与最大组别的数值。单击 Continue 按钮。

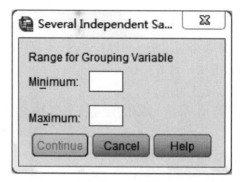

图 8-5-2 多个独立样本检验定义组别对话框

3. 选择检验方法

Test Type 栏目中提供了两种不同的检验方法,它们都是用于检验多个独立样本是否来自具有相同分布的多个总体的检验方法。

(1) Kruskal-Wallis H(克-瓦氏 H)检验为系统默认的检验方法。Kruskal-Wallis H 检验又称克-瓦氏单向方差分析,它适用于当实验是按完全随机方式分组设计且所得数据又不符合参数检验条件的研究。其检验方法是首先将多组样本混合排秩,然后计算出各组样本秩的平均数。如果各组样本秩的平均数大致相等,则说明多个独立总体的分布无显著差异;如果各样本秩的平均数相差甚远,则说明多个独立总体的分布有显著差异。

(2) Median(中位数)检验。其检验方法是通过考察多个样本的中位数来检验这些样本是否有相同的总体分布。首先,将样本数据混合从小到大排列,然后求混合排列的中位数,分别找出每个样本中大于混合中位数及小于混合中位数的数据个数,列成 $2 \times K$(K 个样本)列联表,最后计算 χ^2 值。如果 χ^2 检验结果显著,则说明多个样本来自不同分布的总体,如果 χ^2 检验结果不显著,则说明多个样本来自相同分布的总体。

与 Median 检验相比,Kruskal-Wallis H 检验不仅考虑了中位数,而且利用了每个数据的排列等级,因此,它是一种更精确的检验方法。但当数据中具有很多相同等级或数据具有二分特性时,采用 Median 检验较为合适。

4. Options

Options 选项用于设定附加的检验结果和缺失值处理方式,详见本章第二节和图 8-2-2。

最后,单击 OK,执行操作。

二、多个独立样本检验的应用举例

例题 某项研究对 15 名来自教师、工人和农民家庭的学生进行了创造性能力测验,其测验结果见表 8-5-1。请用独立样本的非参数检验验证父母职业对学生的创造力是否有明显影响。

表 8-5-1 学生的创造性测验成绩

家庭	教师	工人	农民
1	5	4	5
2	3	8	6
3	5	7	4
4	8	3	3
5	6	4	7

1. 建立 SPSS 数据文件

根据表 8-5-1 中的数据所建立的 SPSS 数据文件见图 8-5-3(数据文件 data8-05)。

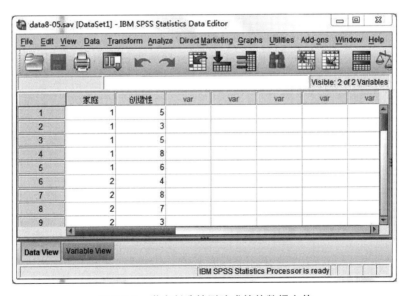

图 8-5-3 学生创造性测验成绩的数据文件

注:家庭中教师家庭为"1",工人家庭为"2",农民家庭为"3"。

2. 检验的操作步骤

(1) 依次单击 Analyze→Nonparametric Tests→Legacy Dialogs→K Independent Samples,打开多个独立样本检验的主对话框,如图 8-5-4 所示。

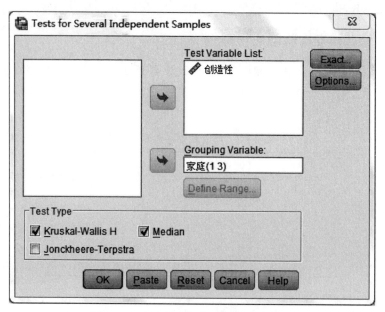

图 8-5-4　多个独立样本检验的主对话框

（2）将"创造性"变量移入 Test Variable List 框中。

（3）将"家庭"变量移入 Grouping Variable 框中。单击 Define Groups 按钮，打开定义组别对话框，如图 8-5-5。在 Group 后面的参数框中分别键入最小组别的数值"1"和最大组别的数值"3"。单击 Continue 按钮。

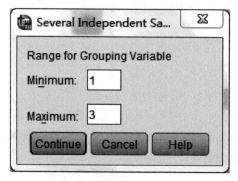

图 8-5-5　多个独立样本检验的定义组别对话框

（4）选择 2 种检验方法。

（5）单击 OK，执行操作。

3. 输出的结果与解释

系统输出了 Kruskal-Wallis H 检验和 Median 检验两种检验结果，见图 8-5-6 和图 8-5-7。

8　非参数检验

Ranks

家庭		N	Mean Rank
创造性	教师	5	8.60
	工人	5	7.80
	农民	5	7.60
	Total	15	

(a)

Test Statistics[a,b]

	创造性
Chi-Square	.144
df	2
Asymp. Sig.	.931

a. Kruskal Wallis Test
b. Grouping Variable: 家庭

(b)

图 8-5-6　Kruskal-Wallis H 检验结果

图 8-5-6(a)分别列出了三个样本的人数(N)和平均秩。图 8-5-6(b)从上至下依次为卡方值、自由度和 p 值。

图 8-5-7(a)列出了来自三种不同家庭的被试样本中大于中位数和小于等于中位数的人数。表 8-5-7(b)从上至下依次为总人数、中位数、卡方值、自由度和 p 值。

Frequencies

		家庭		
		教师	工人	农民
创造性	> Median	2	2	2
	<= Median	3	3	3

(a)

Test Statistics[a]

	创造性
N	15
Median	5.00
Chi-Square	.000[b]
df	2
Asymp. Sig.	1.000

a. Grouping Variable: 家庭
b. 6 cells (100.0%) have expected frequencies less than 5. The minimum expected cell frequency is 2.0.

(b)

图 8-5-7　Median 检验结果

4. 结果报告

(1) 为考察父母职业对学生创造性的影响,对学生的创造性测验结果进行了 Kruskal-Wallis H 检验。结果显示,三种不同家庭背景(教师、工人、农民)学生的创造性测验成绩没有显著差异,$\chi^2(2, N=15)=0.144, p>0.05$。

(2) 为考察父母职业对学生创造性的影响,对学生的创造性测验结果进行 Median 检验。结果显示,三种不同家庭背景(教师、工人、农民)的学生的创造性测验成绩没有显著差异,$\chi^2(2, N=15)=0.000, p>0.05$。

两种统计分析的结果均表明,三种不同家庭出身学生的创造性测验成绩没有显著差异。

若 Kruskal-Wallis H 检验结果表明,K 个独立样本之间差异显著,需进一步进行事后比较,可以采用 Mann-Whitney U 检验方法对对每对样本进行平均等级进行比较。具体操作方法详见本章第四节。

第六节　两个相关样本检验

一、两个相关样本检验的 SPSS 操作

依次单击 Analyze→Nonparametric Test→Legacy Dialogs→2 Related Samples,打开两个相关样本检验的主对话框,如图 8-6-1 所示。

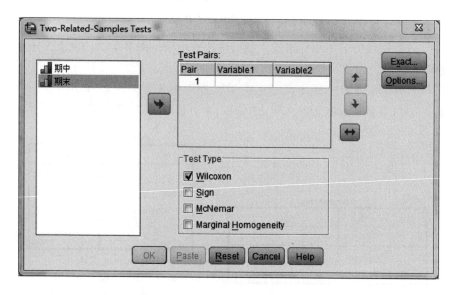

图 8-6-1　两个相关样本检验的主对话框

1. 选择相关变量对

从左侧变量列表中选定两个要进行检验的变量,此时,Current Selections 栏下 Variable1 和 Vaviable2 后面会显示选定的两个变量名称,然后单击向右箭头按钮,将相关变量对移入 Test Pair(s) List 框中。如果有多组相关变量对,重复上述操作。

2. 选择检验方法

Test Type 提供了三种不同的检验方法:

(1) Sign(符号)检验。其检验过程是:首先,分别将两个样本的配对数据相减,如果差值为正,则记为"正号",如果差值为负,则记为"负号";然后计算正号和负号的个数。如果正、负号的个数相近或相等,则说明两个配对样本的总体分布相同;如果正、负号个数相差较多,则说明两个配对样本的总体分布不同。

(2) Wilcoxon Signed-Rank(维尔克松符号等级)检验为系统默认的检验方法。与 Sign 检

验相比，Wilcoxon Signed-Rank 检验不仅考虑了配对数据相减后的正负号，还考虑配对数据相减后差值的大小，因此它是一种更精确的检验方法。其检验过程是：首先，对配对数据相减后差值的绝对值排秩，然后在每个秩数前加上正、负号，最后分别求正、负秩数总和与平均数。如果正、负秩数平均数相近，则表明两个相关样本的总体分布大致相同；如果正、负秩数的平均数相差较大，则表明两个相关样本的总体分布不同。

（3）McNemar（麦克内玛）检验。McNemar 检验以研究对象作为自身对照，检验其"前、后"的变化是否显著。这种方法适用于相关的"二分"数据。

对比上述三种检验，Sign 检验与 Wilcoxon Signed-Rank 检验适用于对连续性数据或有序分类数据进行检验，而 McNemar 检验适用于对无序分类变量的"二分"数据进行检验。

3. Options

Options 选项用于设定附加的检验结果和缺失值处理方式，其内容与操作详见本章第二节和图 8-2-2。

最后，单击 OK，执行操作。

二、应用举例

（一）例题 1

某班学生对一位老师的教学水平进行五等级评分，在期中与期末各评价一次。两次评价的分数见表 8-6-1。请用 SPSS 的适当统计分析功能验证该班学生对这位老师的两次评价是否有显著的不一致。

表 8-6-1　教师的教学水平

学号	期中	期末
1	3	4
2	2	5
3	5	4
4	1	3
⋮	⋮	⋮
29	4	2

1. 建立 SPSS 数据文件

根据两次评价结果建立的 SPSS 数据文件见图 8-6-2（数据文件 data8-06）。

2. 操作步骤

（1）依次单击 Analyze→Nonparametric Test→Legacy Dialogs→2 Related Samples，打开两个相关样本检验的主对话框，如图 8-6-3 所示。

（2）将"期中"与"期末"两个相关变量移入 Test Pair(s) List 框中。

（3）选择 Wilcoxon Signed-Rank 检验和 Sign 检验两种方法。由于数据不是"二分"数据，

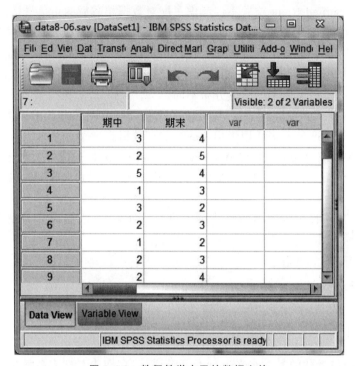

图 8-6-2　教师教学水平的数据文件

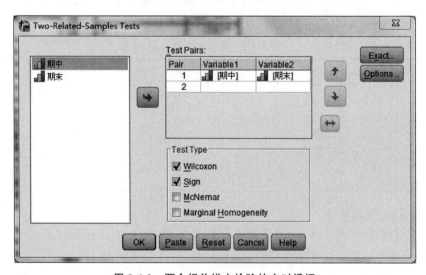

图 8-6-3　两个相关样本检验的主对话框

因此,不能选择 McNemar 检验。

(4) 单击 OK,执行操作。

3. 输出的结果与解释

系统输出了 Wilcoxon Signed-Rank 检验结果和 Sign 检验结果，见图 8-6-4 和图 8-6-5。

图 8-6-4(a)分别列出了正、负秩数的数量、秩的平均数和总和。图 8-6-4(b)给出了双侧检验的 p 值。

图 8-6-5(a)分别给出了"期末评分"减去"期中评分"为正、负和相等的次数。图 8-6-5(b)给出了相应的 p 值。

Ranks

		N	Mean Rank	Sum of Ranks
期末 - 期中	Negative Ranks	5[a]	13.30	66.50
	Positive Ranks	20[b]	12.93	258.50
	Ties	4[c]		
	Total	29		

a. 期末 < 期中
b. 期末 > 期中
c. 期末 = 期中

(a)

Test Statistics[a]

	期末 - 期中
Z	-2.677[b]
Asymp. Sig. (2-tailed)	.007

a. Wilcoxon Signed Ranks Test
b. Based on negative ranks.

(b)

图 8-6-4 Wilcoxon Signed-Rank 检验结果

Frequencies

		N
期末 - 期中	Negative Differences[a]	5
	Positive Differences[b]	20
	Ties[c]	4
	Total	29

a. 期末 < 期中
b. 期末 > 期中
c. 期末 = 期中

(a)

Test Statistics[a]

	期末 - 期中
Exact Sig. (2-tailed)	.004[b]

a. Sign Test
b. Binomial distribution used.

(b)

图 8-6-5 Sign 检验的结果

4. 结果的报告

(1) 为考查学生对教师教学效果的两次评价结果是否有显著的不一致，对两次评价结果进行了 Wilcoxon Signed-Rank 检验。结果显示，学生在期末对该教师的评分要显著高于在期中时的评分，$Z=-2.667$，$p<0.01$。

（2）为考查学生对教师教学效果的两次评价结果是否有显著的不一致，对两次评价结果进行了 Sign 检验。结果显示，学生在期末对该教师的评分要显著高于在期中时的评分，$p<0.01$。

两种统计分析结果均表明，学生在学期末时对该教师的评分要显著高于期中时的评分。

（二）例题 2

某体育教师想采用新的训练方法对学生进行体能训练，并在训练前、后调查了学生对新方法的态度。两次调查结果见表 8-6-2。请用 SPSS 的适当统计分析功能验证训练前、后学生的态度是否有明显的变化。

表 8-6-2　学生的态度

	训练前	训练后
支持	8	4
反对	6	10

1. 建立 SPSS 数据文件

根据两次调查结果建立的 SPSS 数据文件见图 8-6-6（数据文件 data8-07）。

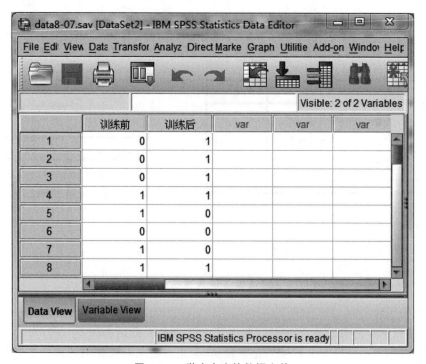

图 8-6-6　学生态度的数据文件

2. 操作步骤

(1) 依次单击 Analyze→Nonparametric Test→Legacy Dialogs→2 Related Samples, 打开两个相关样本的主对话框。

(2) 将训练前与训练后相关变量对移入 Test Pair(s) List 框中。

(3) 选择 McNemar 检验方法。

(4) 单击 OK, 执行操作。

3. 结果输出与解释

SPSS 输出了 McNemar 检验结果, 见图 8-6-7。

图 8-6-7(a) 给出了训练前与训练后态度值的列联表。图 8-6-7(b) 给出了 p 值。

训练前 & 训练后

训练前	训练后	
	0	1
0	1	7
1	3	3

Test Statistics^a

	训练前 & 训练后
N	14
Exact Sig. (2-tailed)	.344^b

a. McNemar Test
b. Binomial distribution used.

(a)　　　　　　　　　　　(b)

图 8-6-7　McNemar 检验结果

4. 结果的报告

为考查学生对新的体能训练方法的态度变化, 对学生训练前后两次态度调查结果进行了 McNemar 检验。结果发现, 训练前、后学生的态度变化没有显著差异, $p>0.05$。

第七节　多个相关样本检验

一、多个相关样本检验的 SPSS 操作

依次单击 Analyze→Nonparametric Test→Legacy Dialogs→K Related Samples, 打开多个相关样本检验的主对话框, 如图 8-7-1 所示。

1. 选择检验变量

从左侧变量列表中选择两个或多个要进行检验的变量, 单击向右箭头按钮, 使其移入 Test Variable 框中。

2. 选择检验方法

Test Type 提供了三种多个相关样本的检验方法:

(1) Friedman(弗里德曼)检验为系统默认检验方法。Friedman 检验可解决随机区组实验设计的非参数检验问题, 其数据可以是等距数据。其检验过程是: 首先, 分别对每个区组的数据进行排秩, 然后计算每个样本秩数的总和与秩数的平均数。如果各样本的平均秩数相近, 则说明各相关样本的总体分布无显著差异; 反之, 则说明各相关总体的分布存在显著差异。

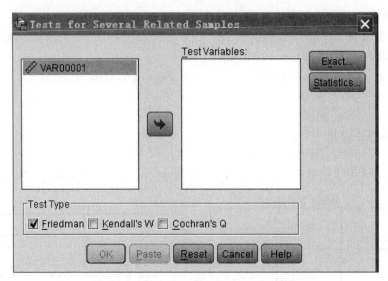

图 8-7-1　多个相关样本检验的主对话框

（2）Kendall's W（肯德尔和谐系数）检验主要用于分析评判者的评判标准是否一致方面的问题，其数据必须是顺序数值。

（3）Cochran's Q（克科伦 Q）检验是两个相关样本的 McNemar 检验的延伸，用于研究多个相关样本是否来自相同分布的总体，适用于对相关的二分数据进行检验，一般要求区组数（N）不能太少。

3. Options

Options 选项用于设定附加的检验结果和缺失值处理方式，详见本章第二节和图 8-2-2。

最后，单击 OK，执行操作。

二、多个相关样本检验的应用举例

（一）例题 1

某项研究对 15 名小学生进行了图形的再认测验，a、b、c 三类图形的再认成绩见表 8-7-1。请用 SPSS 的适当统计分析功能验证学生对这三类图形的再认成绩是否有显著的差异。

表 8-7-1　学生的图形再认成绩

序号	图形 a	图形 b	图形 c
1	3.00	4.00	5.00
2	3.00	2.00	6.00
3	5.00	3.00	5.00
4	2.00	4.00	4.00
⋮	⋮	⋮	⋮
15	8.00	4.00	6.00

1. 建立 SPSS 数据文件

根据实验结果建立的 SPSS 数据文件见图 8-7-2(数据文件 data8-08)。

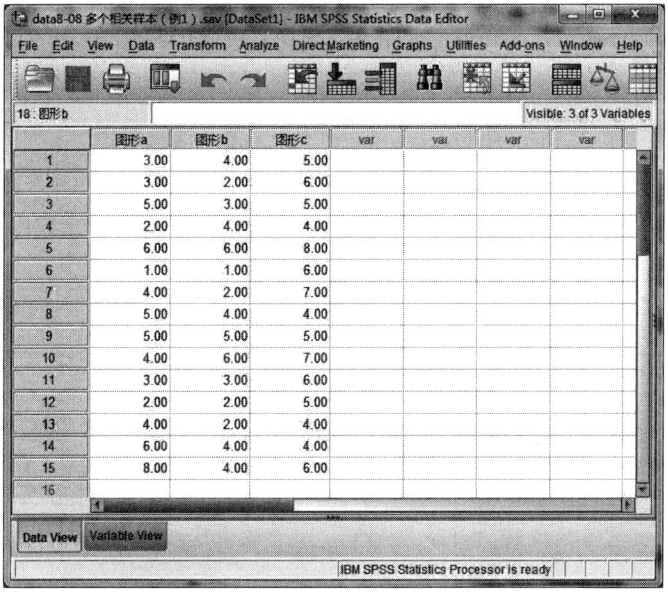

图 8-7-2　学生图形再认成绩的数据文件

2. 操作步骤

(1) 依次单击 Analyze→Nonparametric Tests→Legacy Dialogs→K Related Samples，打开多个相关样本检验的主对话框，如图 8-7-3 所示。

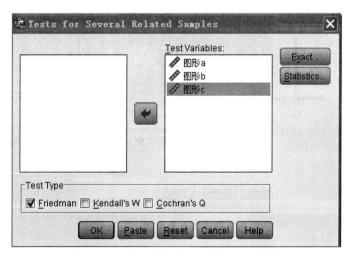

图 8-7-3　多个相关样本检验的主对话框

(2) 将三个变量移入 Test Variables 框中。

(3) 选择 Friedman 和 Kendall's W 检验方法,由于数据不是二分数值,因此不能选择 Cochran's Q 检验。

(4) 单击 OK,执行操作。

3. 输出的结果与解释

系统输出了 Friedman 检验结果和 Kendall's W 检验结果,见图 8-7-4 和图 8-7-5。

图 8-7-4(a)给出了三种图形测验成绩的平均秩数,图 8-7-4(b)列出了样本数量、卡方值、自由度和 p 值。

Ranks

	Mean Rank
图形a	1.93
图形b	1.50
图形c	2.57

(a)

Test Statistics

N	15
Kendall's W[a]	.367
Chi-Square	11.021
df	2
Asymp. Sig.	.004

a. Kendall's Coefficient of Concordance

(b)

图 8-7-4 Friedman 检验结果

图 8-7-5(a)给出了三种图形秩的平均数,图 8-7-5(b)给出了样本数量、Kendall's W 值、卡方值、自由度和 p 值。

Ranks

	Mean Rank
图形a	1.93
图形b	1.50
图形c	2.57

(a)

Test Statistics[a]

N	15
Chi-Square	11.021
df	2
Asymp. Sig.	.004

a. Friedman Test

(b)

图 8-7-5 Kendall's W 检验结果

为了确定显著性的来源,选择 Wilcoxon Signed-Rank 检验进行事后两两比较,如图 8-7-6。

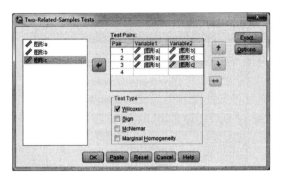

图 8-7-6　多个相关样本事后比较的主对话框

输出多个相关样本事后比较的结果,见图 8-7-7。

图 8-7-7(a)列出了正、负秩数的数量、秩的平均数和总和。图 8-7-7(b)给出了多个相关样本事后两两比较双侧检验的 p 值。

Ranks

		N	Mean Rank	Sum of Ranks
图形b - 图形a	Negative Ranks	7[a]	5.71	40.00
	Positive Ranks	3[b]	5.00	15.00
	Ties	5[c]		
	Total	15		
图形c - 图形a	Negative Ranks	3[d]	3.00	9.00
	Positive Ranks	9[e]	7.67	69.00
	Ties	3[f]		
	Total	15		
图形c - 图形b	Negative Ranks	0[g]	.00	.00
	Positive Ranks	11[h]	6.00	66.00
	Ties	4[i]		
	Total	15		

a. 图形b < 图形a
b. 图形b > 图形a
c. 图形b = 图形a
d. 图形c < 图形a
e. 图形c > 图形a
f. 图形c = 图形a
g. 图形c < 图形b
h. 图形c > 图形b
i. 图形c = 图形b

(a)

Test Statistics[c]

	图形b - 图形a	图形c - 图形a	图形c - 图形b
Z	-1.308[a]	-2.390[b]	-2.953[b]
Asymp. Sig. (2-tailed)	.191	.017	.003

a. Based on positive ranks.
b. Based on negative ranks.
c. Wilcoxon Signed Ranks Test

(b)

图 8-7-7　多个相关样本事后比较的结果

4. 结果的报告

(1) 为考察 15 名小学生对三种图形再认成绩的差异是否显著,对三种图形的再认成绩进行 Friedman 检验。结果表明,三种图形的再认成绩存在显著差异,$\chi^2(2, N=15)=11.021$,$p<0.01$。

(2) 为考察 15 名小学生对三种图形再认成绩的差异是否显著,对三种图形的再认成绩进行 Kendall's W 检验。结果显示,三种图形的再认成绩存在显著差异,$\chi^2(2, N=15)=11.021$,$p<0.01$。

两种统计分析结果均表明,小学生对三种图形再认成绩的差异存在显著差异。

事后比较结果显示,小学生对图形 a 与图形 b 的再认成绩差异不显著,$p=0.191$,$r=-0.338$;图形 a 与图形 c 的再认成绩差异显著,$p=0.017$,$r=-0.617$;图形 b 与图形 c 的再认成绩差异显著,$p=0.003$,$r=0.762$。

(二) 例题 2

某项研究中有四种教学方法供教师选择。教师对四种教学方法的选择使用情况见表 8-7-2。请用 SPSS 的适当统计分析功能验证教师对四种教学法的使用次数是否存在显著差异。

表 8-7-2　四种教学方法的使用情况

序号	教学法 1	教学法 2	教学法 3	教学法 4
1	1	0	1	0
2	0	1	0	0
3	1	0	0	0
4	1	1	0	1
⋮	⋮	⋮	⋮	⋮
14	0	0	1	0

1. 建立 SPSS 数据文件

根据教师对教学方法的实际选择结果建立的 SPSS 数据文件见图 8-7-8(数据文件 data8-09)。

2. 操作步骤

(1) 依次单击 Analyze→Nonparametric Tests→Legacy Dialogs→K Related Samples,打开多个相关样本检验的主对话框。

(2) 将 4 个变量移入 Test Variable List 框中。

(3) 选择 Cochran's Q 检验方法。

(4) 单击 OK,执行操作。

3. 输出的结果与解释

结果输出了 Cochran's Q 检验结果,见图 8-7-9。

图 8-7-9(a)分别输出了四种教学方法被选择的次数,图 8-7-9(b)给出了样本数量、Q 值、自由度与 p 值。

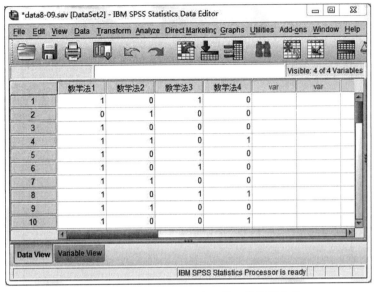

图 8-7-8　四种教学方法使用情况的数据文件

图 8-7-9　Cochran's Q 检验结果

为了确定显著性的来源,选择 Wilcoxon Signed-Rank 检验进行事后两两比较,见图 8-7-10。

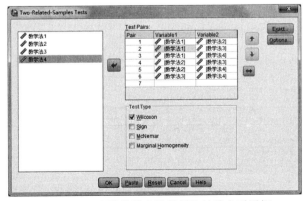

图 8-7-10　四种教学方法事后比较的主对话框

输出四种教学方法事后比较的结果，见图 8-7-11。

图 8-7-11(a)列出了正、负秩数的数量、秩的平均数和总和。图 8-7-11(b)给出了四种教学方法事后两两比较双侧检验的 p 值。

Ranks

		N	Mean Rank	Sum of Ranks
教学法 2 - 教学法 1	Negative Ranks	8[a]	5.50	44.00
	Positive Ranks	2[b]	5.50	11.00
	Ties	4[c]		
	Total	14		
教学法 3 - 教学法 1	Negative Ranks	6[d]	4.50	27.00
	Positive Ranks	2[e]	4.50	9.00
	Ties	6[f]		
	Total	14		
教学法 4 - 教学法 1	Negative Ranks	8[g]	4.50	36.00
	Positive Ranks	0[h]	.00	.00
	Ties	6[i]		
	Total	14		
教学法 3 - 教学法 2	Negative Ranks	4[j]	5.50	22.00
	Positive Ranks	6[k]	5.50	33.00
	Ties	4[l]		
	Total	14		
教学法 4 - 教学法 2	Negative Ranks	4[m]	3.50	14.00
	Positive Ranks	2[n]	3.50	7.00
	Ties	8[o]		
	Total	14		
教学法 4 - 教学法 3	Negative Ranks	6[p]	4.50	27.00
	Positive Ranks	2[q]	4.50	9.00
	Ties	6[r]		
	Total	14		

a. 教学法 2 < 教学法 1　　b. 教学法 2 > 教学法 1　　c. 教学法 2 = 教学法 1
d. 教学法 3 < 教学法 1　　e. 教学法 3 > 教学法 1　　f. 教学法 3 = 教学法 1
g. 教学法 4 < 教学法 1　　h. 教学法 4 > 教学法 1　　i. 教学法 4 = 教学法 1
j. 教学法 3 < 教学法 2　　k. 教学法 3 > 教学法 2　　l. 教学法 3 = 教学法 2
m. 教学法 4 < 教学法 2　　n. 教学法 4 > 教学法 2　　o. 教学法 4 = 教学法 2
p. 教学法 4 < 教学法 3　　q. 教学法 4 > 教学法 3　　r. 教学法 4 = 教学法 3

(a)

Test Statistics[c]

	教学法2 - 教学法1	教学法3 - 教学法1	教学法4 - 教学法1	教学法3 - 教学法2	教学法4 - 教学法2	教学法4 - 教学法3
Z	-1.897[a]	-1.414[a]	-2.828[a]	-.632[b]	-.816[a]	-1.414[a]
Asymp. Sig. (2-tailed)	.058	.157	.005	.527	.414	.157

a. Based on positive ranks.
b. Based on negative ranks.
c. Wilcoxon Signed Ranks Test

(b)

图 8-7-11　四种教学方法事后比较的结果

4. 结果的报告

对四种教学方法的选择使用情况进行 Cochran's Q 检验。结果发现,教师对四种教学法的选择使用情况存在显著差异,$Q(3, N=14)=8.400$,$p<0.05$。事后分析结果显示,教学法 1 与教学法 4 差异显著,$p<0.01$,$r=0.756$;其他教学法之间差异不显著,$p>0.05$。

本 章 小 结

一、基本概念

1. 非参数检验

非参数检验(non-parametric test)是指在总体分布未知或知之甚少的情况下,利用样本数据对总体的分布形态或分布参数进行推断。因此,非参数检验又称任意分布检验(distribution-free test)。

2. 卡方检验

卡方检验(χ^2 test)用于检验因素的两项或多项分类的实际观测频数与期望频数是否有显著差异。

3. 二项分布检验

二项分布检验(binomial test)用于检验样本分布与指定的二项分布是否存在显著差异。

4. 两个或多个独立样本检验

两个或多个独立样本检验(2/K independent samples tests)用于检验两个或多个数据分布不明确的独立样本的显著差异。

5. 两个或多个相关样本检验

两个或多个相关样本检验(2/K related samples tests)用于检验两个或多个数据分布不明确的相关样本的显著差异。

二、应用导航

(一)卡方检验

1. 应用对象

卡方检验适用于检验样本分布与期望分布的差异是否显著,但它主要适用于样本容量较大、一个因素的多项分类的数据检验。

2. 操作步骤

(1) 依次单击 Analyze→Nonparametric Test→Legacy Dialogs→Chi-Square,打开 Chi-Square Test 主对话框。

(2) 选择变量。从左侧变量列表中选定要进行检验的变量,单击向右箭头按钮,将其移入 Test Variable List 框中。

(3) Expected Range 用于设定检验数据的取值范围。Get from data 选项为系统默认选项,即所有的观测数据都参与检验。如果要自定义数据范围,选择 Use specified range 选项,在 Lower 和 Upper 后的参数框中键入数据范围的下限值与上限值,而且键入的数值应为整数。

（4）Expected Values 用于设定期望频数。All categories equal 选项为系统默认选项，即所有组的期望频数相等。如果各组的期望频数不同，选择 Values 选项，在参数框中键入第一组的期望频数，单击 Add 按钮，将其移入下面的矩形框中，然后再严格按顺序键入其他组的期望频数，操作过程同第一组。

（5）单击 OK，执行操作。

（二）二项分布检验

1. 应用对象

二项分布检验适用于检验样本分布与期望分布的差异是否显著，但它只能做二分数据的检验。

2. 操作步骤

（1）依次单击 Analyze→Nonparametric Test→Legacy Dialogs→Binomial，打开二项分布检验的主对话框。

（2）选择变量。从左侧变量列表中选定要进行检验的变量，单击向右箭头按钮，将其移入 Test Variable List 框中。

（3）Define Dichotomy 用于设定二分值。Get from data 选项为系统默认选项，适用于所选变量的观测值只有两种数值。如果选择的变量有两种以上的数值，选择 Cut point 选项，在参数框中键入分界点值，系统将观测数据按小于等于和大于该值分成两组。

（4）Test Proportion 用于设定期望概率值。系统默认的期望概率是 0.5，如果两组的期望概率不等，则需要在参数框中键入第一组的期望概率值。

（5）单击 OK，执行操作。

（三）两个独立样本检验

1. 应用对象

当两个独立样本的数据分布是不明确的，但是还想知道两个样本的分布是否有显著差异，可以采用两个独立样本检验。

2. 操作步骤

（1）依次单击 Analyze→Nonparametric Test→Legacy Dialogs→2 Independent Samples，打开两个独立样本检验的主对话框。

（2）选择检验变量。从左侧变量列表中选定一个或几个要进行检验的变量，单击向右的箭头按钮，将其移入 Test Variable List 框中。

（3）选择分组变量与定义组别。从左侧变量列表中选定分组变量，单击向右箭头按钮，将变量移入 Grouping Variable 框中。单击 Define Groups 按钮，打开定义组别对话框。在 Group 后面的参数框中分别键入两组的分类数值。单击 Continue 按钮返回主对话框。

（4）选择检验方法。

（5）单击 OK，执行操作。

3. 关键步骤

(1) 两个独立样本检验包括 Mann-Whitney U(曼-惠特尼 U)检验、Kolmogorov-Sirnov Z(柯尔莫哥洛夫-斯米诺夫 Z)检验、Moses 检验和 Wald-Wolfowitz 检验四种检验方法。如果检验两个样本是否来自位置(集中趋势)有差异的总体,就应该选择 Mann-Whitney U 检验;如果研究者感兴趣的是确定两个样本是否来自如位置、跨度、偏斜度等方面有差异的总体,就应选择 Kolmogorov-Sirnov Z 检验或 Wald-Wolfowitz 检验。Moses 检验唯一适用于检验与控制样本相比,实验样本是否表现出极端反应的情况。

(2) 在使用非参数独立样本检验时,首先要根据数据选择正确的检验方法,如果数据适用于多种检验方法,不同的检验方法得到的结果可能不同。一般来说,要报告大多数方法一致的检验结果。

(四) 多个独立样本检验

1. 应用对象

当多个独立样本的数据分布是不明确的,但是还想知道多个样本观测数据的分布是否有显著差异,可以采用多个独立样本检验。

2. 操作步骤

(1) 依次单击 Analyze→Nonparametric Tests→Legacy Dialogs→K Independent Samples,打开多个独立样本检验的主对话框。

(2) 选择检验变量。从左侧变量列表中选定一个或几个要进行检验的变量,单击向右箭头按钮,将其移入 Test Variable List 框中。

(3) 选择分组变量与定义组别。从左侧变量列表中选定分组变量,单击向右箭头按钮,将变量移入 Grouping Variable 框中。单击 Define Groups 按钮,打开定义组别对话框。在 Group 后面的参数框中分别键入最小组别的数值与最大组别的数值。单击 Continue 按钮。

(4) 选择检验方法。

(5) 单击 OK,执行操作。

3. 关键步骤

多个独立样本检验包括 Kruskal-Wallis H(克-瓦氏 H)检验和 Median 检验。与 Median 检验相比,Kruskal-Wallis H 检验不仅考虑了中位数,而且利用了每个数据的排列等级,因此,它是一种更精确的检验方法。但当数据中具有很多相同等级或观测值是二分数据时,采用 Median 检验较为合适。

(五) 两个相关样本检验

1. 应用对象

当两个相关样本的数据分布是不明确的,但还想知道两个样本的观测数据分布是否有显著差异时,可以采用两个相关样本检验。

2. 操作步骤

(1) 依次单击 Analyze→Nonparametric Tests→Legacy Dialogs→2 Related Samples,打

开两个相关样本检验的主对话框。

(2) 选择相关变量对。从左侧变量列表中选定两个要进行检验的变量,此时,Current Selections 栏下 Variable1 和 Vaviable2 后面会显示选定的两个变量名称,然后,单击向右箭头按钮,将相关变量对移入 Test Pair(s) List 框中。如果有多组相关变量对,重复上述操作。

(3) 选择检验方法。

(4) 单击 OK,执行操作。

3. 关键步骤

两个相关样本检验包括 Sign(符号)检验、Wilcoxon Signed-Rank(维尔克松符号等级)检验和 McNemar(麦克内玛)检验。Sign 检验与 Wilcoxon Signed-Rank 检验适用于对连续性数据或有序分类数据进行检验,而 McNemar 检验适用于对无序分类变量的"二分"数据进行检验。

(六) 多个相关样本检验

1. 应用对象

当多个相关样本的数据分布是不明确的,但还想知道多个样本的数据分布是否有显著性差异,可以采用多个相关样本检验。

2. 操作步骤

(1) 依次单击 Analyze→Nonparametric Test→Legacy Dialogs→K Related Samples,打开多个相关样本检验的主对话框。

(2) 选择检验变量。从左侧变量列表中选择两个或多个要进行检验的变量,单击向右箭头按钮,使其移入 Test Variable 框中。

(3) 选择检验方法。

(4) 单击 OK,执行操作。

3. 关键步骤

多个相关样本的检验方法包括 Friedman(弗里德曼)检验、Kendall's W(肯德尔和谐系数)检验和 Cochran's Q(克科伦 Q)检验。Kendall's W 检验的数据必须是顺序变量;Cochran's Q 检验适用于对相关的二分数据进行检验,一般要求区组数不能太少。

思 考 题

1. 什么是非参数检验?它都包括哪些类型?
2. 非参数检验效应量的计算公式是什么?
3. 两个独立样本检验方法有哪些,它们都适用于什么条件?多个独立样本检验方法有哪些,它们都适用于什么条件?
4. 两个相关样本检验方法有哪些,它们都适用于什么条件?多个相关样本检验方法有哪些,它们都适用于什么条件?

练 习 题

1. 儿童对形状的偏爱情况见 data8-10。试分析儿童对不同形状的偏爱程度是否有显著不同,并计算效应量。

2. 某学院往年关于文科、理科和艺术学科招生人数的比例为 5∶3∶2,今年的招生人数见 data8-11。试分析今年的招生比例与往年是否有明显的不同,并计算效应量。

3. 抛硬币 50 次,其中正面与反面朝上的次数见 data8-12。试分析这枚硬币均匀吗?

4. 对美国和中国各 15 个家庭进行父母教养方式的调查,见 data8-13。试分析两国的父母教养方式有显著差别吗?并计算效应量。

5. 分别在周一至周五对一组儿童进行体温测量,测量结果见 data8-14。试分析五次测量结果是否有显著差异?并计算效应量。

推荐阅读参考书目

1. 张厚粲,徐建平,2015. 现代心理与教育统计学. 4 版. 北京:北京师范大学出版社.
2. 卢纹岱,2006. SPSS for Windows 统计分析. 3 版. 北京:电子工业出版社.
3. 袁淑君,孟庆茂,1995. 数据统计分析:SPSS/PC+原理及其应用. 北京:北京师范大学出版社.
4. 薛薇,2014. 统计分析与 SPSS 的应用. 4 版. 北京:中国人民大学出版社.
5. 胡竹菁,2019. 心理统计学. 2 版. 北京:高等教育出版社.
6. 张敏强,2010. 教育与心理统计学. 3 版. 北京:人民教育出版社.
7. ALLEN P,BENNETT K,2010. Pasw statistics by SPSS version 18.0:a practical guide. Melbourne:Thomas Nelson Australia.
8. COHEN J,1988. Statistical power analysis for the behavioral sciences. 2nd ed. London:Routledge.
9. COHEN B H,2013. Explaining psychological statistics. 4nd ed. New Jersey:John Wiley & Sons,Inc.

9

主成分因子分析与信度分析

教学导引

　　本章主要介绍主成分因子分析和内部一致性信度分析的基本概念和原理、SPSS 的操作步骤、选项依据、统计输出结果的解释和应用要领。主要用于调查问卷、学业成就测验,以及心理学量表的结构效度分析和内部一致性信度分析。我们将学习因子分析、主成分因子分析、特征根、因子载荷、因子旋转、贡献率、信度、内部一致性信度、分半信度等概念。其中,因子旋转方法的选择、公共因子的提取和命名等是关键的操作步骤和分析要领,需要认真理解、掌握和反复的操作练习。

第一节 主成分因子分析概述

一、因子分析和主成分因子分析的概念

　　因子分析又称因素分析,是探讨存在相关关系的观测变量之间是否存在不能直接观察到的,但对观测变量的变化起支配作用的潜在因子的分析方法。因子分析就是根据观测变量之间的相关关系或协方差关系,找出潜在的起支配作用的主要因子,并建立因子模型的方法。

　　假设原始观测变量为:X_1, X_2, X_3, $\cdots$, X_m。它们与潜在因子之间的关系可以表示为:

$$\begin{cases} X_1 = b_{11}Z_1 + b_{12}Z_2 + b_{13}Z_3 + \cdots b_{1m}Z_m + e_1 \\ X_2 = b_{21}Z_1 + b_{22}Z_2 + b_{23}Z_3 + \cdots b_{2m}Z_m + e_2 \\ X_3 = b_{31}Z_1 + b_{32}Z_2 + b_{33}Z_3 + \cdots b_{3m}Z_m + e_3 \\ X_m = b_{m1}Z_1 + b_{m2}Z_2 + b_{m3}Z_3 + \cdots b_{mm}Z_m + e_m \end{cases}$$

　　其中,$Z_1 \sim Z_m$ 为 m 个潜在因子,即各个原始观测变量都包含的因子,称为"共性因子";$e_1 \sim e_m$ 为 m 个只包含在某个原始观测变量之中的、只对一个原始变量起作用的个性因子,称为各个原始变量的"特殊因子"。

因子分析的目的就是找出共性因子。对计算出结果的共性因子要进行实际含义的分析和探讨,并根据其实际意义加以命名。

共性因子与特殊因子是相互独立的,如果在研究中,特殊因子可以忽略,就可以使用主成分分析的计算方法进行因子分析,这就是所谓的"主成分因子分析"。

主成分因子分析是因子分析中最常用的一种方法,在 SPSS 中,主成分因子分析的方法(principal components)是系统默认的方法。使用主成分因子分析的方法可将若干个原始观测变量聚类为几个公共因子,一方面使一些有较高相关的原始观测变量合并在一个因子之下做进一步的分析和讨论,达到缩减变量的数目和简化数据分析的目的;另一方面还可以验证调查问卷的结构维度,即结构效度(construct validity)。例如,编制问卷对中学生的学习动机情况进行调查研究时,往往需要根据假设提出的中学生学习动机的结构维度编制出许多具体题目。收回有效问卷后,对问卷的调查结果进行定量分析时,不可能分别对每个题目的得分数据进行分析,而是需要根据各个题目得分之间的相关关系或协方差关系,将相关的题目(即原始观测变量)归类于一个因子之下,并考察各个因子与假设的结构维度之间的对应吻合关系,这就是问卷的结构效度分析。

二、主成分因子分析的基本原理

假设两个变量 h 和 w 之间存在线性关系,见图 9-1-1。数据 (h_i, w_i) 各点分布在一条直线周围,其中,$i=1\sim n$。以该条直线为一个坐标轴 p_1,以 p_1 的垂直线为另一个坐标轴 p_2,见图 9-1-2。由于 p_1 与 p_2 相互垂直,所以称为"正交",即彼此相关为 0。

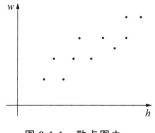
图 9-1-1　散点图之一

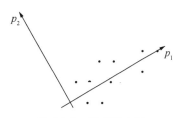
图 9-1-2　散点图之二

由图 9-1-2 可见,所有观测点都在坐标轴 p_1 周围,可以认为 n 个观测点的差异主要表现在 p_1 方向上,而在 p_2 方向上差异很小。如果 p_1 代表了观测量变化的最大方向,而且 p_2 与 p_1 相互垂直,则称 p_1 为 h、w 的第一主成分,p_2 为 h、w 的第二主成分。这里的主成分也可以称为公共因子,则公共因子 p_1、p_2 是原始变量 h、w 的线性函数:

$$\begin{cases} p_1 = l_{11}h + l_{12}w \\ p_2 = l_{21}h + l_{22}w \end{cases}$$

由此可以推广到一般情况,假设某项研究有 m 个原始观测变量 $x_1\sim x_m$,在 m 维原始观测变量的空间中可以找到 m 个新的坐标轴,则有 m 个新的潜在变量 $p_1\sim p_m$,这 m 个公共因子与原始观测变量之间的关系可以表示为：

$$\begin{cases} p_1 = l_{11}x_1 + l_{12}x_2 + l_{13}x_3 + \cdots + l_{1m}x_m \\ p_2 = l_{21}x_1 + l_{22}x_2 + l_{23}x_3 + \cdots + l_{2m}x_m \\ p_3 = l_{31}x_1 + l_{32}x_2 + l_{33}x_3 + \cdots + l_{3m}x_m \\ \vdots \\ p_m = l_{m1}x_1 + l_{m2}x_2 + l_{m3}x_3 + \cdots + l_{mm}x_m \end{cases}$$

从这 m 个新变量中可以找出其中的 q 个新变量（$q<m$），使这 q 个新变量所包含的信息是原始数据包含信息的绝大部分，而其余 $m-q$ 个新变量对方差的影响很小。这 q 个新变量即为原始观测变量的主成分。这就是主成分因子分析的基本方法。

q 个相互正交的方向及沿着这些方向的方差是特征值问题的特征向量和特征值。这些特征值和特征向量为特征方程 $Ax=\lambda x$ 的解，其中的 A 是样本协方差矩阵或相关矩阵。用 SPSS 做因子分析，既可以采用样本的协方差矩阵，也可以采用样本的相关矩阵。用相关矩阵可以避免由于各个变量量纲不同而产生的问题，所以被广泛使用。因此，它也是 SPSS 的系统默认选项。如果采用协方差矩阵，应该对原始变量进行标准化，这在 SPSS 中是自动完成的，可以直接使用。

主成分因子分析的数据为多变量的采用等间隔等级记分的数据。

三、主成分因子分析的主要统计量

1. 特征根

特征方程的根，简称为特征根（eigenvalue），通常用 λ 表示。有 m 个变量，就有 m 个特征根。该统计量反映的是原始变量的总方差在各公共因子上重新分配的结果。特征根的值越大，说明该公共因子越重要。

根据方差的定义，第 i 个主成分的方差是总方差在各个主成分上重新分配后，在第 i 个主成分上分配的结果，它在数值上等于第 i 个特征根的值。在主成分因子分析中，有 m 个原始观测变量，就有 m 个特征根的值。m 个特征值之和就等于标准化了的原始变量的方差之和。

2. 贡献率

贡献率（contribution ratio）的定义是各公共因子所包含的信息占总信息的百分比。用方差衡量变量所包含的信息量，则每个公共因子所提供的方差占总方差的百分比就是该因子的贡献率。贡献率越高，说明该公共因子所能代表的原始信息量越大。

3. 因子载荷

将原始变量转换成均值为 0、标准差为 1 的标准化变量后，与某个公共因子之间的相关系数为该变量在某个公因子上的因子载荷（factor loading）。因子载荷是衡量某一因子对某一观测变量所作贡献大小的指标，因子载荷值越大，说明贡献程度越高。

4. 因子旋转

所谓因子旋转（factor rotation）就是一种坐标转换。在旋转后的新坐标系中，因子载荷将得到重新分配,使因子载荷的差异尽可能变大,即使一些因子载荷趋近于更大,另一些因子载荷趋近于更小。旋转的目的就是简化因子结构,使每个原始变量在尽可能少的因子上有较高的载荷。因子旋转的方法主要有两种:

- 正交旋转(orthogonal rotation):旋转过程中因子之间的轴线夹角为 90°,即因子之间的相关为 0。
- 斜交旋转(oblique rotation):因子之间具有一定的相关,即因子之间的相关不等于 0,亦即因子之间的轴线夹角不是 90°。

正交旋转的优点是因子之间提供的信息不会重叠,某一因子的分数与其他因子的分数彼此独立,各不相关;缺点是研究者在采用正交旋转时,强迫各个因子之间相关为 0。而实际上,有些因子之间可能存在一定的相关,这时,如果采用了正交旋转就违背了实际情况,使研究结果与实际不符。

斜交旋转的优点是可以按照因子之间的实际相关情况进行旋转,得出的结果比较接近实际情况。但是,进行斜交旋转的前提是,研究者必须探测出各个因子之间较确切的相关系数,以便在斜交旋转时确定斜交旋转的参数。

5. 确定公共因子数量的原则和方法

(1) Kaiser 准则:主成分因子分析所提取的公共因子的数量是那些特征根的值大于 1 的因子数量。在应用 Kaiser 准则时,因子分析的题目数量最好不要超过 30 个。题目的平均共同性最好在 0.70 以上。如果被试样本的数量大于 250,则平均共同性应该在 0.60 以上。如果题目的数量在 50 题以上,有可能提取过多的公共因子,这时,研究者可以限定因子提取的数量。特征根的值越大,表示该因子的解释力越强。

(2) 碎石图检验法(scree test):碎石原是地质学术语,代表在岩层斜坡底层发现的小碎石,这些碎石的价值性不高。应用在因子分析上,则表示碎石图底端的因素不重要,可以舍弃不用。根据此方法,提取公共因子的数量是图中最大拐点前"碎石"的数量。

注意,采用 Kaiser 准则提取的因子数量较多,而采用碎石图检验法提取的公共因子数量较少。在公共因子数量的确定上,除了参考以上两个准则外,还要考虑被试的数量、题目数量和变量共同性的大小。

(3) 累积贡献率原则:根据前几个成分累积贡献率所达到的百分比来确定公共因子的数量。例如,当累积贡献率达到 80% 时,即此前有 k 个成分所包含的信息占总信息的 80%,则提取这 k 个成分作为公共因子。采用此方法虽然可以保证较高的累计贡献率,但提取的公共因子数量较多。

我国学者辛涛认为,对通过调查问卷所得数据做主成分因子分析是一项"艺术性"工作。确定公共因子的数量既要依据一定的准则,又要考虑所得因子结构模型的可解释性以及与假设结构模型的吻合程度,还要考虑样本数量、问卷的题目数量和题目之间共同性的大小。所以,因子分析不是一蹴而就的过程,而是反复推敲、补充和修改的过程,直至到达研究者认可的"较理想"状态。

6. 公共因子的命名

确定了公共因子的数量后,要给提取的公共因子命名。通俗地讲,就是给每个公共因子起个名字,但不能随便命名。虽然公共因子是潜在的,但它却代表了集合于该因子之下的那些观测变量的共同含义。所以,给因子命名不是轻松的事情。这里,我根据自己的经验提出如下做法,仅供读者参考。

给因子命名的总原则是认真考察分析各个因子之下原始变量的共同特征,并根据其共同特征准确命名。也就是说,给因子起的名字要与该因子所包括的原始变量的共同特征紧密吻合或尽可能地一致。具体做法以调查问卷为例加以具体说明。

(1) 如果某个因子下的原始变量都是编制问卷时同一个维度中的题目,这种情况的因子命名最容易,即可以考虑用原来维度的名称给该因子命名。

(2) 当某个因子中包括的题目来自不同的问卷假设结构维度时,则要根据各个维度的题目数量谨慎斟酌命名。① 如果某个维度的题目数量占因子所含题目数量的绝大多数时,也可以考虑用这个占绝大多数题目的原维度名称命名;② 如果某个因子包含的题目分别来自两个或几个不同的维度,且这两个或几个维度的题目数量相等或接近,则可以考虑用这两个或几个维度的名称联合命名;③ 如果某个因子包含的题目数量很少,比如只有两个题目,且分别来自不同的假设结构维度,这时就要更加审慎。需要认真分析这两个题目是否存在某种共同的含义,如果存在共同的含义就可以考虑用这个含义命名;如果这两个题目确实没有共同的含义,则可以考虑放弃对该因子的后续统计分析和意义分析,起个"其他"的名字,仅仅作为该因子的标志。

(3) 有的时候,由于编制问卷的疏忽或理解上的偏差,把本不属于同一个维度的题目放在一个维度之下,而在因子分析后该题目归结于实际意义相同的因子之下。这时,就要更正该题目的原有维度,还其本意。此外,在同一个因子之下的两个题目,从表面上看是风马牛不相及的,但它们实际上却是紧密相关的,这时就不能轻易放弃,而要给它们起个准确的名字并加以认真分析。

在实际工作中遇到的情况可能要比上面介绍的复杂得多,需要研究者认真分析、对待。

第二节 主成分因子分析的操作和应用

一、操作选项

打开 SPSS 的数据编辑窗口,依次单击 Analyze→Dimension Reduction,打开因子分析的下拉菜单,Factor Analysis 为因子分析的功能项,如图 9-2-1 所示。

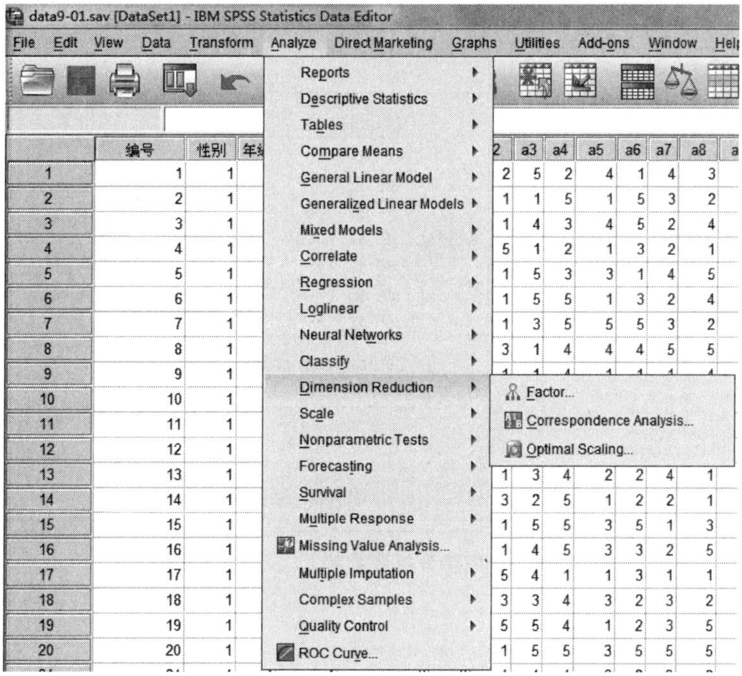

9 主成分因子分析与信度分析

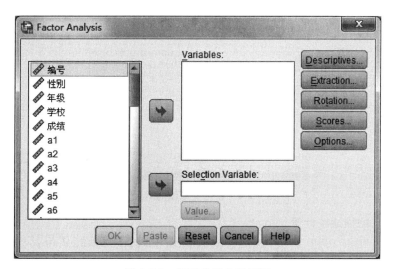

图 9-2-1 因子分析在主菜单中的位置

单击 Factor Analysis,打开因子分析的主对话框,如图 9-2-2 所示。

图 9-2-2 因子分析主对话框

1. 选择分析变量

从左侧变量列表中选定要进行因子分析的变量,单击向右箭头按钮,将其移入 Variables

框中,如图 9-2-3。

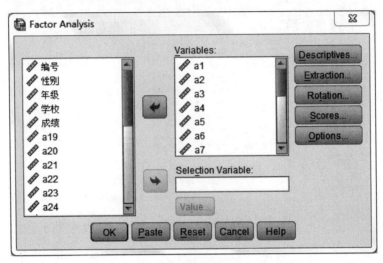

图 9-2-3　将待分析变量移入 Variable 框中

2. 设定变量值

如果使用部分观测变量进行因子分析,需要从左侧变量列表中选定一个能够标记这部分观测量的变量,单击向右箭头按钮,将变量移入 Selection Variable 框中。单击 Value 按钮,打开 Set Value 对话框,如图 9-2-4 所示。在 Value for Selection 下面的参数框中输入能够标记部分观测量的变量值,单击 Continue 按钮返回主对话框。

如果选择全部观测变量进行因子分析则不用此项操作。

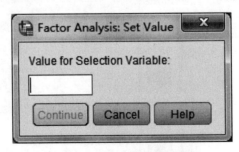

图 9-2-4　设定变量值的对话框

3. 设定输出的描述统计量

单击 Descriptives 按钮,打开 Descriptives 对话框,如图 9-2-5,从中选择需要输出的统计量。

9 主成分因子分析与信度分析

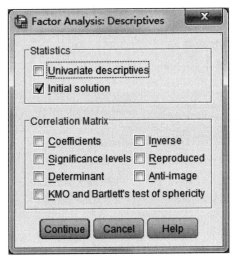

图 9-2-5 描述统计量对话框

(1) Statistics 栏,用于设定输出的统计量。

① Univariate descriptives:单变量的描述统计量。此项输出参与分析的各原始变量的均值、标准差和样本容量。

② Initial solution:系统默认选项,输出因子提取前,各分析变量的共同度、各因子的特征值以及解释方差的百分比。

(2) Correlation Matrix 栏,用于设定输出的相关矩阵。

① Coefficients:此项输出参与分析的原始变量间的相关系数矩阵。

② Significance levels:此项输出与每个相关系数相对应的单尾假设检验的显著性水平,即 p 值。

③ Determinant:此项输出相关矩阵的行列式。

④ KMO and Bartlett's test of sphericity:此项输出 KMO(Kaiser-Meyer-Olkin)检验和 Bartlett 球形检验的结果。

KMO 值越大,表示变量间的共同因素越多,越适合做因子分析(吴明隆,2000)。根据 Kaiser 准则,KMO 值大于 0.9 是最好的,大于 0.8 是比较好的,大于 0.7 是中等水平,大于 0.6 较差,大于 0.5 是最低水平。如果 KMO 值小于 0.5,则较不易做因子分析。

Bartlett 球形检验用于检验相关系数矩阵是否为一个单位矩阵,因为因子分析需要一个单位矩阵。在做因子分析时,Bartlett 球形检验结果的 χ^2 值必须达到显著水平,即 $p<0.05$。若 $p>0.05$,则表明该数据不适合做因子分析。

⑤ Inverse:此项输出相关系数矩阵的逆矩阵。

⑥ Reproduced:此项输出再生相关矩阵,即因子分析后的相关矩阵及其残差(再生相关系数与原始相关系数的差值)。

⑦ Anti-image：此项输出反映相关矩阵，包括偏相关系数的负数和偏协方差的负数。在一个好的因子模型中，对角线上的系数较大，远离对角线的系数较小。

4. 设定提取公共因子的各项指标

单击 Extraction 按钮，打开 Extraction 对话框，如图 9-2-6，从中选择公共因子提取的方法。

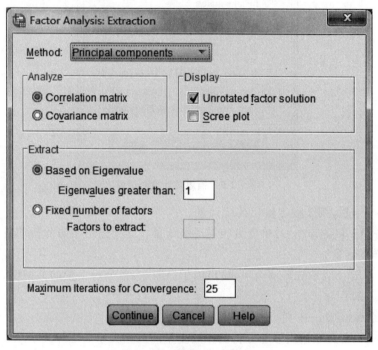

图 9-2-6　因子提取对话框

(1) Method 参数框，用于设定公共因子的提取方法。单击 Method 参数框右侧的箭头，展开提取方法的列表，有 7 种提取方法供选择：

① Principal components：主成分分析法。此项为系统默认选项。该方法假设变量是因子的纯线性组合，第一成分有最大的方差，后续的成分，其解释的方差逐个递减，是常用的获取初始因子分析结果的方法。

② Unweighted least squares：不加权最小平方法。该方法使观测的和再生的相关矩阵之差的平方和最小。

③ Generalized least squares：普通最小平方法。该方法用变量值的倒数加权，使观测的和再生的相关矩阵之差的平方和最小。

④ Maximum likelihood：最大似然法。该方法给出参数估计，不要求多元正态分布。如果样本来自多元的正态总体，它们与原始变量的相关矩阵极为相似。

⑤ Principal axis factoring：主轴因子法。该方法使用多元相关的平方作为对公共因子方差的初始估计。

⑥ Alpha factoring：α 因子提取法。

⑦ Image factoring：映像因子提取法。该方法根据映像学提取公共因子，并把一个变量看作其他变量的多元回归。

做主成分因子分析，采用系统默认选项即可。

（2）Analyze 栏用于设定分析矩阵。

① Correlation matrix：系统的默认选项，使用变量的相关系数矩阵进行公共因子的分析。

② Covariance matrix：此项使用变量的协方差矩阵进行公共因子的提取分析。

（3）Display 栏，用于设定与因子提取有关的输出项。

① Unrotated factor solution：系统默认选项，输出未经旋转的因子提取结果。

② Scree plot：此项输出碎石图。典型的碎石图有一个明显的最大拐点，它的左边是与大因子连接的陡峭的折线，右边是与小因子相连的缓坡折线。碎石图可以作为确定提取公共因子数量的依据。

（4）Extract 栏用于控制提取进程和提取结果。

① Based on Eigenvalue：此项用于确定提取的公共因子应该具有的特征值的最低值，在后面的矩形框中输入某一数值，则凡是特征值大于该数值的因子都将作为公共因子被提取出来，系统的默认值为 1。

② Fixed number of factors：此项指定提取公共因子的数目。

（5）Maximum Iterations for Convergence：此项指定因子分析收敛的最大迭代次数，系统的默认值为 25。

5．设定因子旋转方法

单击 Rotation 按钮，打开 Rotation 对话框，如图 9-2-7，从中选择旋转的方法。

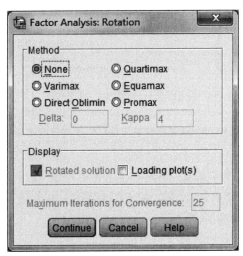

图 9-2-7　旋转方法的对话框

(1) Method 栏用于设定旋转方法。

① None：不进行旋转，此项为系统默认选项。

② Varimax：方差极大旋转，是一种常用的正交旋转方法。

③ Direct Oblimin：直接斜交旋转，选定此项后，在被激活的 Delta(δ)矩形框中输入相应的参数值，$-1 \leqslant \delta \leqslant 0.8$。系统默认值为 0，表示产生最高相关因子。$\delta$ 值越接近 0，公共因子之间斜交的角度越小，即公共因子之间的相关越高；δ 值越接近 -1，公共因子之间越接近正交。

④ Quartimax：四次最大正交旋转。

⑤ Equamax：平均正交旋转。

⑥ Promax：斜交旋转，选定此项，在被激活的 Kappa 矩形框中输入控制斜交旋转的参数值，系统默认值为 4。该方法比"直接斜交旋转法"计算速度快，适于处理大型数据。

(2) Display 栏用于设定输出的内容。

① Rotated solution：此项输出旋转结果。只有在 Method 栏中选择一种旋转方法，该选项才会被激活。若是选择正交旋转的方法，则输出旋转后的因子矩阵模式和因子转换矩阵；若是选择斜交旋转的方法，则输出旋转后的因子矩阵模式、因子结构矩阵和因子间的相关矩阵。

② Loading plot(s)：此项输出因子载荷图。

(3) Maximum Iterations for Convergence：此项设定旋转收敛的最大迭代次数，系统默认值 25。

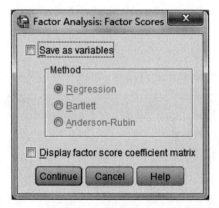

图 9-2-8　在数据文件中储存因子得分的对话框

6．设定因子的得分

单击 Scores 按钮，打开 Scores 对话框，如图 9-2-8 所示。

(1) Save as variables：选择此项系统将因子得分作为新变量自动保存在数据文件中。选择该选项后，Method 一栏被激活。

(2) Method 栏，用于设定计算因子得分的方法，包括 3 种方法：

① Regression(回归法)：系统默认的方法。选择此项，因子得分的均值等于 0，方差等于估计因子得分与实际因子得分之间的多元相关的平方。

② Bartlett：选择此项，因子得分的均值等于0，超出变量范围的特殊因子平方和被最小化。

③ Anderson-Rubin：选择此项，因子得分的均值等于0，标准差等于1，且因子之间不相关。

(3) Display factor score coefficient matrix：选择此项将输出因子标准化的得分系数的矩阵。

7．设定附加的输出结果和缺失值的处理方式

单击 Options 按钮，打开 Options 对话框，如图 9-2-9。

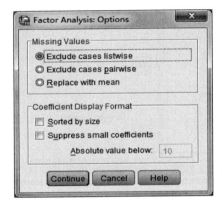

图 9-2-9　缺失值处理和结果显示选项的对话框

(1) Missing Values 栏用于设定缺失值的处理方式。

① Exclude cases listwise：系统默认选项，剔除分析变量中有缺失值的观测量。

② Exclude cases pairwise：此项成对地剔除带有缺失值的观测量。换句话说，在计算两个变量的相关系数时，只把这两个变量中带有缺失值的观测量剔除。

③ Replace with mean：选择此项，系统采用变量的均值代替该变量的所有缺失值。

(2) Coefficient Display Format 栏用于设定因子载荷系数的显示格式。

① Sorted by size：选择此项，系统自动将载荷系数按其数值的大小顺序排列，使在同一因子上的变量按载荷系数的大小顺序排列。

② Suppress small coefficients Absolute value below：选择此项，在输出分析结果的列表中将不显示那些绝对值小于指定数值的载荷系数，系统默认值为 0.1。

选择完成后，单击 OK 按钮，执行操作。

二、应用举例

例题　俞承谋教授为了考察中学生学习动机的类型和水平对学习成绩的影响，自编"中学生学习动机的调查问卷"，分别对北京市一所重点高中、一所普通高中的高二学生和一所重点初中、一所普通初中的初二学生进行问卷调查。该调查问卷包括 30 个题目，5 等级记分，有效调查被试共 437 人,为了考察调查问卷的结构效度,并对调查结果做进一步的统计分析,需要对调查数据做主成分因子分析。

1. 建立 SPSS 数据文件

根据调查结果建立的用于做主成分因子分析的 SPSS 数据文件见 data9-01。

2. 操作步骤

读取数据文件 data9-01,依次单击 Analyze→Dimension Reduction→Factor Analysis,打开因子分析的主对话框,如图 9-2-10 所示。

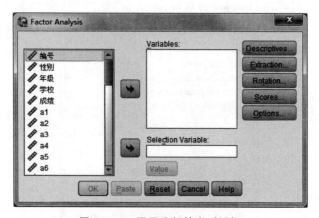

图 9-2-10　因子分析的主对话框

将调查变量 a1～a30 移入 Variables 框中(见图 9-2-11)。

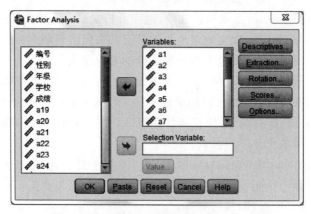

图 9-2-11　变量移入后的因子分析主对话框

单击 Descriptives 按钮,打开 Descriptives 对话框,选择 KMO and Bartlett's test of sphericity 复选项,如图 9-2-12 所示。单击 Continue 按钮。

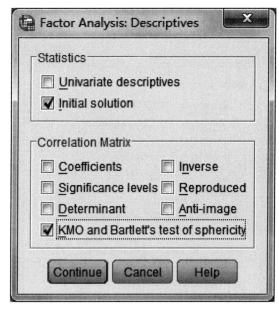

图 9-2-12 描述统计量对话框

单击 Extraction 按钮,打开 Extraction 对话框,选择 Scree plot 复选项,如图 9-2-13 所示。单击 Continue 按钮。

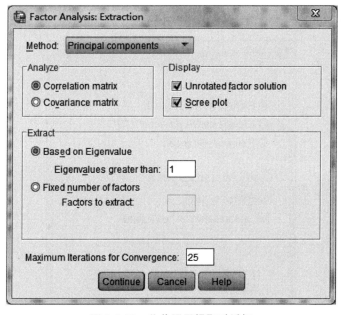

图 9-2-13 公共因子提取对话框

单击 Rotation 按钮，打开 Rotation 对话框，选择 Varimax 复选项，如图 9-2-14 所示。单击 Continue 按钮。

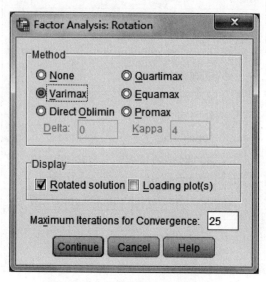

图 9-2-14　选择旋转方法的对话框

单击 Options 按钮，打开 Options 对话框，选择 Sorted by size 复选项和 Suppress small coefficients 复选项，并在 Absolute value below 后面的矩形框中输入数值 0.35，如图 9-2-15 所示。单击 Continue 按钮。

单击 OK，执行操作。

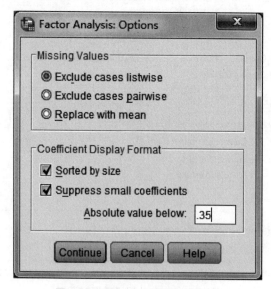

图 9-2-15　Options 选项的对话框

3. 输出的结果与解释

（1）第一次主成分因子分析输出的结果及解释主要包括以下 7 个部分。

KMO and Bartlett's Test

Kaiser-Meyer-Olkin Measure of Sampling Adequacy.		.834
Bartlett's Test of Sphericity	Approx. Chi-Square	3349.608
	df	435
	Sig.	.000

图 9-2-16　KMO 检验和 Bartlett 球形检验的结果

图 9-2-16 输出的结果从上至下依次为 KMO 值、Bartlett 球形检验的卡方值、自由度和 p 值。KMO＝0.834＞0.8，$p<0.05$，表明该数据适合做主成分因子分析。

Communalities

	Initial	Extraction
A1	1.000	.604
A2	1.000	.351
A3	1.000	.709
A4	1.000	.451
A5	1.000	.563
A6	1.000	.367
A7	1.000	.402
A8	1.000	.554
A9	1.000	.591
A10	1.000	.429
A11	1.000	.609
A12	1.000	.553
A13	1.000	.524
A14	1.000	.599
A15	1.000	.496
A16	1.000	.484
A17	1.000	.545
A18	1.000	.558
A19	1.000	.524
A20	1.000	.479
A21	1.000	.540
A22	1.000	.564
A23	1.000	.540
A24	1.000	.479
A25	1.000	.638
A26	1.000	.547
A27	1.000	.506
A28	1.000	.514
A29	1.000	.587
A30	1.000	.554

Extraction Method: Principal Component Analysis.

图 9-2-17　调查变量的共同度

图 9-2-17 输出的结果从左至右依次为提取公共因子前各调查变量的共同度和提取公共因子后各变量的共同度。共同度是保证在某特定公共因子上载荷值较大的前提下，观测变量在所有公共因子上的载荷量平方值的总和，它反映了观测变量对公共因子的贡献。

Total Variance Explained

Component	Initial Eigenvalues			Extraction Sums of Squared Loadings			Rotation Sums of Squared Loadings		
	Total	% of Variance	Cumulative %	Total	% of Variance	Cumulative %	Total	% of Variance	Cumulative %
1	4.834	16.114	16.114	4.834	16.114	16.114	3.507	11.691	11.691
2	4.214	14.046	30.159	4.214	14.046	30.159	3.201	10.670	22.361
3	2.013	6.709	36.869	2.013	6.709	36.869	2.852	9.508	31.868
4	1.364	4.546	41.415	1.364	4.546	41.415	2.275	7.585	39.453
5	1.235	4.118	45.533	1.235	4.118	45.533	1.618	5.393	44.846
6	1.128	3.762	49.294	1.128	3.762	49.294	1.230	4.101	48.946
7	1.070	3.566	52.860	1.070	3.566	52.860	1.174	3.914	52.860
8	.987	3.289	56.149						
9	.905	3.017	59.165						
10	.864	2.881	62.046						
11	.844	2.812	64.858						
12	.822	2.740	67.597						
13	.785	2.616	70.213						
14	.757	2.524	72.737						
15	.704	2.346	75.084						
16	.655	2.183	77.267						
17	.633	2.109	79.375						
18	.626	2.086	81.461						
19	.589	1.964	83.425						
20	.575	1.916	85.341						
21	.558	1.859	87.200						
22	.527	1.758	88.957						
23	.505	1.684	90.641						
24	.486	1.618	92.259						
25	.450	1.501	93.761						
26	.433	1.445	95.206						
27	.411	1.371	96.577						
28	.367	1.224	97.801						
29	.337	1.122	98.923						
30	.323	1.077	100.000						

Extraction Method: Principal Component Analysis.

图 9-2-18　总方差的解释

图 9-2-18 输出的结果从左至右依次为初始特征值、未经旋转提取因子的载荷平方和、旋转后提取因子的载荷平方和。因子载荷的平方可以解释某一观测变量的变异中有多大比例是由某一因子所决定的。

9 主成分因子分析与信度分析

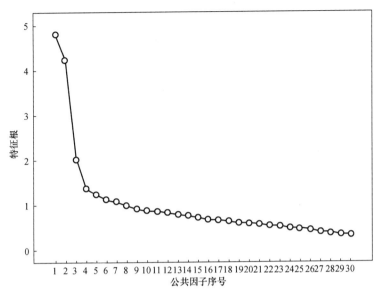

图 9-2-19 碎石图

图 9-2-19 输出的是公共因子的碎石图,横坐标为公共因子的序号,纵坐标为各因子对应的特征根。从图中可以看出,前 7 个因子的特征值皆大于 1,但最大拐点在第 4 个因子。

Component Matrix a

	1	2	3	4	5	6	7
A25	.606						
A26	.560						
A14	.543				-.379		
A23	.536		-.408				
A8	.532	-.367					
A5	.514	-.375					
A13	.512				.379		
A10	.467						
A27	.464						
A2	-.460						
A28	.453						
A6	.359						
A9		.572	.369				
A17		-.556					
A20		.542					
A19	.420	.536					
A22	.403	-.514					
A21		.500	.426				
A15		.491					
A1	.416	.479					
A4		.449					
A12		-.390					
A24		.380	.369				
A7	.358	-.379					
A16	.386		-.418				
A30				.598			
A29	.439			.520			
A18		-.465			.469		
A3						.742	
A11						.421	.493

Extraction Method: Principal Component Analysis.
a. 7 components extracted.

图 9-2-20 旋转前的因子载荷矩阵

图 9-2-20 输出的结果是旋转前各原始变量与各公共因子之间的相关矩阵,按系数由大到小排列。

Rotated Component Matrix

	Component						
	1	2	3	4	5	6	7
a25	.778						
a14	.734						
a26	.701						
a8	.696						
a5	.625						
a22	.605			.356			
a7	.411			.370			
a9		.717					
a21		.701					
a15		.601					
a1		.582	.462				
a13		.555					
a19		.542	.456				
a24		.541					
a20		.539					
a4			.602				
a10			.601				
a16			.594				
a23			.508		.354		
a2			-.500				
a28			.391		.379		-.371
a18				.706			
a12				.659			
a17			-.421	.519			
a27				.416			
a6				.397		.354	
a29					.681		
a30					.645		
a11						.719	
a3							.808

Extraction Method: Principal Component Analysis.
Rotation Method: Varimax with Kaiser Normalization.
a. Rotation converged in 9 iterations.

图 9-2-21 旋转后的因子载荷矩阵

图 9-2-21 输出的结果为旋转后各原始变量与各公共因子之间的相关矩阵,按系数由大到小排列。

Component Transformation Matrix

Component	1	2	3	4	5	6	7
1	.644	.367	.516	.337	.232	.129	.004
2	-.477	.646	.341	-.454	.157	.083	.029
3	.357	.559	-.649	-.133	-.106	-.241	.228
4	-.169	-.070	-.239	.193	.912	-.157	.124
5	-.446	.305	-.014	.779	-.265	-.148	.086
6	-.030	-.126	.039	-.002	-.052	.427	.893
7	-.045	.147	-.370	.131	.070	.831	-.357

Extraction Method: Principal Component Analysis.
Rotation Method: Varimax with Kaiser Normalization.

图 9-2-22 因子旋转的转换矩阵

图 9-2-22 输出的结果为因子旋转的转换矩阵,用于旋转前后矩阵之间的转换,即旋转前的因子载荷矩阵乘以因子旋转的转换矩阵等于旋转后的因子载荷矩阵。

(2) 第二次主成分因子分析以及输出的结果及解释。

从第一次主成分因子分析的输出结果可见(图 9-2-21):特征值大于 1 的公共因子有 7 个,第一个公共因子包括了相关较高的 7 个题目(即原始调查变量),第二个公共因子包括了相关较高的 8 个题目,第三个公共因子包括了相关较高的 6 个题目,第四个公共因子包括了相关较高的 5 个题目,第五个公共因子包括了 2 个题目,第六和第七个公共因子均只包括了 1 个题目(A11,A3)。另外,调查问卷中的第 28 题,即图 9-2-21 中的 A28 在三个公共因子(因子 3,因子 5 和因子 7)上的因子载荷接近(0.391,0.379,0.371);A6 在两个公共因子(因子 4 和因子 6)上的因子载荷接近(0.397,0.354)。

根据主成分因子分析的意义,需要根据以下三个基本原则对不合适的题目进行删减:① 删除在两个或两个以上的公共因子上具有接近因子载荷的题目,即某个题目在两个或两个以上的公共因子上的载荷差不多(我们这里采用的删除标准是因子载荷的数值为小数点后第一位数字相同)。② 某个公共因子下只有 1 个题目,这样的题目要删除。③ 删除在公共因子上的最大载荷小于 0.35,共同度小于 0.4 的题目。

删除不合适的 4 个题目(A28,A6,A11,A3)后,对剩余的 26 个原始调查变量做第二次主成分因子分析。第二次主成分因子分析的操作过程与前面的操作相同。需要注意的是,为了使每道题目只包含在一个公共因子中,在第二次操作中,在 Options 选项中的 Suppress small coefficients Absolute value below 的值,根据第一次主成分因子分析的结果应该为 0.432,其余不再赘述。这里只列出第二次主成分因子分析的有关主要结果。

KMO and Bartlett's Test

Kaiser-Meyer-Olkin Measure of Sampling Adequacy.		.838
Bartlett's Test of Sphericity	Approx. Chi-Square	2968.703
	df	325
	Sig.	.000

图 9-2-23 KMO 检验和 Bartlett 球形检验的结果

图 9-2-23 的输出结果显示,KMO=0.8380>0.8,$p<0.001$,表明该数据适合做主成分因子分析。

Total Variance Explained

Component	Initial Eigenvalues			Extraction Sums of Squared Loadings			Rotation Sums of Squared Loadings		
	Total	% of Variance	Cumulative %	Total	% of Variance	Cumulative %	Total	% of Variance	Cumulative %
1	4.501	17.310	17.310	4.501	17.310	17.310	3.505	13.481	13.481
2	4.052	15.584	32.894	4.052	15.584	32.894	3.208	12.337	25.817
3	1.883	7.241	40.135	1.883	7.241	40.135	2.663	10.242	36.060
4	1.346	5.175	45.310	1.346	5.175	45.310	2.115	8.133	44.193
5	1.198	4.606	49.916	1.198	4.606	49.916	1.488	5.723	49.916
6	.957	3.679	53.595						
7	.902	3.470	57.065						
8	.863	3.319	60.384						
9	.828	3.186	63.570						
10	.786	3.022	66.592						
11	.761	2.927	69.519						
12	.732	2.817	72.335						
13	.701	2.697	75.032						
14	.661	2.541	77.574						
15	.628	2.417	79.990						
16	.605	2.326	82.316						
17	.578	2.224	84.539						
18	.549	2.110	86.649						
19	.524	2.014	88.664						
20	.515	1.982	90.646						
21	.482	1.855	92.501						
22	.460	1.771	94.272						
23	.419	1.610	95.883						
24	.379	1.459	97.341						
25	.351	1.348	98.690						
26	.341	1.310	100.000						

Extraction Method: Principal Component Analysis.

图 9-2-24 总方差的解释

图 9-2-24 的输出结果显示，特征值大于 1 的公共因子有 5 个，累计解释总方差的 49.916%。根据 Kaiser 准则，应该提取 5 个公共因子。这 5 个因子所代表的信息是 26 个题目信息量的 49.916%。

图 9-2-25 是输出的公共因子的碎石图。从图中可以看出，前 5 个因子的特征根皆大于 1，

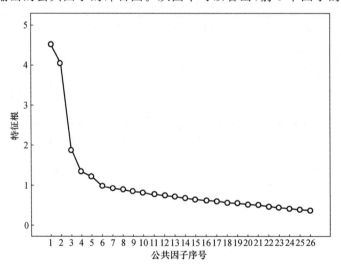

图 9-2-25 碎石图

最大拐点处在第 6 个因子。根据碎石图检验法,应该提取 5 个公共因子,这恰好与根据 Kaiser 准则提取的公共因子的数量一致(这完全是巧合)。而且与研究者最初编制问卷的结构维度基本吻合。所以,研究者最后确定提取 5 个公共因子。

Rotated Component Matrix[a]

	Component				
	1	2	3	4	5
a25	.781				
a14	.727				
a8	.713				
a26	.696				
a22	.626				
a5	.624				
a7	.445				
a9		.687			
a21		.676			
a1		.637			
a15		.606			
a19		.572			
a24		.570			
a13		.568			
a20		.521			
a16			.655		
a10			.606		
a4			.573		
a23			.560		
a2			-.528		
a18				.731	
a12				.634	
a17				.507	
a27				.457	
a30					.702
a29					.644

Extraction Method: Principal Component Analysis.
Rotation Method: Varimax with Kaiser Normalization.
a. Rotation converged in 9 iterations.

图 9-2-26　旋转后的因子载荷矩阵

实际上,主成分因子分析往往要做许多次。其中不乏重新提出问卷的结构维度、重新编制问卷、删改问卷题目、增加样本数量等大量重复性工作。这个实例算是理想的。

为了保证主成分因子分析有一个较理想的结果,研究者首先要确定好问卷的假设结构维度,编好问卷的每个问题题目。其次,要做好问卷的调查研究,保证回收问卷的质量和数量。第三,为了保证必要的样本数量,学者们提出了一些经验性参考数据。一些研究者的观点是:① 调查问卷题目的数量与被试样本的数量之比最好为 1:5。② 被试样本总数不得少于 100 人。如果研究的主要目的在于寻找变量群中包括何种因素,样本数量要尽量大,才能保证因子分析结果的可靠性(吴明隆,2000)。辛涛提出的题目数量与被试样本数量之比是 1:10 或 1:20,是比较稳妥的做法。

4. 结果的报告

采用"方差极大旋转法"对学习动机问卷的 30 道题目做第一次的主成分因子分析,结果表明:KMO 值为 0.834,Bartlett 球形检验的结果达到了显著水平($p<0.001$),表明数据适合做因子分析。根据 $\lambda>1$ 的原则,提取 7 个因子,总解释率为 52.860%。由于 A6 在因子 4 和因子 6 上的载荷接近,A28 在因子 3、因子 5 和因子 7 上的载荷接近;因子 6 下只有一个题目(A11),因子 7 下也只有一个题目(A3)。因此,将 A28、A6、A11 和 A3 删除,对保留的 26 道题目重新做主成分因子分析。

第二次主成分因子分析的结果表明:KMO 值为 0.838,Bartlett 球形检验的结果达到了显著水平($p<0.001$),说明数据适合做因子分析。根据 $\lambda>1$ 的原则,提取 5 个因子,总体解释率为 49.916%。每个因子包含的题目及各题目的因子载荷见表 9-2-1。

表 9-2-1 各因子所包含的题目及因子载荷

因子 1		因子 2		因子 3		因子 4		因子 5	
题目	载荷	题目	载荷	题目	载荷	题目	载荷	题目	载荷
5	0.624	1	0.637	2	0.528	12	0.634	29	0.644
7	0.445	9	0.687	4	0.573	17	0.507	30	0.702
8	0.713	13	0.568	10	0.606	18	0.731		
14	0.727	15	0.606	16	0.655	27	0.457		
22	0.626	19	0.572	23	0.560				
25	0.781	20	0.521						
26	0.696	21	0.676						
		24	0.570						

第三节 信度分析

一、信度分析的概念

信度是指测验的可信程度。它主要体现测验结果的一致性和稳定性。一个好的测量工具,对同一事物反复多次测量,其结果应该始终保持不变才可信。比如,用一把尺子测量一个物体两次,如果这两次的测量结果不同,那么这把尺子的可信程度就是值得怀疑的,或者测量的操作准确性是值得怀疑的。一般来说,在心理测验、考试试卷、社会性问卷调查的有效性分析中都要涉及信度分析。测验的信度受随机误差的影响,随机误差越大,测验的信度值越低。因此,信度亦可视为测量结果受随机误差影响的程度。系统误差产生恒定效应,一般不影响信度。

在测量学中,信度的定义是:一组测量分数的真变异数与总变异数(实得变异数)的比,即

$$r_{xx} = \frac{S_r^2}{S_x^2}$$

式中的 r_{xx} 称作信度系数,S_r 为真变异数,S_x 为总变异数。

在实际测量中,真值是未知的,所以信度系数不能由以上公式直接求出,只能根据一组实得分数(测量值)做出估计。

信度系数是衡量测验好坏的一个重要技术指标。最理想的情况是令测验的信度系数等于1,但这是不可能的。目前,大多数学者认为,任何测验或量表的信度系数如果在 0.9 以上,则该测验或量表的信度甚佳;信度系数在 0.8 以上都是可以接受的;如果在 0.7 以上,则该量表应进行较大修订,但仍不失其价值;如果低于 0.7,量表就需要重新设计了。在心理学中,通常可以用已有的同类测验作为比较的标准。一般能力与成就测验的信度系数在 0.90 以上,性格、兴趣、态度等人格类测验的信度系数通常在 0.80~0.85 之间。

(一) 信度估计的方法

估计信度的方法有很多,常见的有以下几种:

1. α 信度系数

α 信度系数是目前最常用的信度系数,它表明量表中每一题项得分之间的一致性,计算公式为:

$$\alpha = \frac{k}{k-1}\left(1 - \frac{\sum_{i=1}^{k} S_i^2}{S_x^2}\right)$$

式中,k 为测验的题目数,S_i^2 为第 i 题的分数的方差,S_x^2 为测验总分的方差。

α 信度系数可以解释测试所得分数的变异中,有多大比例是真分数决定的,有多大比例是

由随机误差造成的,从而反映出测试的可靠性程度。例如,$\alpha=0.80$,就可以说在测试所得分数中,80%的变异是真分数决定的,20%的变异来自随机误差。

应当注意的是,α 信度系数与量表题目数量的多少有关。一般来说,如果题目数量增加,α 系数会随之升高;反之,如果题目数量减少,α 系数会随之降低。因此,在使用 α 系数时,应当首先了解该量表题目的数量,而不能仅仅简单地看 α 系数的值。

2. 分半信度

分半信度指将测验题目分成对等的两部分,根据每个人在这两部分测验的分数,计算其相关系数作为信度指标,其计算公式为:

$$r_{xx} = \frac{2r_{hh}}{1+r_{hh}}$$

式中,r_{hh} 为两半测验分数的相关系数,r_{xx} 为整个测验的分半信度估计值。需要注意的是,这种方法只在测验题目较多的时候才适用。

使用分半信度,要求人为分成两半的测验要等值,也就是说,两个分半测验的分数要具有相同的平均数和标准差。当此条件不能满足时,就需要采用下面两个公式来估计信度。

① 弗朗那根公式:

$$r = 2\left(1 - \frac{S_a^2 + S_b^2}{S_x^2}\right)$$

式中,S_a^2 和 S_b^2 分别为两半测验分数的方差,S_x^2 为测验总分的方差,r 为信度值。

② 卢纶公式:

$$r = 1 - \frac{S_d^2}{S_x^2}$$

式中,S_d^2 为两半测验分数之差的方差,S_x^2 为测验总分的方差,r 为信度值。

3. 库德-理查逊公式

如果一个测验由采用二值记分(1,0 的记分方式)的项目组成,那么就可以使用库德-理查逊公式计算测验的信度。库德-理查逊公式为:

$$r_{kk} = \frac{k}{k-1}\left(1 - \frac{\sum p_i q_i}{S_x^2}\right)$$

式中,k 为构成测验的题目数,p_i 为通过第 i 题的人数比例,q_i 为未通过第 i 题的人数比例,S_x^2 为测验总分的方差。

4. 信度分析的数据要求与假设

(1) 数据要求:用于分析的数据可以是数值型的二分数据、有序变量和等间隔变量。如果是二分变量、有序变量,且为字符型时,必须定义为数值型变量。

(2) 假设:观测量应该相互独立,在各项目之间的误差应该互不相关。

二、操作选项

依次点击 Analyze→Scale→Reliability Analysis 命令,打开信度分析的主对话框,如图

9-3-1 所示。

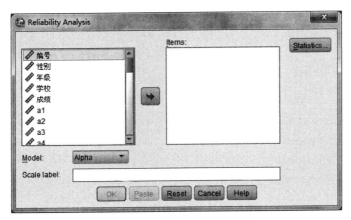

图 9-3-1 信度分析主对话框

从左侧的变量框中选择变量,送入 Items 框内,作为分析变量,如图 9-3-2 所示。

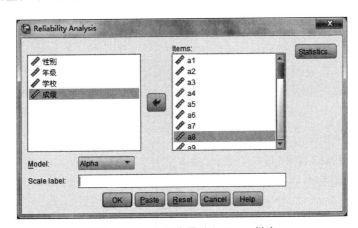

图 9-3-2 将分析变量移入 Items 栏内

变量框的下方有 Model 选项框,可以用来选择估计信度系数的方法。单击向下箭头,出现 5 种信度估计方法以供选择。默认方法是 Alpha。

- Alpha 选项:α 信度系数。它是内部一致性估计的方法,适用于项目多重记分的测验(主观题)。
- Split-half 选项:分半信度。将测验分成对等的两半,计算这两半分数的相关系数。
- Guttman 选项:适用于测验全由二值(1,0)方式记分的项目。
- Parallel 选项:平行测验信度估计的方法,条件是各个项目的方差齐。
- Strict Parallel 选项:除了要求各项目方差齐之外,还要求各个项目的均数相等。

单击 Statistics 按钮,打开如图 9-3-3 的对话框,在其中选择要输出的统计量。

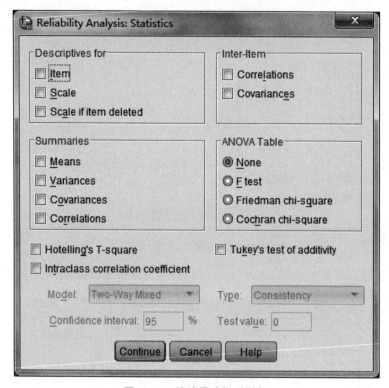

图 9-3-3 统计量选择对话框

(1) Descriptives for 栏：
- Item 复选项：计算各项目的均数、标准差和样本数量。
- Scale 复选项：将各观测量的各项目分数汇总后求其均数、标准差。
- Scale if item deleted 复选项：计算尺度变量减去当前项目后的均数、方差等统计量。

(2) Inter-Item 栏：
- Correlations 复选项：计算各项目间的相关系数。
- Covariances 复选项：计算各项目间的协方差。

(3) Summaries 栏：
- Means 复选项：对项目均数计算统计量，包括项目均数的平均值、最小值、最大值、极差、最大值与最小值之比和项目均数的方差。
- Variances 复选项：对项目方差计算统计量，包括项目方差的平均值、最小值、最大值、极差、最大值与最小值之比和项目方差的方差。
- Covariances 复选项：对项目协方差计算统计量，包括项目相关系数的平均值、最小值、最大值、极差、最大值与最小值之比和项目协方差的方差。
- Correlations 复选项：对项目相关系数计算统计量，包括项目相关系数的平均值、最小值、最大值、极差、最大值与最小值之比和项目相关系数的方差。

（4）ANOVA Table 栏：
- None 复选项：不产生方差分析表，这是系统默认选项。
- F test 复选项：产生重复测量方差分析表。
- Friedman 复选项：计算 Friedman 卡方值和 Kendall 和谐系数，适用于等级数据。除了计算 Friedman 和谐系数外，还可以做方差分析，Friedman 的卡方检验可取代通用的 F 检验。
- Cochran 复选项：显示 Cochran's Q 值。如果项目都是二分变量，选择 Cochran。这时在 ANOVA 表中使用 Q 统计量取代常用的 F 统计量。

（5）Hotelling's T-square 复选项：所有项目在同一尺度上均数相等的多元零检验。

（6）Tukey's test of additivity 复选项：给出量表提高可加性的功效估计值。检验假设是项目间没有相加左右的交互作用。

（7）Intraclass correlation coefficient 复选项：产生单相关系数和平均相关系数，同时给出置信区间、F 统计量和显著性检验值。选中此项，激活下面的选项：

① Model 选项框，选择计算相关系数的模型。单击向下箭头，有 3 种选择：
- Two-Way mixed：组内效应随机，而项目效应固定。
- Two-Way random：组内效应和项目效应都是随机的。
- One-Way random：组内效应是随机的。

② Type 选项框，指定相关系数(intraclass correlation)是如何被定义的：
- Consistency：测量方差为分母除以 $n-1$ 的方差。
- Absolute Agreement：测量方差是分母除以 n 的方差。

③ Confidence interval 框：指定置信区间，系统默认值为 95%。

④ Test value 框：在此输入组内相关系数的一个估计值，此值用于进行比较，要求 0～1 之间，系统默认值是 0。

⑤ 在主对话框中单击 OK 按钮，提交运行。

三、应用举例

例题 根据俞承谋教授"中学生学习动机问卷调查"数据进行因子分析的结果（见表 9-2-1；数据文件 data9-01），将保留的 26 个项目归结为 5 个因子。5 个因子包括的项目分别是：

因子 1：A5、A7、A8、A14、A22、A25、A26，共 7 题。

因子 2：A1、A9、A13、A15、A19、A20、A21、A24，共 8 题。

因子 3：A2、A4、A10、A16、A23，共 5 题。

因子 4：A12、A17、A18、A27，共 4 题。

因子 5：A29、A30，共 2 题。

试分析问卷的内部一致性信度(α 系数)。

1. 建立 SPSS 数据文件

打开数据文件 data9-01。因为有现成的数据文件可利用,故省略了数据文件建立的介绍。

2. 操作步骤

(1) 执行 Analyze→Scale→Reliability Analysis 命令,打开信度分析主对话框。

(2) 在主对话框的变量框中,选中因子 1 的 A5、A7、A8、A14、A22、A25、A26,将它们送入 Items 框。

(3) 在变量框下面选择信度估计方法。本例选用系统默认的 Alpha(α 信度系数)。

(4) 单击 OK 按钮运行。

(5) 在主对话框单击 Reset 按钮,通过第(2)(3)(4)步骤,分别求因子 2、因子 3、因子 4、因子 5 的信度系数。

(6) 因子 5 的信度系数求出后,在主对话框中将 26 个项目全部送入 Items 框,计算总量表的信度系数。信度估计法仍然使用系统默认的 Alpha(α 信度系数)。单击 OK 按钮运行。

3. 输出的结果与解释

5 个因子以及总量表的信度分析输出结果分别见图 9-3-4 至图 9-3-9。

Reliability Statistics

Cronbach's Alpha	N of Items
.810	7

图 9-3-4　因子 1 信度分析表

Reliability Statistics

Cronbach's Alpha	N of Items
.781	8

图 9-3-5　因子 2 信度分析表

Reliability Statistics

Cronbach's Alpha	N of Items
.371	5

图 9-3-6　因子 3 信度分析表

Reliability Statistics

Cronbach's Alpha	N of Items
.608	4

图 9-3-7　因子 4 信度分析表

Reliability Statistics

Cronbach's Alpha	N of Items
.468	2

图 9-3-8　因子 5 信度分析表

Reliability Statistics

Cronbach's Alpha	N of Items
.759	26

图 9-3-9　总量表信度分析表

其中,每个信度分析表都分为两列。第一列是因子的 α 信度系数,第二列是因子所包含的项目数量。可以看到:因子 1 共有 7 个项目,α 信度系数为 0.810;因子 2 共有 8 个项目,α 信度系数为 0.781。其余以此类推。

4. 结果的报告

采用 α 信度系数的内部一致性信度分析结果显示:5 个因子的信度系数分别为 0.810、0.781、0.371、0.608 和 0.468。总量表的信度系数是 0.759。

本 章 小 结

一、基本概念

1. 因子分析

因子分析(factor analysis)是根据观测变量之间的相关关系或协方差关系,找出潜在的起支配作用的主要因子,并建立因子模型的统计分析方法。因子分析的目的就是找出共性因子。对计算出结果的共性因子要分析和探讨其实际含义,并根据其实际意义加以命名。

2. 主成分因子分析

主成分因子分析(principal components of factor analysis)是因子分析的计算方法之一,即在因子分析中,忽略特殊因子的作用,只计算共性因子作用的计算方法。

3. 特征根

特征根(eigenvalue)是特征方程的根,通常用 λ 表示。该统计量反映的是原始变量的总方差在各公共因子上重新分配的结果。特征根的值越大,说明该公共因子越重要。

在主成分因子分析中,有 m 个原始观测变量,就有 m 个特征根的值。m 个特征值之和就等于标准化了的原始变量的方差之和。

4. 贡献率

贡献率(contribution ratio)的定义是各公共因子所包含的信息占总信息的百分比。用方差衡量变量所包含的信息量,则每个公共因子所提供的方差占总方差的百分比就是该因子的贡献率。贡献率越高,说明该公共因子所能代表的原始信息量越大。

5. 因子载荷

将原始变量转换成均值为 0、标准差为 1 的标准化变量后,与某个公共因子之间的相关系数为该变量在某个公因子上的因子载荷(factor loading)。

6. 因子旋转

因子旋转(factor rotation)是一种坐标转换。在旋转后的新坐标系中,因子载荷将得到重新分配,使因子载荷的差异尽可能变大,即使一些因子载荷趋近于更大,另一些因子载荷趋近于更小。

7. 正交旋转

正交旋转(orthogonal rotation)是指旋转过程中因子之间的轴线夹角为 90°,因子之间的相关为 0。

8. 斜交旋转

斜交旋转(oblique rotation)的因子之间具有一定的相关,即因子之间的相关不等于0,亦即因子之间的轴线夹角不是90°。

9. Kaiser 准则

主成分因子分析所提取的公共因子的数量是那些特征根的值大于1的因子数量。

10. 碎石图检验法

根据碎石图(scree test)的形状,可以作为提取因子数量的标准。提取公共因子的数量是图中最大拐点前"碎石"的数量。

11. 信度

一组测量分数的真变异数与总变异数(实得变异数)的比值即为测量学中的信度(reliability)。比值越高,信度越好。

12. α信度系数

α信度系数(Cornbach's Alpha)是目前最常用的信度系数,它表明量表中每一题得分之间的一致性。

13. 分半信度

分半信度(split-half)是指将测验题目分成对等的两部分,根据这两部分测验的分数,计算其相关系数作为信度指标。

二、应用导航

(一)主成分因子分析

1. 应用对象

当需要对问卷调查所得数据或测验所得数据进行探索性因素分析和结构效度分析时,在可以忽略特殊因子作用的前提下,可以采用主成分因子分析的方法。

2. 操作步骤

应用 SPSS 做主成分因子分析的一般操作步骤如下:

(1) 依次单击 Analyze→Dimension Reduction→Factor Analysis,打开因子分析的主对话框。

(2) 选择要进行因子分析的变量,并从左边的变量列表中移入右边的 Variables 框中。

(3) 单击 Descriptives 按钮,打开 Descriptives 对话框,选择 KMO and Bartlett's test of sphericity 复选项。然后,单击 Continue 按钮。

(4) 单击 Extraction 按钮,打开 Extraction 对话框,采用系统默认选项;如果分析变量的数量大于30个,则可选择 Scree plot 复选项,然后单击 Continue 按钮。

(5) 单击 Rotation 按钮,打开 Rotation 对话框,选择 Varimax 复选项,然后单击 Continue 按钮。

(6) 单击 Options 按钮,打开 Options 对话框,选择 Sorted by size 复选项和 Suppress small coefficients 复选项,并在 Absolute value below 后面的矩形框中输入适当的数值,然后

单击 Continue 按钮。

(7) 单击 OK,执行操作。

(8) 根据删除原始变量的原则,① 删除在两个或两个以上的公共因子上具有接近因子载荷的变量;② 删除在某个公因子下只有1个题目的变量;③ 删除在公共因子上的最大载荷小于0.35,共同度小于0.4的变量。

(9) 重复上述操作步骤,对剩余的分析变量进行第二次主成分分析。如此这般,可能要重复做多次分析和调整,最后,根据 Kaiser 准则或碎石图检验结果,确定提取的公共因子的数量。

(10) 给提取的每个公共因子命名。

3. 关键步骤

(1) 问卷或测验的题项数量(即原始观测变量的数量)与被试样本的数量之比,最低不低于1∶5,最好为1∶10或1∶20。KMO值不低于0.8,Bartlett's test of sphericity 的检验结果达到显著水平。

(2) 当问卷或测验的题目数量(即原始观测变量的数量)小于30个时,可采用 Kaiser 准则确定提取公共因子的数量;当题目数量大于30个时,可考虑采用碎石图检验法确定提取公共因子的数量。

(3) 选择正交旋转的前提是公共因子之间彼此正交;选择斜交旋转的前提是,研究者必须探测出因子之间较确切的相关系数,以便在斜交旋转时确定斜交旋转的参数。

(4) 根据删除原始变量的原则,删除不适合的原始变量,对剩余变量再次进行分析。

(5) 根据每个公共因子所包含项目的共性含义给提取的公共因子审慎命名。

(二) 测验内部的一致性信度(α 信度系数)

1. 应用对象

用于考察调查问卷或测验项目之间的内部一致性信度。

2. 操作步骤

(1) 依次点击菜单功能项 Analyze→Scale→Reliability Analyze 命令,打开信度分析主对话框。

(2) 在主对话框的变量框中,选中要分析的因子的题项,将它们送入 Items 框。

(3) 在变量框下面选择信度估计的方法。采用系统默认的 Alpha(α 信度系数)。

(4) 单击 OK 按钮。

(5) 当各个因子的信度系数求出后,将主对话框中的所有题项选中,送入 Items 框,计算总量表的信度系数。信度估计法仍然使用系统默认的 Alpha(α 信度系数)。单击 OK 按钮。

思 考 题

1. 主成分因子分析的基本思想是什么?
2. 一般根据什么原则提取公共因子?
3. 因子分析中旋转的目的是什么?

4. 正交旋转与斜交旋转的区别是什么？
5. 量表的信度有什么意义？有什么作用？

练 习 题

1. 对数据 data9-02 做主成分因子分析。
2. 对数据 data9-03 做主成分因子分析。
3. 对数据 data9-04 做主成分因子分析，并计算各个因子的 α 信度系数。

推荐阅读参考书目

1. 吴明隆, 2000. SPSS 统计应用实务. 北京: 中国铁道出版社.
2. 乔治, 2006. 心理学专业 SPSS 13.0 步步通. 北京: 世界图书出版公司北京公司.
3. 莫雷, 温忠麟, 陈彩琦, 2007. 心理学研究方法. 广州: 广东高等教育出版社.

10

聚 类 分 析

> **教学导引**
>
> 本章主要介绍快速样本聚类和分层聚类的基本概念和原理,以及 SPSS 的操作步骤、选项依据、统计输出结果的解释和应用要领。聚类分析的主要任务是根据不同量纲数据的相似性及距离进行分类。在这一章我们将学习聚类分析、变量聚类、样本聚类、快速样本聚类、分层聚类、分解法、凝聚法、树形图和冰柱图等新概念。样本的快速聚类和分层聚类是常用的聚类分析方法,应该熟练掌握其操作和应用。

第一节 聚类分析概述

一、聚类分析的概念及原理

聚类分析是根据不同物体的某些特征进行"物以类聚"的多元统计分析方法。它将观测对象置于一个多维空间中,按照它们空间关系的密切程度进行分类。根据事物彼此不同的属性进行区分和辨认,将具有类似属性的事物聚为一类,使得同一类的事物具有一定的相似性。

研究对象之间的相似性是聚类分析中的一个基本概念,它反映了研究对象之间的亲疏程度,聚类分析就是根据研究对象之间的相似性来分类的。相似性的测量主要通过相关测度和距离测度两种方式测得。

距离测度的出发点是把每个变量看作是 m 维空间中的一个点,在 m 维空间中定义点与点之间的距离,距离最近的点,相似程度最高,聚类时最有可能聚为一类。距离测度和相关测度的方法很多,这里介绍几种最常用的计算方法。

(1) 欧氏距离(Euclidean distance),即欧几里得距离,简称为"欧氏距离"。两项之间的差是每个变量值之差的平方和的平方根。计算公式为:

$$\text{EUCLID}(x,y) = \sqrt{\sum (x_i - y_i)^2}$$

(2) 欧氏距离平方(squared Euclidean distance),两项间的距离是每个变量值之差的平方和。计算公式为：
$$\text{SEUCLID}(x,y) = \sum (x_i - y_i)^2$$

（3）Cosine(cos 相似性测度)，计算向量间的余弦，取值范围是 $-1 \sim 1$，其值为 0 时，表明两向量正交（相互垂直）。计算公式为：
$$\text{COSINE}(x,y) = \frac{\sum (x_i y_i)^2}{\sqrt{\left(\sum x_i^2\right)\left(\sum y_i^2\right)}}$$

（4）Pearson correlation(皮尔逊相关)，计算向量间的相关，Pearson 相关是线性关系的测度，其取值范围是 $-1 \sim 1$。其值为 0 时，表明没有线性关系。计算公式为：
$$\text{CORRELATION}(x,y) = \frac{\sum (z_{xi} z_{yi})^2}{n-1}$$

（5）Chebychev(切贝谢夫距离)，两项间的距离用最大的变量值之差的绝对值表示。计算公式为：
$$\text{CHEBYCHEV}(x,y) = \text{Max}_i |x_i - y_i|$$

（6）Block(布洛克距离)，两项之间的距离是每个变量值之差的绝对值总和。计算公式为：
$$\text{BLOCK}(x,y) = \sum |x_i - y_i|$$

（7）Minkowski(闵可夫斯基距离)，两项之间的距离是各变量值之差的 p 次方幂的绝对值之和的 p 次方根。计算公式为：
$$\text{MINKOWSKI}(x,y) = \sqrt[p]{\sum |x_i - y_i|^p}$$

二、聚类分析的种类

根据分类对象的不同，聚类分析分为样本聚类和变量聚类。

1. 样本聚类

样本聚类又称为 Q 型聚类。用 SPSS 的术语来说，就是对样本(cases)进行聚类，或者说是对观测量进行聚类。它是根据被观测对象的各种特征，即反映被观测对象特征的各个变量值进行分类。

2. 变量聚类

变量聚类又称为 R 型聚类。有些研究需要对一些相关的变量进行聚类，例如在多元线性回归分析中，需要对共线性较高的自变量进行聚类，以避免由于自变量的共线性所导致的偏回归系数不能真实地反映自变量对因变量的影响。前一章所介绍的因子分析其实也是一种变量聚类的统计分析方法。

根据心理学和教育学研究的需要，本章主要介绍 SPSS 中提供的快速聚类法(quid cluster)和分层聚类法(hierarchical cluster)的操作步骤和使用方法。

三、快速聚类法

当聚类的数量确定时,使用快速样本聚类可以很快地将观测量分配到各个类别中去。快速样本聚类的计算量较小,从而可以有效地处理多变量、大样本的数据而不占用太多的内存空间和计算时间。同时在分析时用户可以人为指定初始中心位置或者将曾做过的聚类分析结果作为初始位置引入分析,这在有可借鉴的前人工作基础时是非常有用的。快速聚类分析的类别数量必须大于等于2,但是不能大于数据文件中观测量的数量。

1. 快速样本聚类的基本思路

(1) 首先应指定聚成几类,如聚成 K 类。

(2) 确定 K 个初始类中心点。初始类中心点可以通过两种方法指定,一种是自行指定,指定 K 组数据作为初始类中心点;另一种是 SPSS 自动指定,系统会根据样本数据的具体情况,选择 K 个有代表性的样本数据作为初始类中心点。

(3) 计算所有样本数据的点到 K 个中心点的欧式距离,SPSS 按照距 K 个中心点距离最短的原则,把所有样本分派到各中心点所在的类别中,形成一个新的 K 类,完成一次迭代过程。

(4) 重新计算 K 类的类中心点。计算每类中各个变量的均值,并以均值点作为新的类中心点。

(5) 重复第(3)步和第(4)步,直至达到指定的迭代次数或达到终止迭代的判断要求为止。判断是否结束迭代过程的标准有两个,满足其中一个即可结束快速样本聚类分析过程:

- 迭代次数等于指定的迭代次数。系统默认的迭代次数为10次。
- 迭代收敛标准:本次迭代所产生的新的类中心点距上次迭代后确定的类中心点的最大距离小于0.02。

2. 快速样本聚类的适用条件

(1) 参与聚类分析的变量应是连续的数值型变量。

(2) 各变量的观测数据呈正态分布。

(3) 各变量的计量单位相同,即量纲相同。

3. 快速样本聚类的局限性

该方法使用的是欧氏距离平方,因此参与聚类变量数据的单位必须相同,不同计量单位数据的聚类要采用下面介绍的分层聚类方法。快速样本聚类的变量应是连续的数值型变量,如果聚类变量是计数变量或者二分值变量,也要使用分层聚类的方法。

四、分层聚类法

分层聚类法又称为"系统聚类法"。该方法的原理是首先将所有 n 个变量看成是不同的 n 类,然后将相似性最接近(距离最近)的两类合并为一类,再从这 $n-1$ 类中找到最接近的两类加以合并,以此类推,直到所有的变量被合并为一类。得到聚类结果后,用户要根据需要和聚类结果来决定应当分为几类。

1. 分层聚类适用的条件

分层聚类适用的条件有两个：参加聚类的变量可以是二分值变量或多分值变量；变量的计量单位（量纲）可以不同。

2. 分层聚类的方法

根据聚类过程的不同可将分层聚类法划分为分解法和凝聚法。

(1) 分解法是在开始时将所有样品都视为一大类，然后根据距离相似性逐层分解，直到与聚类的每个样品各自成一类为止。

(2) 凝聚法是在开始时将参与聚类的每个样品各视为一类，再根据两类之间距离或相似性逐步合并，直到合并为一大类为止。

可以说，以上两种方法是方向相反的两种聚类过程。实际上，无论哪种方法，其聚类原则都是相近的聚为一类，即距离最近或最相似的聚为一类。

3. 聚类过程中使用的术语

(1) 聚类方法。实现分层聚类的具体方法有多种，各种方法之间的区别在于如何定义和计算两项之间的距离或相似性。这一点体现在聚类方法（method）的一系列选项上。如果不熟悉对聚类方法的定义，可以使用系统默认的方法。需要确定的选项有：

- 聚类方法的选择：定义计算两项间距离和相似性的方法，系统默认的是组间平均连接法。

- 测度方法的选择：对距离和相似性的测度方法有多种，这一点体现在测度方法（measure）的选择上。如果对测度方法不熟悉，可采用系统默认的欧氏距离平方法。

(2) 树形图（dendrogram）。表明每一步中被合并的类及系数值，即把各类之间的距离转换成1~25之间的数值。

(3) 冰柱图（icicle）。把聚类信息综合到一张图上。如果作垂直冰柱图，则参与聚类的个体各占一列，标以个体（观测量或变量）号或在图纸允许的情况下标以个体的标签。聚类过程中的每一步占一行，并标以每一步的序号。如果作水平冰柱图，则参与聚类的个体（观测量或变量）各占一行，聚类的每一步占一列。如果不指定加以限制的选项，则显示聚类的全过程。

树形图和冰柱图都是显示最后分类结果的表现形式。因为无论是分解法还是凝聚法，均不给出确定的分类结果。最后的分类结果需要用户根据研究的对象和研究目的自己确定。

(4) 标准化（standardize）。如果参与聚类的变量的量纲不同，则会导致错误的聚类结果。因此，在进行聚类之前必须对变量值进行标准化，即消除量纲的影响。用不同的方法进行标准化，会导致不同的聚类结果。因此，在选择标准化的方法时要注意变量的分布。如果是正态分布，应该采用 Z 分数法。如果参与聚类的变量量纲相同，可以使用系统默认值，要求 SPSS 对数据不进行标准化处理。

分层聚类的优点是既可以对变量聚类，也可以对样本聚类；变量可以为连续变量，也可以为分类变量；提供的距离测量方法和结果表示方法也很丰富。但是由于它要反复计算距离，当样本数量太大或变量较多时,采用分层聚类法运算速度较慢。

五、SPSS中聚类分析的功能项介绍

按 Analyze→Classify 顺序打开如图 10-1-1 所示的对话框,其中包括:
- Two Step Cluster:两步聚类,是一个探索性分析工具,可以分析较大的数据文件。
- K-Means Cluster:快速样本聚类,仅对观测量进行快速聚类。
- Hierarchical Cluster:分层聚类,进行样本聚类和变量聚类。

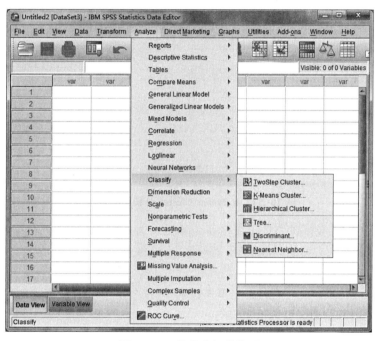

图 10-1-1　聚类分析菜单项

第二节　快速样本聚类分析

一、操作选项

1. 快速样本聚类分析的基本步骤

(1) 建立或打开数据文件。

(2) 按 Analyze→Classify→K-Means Cluster 顺序单击菜单项,展开快速样本聚类分析的主对话框,如图 10-2-1 所示。

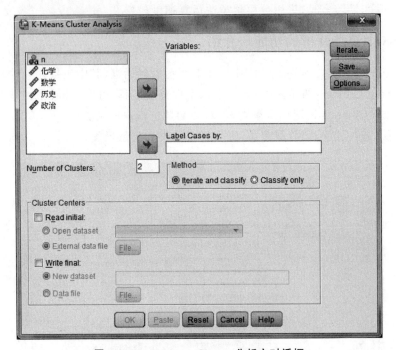

图 10-2-1　K-Means Cluster 分析主对话框

（3）指定分析变量和标识变量。在左面变量栏中选择参与聚类分析的数值型变量，用向右的箭头按钮将其送入右面的 Variables 矩形框中，选择对每个观测量能唯一标识的变量，送入 Label Cases by 栏中。

（4）Number of Clusters 选项：指定聚类数量，可按分析要求输入聚类的数量。系统默认值为 2，若忽略此项即按系统默认值来聚类。

（5）Method 选项：指定聚类方法。

• Iterate and classify：迭代分类，系统默认项。即选择初始类中心后，在迭代过程中使用 K-Means 算法逐步校正类中心，最后将变量聚类到与之最近的一个类中心的类别中去。

• Classify only：简单分类，即只使用初始类中心对变量进行分类。

（6）点击 OK 执行。

实际上，用户只需要指定参与聚类分析的变量和聚类的类别数量，其他选项采用系统的默认值，即可输出基本的聚类分析结果。

2．快速样本聚类分析的其他选项

（1）在主对话框中的 Cluster Centers 选项，用于选择类中心数据的输入和输出方式。

① Read initial：即使用指定数据文件中的观测量作为初始类中心。选择此项后单击 File 按钮，显示选择文件的对话框，指定文件所在的位置（路径）和文件名。按 OK 按钮返回。在 Center 选择框中的 File 按钮后面显示文件全名（包括路径）。

② Write final：要求把聚类结果中的各类中心数据保存到指定的文件中。打开的对话框与①类似，操作方法与①相同。

（2）主对话框中 Save 选项，保存新变量对话框，如图 10-2-2 所示。

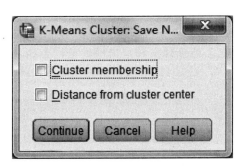

图 10-2-2　保存新变量对话框

• Cluster membership：选择此项会在当前的数据文件中建立一个新变量，默认变量名为"QCL_1"。其值表示聚类结果，分类顺序标号为 $1,2,3,\cdots,n$，即表明各观测量被分配到哪一类。

• Distance from cluster center：选择此项会在当前数据文件中建立一个新变量，默认变量名为"QCL_2"。变量值为各个观测量到所属类中心之间的欧氏距离。

（3）Iterate 选项，控制聚类分析过程的选项。单击此按钮，展开设置迭代参数的对话框，如图 10-2-3 所示。

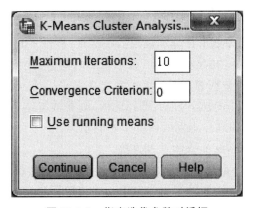

图 10-2-3　指定迭代参数对话框

只有在 Method 栏中选择了 Iterate and classify 项，才能激活此项，打开此对话框对迭代次数和聚类判据做进一步选择。

• Maximum Iterations：最大迭代次数。迭代计算到指定的最大次数为止，系统默认值为迭代 10 次。用户也可以改变显示窗口的数字，自己指定最大迭代次数，选择范围为 1～199。

• Convergence Criterion：收敛标准。即迭代终止标准。系统默认值为 0.02，即在聚类过程还没有达到最大迭代次数时,若任意一个类中心的最大变化小于初始类中心之间最小距离的 2% 时,迭代计算终止。用户也可以改变显示窗口的数字,自己指定收敛标准。

• Use running means:使用即刻平均数。即在聚类过程中每一个变量被聚类到某一类别后,随后计算出新的类中心。如果不选择此项,则在完成了所有变量的一次分配后再计算各类的类中心,这样会节省迭代时间。

（4）Options 选项,选择输出的统计量和缺失值的处理方法,点击后打开如图 10-2-4 所示的对话框。

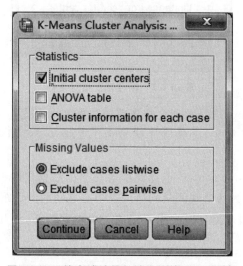

图 10-2-4　输出统计量与缺失值的处理对话框

① 在 Statistics 栏中选择要求计算和输出的统计量,有以下复选项：

• Initial cluster centers:初始类中心。显示聚类的初始类中心,此为系统默认项。

• ANOVA table:方差分析表。

• Cluster information for each case:选择此项,则在输出结果中显示每个样本的分类信息,即该样本分配到哪一类和该样本到所属类中心的距离。

② Missing Values 选项,缺失值的处理方法。

• Exclude cases listwise:删除全部有缺失值的变量。此为系统默认项。

• Exclude cases pairwise:删除与聚类分析有关的带有缺失值的变量。

二、应用举例

例题　表 10-2-1 显示的是某班级 10 名中学生的 4 科（化学、数学、历史、政治）考试成绩,请用样本快速聚类分析的方法将这 10 名中学生分为文科和理科两类。

表 10-2-1　快速样本聚类分析原始数据表

被试编号	1	2	3	4	5	6	7	8	9	10
化学	95	70	86	89	70	82	79	85	82	89
数学	94	68	84	88	68	78	87	89	86	86
历史	73	92	69	78	88	68	67	69	89	76
政治	69	88	68	75	94	58	69	69	94	66

1. 建立 SPSS 数据文件

根据原始数据建立的 SPSS 数据文件见图 10-2-5（数据文件 data10-01）。

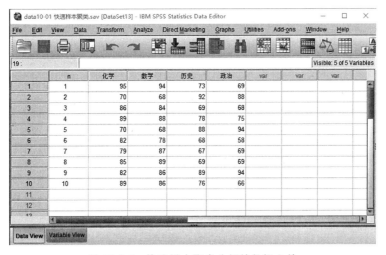

图 10-2-5　快速样本聚类分析的数据文件

2. 操作步骤

(1) 打开数据文件后，按 Analyze→Classify→K-Means Cluster 顺序单击菜单项，打开 K-Means Cluster 对话框。

(2) 把分类的四个变量移至 Variables 矩形框中。选择 n 变量作为标识变量送入 Label Cases by 框中。

(3) Number of Clusters 采用系统默认值"2"。

(4) Method 栏中选 Iterate and classify 项（见图 10-2-6）。

(5) 在 Iterate 选项采用系统默认值。

(6) 单击 Save 按钮，在对话框中选择 Cluster membership 和 Distance from cluster 复选项。

(7) 单击 Options 按钮，打开相应的对话框，选中 Statistics 栏中的全部复选项，Missing Values 项为系统默认的处理方式，点击 OK 按钮，执行运行命令即可。

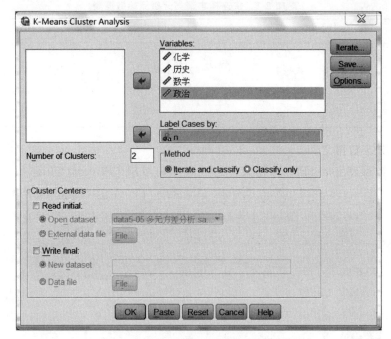

图 10-2-6　快速样本聚类分析的主对话框选项

3. 输出的结果与解释

图 10-2-7 为初始类中心表。由于用户没有指定聚类的初始类中心,在此表中作为类中心的观测量是由系统确定的。

Initial Cluster Centers

	Cluster 1	Cluster 2
化学	95	70
数学	94	68
历史	73	88
政治	69	94

图 10-2-7　初始类中心

图 10-2-8 表明,经过两次迭代完成聚类。第一次迭代 1 与 2 类的类中心与初始类中心之间的距离分别为 11.523 和 7.667。第二次迭代后类中心几乎没有变化,结束了聚类过程。

图 10-2-9 列出了聚类的结果,Case Number 是样本总数;n 是标识每个观测量;Cluster 的值为分类号,表明各个观测量被分配到哪一类;Distance 的值为该观测量在三维坐标中的点与类中心的距离。如果选择的类中心是各类最具有代表性的观测量,则 Distance 值越大,与该类代表性观测量的差异越大。

Iteration History[a]

Iteration	Change in Cluster Centers	
	1	2
1	11.523	7.667
2	.000	.000

图 10-2-8 迭代过程中类中心的变化量

Cluster Membership

Case Number	n	Cluster	Distance
1	1	1	11.523
2	2	2	8.570
3	3	1	3.574
4	4	1	10.243
5	5	2	7.667
6	6	1	14.114
7	7	1	8.754
8	8	1	3.936
9	9	2	14.575
10	10	1	5.548

图 10-2-9 各观测量所属类成员表

图 10-2-10 给出了两个类中心的 4 个变量值,即类中心在四维坐标空间中的位置。

Final Cluster Centers

	Cluster	
	1	2
化学	86	74
数学	87	74
历史	71	90
政治	68	92

图 10-2-10 最终的类中心的变量值

图 10-2-11 给出的是聚类结束时,两个类中心间的距离。表格第一行和左边第一列均为类号。两类之间的距离在行、列交叉点的单元格中。

图 10-2-12 为方差分析表。方差分析结果表明,参与聚类分析的 4 个变量能很好地区分各类(p 值都小于 0.05),类别间的差异足够大。

Distances between Final Cluster Centers

Cluster	1	2
1		35.142
2	35.142	

图 10-2-11 最终的类中心之间的距离

ANOVA

	Cluster		Error		F	Sig.
	Mean Square	df	Mean Square	df		
化学	324.386	1	32.464	8	9.992	.013
数学	331.886	1	44.964	8	7.381	.026
历史	698.519	1	14.798	8	47.205	.000
政治	1238.571	1	22.429	8	55.223	.000

The F tests should be used only for descriptive purposes because the clusters have been chosen to maximize the differences among cases in different clusters. The observed significance levels are not corrected for this and thus cannot be interpreted as tests of the hypothesis that the cluster means are equal.

图 10-2-12 方差分析表

图 10-2-13 给出聚类结果,分到第一类的有 7 个人,分到第二类的有 3 个人;参与分析的有效观测量为 10 人,缺失值为 0。

Number of Cases in each Cluster

Cluster	1	7.000
	2	3.000
Valid		10.000
Missing		.000

图 10-2-13 聚类总结表

4. 结果的报告

样本快速聚类分析的结果表明,编号为 2、5、9 的三名同学被分到第二类(文科),其余的同学被分到第一类(理科)。

第三节 分层聚类

一、操作选项

建立或打开数据文件,按 Analyze→Classify→Hierarchical Cluster 顺序单击菜单项,展开

分层聚类分析主对话框,如图 10-3-1 所示。

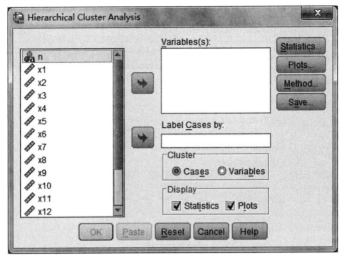

图 10-3-1　分层聚类分析主对话框

(1) 指定参与聚类分析的变量,在左侧变量框中要参与分层聚类分析的变量送入右侧的 Variables 框中,还要选择能唯一标识观测量的变量,送入右侧的 Label Cases by 框中。

(2) Cluster 选项,选择聚类类型。
- 选择 Cases 项,进行观测量 Q 型聚类。
- 选择 Variables 项,进行变量 R 型聚类。

(3) Method 选项,确定聚类方法,点击打开如图 10-3-2 所示的对话框。

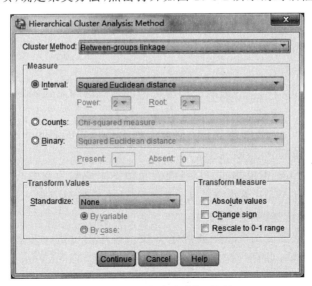

图 10-3-2　聚类方法选择对话框

① Cluster Method 选项,选择聚类方法,如图 10-3-3 所示。

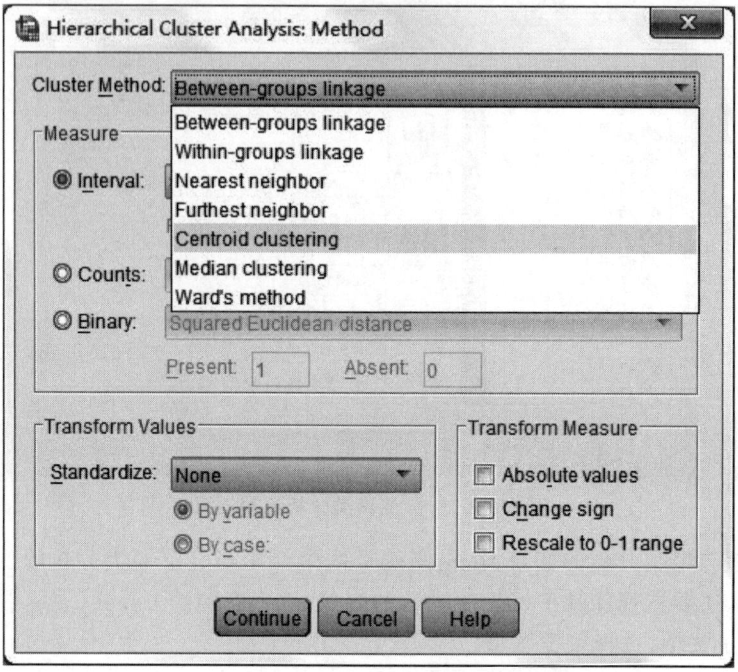

图 10-3-3　聚类方法选择下拉菜单

- Between-groups linkage:组间连接。合并两类的结果使两两之间的平均距离最小。此为系统默认值。
- Within-groups linkage:组内连接。合并为一类后,类中的所有项之间的平均距离最小。
- Nearest neighbor:最近邻居法。首先合并最近的或最相似的两项,用两类间最近点间的距离代表两类间的距离。
- Furthest neighbor:最远邻居法。用两类间最远点的距离代表两类间的距离,也称之为"完全连接法"。
- Centroid clustering:重心聚类法。像计算所有各项均值之间的距离那样计算两类之间的距离,该距离随聚类的进行不断减小。
- Median clustering:中位数法。以各类变量值的中位数为类中心。
- Ward's method:Ward 最小方差法。以方差最小为聚类原则。

② Measure 选项,选择距离测量方法。

- Interval:等间隔测度的变量距离测量方法。再点击可进一步展开一个等间隔变量的距离测量方法选择菜单,如图 10-3-4 所示。这些方法是 Euclidean distance(欧氏距离)、Squared Euclidean distance(欧氏距离平方)、Cosine(相似性测度)、Pearson correlation(皮尔逊相关)、Chebychev(切贝谢夫距离)、Block(布洛克距离)和 Minkowski(闵可夫斯基距离)。

常用的选项是 Squared Euclidean distance（欧氏距离平方）。

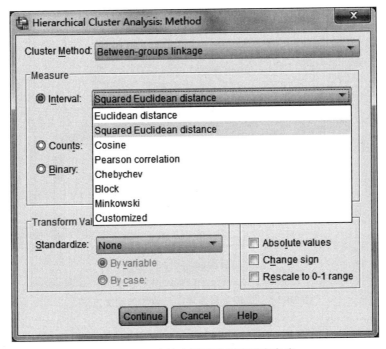

图 10-3-4　连续变量测度距离测度方法

• Count：计数变量（离散变量）的距离测量方法。再点击可展开一个计数变量的距离测量方法选择菜单。其中有两项选择，Chi-square measure（卡方测量）和 Phi-square measure（ϕ 方测量）。

• Binary：二值变量的距离测量方法。再点击可展开一个二值变量的距离测量方法选择菜单，如图 10-3-5 所示。

菜单上列出了近 30 项测量方法，常用的还是欧氏距离和欧氏距离平方，系统默认值为欧氏距离平方。

③ Transform Values：数据的标准化处理。在 Standardize 列表中对数据的标准化有如下处理方法，如图 10-3-6 所示。

• None：不进行标准化。此为系统默认选项。
• Z scores：把数值标准化到 Z 分数。
• Range −1 to 1：把数值标准化到 −1 至 1 范围内。
• Range 0 to 1：把数值标准化到 0 至 1 范围内。
• Maximum Magnitude of 1：把数值标准化到最大值为 1。
• Mean of 1：把数值标准化到均值的一个范围内。
• Standard deviation of 1：把数值标准化到单位标准差。

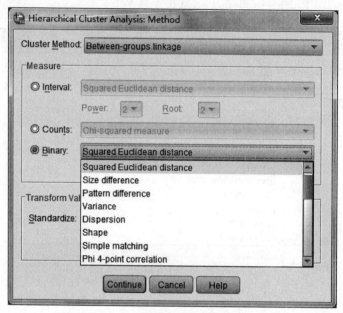

图 10-3-5　二值变量距离和相似性的测度方法

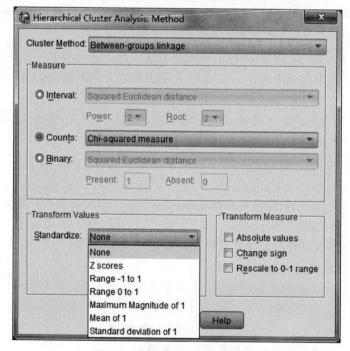

图 10-3-6　标准化方法下拉菜单

④ Transform Measure 项,距离测量的转换方法。
- Absolute Values:把距离值取绝对值。当数值符号表示相关方向,且只对负相关关系感兴趣时,使用此方法进行变换。
- Change sign:把相似性值变为不相似性值或相反,用求反的方法使距离顺序颠倒。
- Rescale to 0—1 range :将距离测量值在 0—1 的范围内重新定值。其方法是将每一个距离测量值减去最小值,再除以取值范围所得的值。

选项选择完成后,按 Continue 按钮,返回到主对话框。

(4) 在主对话框中 Statistics 选项,是选择要输出的统计量,单击鼠标左键打开对话框如图 10-3-7 所示。

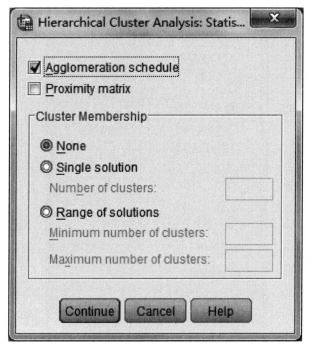

图 10-3-7 输出统计量对话框

① Agglomeration schedule 复选项,是聚类步骤表。它显示聚类过程中每一步合并的两项,被合并的两项之间的距离以及观测量或变量加入一类的类水平,因此可以根据此表跟踪聚类的合并过程。

② Proximity matrix 复选项,近似矩阵。选择此项是要求输出各项间的距离或相似性矩阵。

③ Cluster Membership 聚类成员选项,选择此项是要求显示每个变量被分派到的类别或显示若干步骤的凝聚过程。具体显示内容可以用下面的选项进一步选择:
- None:不显示聚类成员表,是系统默认值。

- Single solution(单一解):仅显示每一个变量在聚类成指定的类数时所属的类别。
若选择此项,必须在该项选择后的 Number of clusters 的小方框内输入聚类的类别数量。
- Range of solutions(解的范围):显示每一个变量在用户指定的聚类范围内每一种聚类所属的类别。若用户选择此项,须在该选择项下方 Minimum number of clusters 的小方框内输入聚类过程的最少类别数量;在 Maximum number of clusters 的小方框内输入显示聚类过程的最多类别数量。例如,用户若在前后两个方框内分别输入 3 和 5 两个数,即表示结果输出时显示每一个变量在聚成 3 类时所属的类别、聚成 4 类时所属的类别和聚成 5 类时所属的类别。

(5) Plot 选项,输出聚类图。单击此选项,展开如图 10-3-8 所示的对话框。

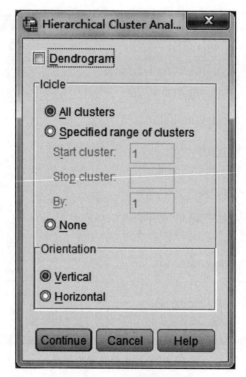

图 10-3-8　统计图表对话框

① Dendrogram:输出树形图。
② Icicle:冰柱图,对于生成什么样的冰柱图还可以进一步用以下选项确定:
- All clusters:聚类的全部过程都显示在图中。此项为系统默认选项。但是,若参与分析的个体较多时,输出的冰柱图篇幅较大,不便在显示窗口下查看。
- Specified range of clusters:指定显示的聚类范围。选择此项时,该下面的选择框加亮。在 Start cluster 框中输入要求显示聚类过程的起始步数,在 Stop cluster 框中输入中止于哪一步,在 By 框中输入两步之间的增量,输入到矩形框中的数字必须是正整数。例如,Start cluster:3;Stop cluster:10;By:2。生成的冰柱图从第三步开始,显示第三、五、七、九步聚类的情况。
- None:不生成冰柱图。
③ Orientation:确定冰柱图的方向。
- Vertical:显示垂直的冰柱图。
- Horizontal:显示水平的冰柱图。

(6)Save 选项,生成新变量,单击此选项展开如图 10-3-9 所示的对话框。

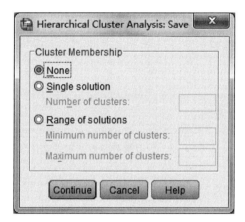

图 10-3-9　生成新变量对话框

① None:不在数据文件中生成新变量。此为系统默认项。

② Single solution:选择此项,在数据文件中生成一个新变量,表明每个个体聚类后所属的类别。在该项后面的矩形框中输入分类数量,如果输入 5,则新变量的类别范围为 1~5。

③ Range of solutions:选择此项,在数据文件中生成若干个新变量,表明聚为若干个类别时,每个个体聚类后所属的类别。在该项的矩形框中指定显示范围,即把表示从第几类显示到第几类的数字分别输入到 Minimum number of clusters 和 Maximum number of clusters 后面的矩形框中,例如,输入结果是"Minimum number of clusters:4,Maximum number of clusters:6",在聚类结束后,在数据文件中原变量后面增加了 3 个新变量,分别表明分为 4 类、5 类和 6 类时的聚类结果。

二、分层聚类应用举例

例题　某教师想根据各门专业课成绩对 30 名大学生的专业课学业成绩等级进行综合评定。他将这 30 名大学生的 15 门专业课成绩编制成 SPSS 数据文件(数据文件 data10-02)。请用分层聚类的方法,对 30 名大学生的成绩进行三个等级的分类。

1. 建立 SPSS 数据文件

根据原始数据建立的数据文件见图 10-3-10。

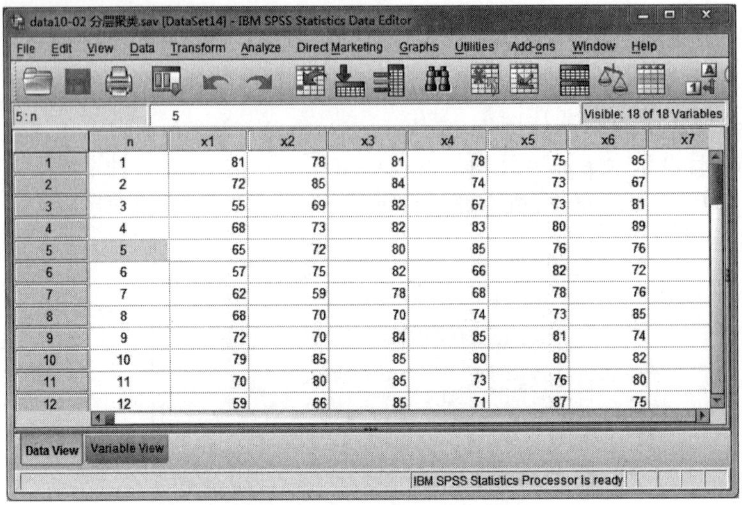

图 10-3-10 分层聚类分析的数据文件

2. 操作步骤

（1）打开数据文件后，按 Analyze→Classify→Hierarchical Cluster 顺序单击菜单项，展开分层聚类分析主对话框（见图 10-3-11）。

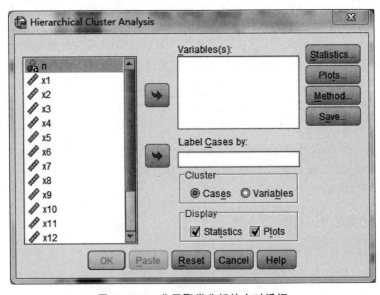

图 10-3-11 分层聚类分析的主对话框

(2) 在左侧变量中把代表 15 门课程成绩的变量送入右侧的 Variables 变量框中。将代表被试编号的变量 n 送入 Label Cases by 下方的空格中。

(3) 在 Cluster 选项采用系统默认选项 Cases。在 Display 选项选择 Statistics 和 Plots（见图 10-3-12）。

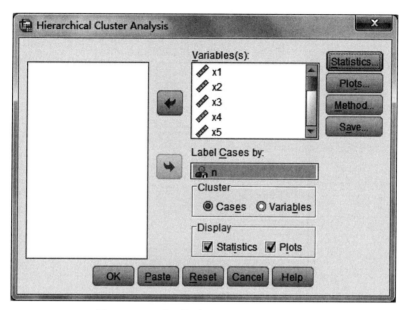

图 10-3-12　分层聚类分析主对话框的选项

(4) 点击 Method 按钮，打开 Method 子对话框。在 Cluster method 选项上选择 Furthest neighbor（最远邻居法），在 Measure 选项上选择 Squared Euclidean distance，在 Transform Values 选项上选择 Standardize 列表中的 Range 0 to 1。

(5) 点击 Statistics 按钮，打开 Statistics 子对话框。选择 Agglomeration schedule（聚类过程表）、Proximity matrix（近似矩阵）、Cluster Membership（聚类成员），在 Single solution 后的小框中输入"3"。

(6) 点击 Plots 按钮，打开 Plots 子对话框。选择 Dendrogram（输出树形图），在 Icicle 栏内选择 Specified range of clusters，在 Start cluster 框中输入"1"，在 Stop cluster 框中输入"3"，在 By 框中输入"1"。在 Orientation 栏目下选择 Horizontal，输出水平冰柱图（见图 10-3-13）。

(7) 在 Save 选项中选择 Single solution，在 Number of clusters 后的小矩形框中输入"3"。

(8) 点击 Continue，返回主对话框，点击 OK 按钮，执行命令。

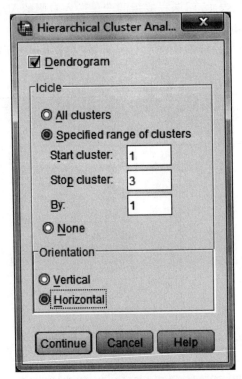

图 10-3-13　选择聚类图形对话框

3. 输出的结果与解释

图 10-3-14 给出了参与统计的人数（N）。

Case Processing Summary[a]

Cases					
Valid		Missing		Total	
N	Percent	N	Percent	N	Percent
30	100.0%	0	.0%	30	100.0%

a. Squared Euclidean Distance used

图 10-3-14　数据信息

图 10-3-15 是聚类过程的输出。由于在 SPSS 中选择了 Agglomeration，输出在 Output 窗口中为一个表明聚类过程的表，其中：

（1）Stage：聚类步骤顺序号。

（2）Cluster Combined：该步被合并的两类中的观测量号。

（3）Coefficients：距离测度值。表明不相似性的系数。由于选择了欧氏距离平方作为距离测度，因此从表中可以看出数值较小的两项比数值较大的两项先合并。第一步是第 19 个观测量与第 26 个观测量合并；第二步为第 1 个观测量与第 14 个观测量合并。

（4）Stage Cluster First Appears：合并的两项第一次出现的聚类步骤序号。

（5）Next stage：此步合并结果是下一步合并的步骤序号。

Agglomeration Schedule

Stage	Cluster Combined		Coefficients	Stage Cluster First Appears		Next Stage
	Cluster 1	Cluster 2		Cluster 1	Cluster 2	
1	19	26	.408	0	0	13
2	1	14	.466	0	0	10
3	5	9	.491	0	0	11
4	15	18	.575	0	0	8
5	11	29	.596	0	0	16
6	4	28	.604	0	0	10
7	6	27	.670	0	0	26
8	13	15	.686	0	4	19
9	23	24	.784	0	0	21
10	1	4	.805	2	6	20
11	5	25	.910	3	0	22
12	16	30	.918	0	0	18
13	10	19	1.001	0	1	20
14	17	20	1.002	0	0	17
15	3	21	1.011	0	0	18
16	2	11	1.168	0	5	22
17	17	22	1.173	14	0	21
18	3	16	1.284	15	12	25
19	8	13	1.442	0	8	25
20	1	10	1.526	10	13	24
21	17	23	1.642	17	9	26
22	2	5	1.725	16	11	24
23	7	12	1.873	0	0	28
24	1	2	1.991	20	22	28
25	3	8	2.221	18	19	27
26	6	17	2.391	7	21	27
27	3	6	2.646	25	26	29
28	1	7	3.745	24	23	29
29	1	3	4.253	28	27	0

图 10-3-15　聚类过程表

图 10-3-16 是聚类结果,它表明各观测量分别分到三类中的哪一类。

Cluster Membership

Case		3 Clusters
1:	1	1
2:	2	1
3:	3	2
4:	4	1
5:	5	1
6:	6	2
7:	7	3
8:	8	2
9:	9	1
10:	10	1
11:	11	1
12:	12	3
13:	13	2
14:	14	1
15:	15	2
16:	16	2
17:	17	2
18:	18	2
19:	19	1
20:	20	2
21:	21	2
22:	22	2
23:	23	2
24:	24	2
25:	25	1
26:	26	1
27:	27	2
28:	28	1
29:	29	1
30:	30	2

图 10-3-16　聚类结果

图 10-3-17 是反映聚类全过程的树形图。可以在此图上用一把尺子垂直方向放在图上左右移动,与尺子相交的每一根横线就是一类。每条横线左端与之联系的各观测量就是分配到该类别上的被试编号。

图 10-3-18 是将样本分成 3 类的水平冰柱图。表中第 3 类下的冰柱有两个缺口,将 30 个样本分成 3 类。

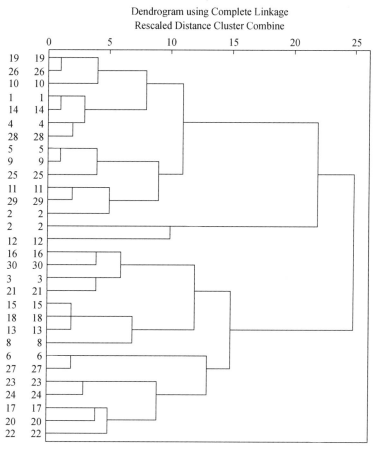

图 10-3-17 分层聚类的树形图

4. 结果的报告

分层聚类分析结果表明,被试编号 1、2、4、5、9、10、11、14、19、25、26、28、29 分到了第一类;被试编号 3、6、8、13、15、16、17、18、20、21、22、23、24、27、30 分到了第二类;被试编号 7 和 12 分到了第三类。

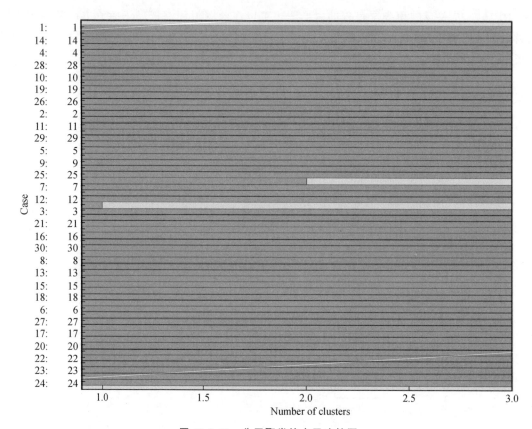

图 10-3-18　分层聚类的水平冰柱图

本 章 小 结

一、基本概念

1. 聚类分析

聚类分析(cluster)是根据样本之间或变量之间的相似性,对样本或变量进行分类的多元统计分析方法。

2. 变量聚类

变量聚类(variable cluster)在统计学中又称为 R 型聚类。它是根据变量之间的相似性,对变量进行分类的方法。

3. 样本聚类

样本聚类(sample cluster)在统计学中又称为 Q 型聚类。用 SPSS 的术语来说就是对观测量进行聚类。它是根据样本之间的相似性,对样本进行分类的统计方法。

4. 快速样本聚类

当要聚成的类数确定时,使用快速样本聚类(quick cluster)可以很快将观测量分到各类中去。快速样本聚类是根据观测值距 K 个中心点距离最短的原则,把所有样本分配到各个中心点所在的类别中。

5. 分层聚类

分层聚类法(hierarchical cluster)又称系统聚类法。该方法的原理是先将所有 n 个变量看成不同的 n 类,然后将性质最接近(距离最近)的两类合并为一类,再从这 $n-1$ 类中找到最接近的两类加以合并,以此类推,直到所有的变量被合并为一类。得到该结果后,使用者再根据具体的问题和聚类结果来决定应当分为几类。

6. 树形图

树形图(dendrogram)是把聚类结果用一个树状分支图表示出来,并把各类之间的距离转换成 1～25 间的数值。

7. 冰柱图

冰柱图(icicle)是把聚类信息综合到一张图上。如果作垂直冰柱图,则参与聚类的每个观测量或变量各占一列,聚类过程中的每一类别各占一行。如果作水平冰柱图,则参与聚类的每个观测量或变量各占一行,聚类的每一类别各占一列。从冰柱图可以直观地看出分类情况。

8. 标准化

如果参与聚类的变量的量纲不同,则会导致错误的聚类结果。因此,在聚类过程进行之前必须对变量值进行标准化(standardize),即消除不同量纲的影响。

二、应用导航

(一)快速样本聚类

1. 应用对象

快速样本聚类适用于对正态分布的等间隔测度的连续的观测值进行快速聚类,而且要求各观测值的量纲相同。

2. 操作步骤

应用 SPSS 做快速样本聚类分析的一般操作步骤如下:

(1) 按 Analyze→Classify→K-Means Cluster 顺序单击菜单项。

(2) 指定分析变量和标识变量。在左面变量栏中选择参与聚类分析的数值型变量,用上面的向右箭头按钮将其送入右面的 Variables 矩形框中,选择对每个观测量能唯一标识的变量,送入 Label Cases by 栏中。

(3) Number of Clusters 选项:指定聚类数,可按分析要求输入聚类数。系统默认值为 2。

(4) Method 选项,指定聚类方法。

• Iterate and classify:迭代分类,系统默认项。即选择初始中心后,在迭代过程中使用 K-Means 算法逐步校正类中心,最后将样本聚类到与之最近的一个类中心的类别中去。

• Classify only:简单分类,即只使用初始类中心对样本进行分类。

(5) 点击 OK 执行。

(二) 分层聚类

1. 应用对象

分层聚类既适用于等间隔测度的数据,也适用于不等间隔测度的数据和二分数据,而且数据的量纲可以不同。它即可对样本聚类,也可以对变量聚类。

2. 操作步骤

应用 SPSS 做分层聚类分析的一般操作步骤如下:

(1) 打开数据文件后,按 Analyze→Classify→Hierarchical Cluster 顺序单击菜单项,展开分层聚类分析主对话框。

(2) 在左侧变量中把分析的变量送入右侧的 Variables 变量框中。

(3) Cluster 选项,选择 Cases,对样本聚类;选择 Variables,对变量聚类。

(4) Method 栏:

- Cluster method 选项:用于选择聚类的方法,可以选择其中的任何一种方法。
- Measure 选项:用于选择距离的计算方法。
- Transform Values 选项:用于选择数据的标准化处理方法。

(5) Statistics 选项:用于选择要输出的统计量。一般要选择 Agglomeration schedule(聚类过程表)、Proximity matrix(近似矩阵)、Cluster Membership(聚类成员),并在 Single solution 后的小框中输入分类的数值,或在 Range of solutions 下面的 Minimum number of clusters 后面的小框中输入最小分类数值,在 Maximum number of clusters 后面的小框中输入最大分类数值。

(6) Plot 选项:选 Dendrogram 输出树形图。如果要输出所有分类结果的冰柱图,采用系统的默认选项;如果要输出部分分类结果的冰柱图,则选择 Specified rang of clusters,并在 Start cluster 后面的框中输入起始分类数量,在 Stop clusters 后面的框中输入最后分类数量,在 By 后面的框中输入类别之间的间隔数值。如果要输出垂直冰柱图,采用系统默认的选项(Vertical),如果要输出水平冰柱图,则选择 Horizontal;如果不输出冰柱图,则选择 None。

(7) Save 选项:选择 None,不在数据文件中生成新变量,即不在数据文件中显示分类结果;选择 Single solution,在数据文件中生成一个新变量,显示每个个体聚类后所属的类别;选择 Range of solutions,还需要在 Minimum Number of Clusters 和 Maximum number of clusters 后面的矩形框中分别输入最小分类值和最大分类值,在数据文件中生成从最小分类值到最大分类值的多个新变量,分别表明分为各类时的聚类结果。

思 考 题

1. 什么是聚类分析?聚类分析的基本原理是什么?
2. SPSS 提供的两种聚类分析过程,分别适用于什么条件?
3. 快速样本聚类和分层聚类各自的优缺点是什么?
4. 聚类分析之前一定要对变量进行标准化吗?为什么?

练 习 题

1. 数据文件 data10-03 是 10 名学生期中考试的生物、地理、跳远、标枪的成绩,请分析此数据用哪种聚类分析比较合适?是否对数据进行标准化处理?为什么?
2. 请自己建立数据文件进行聚类分析。

推荐阅读参考书目

1. 张宜华,2001. 精通 SPSS. 北京:清华大学出版社.
2. 胡咏梅,2002. 教育统计学与 SPSS 软件应用. 北京:北京师范大学出版社.
3. 卢纹岱,2006. SPSS for Windows 统计分析. 3 版. 北京:电子工业出版社.

11 统　计　图

教学导引

本章主要介绍条形图、曲线图、面积图、直方图和概率图等各种统计图的生成和编辑。其中条形图和曲线图的生成和编辑是本章的重点。如何根据数据的特点，选择并生成合适的统计图是本章的学习重点。这一章我们将学习生成各种统计图形的具体操作步骤，编辑方法，以及如何根据统计图形判断数据的分布情况。本章内容与前面有关章节统计图形的生成有直接的联系，要结合前面有关章节所涉及的统计图形来学习本章的知识内容。

在 SPSS 软件中，一些统计图可以通过 Analyze(统计分析)菜单下的一些模块来实现。例如，Explore 菜单中的 Plots 选项可以绘制箱图、茎叶图和直方图，在统计分析过程中也可以通过对话框中的 Plots 选项生成统计图，此外 SPSS 软件还提供了单独的 Graphs 菜单来实现统计图的生成和编辑。Graphs 菜单下包括 Chart Builder(图表构建程序)、Graphboard Template Chooser(图形画板模板选择程序)和各种统计图选项。其中图表构建程序，相当于一个图形向导，可以帮助用户了解、创建和编辑 SPSS 软件中的所有图形。本章基于 SPSS 19.0 版本重点介绍条形图、曲线图、面积图、直方图和概率图等各种统计图的生成和编辑。

第一节　条　形　图

一、条形图及类型

条形图是用条形的长短来表示统计数据平均值大小的统计图。要想利用 SPSS 绘制条形图，依次单击 Graphs→Legacy Dialogs→Bar，打开条形图主对话框，如图 11-1-1 所示。该界面提供了三种条形图图示和三种统计量描述模式供用户选择。这些选择可组合成 9 种不同的条形图。

1. 条形图图示

(1) Simple：简单的条形图，又称为"单式条形图"。条形图之间有间隙，用于表示不同类别(组别)的样本群体的同一个观测量的大小。例如,比较男、女生的数学平均成绩,可采用简单条形图。

(2) Clustered:整群的条形图,又称为"分组条形图"或"复式条形图"。用于表示两个或多个类别(组别)的样本群体的同一个观测量的大小。例如,同时比较男、女生的数学和语文平均成绩,可以采用整群条形图。

(3) Stacked:成堆的条形图,又称为"分段条形图"或"分量条形图"。用条形的全长表示某个变量的整体,条形内的不同颜色表示不同的构成成分。

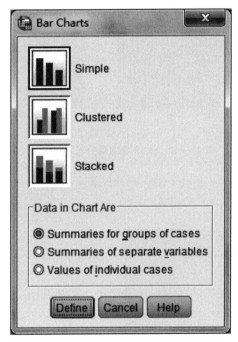

图 11-1-1　条形图主对话框

2. 统计量描述模式

(1) Summaries for groups of cases:观测量分类描述模式。分类轴变量中的每一种观测量生成一个简单的条形图,如图 11-1-2。

(2) Summaries of separate variables:变量描述模式。每个变量生成一个条形图,如图 11-1-3。

(3) Values of individual cases:个案模式。对应分类轴变量中的每一个个案生成一个条形图,如图 11-1-4。

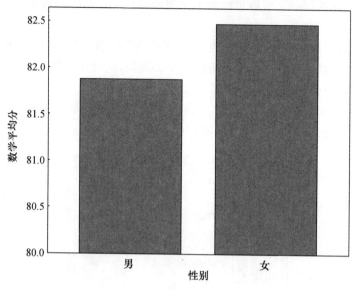

图 11-1-2　SPSS 观测量分类描述模式

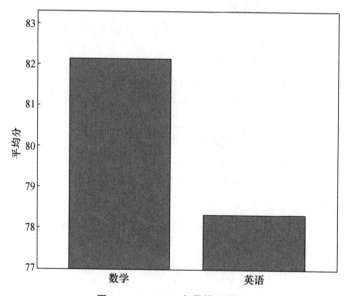

图 11-1-3　SPSS 变量描述模式

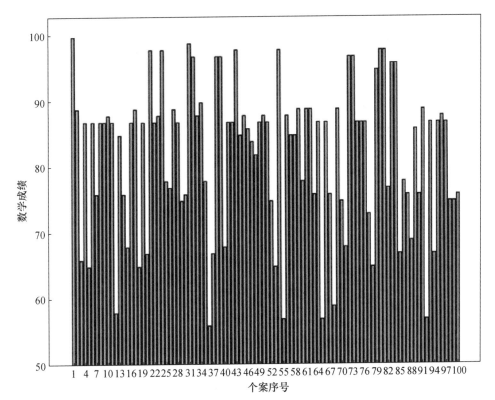

图 11-1-4　SPSS 个案模式

二、条形图应用举例

(一) 单式条形图应用举例

例题　某教师要考察自学辅导式教学(方法 1)与讲授式教学(方法 2)在中学数学课程中的教学效果。他从某学校初中二年级学生中随机抽取两个班的学生为被试,每班 50 人,从每个班中随机抽取 25 人在数学课上接受讲授式教学,剩下的 25 人在数学课上进行自学辅导式教学。一个学期结束后,对全体被试进行同样的学业成绩测验。请用 SPSS 生成接受不同教学方法学生平均数学测验成绩的条形图。

1. 建立 SPSS 数据文件

根据测验成绩编制 SPSS 数据文件,数据文件 data11-01。

2. Bar Charts 的操作步骤及解释

(1) 读取数据文件 data11-01。

(2) 依次单击 Graphs→Legacy Dialogs→Bar 打开条形图主对话框,如图 11-1-1 所示。选择 Simple 和 Summaries for groups of cases 选项,可生成观测量分类描述模式的简单条形图。

(3) 单击 Define 按钮,得到如图 11-1-5 所示的对话框。

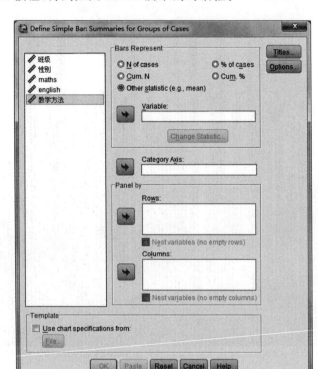

图 11-1-5 简单条形图对话框

① Bars Represent:用于定义直条所代表的含义,有如下选项:
- N of cases:观测量的样本数量。
- % of cases:观测量占总数的百分比。
- Cum. N:累计频数。
- Cum. %:累计百分数。
- Other statistic (e.g., mean):其他统计函数。如果选择该选项,Variable 处的灰色框则被激活,可将变量移入 Variable 框中。如果要选择其他统计函数,单击 Change Statistic,打开如图 11-1-6 所示对话框。该对话框中有如下可选的统计函数:

Mean of values:均数	Standard deviation:标准差
Median of values:中位数	Variance:方差
Mode of values:众数	Number of cases:不含缺失值的观测量数目
Minimum value:最小值	Maximum value:最大值
Sum of values:总和	Cumulative sum:累计总和

当选择下面介绍的某个函数的时候,Value 框或 Low 和 High 框相应激活。这几个统计

函数都需要用户在框中输入自定义的取值。每个框中最多能输入12个字符。
- Percentage above：大于指定参数的观测量数目占总数的百分比。
- Percentage below：小于指定参数的观测量数目占总数的百分比。
- Number above：大于指定参数的观测量数目。
- Number below：小于指定参数的观测量数目。
- Percentile：百分位数。
- Percentage inside：在 Low 和 High 框参数之间的观测量数目占观测量总数的百分比。
- Number inside：在 Low 和 High 框参数之间的观测量数目。

在本例中，单击 Other statistic（e.g., mean），激活 Variables 框，将 maths 移入 Variable 框中，在 Change Statistic 中选择默认的 Mean of values 函数。单击 Continue 回到上层对话框。

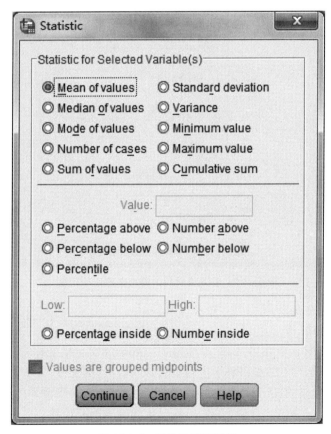

图 11-1-6　函数选择对话框

② Category Axis：用于设置分类轴变量，也就是条形图的横轴。分类轴上各变量的排列位置，是由分类变量中变量值的大小和字母顺序决定的，但如果变量值是带有标签的数据，则

按照标签数值排列。在本例中,将"教学方法"移入 Category Axis 框中作为分类轴变量,如图 11-1-7。

③ Title:标题和注释。单击 Title 则出现标题对话框,可以为图形添加标题、子标题和脚注。

④ Template:模板。可以用已有图形为模板,生成和模板属性一样的图形。

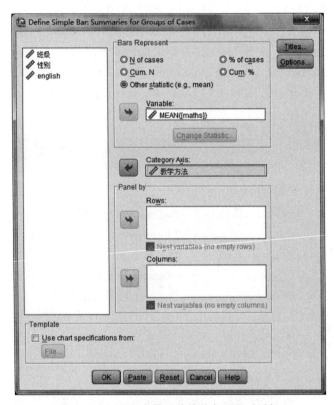

图 11-1-7　移入变量后的简单条形图对话框

(4) 单击 OK,可生成如图 11-1-8 所示的条形图。

3. 输出的图形与解释

图 11-1-8 的横坐标是教学方法,纵坐标是平均数学成绩。横坐标"方法 1"上方的矩形图表示的是自学辅导式教学(方法 1)组学生的平均测验成绩,横坐标"方法 2"上方的矩形图表示的是讲授式教学(方法 2)组学生的平均测验成绩。由图可见,自学辅导式教学(方法 1)组学生的平均测验成绩略低于讲授式教学(方法 2)组学生的平均测验成绩。

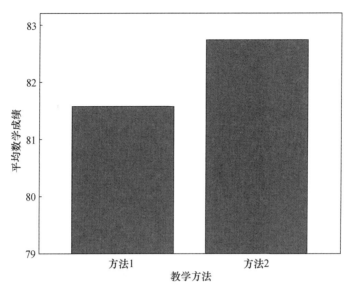

图 11-1-8　SPSS 输出的不同教学方法数学成绩比较图

(二) 整群的条形图应用举例

例题　采用数据文件 data11-01,用 SPSS 生成接受不同教学方法的男、女学生平均数学成绩差异的条形图。

1. 建立 SPSS 数据文件

建立的 SPSS 数据文件与数据文件 data11-01 相同,直接读取数据文件 data11-01。

2. 操作步骤及解释

(1) 单击 Graphs→Legacy Dialogs→Bar 打开条形图主对话框,如图 11-1-1 所示。选择 Clustered 和 Summaries for groups of cases 选项,可生成观测量分类描述模式的整群条形图。

(2) 单击 Define 按钮,得到如图 11-1-9 所示的对话框。

(3) 在 Bar Represent 栏中选择 Other statistic (e.g., mean) 选项,将 maths 送入 Variable 栏中,在 Change Statistic 中选择数据库默认的函数 Mean of values。

(4) 将"教学方法"送入 Category Axis 分类轴框中。

(5) 将"性别"送入 Define Clusters by 栏中,作为整群变量,如图 11-1-10。

(6) 单击 OK,可生成如图 11-1-11 所示的整群条形图。

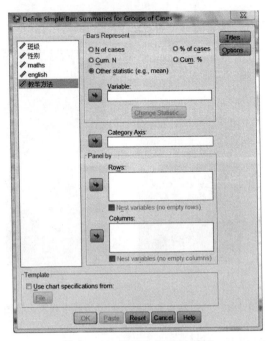

图 11-1-9　整群条形图对话框

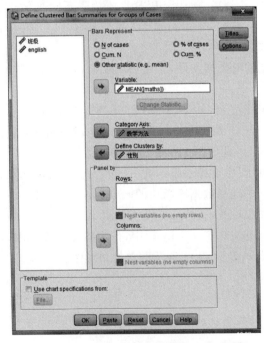

图 11-1-10　移入变量后的整群条形图对话框

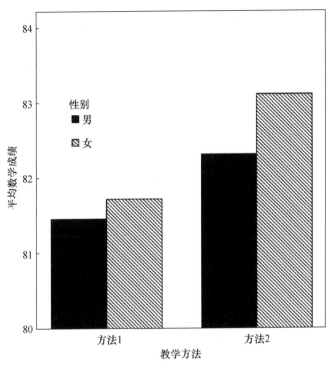

图 11-1-11　SPSS 输出的整群条形图

(三) 成堆条形图应用举例

例题　采用数据文件 data11-01，用 SPSS 生成"成堆条形图"比较两个班级数学成绩高于 80 分的男女生数量。

具体操作步骤及解释如下：

(1) 读取数据文件 data11-01。

(2) 单击 Graphs→Legacy Dialogs→Bar 打开条形图主对话框，如图 11-1-1 所示。选择 Stacked 和 Summaries for groups of cases 选项，可生成观测量分类描述模式的成堆条形图。

(3) 单击 Define 按钮，得到如图 11-1-12 所示的对话框。

(4) 在 Bars Represent 栏中选择 Other statistic（e. g., mean）选项，将 maths 送入 Variable 栏中，在 Change Statistic 中选择 Number above 函数，在 Value 框中填入数值 80，单击 Continue 返回。

(5) 将"班级"送入 Category Axis 分类轴框中。

(6) 将"性别"送入 Define Stacks by 栏中，作为成堆变量，如图 11-1-13。

(7) 单击 OK，可生成如图 11-1-14 所示的成堆条形图。

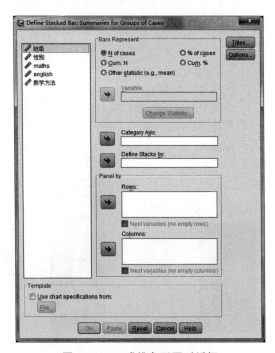

图 11-1-12 成堆条形图对话框

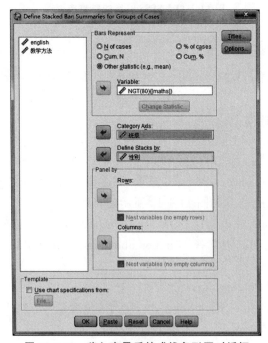

图 11-1-13 移入变量后的成堆条形图对话框

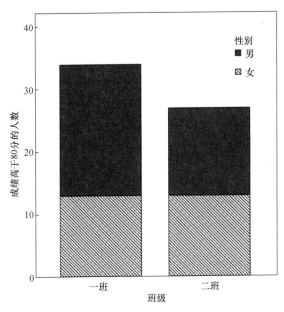

图 11-1-14　SPSS 输出的成堆条形图

三、条形图的编辑

统计图的构成及各部分名称见图 11-1-15。

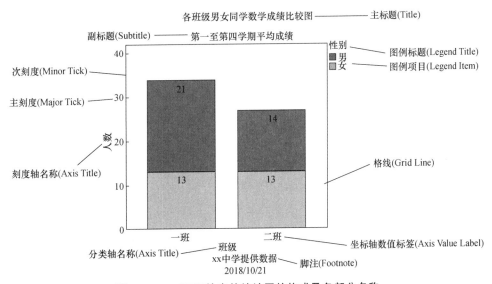

图 11-1-15　SPSS 输出的统计图的构成及各部分名称

可以在结果输出窗口中双击要编辑的图形，则会出现如图 11-1-16 所示的编辑窗口。

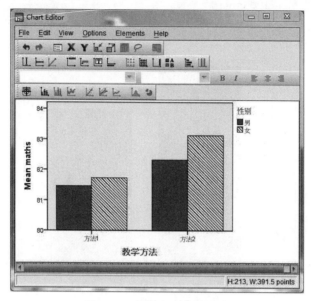

图 11-1-16 条形图编辑窗口

在图形编辑窗口中,共有六项菜单,图形编辑功能主要集中在 Edit、Options 和 Elements 菜单中。

1. Edit 菜单

单击 Edit 菜单,出现图形编辑功能菜单栏,选择菜单对图形进行编辑。如图 11-1-17 所示。

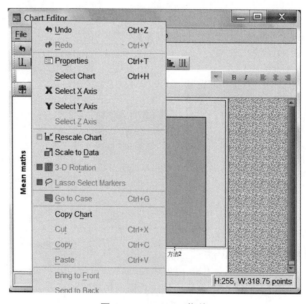

图 11-1-17 Edit 菜单

(1) Properties：用于编辑图形属性。单击 Properties 则出现如图 11-1-18 所示的对话框。① Chart Size：修改图形的长宽；② Fill & Border：修改图形外框线的属性；③ Varibles：修改图形变量属性。

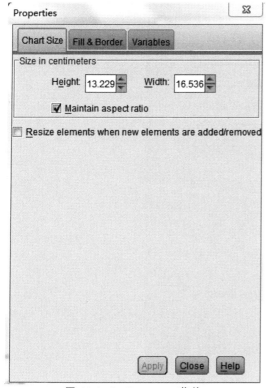

图 11-1-18　Properties 菜单

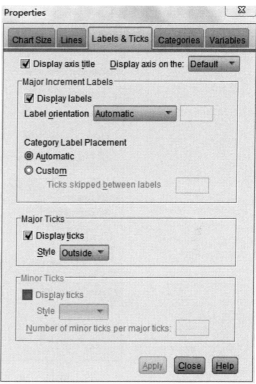

图 11-1-19　Select X Axis 菜单

(2) Select Chart：用于编辑图形属性。单击 Select Chart 则出现与 Properties 菜单相同的对话框。

(3) Select X Axis：用于编辑 X 坐标值属性。单击 Select X Axis 则出现如图 11-1-19 的对话框。① Chart Sizes：修改图形的长宽。② Lines：线型。③ Labels & Ticks：编辑 X 坐标轴的刻度轴。Display axis title：显示轴线。Display labels：显示坐标轴刻度标签。Display ticks：显示刻度线。④ Categories：修改 X 轴分类轴。⑤ Variables：修改图形变量属性。

(4) Select Y Axis：用于编辑 Y 坐标值属性。单击 Select Y Axis 则出现如图 11-1-20 的对话框。① Labels & Ticks：编辑 Y 坐标轴的刻度轴。Display axis line：显示轴线。Display labels：显示坐标轴刻度标签。Display Ticks：显示刻度线。② Number Format：修改 Y 坐标刻度的属性。③ Variables：修改图形变量属性。④ Chart Sizes：修改图形的长宽。⑤ Scale：修改刻度轴数轴标签。⑥ Lines：线型。

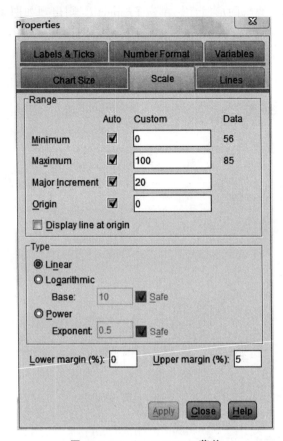

图 11-1-20　Select Y Axis 菜单

（5）Select Z Axis：用于编辑 Z 坐标值属性。

（6）Rescale Chart：重新调节图形。

（7）Scale to Data：选择数据。

（8）3-D Rotation：主要用于三维图形的旋转。

（9）Lasso Select Markers：套索选择标记。

（10）Go to Case：定位到指定的观测量。

2. Options 菜单

只有需要编辑的统计图为整群、分组的条形图、线图或面积图时，该选项才处于高亮可选状态。为了操作方便，Options 菜单上的很多功能都可通过工具栏上的按钮实现。单击 Options 菜单，展开如图 11-1-21 所示的菜单栏。

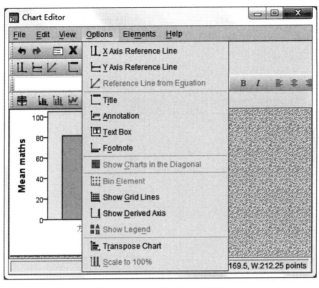

图 11-1-21　Options 菜单

（1）X Axis Reference Line：为图形添加 X 坐标参考线，如图 11-1-22 所示。Chart Size 和 Variables 的功能与 Edit 菜单下 Select X Axis 的对应功能相同。① Lines：线型。② Reference Line：编辑参考线位置。

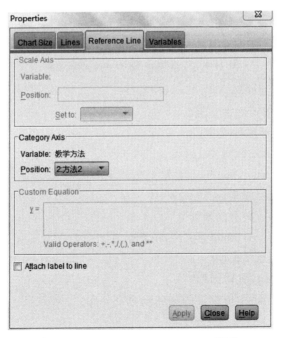

图 11-1-22　X Axis Reference Line 菜单

（2）Y Axis Reference Line：为图形添加 Y 坐标参考线，如图 11-1-23 所示。Chart Size 和 Variables 的功能与 Edit 菜单下 Select Y Axis 的对应功能相同。① Lines：线型。② Reference Line：编辑参考线位置。

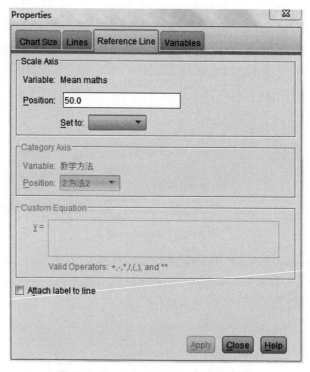

图 11-1-23 Y Axis Reference Line 菜单

（3）Title：为图形添加标题。
（4）Annotation：为图形添加注释。
（5）Text Box：为图形添加文本。
（6）Footnote：为图形添加脚注。
（7）Show Charts in the Diagonal：显示对角线上的图形。
（8）Bin Element：组合元素。
（9）Show Gird Lines：显示网格线。
（10）Show Derives Axis：显示第二条刻度轴。
（11）Show Legend：显示说明。
（12）Transpose Chart：旋转图形。
（13）Scale to 100%：将图形纵轴的刻度改为百分比。

3. Element 菜单

Element 菜单也可以对图形的其他属性进行定义，Element 菜单上的很多功能都可通过工具栏上的按钮实现。单击 Element 菜单,展开如图 11-1-24 所示的菜单栏。

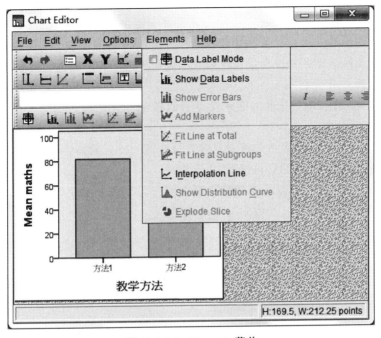

图 11-1-24　Elements 菜单

(1) Data Label Mode:数据标签模式。
(2) Show Data Labels:显示数据标签。
(3) Show Error Bars:显示误差条形图。
(4) Add Markers:为图形添加标记。
(5) Fit Line at Total:编辑总拟合线。
(6) Fit Line at Subgroups:编辑分组拟合线。
(7) Interpolation Line:连接方式,该命令主要用于散点图和曲线图中,具体介绍见线图编辑。
(8) Show Distribution Curve:显示分布曲线。
(9) Explode Slice:将饼图中的一块分离出来,主要用于饼图中。

第二节　线　　图

线图是用线段的升降来表明变量之间关系的统计图,又称为曲线图。

一、线图类型

依次单击 Graphs→Legacy Dialogs→Line,打开线图主对话框,如图 11-2-1 所示。该界面提供了三种线图图示和三种统计量描述模式。统计量描述模式与条形图一样,具体介绍见第一节条形图。线图图示和三种统计量描述模式组合可生成 9 种不同的线图。

线图图示包括:

(1) Simple:单线图,用一条曲线表示某变量数值的变化趋势。例如,不同年龄阶段儿童平均智商的发展情况。

(2) Multiple:多线图,用多条曲线表示多变量数值的变化趋势。例如,某班学生四次考试的数学、语文和英语平均成绩的变化情况。

(3) Drop-line:垂线图,可以反映某些变量在同一时期内的差距。例如,某班学生参加了四次考试,要比较每次考试语文和数学的平均成绩。

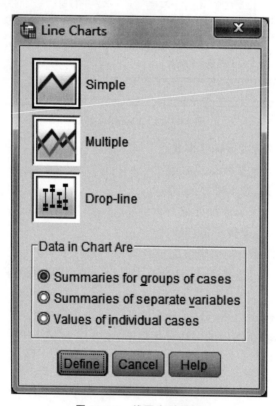

图 11-2-1 线图主对话框

二、线图应用举例

1. 简单线图

例题 某学校初中三年级学生在第二学期共进行了四次考试。根据四次考试成绩编制的数据文件 data11-02,用 SPSS 生成反映学生四次数学考试成绩变化的线图。

具体操作步骤及解释如下:

(1) 读取数据文件 data11-02。

(2) 单击 Graphs→Legacy Dialogs→Line 打开线图主对话框,如图 11-2-1 所示。选择 Simple 和 Summaries for groups of cases 选项,可生成观测量分类描述模式的简单线图。

(3) 单击 Define 按钮,得到如图 11-2-2 所示的对话框。

(4) 在 Line Represents 栏中选择 Other statistics(e. g., mean)选项,将 maths 送入 Variable 栏中,在 Change Summary 中选择数据库默认的函数 Mean of values。

(5) 将"模拟次数"送入 Category Axis 分类轴框中,如图 11-2-3 所示。

(6) 单击 OK,可生成如图 11-2-4 所示的线图。

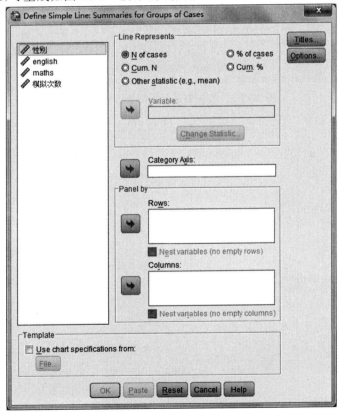

图 11-2-2　简单线图对话框

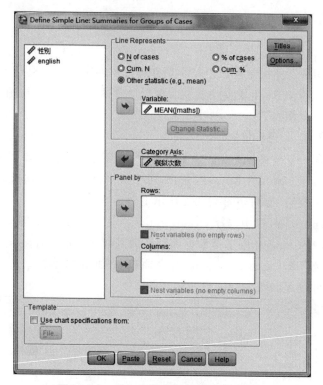

图 11-2-3　移入变量后的简单线图对话框

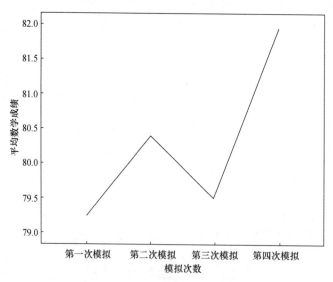

图 11-2-4　SPSS 输出的简单线图

2. 多线图

例题 采用数据文件 data11-02,用 SPSS 生成表现学生数学成绩与英语成绩在四次考试中变化情况的线图。

具体操作步骤及解释如下:

(1) 读取数据文件 data11-02。

(2) 单击 Graphs→Legacy Dialogs→Line 打开线图主对话框,如图 11-2-1 所示。选择 Multiple 和 Summaries of separate variables 选项,可生成观测量描述模式的多线图。

(3) 单击 Define 按钮,得到如图 11-2-5 所示的对话框。

(4) 将"maths"和"english"送入 Lines Represent 栏中。

(5) 将"模拟次数"送入 Category Axis 分类轴框中,如图 11-2-6。

(6) 单击 OK,可生成如图 11-2-7 所示的线图。

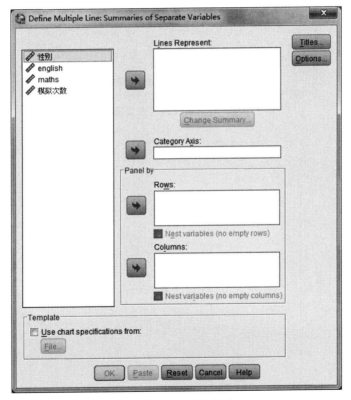

图 11-2-5 多线图对话框

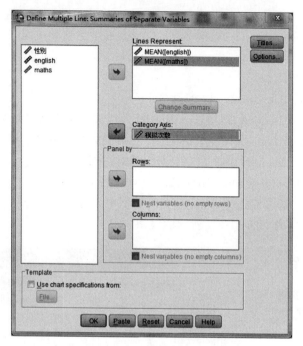

图 11-2-6　移入变量后的多线图对话框

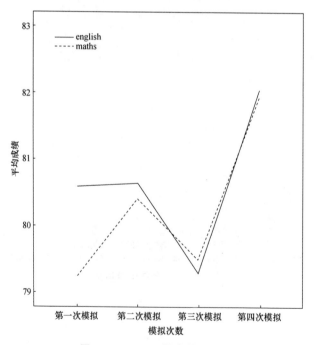

图 11-2-7　SPSS 输出的多线图

3．垂线图

例题　采用数据文件 data11-02,用 SPSS 生成各次考试数学成绩和英语成绩的垂线图。
操作步骤如下：

（1）读取数据文件 data11-02。

（2）单击 Graphs→Legacy Dialogs→Line 打开线图主对话框,如图 11-2-1 所示。选择 Drop-line 和 Summaries of Separate Variables 选项,可生成变量模式的垂线图。

（3）单击 Define 按钮,得到如图 11-2-8 所示的对话框。

（4）将"maths"和"english"送入 Points Represent 栏中,在 Change Statistic 中选择数据库默认的函数 Mean of values。

（5）把"模拟次数"送入 Category Axis 分类轴框中,如图 11-2-9。

（6）单击 OK 则可生成如图 11-2-10 所示的垂线图。

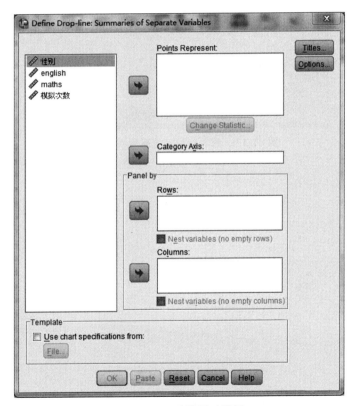

图 11-2-8　垂线图对话框

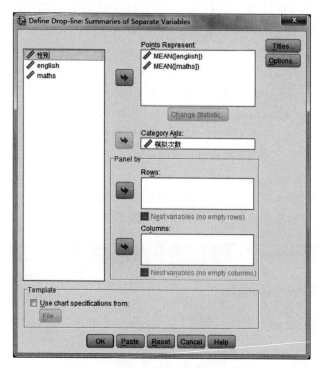

图 11-2-9　移入变量后的垂线图对话框

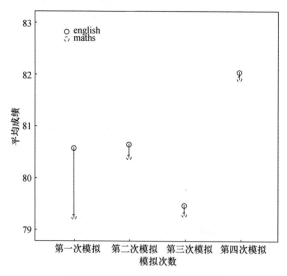

图 11-2-10　SPSS 输出的垂线图

三、线图的编辑

线图编辑界面的打开及编辑与条形图基本一致,具体可参见第一节条形图编辑部分,下面介绍的是曲线图独有的编辑功能——Chart 菜单。

在 Chart Editor 菜单中,单击 Elements→Interpolation Line 选项,可以看到 Properties 对话框。如图 11-2-11(a)所示。

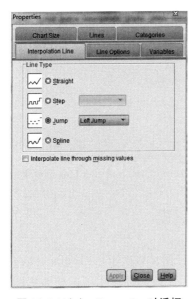 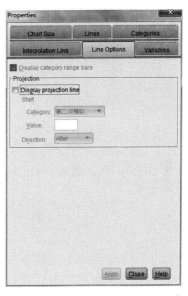

图 11-2-11(a)　Properties 对话框　　　　图 11-2-11(b)　Line Options 选项卡

(1) Line Options 选项卡,如图 11-2-11(b):Display category range bars 显示分类范围图;Display projection line 可以突出显示线的某一段。

(2) Lines 选项卡:曲线类型选项。单击该选项,可出现如图 11-2-11(c)所示的对话框。可通过该对话框定义曲线的线型和粗细,之后单击 Apply 确定。

(3) Interpolation Line 选项卡:数据点连接方式。如图 11-2-11(d)所示,有四种连接方式可以选择,Straight(直线连接),Step(阶梯式连接),Jump(跳跃式连接)和 Spline(光滑连接)。

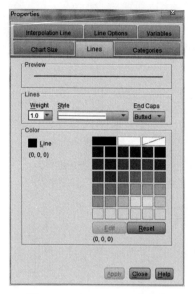

图 11-2-11(c)　Lines 选项卡

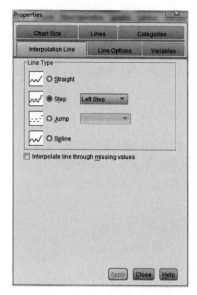

图 11-2-11(d)　Interpolation Line 选项卡

第三节　面　积　图

面积图是用线段下的阴影面积来表示数量变化的统计图。依次单击 Graphs→Legacy Dialogs→Area，可打开面积图的主对话框，如图 11-3-1 所示。该界面提供了两种面积图图示和三种统计量描述模式。统计量描述模式与条形图一样，面积图图示和统计量描述模式组合可生成 6 种不同的面积图。

面积图图示包括：

(1) Simple：简单面积图，用面积的变化表示某种现象的变化趋势。例如，比较学生数学成绩在四次考试中的变化情况，如图 11-3-2。

(2) Stacked：堆栈面积图，用不同种类的面积表示多种现象的变化趋势和总体内部构成。例如，比较男、女学生数学成绩在四次考试中的变化情况，如图 11-3-3。

总的来说，条形图、曲线图和面积图三种统计图没有本质的区别，如果将简单条形图的顶点相连，就构成了曲线图，曲线图的曲线加上其与数轴所围成的面积，就构成了面积图。此外，多线图与分组条形图，成堆条形图与堆栈面积图都是相对应的。面积图的生成和编辑与条形图和曲线图的生成和编辑基本都是一样的，在此就不再过多介绍。

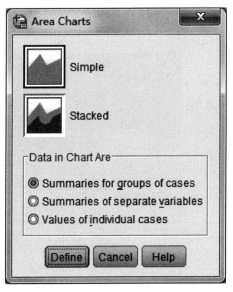

图 11-3-1　面积图主对话框

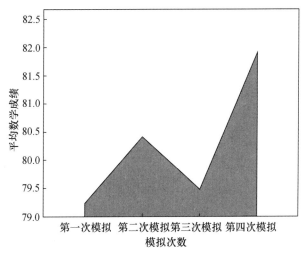

图 11-3-2　SPSS 输出的简单面积图

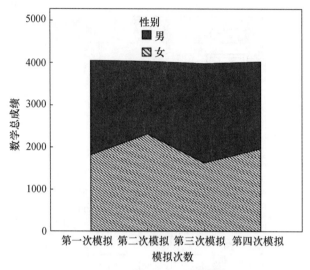

图 11-3-3　SPSS 输出的堆栈面积图

第四节　饼　　图

饼图,又称为"圆图"。它以圆的面积代表整体(100%),用圆内各扇形面积代表各部分所占的百分比。要想绘制饼图,依次单击 Graphs→Legacy Dialogs→Pie,打开饼图的主对话框,如图 11-4-1 所示。该界面提供了三种统计量描述模式,可生成观测量分类模式、变量模式和观测值模式的三种饼图。

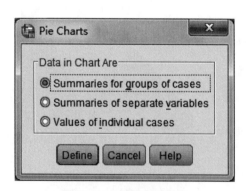

图 11-4-1　饼图主对话框

一、观测量分类模式饼图

例题　某大学心理系三个班级的学生参加了心理咨询实践课程的考试,根据通过和未通过考试的人数编制的数据文件是 data11-03。应用该数据文件生成其中一个班心理咨询实践课程考试通过情况的饼图。

(1) 读取数据文件 data11-03。

(2) 单击 Graphs→Legacy Dialogs→Pie 打开饼图的主对话框,如图 11-4-1 所示。选择 Summaries for groups of cases 选项,可生成观测量分类模式饼图。

(3) 单击 Define 按钮,得到如图 11-4-2 所示的对话框。

(4) 在 Slices Represent 中选择观测量个数的函数 N of cases。将一班成绩送入 Define Slices by 栏中作为扇面分类变量,如图 11-4-3 所示。

(5) 单击 OK,可生成如图 11-4-4 所示的饼图。

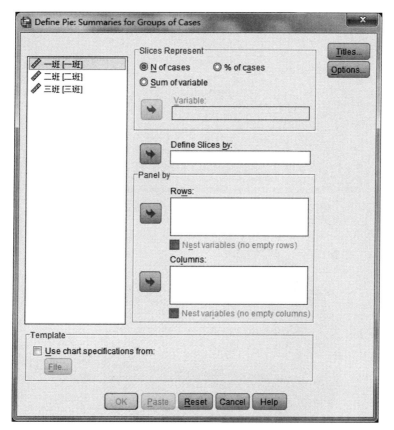

图 11-4-2　观测量分类模式饼图对话框

图 11-4-3　移入变量后的观测量分类模式饼图对话框

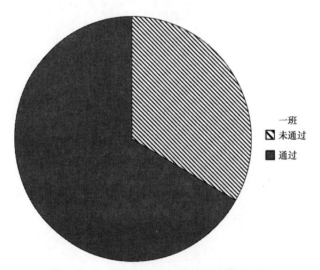

图 11-4-4　SPSS 输出的观测量分类模式饼图

二、变量模式饼图

例题 采用数据文件 data11-03,用 SPSS 生成比较三个班级心理咨询实践课程考试通过人数的饼图,并将表示第三班通过人数的扇形图分离出来显示。

操作步骤如下:

(1) 读取数据文件 data11-03。

(2) 单击 Graphs→Legacy Dialogs→Pie 打开饼图的主对话框,如图 11-4-1 所示。选择 Summaries of separate variables 选项,可生成变量模式的饼图。

(3) 单击 Define 按钮,得到如图 11-4-5 所示的对话框。

(4) 将一班、二班和三班送入 Slices Represent 栏中,如图 11-4-6 所示。

(5) 单击 OK,可生成饼图。

(6) 双击饼图进入统计图编辑页面,单击代表三班通过人数的扇形,之后右键→Explode Slice,关闭图形编辑页面,则得到如图 11-4-7 所示的饼图。

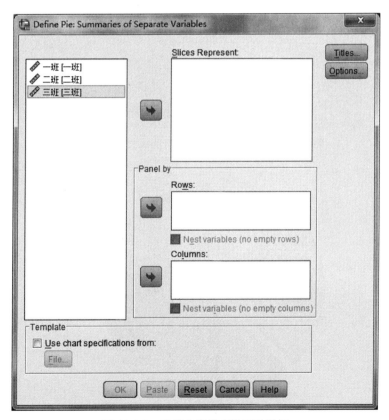

图 11-4-5 变量分类模式饼图对话框

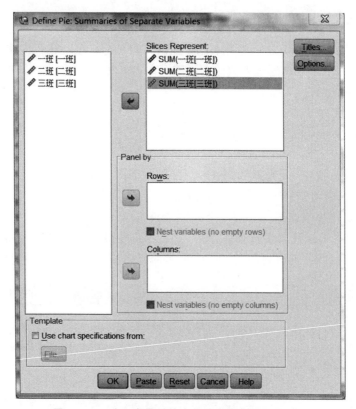

图 11-4-6　移入变量后的变量分类模式饼图对话框

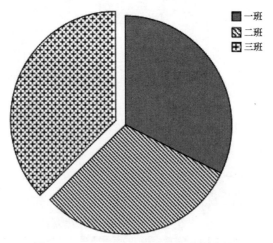

图 11-4-7　SPSS 输出的变量分类模式饼图

三、观测值模式饼图

例题 数据文件 data11-04 是某大学心理系二班的同学参加心理咨询实践课程考试通过情况的数据,使用该数据做出显示该班所有通过考试同学的成绩分数的饼图。

操作步骤如下:

(1) 读取数据文件 data11-04。

(2) 单击 Graphs→Legacy Dialogs→Pie 打开饼图的主对话框,如图 11-4-1 所示。选择 Values of individual cases 选项,可生成观测值模式的饼图。

(3) 单击 Define 按钮,得到如图 11-4-8 所示的对话框。

(4) 将"二班[通过情况]"送入 Slices Represent 栏中,在 Slice Labels 中选择 Variable 框,将分数送入 Variable 框中,如图 11-4-9。

(5) 单击 OK,得到如图 11-4-10 所示的饼图。

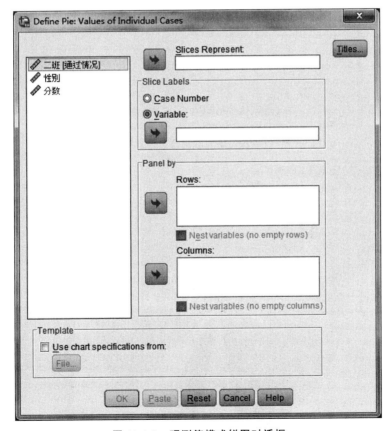

图 11-4-8 观测值模式饼图对话框

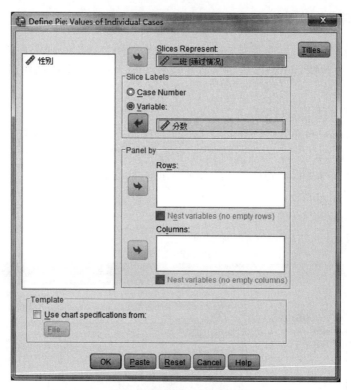

图 11-4-9　移入变量后的观测值模式饼图对话框

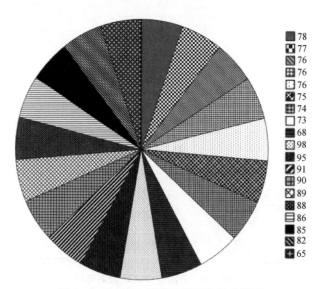

图 11-4-10　SPSS 输出的观测值模式饼图

第五节 直方图

直方图是用无间隔直条表示频数分布特征的统计图,是一种常用的考察变量分布的方法。

例题 数据 data11-05 是某年级 82 名同学的数学成绩,请用 SPSS 做直方图显示每个分数段上学生的人数分布情况。

操作步骤如下:

(1) 读取数据文件 data11-05。

(2) 依次单击 Graphs→Legacy Dialogs→Histogram,打开如图 11-5-1 所示的直方图对话框。

(3) 将数学成绩送入 Variable 变量框中,选择 Display normal curve,则可生成一条正态曲线,如图 11-5-2。

(4) 单击 OK,可得到如图 11-5-3 所示的直方图。

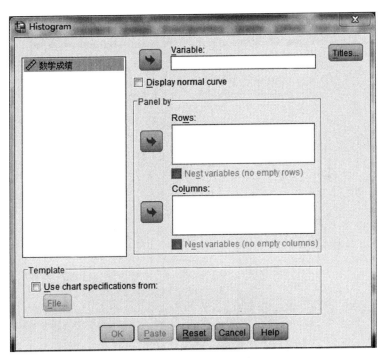

图 11-5-1 直方图对话框

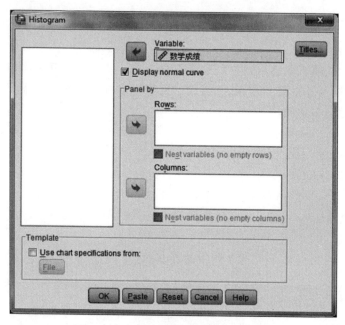

图 11-5-2　移入变量后的直方图对话框

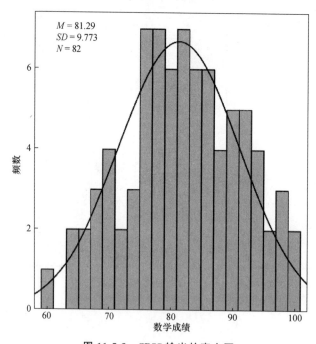

图 11-5-3　SPSS 输出的直方图

第六节 概 率 图

P-P 概率图（P-P probability plots）用于探测样本数据是否符合某一指定的分布，即根据探测变量数据分布的累积概率与所指定分布的累积概率之间的曲线来检验变量数据是否符合该分布的散点图。如果探测数据符合所指定的分布，代表样本数据的点将分布在一条对角线上。

Q-Q 概率图（Q-Q probability plots）是根据变量数据分布的分位数与所指定分布的分位数之间的曲线来检验变量数据是否符合该分布的散点图。如果变量数据符合所指定的分布，那么代表样本数据的点将分布在一条对角线上。

一、P-P 图生成举例

例题 采用数据 data11-05，用 SPSS 生成 P-P 图，判断数学成绩的分布是否符合正态分布。

生成 P-P 图的具体操作步骤及解释如下：

（1）读取数据文件 data11-05。

（2）依次单击 Analyze→Descriptive Statistic→P-P Plots，打开如图 11-6-1 所示的 P-P 图对话框。

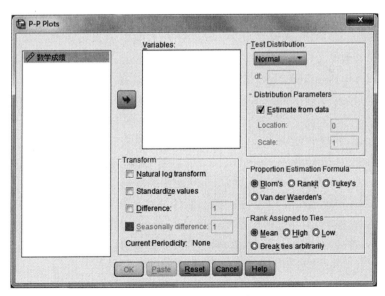

图 11-6-1 P-P 图对话框

（3）将"数学成绩"作为探测样本数据送入 Variable 框中，如图 11-6-2 所示。

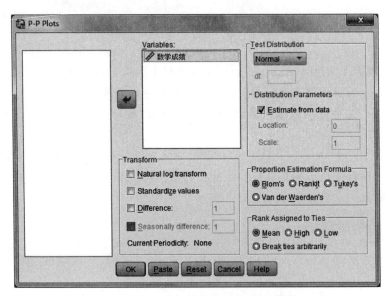

图 11-6-2 移入变量后的 P-P 图对话框

（4）Test Distribution，分布检验。该下拉列表提供了 13 种概率分布，包括 Beta（贝塔分布）、Chi-square（卡方分布）、Exponential（指数分布）、Gamma（伽马分布）、Half-normal（半正态分布）、Laplace（拉普拉斯分布）、Logistic（逻辑斯谛分布）、Lognormal（对数正态分布）、Normal（正态分布）、Pareto（帕累托分布）、Student（t 分布）、Weibull（威布尔分布）和 Uniform（均匀分布）。如果选择了 Student（t 分布），需要在 df 框中填入自由度。在本例中选择的是 Normal（正态分布）选项。

（5）Distribution Parameters，数据分布参数。如果选择 Estimation form data（根据数据进行估计），系统自动从数据中推测出数据分布的参数。如果不选择此项，需在参数框中输入自定义的参数。

（6）Transform，变量转换方式。通过该栏可以将原变量值进行下面几种转换：Natural log transform（自然对数转换）、Standard values（标准化转换）、Difference（差分转换）和 Seasonally difference（季节差分转换）。

（7）Proportion Estimation Formula，比例估计公式栏，每次只能选择其中的一项。

（8）Rank Assigned to Ties，指定对"结"如何编秩，"结"就是相同的多个变量值，有四种方法，分别为 Mean（平均秩）、High（最高秩）、Low（最低秩）和 Break ties arbitrarily（任意拆结）。

（9）单击 OK，可得到如图 11-6-3 所示的 P-P 图和如图 11-6-4 所示的去势 P-P 图。

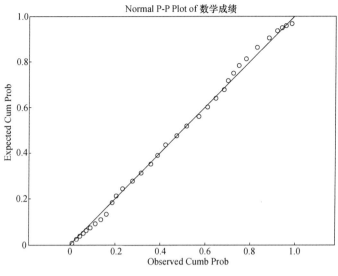

图 11-6-3　SPSS 输出的 *P-P* 图

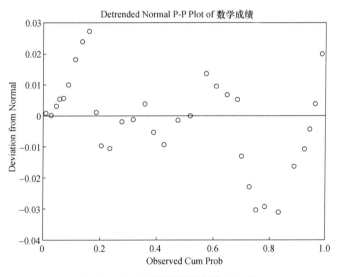

图 11-6-4　SPSS 输出的去势 *P-P* 图

　　从 *P-P* 图中可见,代表数据的点基本都分布在理论直线(对角线)上。去势 *P-P* 图反映的是按正态分布计算的理论值和实际值之差的分布情况,即残差的分布图。如果数据严格服从正态分布,则代表数据的这些点应该均匀地分布在 $Y=0$ 这条直线上,从图中可以发现,二者之差的绝对值都在 0.03 以内,所以,数学成绩的分布基本上符合正态分布。

二、Q-Q 图生成举例

例题 采用数据 data11-05，用 SPSS 生成 Q-Q 图，判断数学成绩的分布是否符合正态分布。

生成 Q-Q 图的具体操作步骤及解释如下：

（1）读取数据文件 data11-05。

（2）依次单击 Analyze→Descriptive Statistic→Q-Q Plots，打开如图 11-6-5 所示的 Q-Q 图对话框。该对话上各选项与 P-P 图都是相同的，具体见 P-P 图生成举例中的介绍。

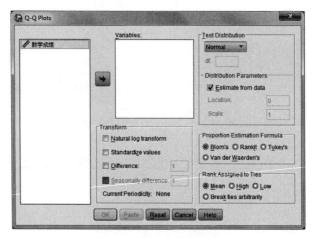

图 11-6-5　Q-Q 图对话框

（3）将"数学成绩"作为探测样本数据送入 Variables 框中。在 Test Distribution（分布检验）中选择 Normal（正态分布），如图 11-6-6。

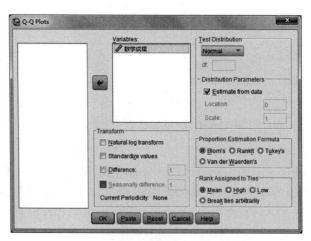

图 11-6-6　移入变量后的 Q-Q 图对话框

(4) 单击 OK，可得到如图 11-6-7 所示的 Q-Q 图和如图 11-6-8 所示的去势 Q-Q 图。

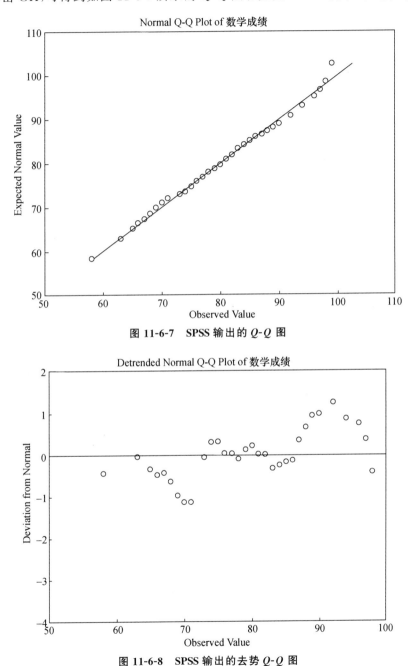

图 11-6-7　SPSS 输出的 Q-Q 图

图 11-6-8　SPSS 输出的去势 Q-Q 图

由图 11-6-7 所示的 Q-Q 图和图 11-6-8 所示的去势 Q-Q 图中可见，探测数据基本符合正态分布。

本章小结

一、基本概念

1. 条形图

条形图是用条形的长短来表示统计数据大小的统计图。

2. 线图

线图是用线段的升降来表明变量之间关系的统计图,又称为曲线图。

3. 面积图

面积图是用线段下的阴影面积来强调现象变化的统计图。

4. 饼图

饼图,又称圆图,以圆面积代表整体(100%),圆内各扇形面积代表各部分所占的百分比。

5. 直方图

直方图是用无间隔直条表示频数分布特征的统计图,是一种常用的考察变量分布的方法。

6. P-P 概率图

P-P 概率图用于探测样本数据是否符合某一指定的分布,是根据变量数据分布的累积概率与所指定分布的累积概率之间的曲线来检验变量数据是否符合该分布的散点图。如果探测数据符合所指定的分布,代表样本数据的点分布在一条直线上(对角线)。

7. Q-Q 概率图

Q-Q 概率图是根据变量数据分布的分位数与所指定分布的分位数之间的曲线来检验变量数据是否符合该分布的散点图。如果变量数据符合所指定的分布,那么代表样本数据的点分布在一条直线上(对角线)。

二、应用导航

(一)条形图

1. 应用对象

如果用直条来表示统计数据的大小或波动时,可选择条形图。

2. 操作步骤

以简单条形图为例,应用 SPSS 绘制条形图的步骤一般如下:

(1) 依次单击 Graphs→Legacy Dialogs→Bar 打开条形图主对话框,选择 Simple 和 Summaries for groups of cases 选项,可生成观测量分类描述模式的简单条形图。

(2) 单击 Define 按钮,可得到条形图定义对话框,通过 Bar Represent 定义直条所代表的含义,单击 Other statistic (e.g.,mean)可选择其他统计函数。

(3) Category Axis,用于设置分类轴变量,可将分类轴变量移入 Category Axis 框中。

(4) 单击 Title 则出现标题对话框,可以为图形添加标题、子标题和脚注。

(5) 单击 OK,执行操作。

(二)线图

1. 应用对象

如果用线段的升降来表示统计数据的大小或波动时,可选择线图。

2. 操作步骤

以简单线图为例,应用 SPSS 绘制线图的步骤一般如下:

(1) 单击 Graphs→Legacy Dialogs→Line 打开曲线图主对话框,选择 Simple 和 Summaries for groups of cases 选项,可生成观测量分类描述模式的简单曲线图。

(2) 单击 Define 按钮,可得到线图定义对话框,通过 Line Represents 定义线所代表的含义,单击 Other statistic (e.g., mean)可选择其他统计函数。

(3) Category Axis,用于设置分类轴变量,可将分类轴变量移入 Category Axis 框中。

(4) 单击 Title 则出现标题对话框,可以为图形添加标题、子标题和脚注。

(5) 单击 OK,执行操作。

思 考 题

1. 统计图由哪些部分组成?
2. 条形图、曲线图和面积图有什么区别?
3. 如何对统计图进行编辑?
4. 如何通过作图判断一组数据是否符合正态分布?

练 习 题

1. 应用数据文件 data11-02,运用图形比较在四次考试中,哪次考试数学成绩优秀的学生最多?

2. 使用数据文件 data11-01,运用图形比较两个班级英语成绩在 60～85 分的男、女生人数。

3. 使用数据文件 data11-01,用统计图形判断学生的英语成绩是否为正态分布。

推荐阅读参考书目

1. 卢纹岱,2006. SPSS for Windows 统计分析. 3 版. 北京:电子工业出版社.
2. 胡咏梅. 2002. 教育统计学与 SPSS 软件应用. 北京:北京师范大学出版社.
3. 薛薇,2014. 统计分析与 SPSS 的应用. 4 版. 北京:中国人民大学出版社.
4. 袁淑君,孟庆茂,1995. 数据统计分析:SPSS/PC＋原理及其应用. 北京:北京师范大学出版社.